普通高等学校"十二五"规划教材

*D*IANLI TUODONG JICHU

电力拖动基础

【主 编】王洪诚 【副主编】仇 芝 蒋 林

四川大学出版社

责任编辑:张　阅
责任校对:王　锋
封面设计:墨创文化
责任印制:李　平

图书在版编目(CIP)数据

电力拖动基础 / 王洪诚主编. —成都：四川大学
出版社，2011.9
ISBN 978-7-5614-5481-7

Ⅰ.①电… Ⅱ.①王… Ⅲ.①电力传动－教材 Ⅳ.
①TM921

中国版本图书馆 CIP 数据核字（2011）第 191531 号

书名	电力拖动基础
主　　编	王洪诚
出　　版	四川大学出版社
地　　址	成都市一环路南一段 24 号 (610065)
发　　行	四川大学出版社
书　　号	ISBN 978-7-5614-5481-7
印　　刷	西南石油大学印刷厂
成品尺寸	185 mm×260 mm
印　　张	18
字　　数	412 千字
版　　次	2011 年 9 月第 1 版
印　　次	2011 年 9 月第 1 次印刷
印　　数	0 001～2 000 册
定　　价	35.00 元(含光盘一张)

◆读者邮购本书,请与本社发行科
　联系。电话:85408408/85401670/
　85408023　邮政编码:610065
◆本社图书如有印装质量问题,请
　寄回出版社调换。
◆网址:www.scupress.com.cn

前　言

自 20 世纪 60 年代以来，电力拖动基础一直是电气工程及其自动化、自动控制等专业的必修基础课程，它主要介绍交、直流电动机的运行特性（包括机械特性和起动、制动、调速性能分析），是电力拖动自动控制系统的基础。

广义上讲，现代电力拖动基础横跨电机学、电力电子学、自动控制原理、计算机应用技术等多个领域，并不仅仅是电动机的运行特性，但在有限的学时内，无法完成这么多的内容，因此一般概念上的电力拖动基础都仅限于传统意义上的电动机运行特性，本教材也仅涉及这些内容。

近 20 余年来，由于教学改革的不断深入，特别是随着科学技术的迅速发展，可开课程和需开课程及教学内容不断增多，很多学校不得不进行课程整合，已经不再单独开设电力拖动基础课程，而是把它与电机学结合起来，开设电机与拖动基础或者类似的课程，电力拖动基础课程教材也在近 20 年没有新的版本。但作者认为：不管电力拖动系统新技术怎样发展，电力拖动基础课程作为经典，在高等教育大众化的背景下，对主要承担培养应用型人才的一般普通高等学校的电气工程及其自动化、自动控制等专业，单独开设电力拖动基础这样的具有传统特色的课程仍然非常必要，相信这也将会成为人们的共识。鉴于此，作者所在学校的相关专业一直将电力拖动基础作为独立课程开设，一般在第三学年下学期开课 32~48 学时，3~5 个实验。通过多年的教学实践和毕业生信息反馈，该课程的开设在学生的实际工作中取得了较好的效果。

本书共 5 个章节以及附录，第 1 章为电力拖动系统运动方程，主要内容包括相关物理学基础和运动方程，运动方程中有关物理量的计算，复杂系统运动方程及其参数计算，电力拖动系统中的典型负载特性；第 2 章为直流电力拖动，主要内容包括直流电动机的特点，直流电动机的机械特性，直流电动机的起动，直流电动机的制动，直流电动机的调速，直流拖动系统的过渡过程，电动机在过渡过程中的能量损耗等；第 3 章为交流电力拖动，主要内容包括现代电力拖动与交流电动机，交流电动机的机械特性，交流电动机的起动，交流电动机的制动，交流电动机的一般性调速，交流电动机的变频调速，交流电力拖动系统中的过渡过程等；第 4 章为电动机的选择，主要内容包括电动机选择的一般原则，电动机的发热与冷却，连续工作制下电动机容量的选择，短时工作制下电动机容量的选择，断续周期工作制下电动机容量的选择，选择电动机容量的工程方法等；第 5 章为电力拖动基本控制线路，主要内容包括控制线路基础知识，起动控制线路，调速控制线路，制动控制线路，生产机械基本电气控制线路等；附录以浙江天煌科技实业有限公司生产的 DZSZ-1 型电机及电气技术实验装置为基础，介绍了电力拖动基础课程基本实验的目的与要求、实验设备和典型实验项目，供教材使用者参考，但所用实验设备不同，可能存在着差异。

本书由西南石油大学电气信息学院多年从事电气传动与控制科研和教学的王洪诚教授在电力拖动基础课程讲义的基础上，结合电力拖动技术的新特点编写而成。本书根据我国普通高等教育发展的新形势，在内容体系、编写方法和重点内容取舍方面与现有的同类教材有较大不同，充分体现了与时俱进的特点。

全书由王洪诚教授组织策划并编写了第1章、第2章，西南石油大学电气信息学院仇芝老师编写了第3章、第5章并完成了全部文稿的校核工作，西南石油大学电气信息学院蒋林副教授编写了第4章和附录。电力拖动基础课程讲义由西南石油大学电气信息学院李红伟副教授初审并在校内试用，全书由哈尔滨工业大学电气工程系王明彦教授和陕西理工学院马永翔教授主审，王明彦、马永翔教授分别认真审阅了全部书稿，提出了很多宝贵意见，在此表示衷心感谢。

在全书的编写过程中，作者参阅了部分国内现有的同类教材，所有参阅教材已经在参考文献中列出，在此向这些作者表示感谢。

本书建议授课学时为40～48学时（包括课程实验6～8学时），可作为普通高等学校电气工程及其自动化、自动控制等专业的基础课教材，也可以作为高职高专院校相关专业的教材和其他电气信息类专业本、专科学生的选修教材或参考教材，同时可作为高级电工的电气技术培训教材。教材配有多媒体教学课件，与教材一并发行。

由于编者水平有限，书中疏漏难免，希望使用本教材的师生提出宝贵意见，以便再版时修改，作者深表感谢。

作者联系电话：028－83037557

教材联系邮箱：whc@swpu.edu.cn

教学课件联系邮箱：yallym@163.com

编　者

2011 年 6 月于四川成都

目　录

0 绪 论

0.1 拖动与电力拖动系统

在现代化工业生产、交通运输、科学研究等诸多领域，要完成加工操作或者位置移动，必须要有原动机的作用或者驱动，这种作用或者是拖动或者是推动，作用的结果是使被作用物体发生位移或者角位移，通过传动系统的转换，总可以统一称为拖动。作为拖动的原动机，可以是汽轮机、内燃机、水轮机、风力机械和电动机等。电动机使用电力作为能源，电力具有传输方便、易于转换等特点，因此电力拖动被广泛使用，成为拖动系统的主要形式，例如各类机床设备、起重设备、电动机车和纺织机械等；而其他形式的拖动只在某些特定情况下才采用，如火力发电厂采用蒸汽轮机拖动，水电厂采用水轮机拖动，风电厂采用风力机械拖动，汽车和小容量发电机采用内燃机或柴油机拖动等。本课程主要介绍电力拖动。

由电动机拖动生产机械运动的系统称为电力拖动系统或电气传动系统。凡是在生产过程中完成加工、升降、搬运等各项工作的机械，统称为生产机械，例如，机床、泵类、起重机、轧钢机和电动机车等。由电动机及其控制设备以及生产机械组成的成套装置，称为电力拖动装置，或电力拖动系统。在电力拖动系统中，电动机的作用是把电能转换成机械能带动生产机械运动，此时电动机主要是作为原动机使用的；然而在某些情况下，电动机也起阻止运动的作用，这时称为制动，它把机械能重新转换成电能，这时我们称电动机运行在电磁制动状态。

0.2 电力拖动系统的发展

19 世纪末 20 世纪初，随着电能的广泛应用，电动机逐步取代了蒸汽轮机，成为拖动系统中最常用的一种原动机。电力拖动的发展，从拖动系统的结构上讲，大体上经历了成组拖动、单机拖动和多机拖动三个阶段。成组拖动是用一台电动机拖动一根天轴或地轴，电动机作恒速运转，由传动带或者齿轮分别传动去拖动多台生产机械，生产机械的速度改变靠改变皮带轮的直径或者齿轮的齿数来实现，这在早期的电力拖动系统中被广泛使用，例如我国 20 世纪 70 年代在棉花产区大量使用的轧花机就是这种拖动形式。由于这种拖动方式结构不尽合理，电动机性能不能充分发挥，所以效率很低，已经不采用了。

单机拖动是指由一台电动机拖动一台生产机械，从而减少了中间传动机构，提高了效率，并可充分利用电动机的调速性能来满足生产机械的工艺要求。

随着现代化工业生产水平的不断提高和生产机械的不断现代化，加工手段和加工过程越来越复杂，在一台生产机械上往往同时具有多套运动机构，如果仍采用一台电动机来拖动，传动机构就非常复杂甚至根本无法实现，于是，对于现代化的生产机械（如数控加工中心），大都采用由多台电动机来拖动同一机械的不同运动机构，这种复杂的拖动方式就是多机拖动，即一台电动机只拖动生产机械中的某一个部件，例如机床的刀架或者夹紧装置。由于采用多机拖动方式易于实现自动化生产，因此，在现代化的电力拖动系统中大都采用多电动机拖动方式，特别是近几十年来，随着电力电子技术的迅速发展和计算机技术的广泛应用，使电力拖动系统，特别是交流电动机拖动系统，进入了一个全新的发展阶段。

从拖动系统的类型上讲，电力拖动系统经历了三个阶段：在 20 世纪 80 年代以前，直流电动机的拖动系统在电力拖动中占主导地位，凡是需要调速的高精度自动控制系统，都是非直流电动机拖动莫属，交流电动机拖动只能在不需要调速的场合或者通过其他机械方式调速的地方作恒速运行。20 世纪 80 年代以后，随着电力电子技术和计算机技术的快速发展与应用，交流电动机变频调速技术的迅速发展和成熟，交流电动机拖动系统在电力拖动中处于绝对的主流。进入 21 世纪以来，随着电机技术、控制理论、数字脉宽调制技术、新材料技术、微电子技术及现代控制技术的进步，稀土材料永磁无刷直流电机拖动系统开始出现和应用，近年来已成为国内外最活跃、最具发展前途的拖动控制系统，直流电力拖动大有重新夺回主导地位和发展壮大之势。可以预见的是，随着永磁无刷直流电机拖动系统的发展，未来交流拖动和直流拖动将共同对工农业生产和人们生活起到重要的作用。

0.3　电力拖动在我国现代化建设中的地位和作用

我国是一个制造业大国，又处在经济的高速增长时期，2010 年经济总量已经跃居世界第二，国家正在向着工业化、城市化快速推进，电力装机容量和用电量都在迅速增加。同时，作为一个负责任的发展中大国，为解决世界环境问题和气候变化问题，大力推广使用清洁能源是我国经济发展的基本出发点和战略方针。电力能源不管是源自太阳能、核能、风能、海洋能，还是源自传统的煤—电转换，它自身是易于传输、使用和转换的清洁能源，电力拖动系统在我国机械制造、装备加工、国防建设、交通运输、电子工业等各行各业都有着十分重要的地位和作用。

0.4 电力拖动系统的分类和特点

电力拖动系统可以根据其拖动生产机械的电动机类型分为直流电力拖动系统和交流电力拖动系统。凡是采用直流电动机作为原动机的拖动系统称为直流电力拖动系统；使用交流电动机作为原动机的拖动系统称为交流电力拖动系统。

由于交流异步电动机结构简单、设备成本低和维修方便，电力取得容易，而且可以在环境条件较恶劣的情况下运行，所以交流电力拖动系统在工农业生产中得到了广泛的应用。过去长期困扰交流电力拖动系统应用的调速问题，也随着变频器的应用得到了彻底解决，交流调速已经达到并超过了直流调速的性能，成为电力拖动系统的主流，并且还在控制方式和性能上不断地发展，应用范围迅速扩大，交流电力拖动在工业生产中成为电力拖动的主流方式。

直流电力拖动系统作为最早应用于工农业生产的拖动系统，经过近一个世纪的研究应用，技术已经完善，曾经是电力拖动系统特别是电力拖动自动控制系统的主体和首选，它的特点是起动转矩大、调速范围宽、调速性能好、易于控制等。但由于直流电动机需配置换向器和电刷装置，限制了电动机向高速和大容量方面发展，而且设备成本高，同时也不能直接用于易燃、易爆等工业场合。直流电动机的这些缺点在很长时间没有得到根本改善。近年来，随着科学技术的飞速发展，稀土材料的永磁无刷直流电机及其控制技术迅速发展起来，它保留了有刷直流电机优良的调速性能，同时又克服了有刷直流电机的一系列缺点，并且还具有效率高、能耗低、噪音低等优点，因此在各个领域，如数控机床、智能机器人、航空航天、电动交通工具等得到了广泛的应用。

0.5 本课程的性质和任务

电力拖动基础课程是电气工程及其自动化、自动控制及电气信息类专业的一门专业基础课。学生应该在掌握大学物理、力学、电磁场理论、电路原理、电子技术、电力电子技术和电机学等先序课程的基础知识后，进行本课程的学习。通过学习，学生将获得由各种电动机所组成的电力拖动系统的基本理论和系统运行在各种状态时的静、动态特性的计算方法，以及如何选择电动机容量、了解电力拖动系统的基本控制线路与分析方法，能够进行基本的电力拖动系统实验操作和实验数据处理，掌握实验曲线的绘制等基本技能，为进一步学习本专业的有关后续课程，如电力拖动自动控制系统、电气控制与PLC、工厂供电、低压电器继电器控制系统等提供必备的基础知识。

第1章 电力拖动系统运动方程

电力拖动是由电动机作为原动机的系统，无论是做直线运动还是旋转运动，它都是一个运动的系统。作为运动系统，我们首先应该研究它的运动规律，然后分析它的运行特性和特点。本章主要研究电力拖动系统的一般规律，即系统应该满足的运动方程，第2章和第3章再根据电动机的类型分别研究它们的运行特性。

1.1 相关物理学基础和运动方程

1.1.1 相关的物理学基础

由于电力拖动系统是由物理器件或元件组成的具有运动特征的集合，它必然应该遵循物理运动规律，满足物理定律。在电力拖动系统中涉及的物理定律主要有：

1.1.1.1 牛顿第一定律在电力拖动系统中的表述

当系统未受到外力或所受到的外力的合力等于 0 时，系统保持静止或者匀速运动状态不变，即当 $F = 0$ 时，有

$$v = 0 \text{ 或 } v = a(\alpha = 0)$$

式中，F 为系统所受到的外力的合力；

v 为系统运动速度；

a 为常数；

α 为系统的加速度。

1.1.1.2 牛顿第二定律在电力拖动系统中的表述

电力拖动系统在做直线运动时，系统所受到的作用力的合力 F 等于系统总的质量 m 与系统的加速度 α 的乘积，即

$$F = m\alpha \tag{1-1}$$

式中，F 为系统所受到的外力的合力；

m 为系统的总质量；

α 为系统的加速度。

1.1.1.3 牛顿定律在旋转的电力拖动系统中的表述

当旋转系统未受到外力矩或所受到的外力矩的合力矩等于 0 时，系统保持静止或者

匀速旋转运动状态不变，即当 $T=0$ 时，有

$$\omega = 0 \text{ 或 } \omega = a (\beta = 0)$$

式中：T 为旋转系统所受到的外力的合力矩；

　　　ω 为旋转系统的角速度；

　　　a 为常数；

　　　β 为角加速度。

电力拖动系统在做旋转运动时，旋转系统所受到的外合力矩 T 等于系统总的转动惯量 J 与系统的角加速度 β 的乘积，即

$$T = J\beta \qquad\qquad (1-2)$$

式中，T 为旋转系统所受到的外力的合力矩；

　　　J 为旋转系统总的转动惯量；

　　　β 为角加速度。

需要特别说明的是，上述物理定律在电力拖动系统中的表述，已经忽略了电力拖动系统本身的几何尺寸，把整个电力拖动系统当成了一个质点来处理，这在工程计算中是允许的；有关的证明这里不再介绍，请读者参考有关文献。

1.1.2　电力拖动系统的组成

一般情况下，电力拖动系统的组成结构如图 1-1 所示。

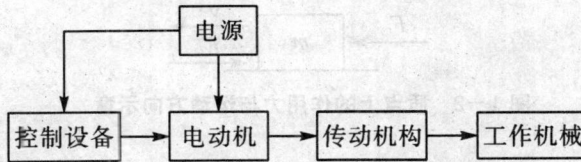

图 1-1　电力拖动系统组成结构框图

其中，电动机作为原动机，它实现将电能转换为机械动力，用以拖动工作机械进行加工或者移动；工作机械是执行和完成加工或者移动任务的机械部分，不同的工作机械（生产机械）可能有很大的差异，但是拖动的主要方式是直线运动和旋转运动两种；控制设备用以控制电动机的运行方式，达到满足工艺要求，通常是由继电器—接触器或者可编程控制器等组成；传动机构也叫减速装置，是连接电动机轴与工作机械轴的刚性机构，一般由齿轮箱组成，实现速度、传动方向和方式的改变，对于简单的拖动系统，也可以将电动机轴与工作机械轴通过联轴器直接连接而省去传动机构，这种系统称为单轴系统，这时电动机与工作机械转速相同。过去这种连接方式比较少，因为电动机的转速一般都远远高于工作机械，但是在现代电力拖动系统中，已经可以通过直接控制电动机的转速来调节工作机械的转速，称为电动机直接驱动系统，从而去除了传动机构，使工作机械的体积和重量大大减小，传动效率提高，所以随着科学技术的发展，在现代电力拖动系统组成中，传动机构有被淘汰的趋势；电源向系统提供能量，是电力拖动系统中必不可少的组成部分。

1.1.3 电力拖动系统运动方程式

所谓电力拖动系统运动方程，就是电力拖动系统应该遵循的物理运动规律。由于电力拖动系统有平面运动、直线运动和旋转运动方式，它们的运动规律在形式上有所不同，所以它们的运动方程在形式上也有所差异，下面分别介绍。

1.1.3.1 直线运动

根据牛顿第二定律在电力拖动系统中的表述，有

$$F = m\alpha$$

式中，等号左右两边的量纲应该相同，质量 m 与加速度 α 的乘积也应该是力，即由质点的惯性表现出阻碍速度变化的力，我们称其为动态负载力，这就是所有外力的合力与动态负载力的平衡关系，因此我们称其为质点的运动方程式。

在电力拖动系统中，系统的直线运动是一种主要的运动方式，如机床工作台的往返运动、起重机的吊钩上下移动、电梯轿箱的上下运动等。由物理学我们知道，在一定的条件下，这些刚体的直线运动可以看成为质点运动，运动方程可由式（1-1）来描述。

为了便于分析，同时从电力拖动系统的实际情况考虑，我们把作用在直线运动部件上的外力根据作用效果分为两类：一类是拖动部件运动的力 F，显然它就是电动机的驱动力，称为拖动力；另一种是由于摩擦和惯性因素等产生的阻碍部件运动的力 F_L，也就是阻碍力，我们称其为静负载力，如图 1-2 所示。

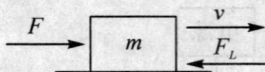

图 1-2 质点上的作用力与运动方向示意

在这样的分类下，直线运动方程式可以改写成如下形式：

$$F - F_L = m\alpha = m\frac{\mathrm{d}v}{\mathrm{d}t} \tag{1-3}$$

式中，F 为与运动方向一致的驱动力；

F_L 为静负载力（阻力）；

m 为直线运动部件的总质量；

v 为运动部件的线速度；

$\dfrac{\mathrm{d}v}{\mathrm{d}t}$ 为直线运动部件的加速度。

由于通常我们都是直接采用速度来描述系统的运动状态的，这样直线运动的运动方程可以直接写成

$$F - F_L = m\frac{\mathrm{d}v}{\mathrm{d}t} \tag{1-4}$$

1.1.3.2 旋转系统的运动方程式

在电力拖动系统中，旋转运动是另外一种主要的运动形式之一，例如在机械加工中，有大量的加工工件和固定机构绕着加工轴线旋转。与直线运动类似，我们由物理学

定律在刚体转动运动中的表述，很容易得出这些旋转部件的运动规律。

旋转系统根据结构形式，分为简单旋转系统（即单轴系统）和复杂旋转系统（即多轴系统），如图 1-3 所示。

图 1-3 简单旋转系统和复杂旋转系统示意

单轴系统是指直接将电动机轴通过联轴器与工作机械轴刚性连接，工作机械的转速与电动机相同的系统，如图 1-3（a）所示。这种系统结构简单，可以直接应用旋转系统的运动方程式（1-2）进行分析，由式（1-2）可得

$$T - T_L = J\beta = J\frac{d\omega}{dt}$$

即

$$T - T_L = J\frac{d\omega}{dt} \tag{1-5}$$

式中，T 为电动机的驱动转矩，即电磁转矩；

T_L 为静负载转矩，即阻转矩；

J 为运动部分总的转动惯量；

$\beta = \dfrac{d\omega}{dt}$ 为旋转系统的角加速度；

ω 为旋转系统的角速度。

多轴系统是指电动机与工作机械之间通过传动装置（减速箱）连接的系统，这种系统由于经过多级减速，具有多根转动轴，如图 1-3（b）所示。由于这种系统电动机和工作机械不在同一根轴上，不能直接应用运动方程式（1-2）进行分析，必须首先把多轴系统等效折算成为单轴系统，然后再按照单轴系统的分析方法来计算。

式（1-5）就是简单旋转系统所遵循的运动方程，和式（1-4）比较，可见直线运动方程和旋转运动方程形式完全相似，其各物理量之间存在着对应关系。但需要特别注意的是，在直线运动系统中驱动和静负载都是力，而在旋转运动系统中驱动和静负载都是力矩。

另外还需要说明，无论是平面运动、直线运动还是旋转运动的系统，必须唯一地选择各个物理量的参考方向或者正方向，一旦参考方向选定，则与参考方向相反的物理量必须取负。对于平面和直线运动系统，参考方向的选取没有统一的规定；而对于旋转系统而言，通常人们把电动机的反时针方向旋转选为转速的参考方向，把与电动机反时针方向旋转一致的驱动力矩即电磁转矩选为转矩的参考方向，至于电量的参考方向与电路原理中参考方向的选择一致，图 1-4 是一种参考方向选择的示意图。

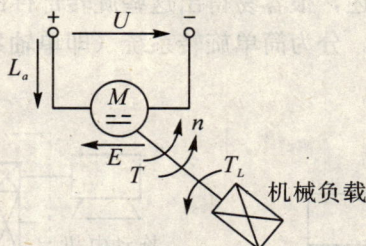

图 1-4 旋转系统中物理量参考方向选择

1.2　运动方程中有关物理量的计算

通过上节的分析，我们已经得出了电力拖动系统两大主要运动（直线运动和旋转运动）的运动方程。

式（1-4）所描述的直线运动的运动方程为

$$F - F_L = m \frac{\mathrm{d}v}{\mathrm{d}t}$$

式（1-5）所描述的旋转运动的运动方程为

$$T - T_L = J \frac{\mathrm{d}\omega}{\mathrm{d}t}$$

对于直线运动系统，公式中的参数 F、F_L、m 和 v 的获得都没有什么困难，但是对于旋转系统，参数 T_L 和 J 的获得就比较麻烦，特别是对于复杂旋转系统（多轴系统），不仅需要对每个传动轴进行计算，而且还要折算到等效的同轴系统上去，过去一直是一件非常麻烦的事情。虽然在现代技术条件下，已经不再进行这种繁琐的计算，而是直接采用动平衡实验或者其他先进方法直接测量得到，但是作为原理研究和基本训练，我们还是简单地介绍一下。

为了便于分析，本节主要介绍简单旋转系统（单轴系统）的参数计算方法，复杂旋转系统（多轴系统）下一节再专门集中介绍。

对于简单旋转系统，因为工作机械直接与电动机轴相联，静负载转矩往往就是稳态负载转矩，通常不用再去计算，即使需要计算也是容易的，所以参数计算主要集中在对系统的转动惯量 J 的计算上。要精确地计算出 J 是比较困难的，因为旋转系统并不一定是规范的物理体，需要分解成许多个规范的物理体，然后分别进行计算，最后求出系统旋转部分的总的转动惯量 J。由于工程上并不需十分精确，只要能够满足工程需要即可，所以我们经常在进行初步工程设计计算过程中，把旋转部分近似等效成规范的物理体，最常见的方法是将旋转工作机械等效为一实心的圆柱体，如图 1-5 所示。

根据图 1-5，转动惯量 J 可表示为

$$J = m\rho^2 = \frac{G}{g} \cdot \left(\frac{D}{2}\right)^2 = \frac{G}{g} \cdot \frac{D^2}{4} = \frac{GD^2}{4g}$$

即

$$J = \frac{GD^2}{4g} \tag{1-6}$$

式中，m 为圆柱体的质量；

　　ρ 为圆柱体的回转半径；

　　G 为圆柱体的重力；

　　D 为圆柱体的横截面直径；

　　g 为重力加速度。

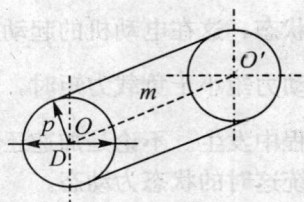

图 1-5　旋转机构等效为实心圆柱体示意

在式（1-6）中，工程上往往将 GD^2 作为一个不可分开的整体，称为飞轮矩，量纲单位为牛顿·米^2（N·m^2），它是实际工程中经常用来描述旋转体惯性的物理量，在数值和形式上 GD^2 等于重力 G 与圆柱体直径 D 平方的乘积。这里要注意的是，必须把 GD^2 写在一起才能表示飞轮矩。

另外，由于在实际工程中，电动机的转速 n 是电动机产品的重要技术参数，它不是用角速度 ω 来描述的，而是以每分钟转来表示的，即转/分钟（r/min）。为了应用的方便，还需要把式（1-5）中用角速度表示的转速换算成为采用转/分钟表示的工程上的实用形式。

将式（1-6）和 $\omega = \dfrac{2\pi n}{60}$ 代入式（1-5）中，就得到了今后我们经常用到的实用的旋转系统运动方程式，即

$$T - T_L = J \cdot \frac{d\omega}{dt} = \frac{GD^2}{4g} \cdot \frac{d}{dt}\left(\frac{2\pi n}{60}\right) = \frac{\pi GD^2}{120g} \cdot \frac{dn}{dt} = \frac{GD^2}{375} \cdot \frac{dn}{dt}$$

去掉上式中的中间推导环节，可得到用飞轮矩 GD^2 和转速 n 描述的旋转系统的实用的运动方程，即

$$T - T_L = \frac{GD^2}{375} \frac{dn}{dt} \tag{1-7}$$

在式（1-7）中，我们已经取定 $g = 9.81$；常数 375 具有加速度的量纲；转矩 T 与 T_L 的单位是牛顿·米（N·m）。提醒读者注意，有可能查阅资料时会看到电动机和其他旋转部件的飞轮矩的单位为公斤力·米^2（kgf·m^2），它是工程上早期沿用的工程单位制，不是我国现行法定的计量单位，需将由工程单位制（kgf·m^2）为单位的数值乘以 $g = 9.81$ 换算成我国现行的法定计量单位，即以 N·m^2 为单位的数值来参与计算。

为了具体分析拖动系统的运行状态，下面我们对式（1-7）进行分析：

当 $T = T_L$，即电动机的驱动转矩等于静负载转矩时，式（1-7）左边等于 0，当然式（1-7）右边也必然应该为 0，显然常数 $\dfrac{GD^2}{375}$ 不可能为 0，唯一地只能是 $\dfrac{dn}{dt} = 0$，即系统的加速度为 0，系统这时没有速度变化，那么系统这时是一种什么样的状态呢？

9

可能的状态只有两种：一是 $n=$ 常值，系统以某一转速保持匀速转动的稳定状态；二是 $n=0$，系统处在静止状态。我们把拖动系统处于静止或以某一转速稳定运行的状态称为稳态。

当 $T>T_L$，即电动机的驱动力矩大于负载力矩时，必然有 $\dfrac{\mathrm{d}n}{\mathrm{d}t}>0$，电动机处于加速状态，这在电动机的起动或者突然降低负载的过程中发生；当 $T<T_L$，即电动机的驱动力矩小于负载力矩时，$\dfrac{\mathrm{d}n}{\mathrm{d}t}<0$，电动机处于减速状态，这在制动和系统突加负载的过程中发生。不论是加速还是减速，由于拖动系统的运动都处在过渡过程之中，我们称系统这时的状态为动态。

必须指出，式（1-5）和式（1-7）只适用于转动惯量是常量的旋转系统，即线性系统，而不能用于转动惯量为随时间或其他参数变化的非常量或非线性的运动系统，例如曲柄-连杆机构等。

式（1-7）等号右边的 $\dfrac{GD^2}{375}\cdot\dfrac{\mathrm{d}n}{\mathrm{d}t}$ 具有转矩的量纲，同时其大小和正负号决定着系统的状态和速度改变的方向，所以称为加速转矩或者动负载转矩。加速转矩 $\dfrac{GD^2}{375}\cdot\dfrac{\mathrm{d}n}{\mathrm{d}t}$ 的大小和正负，由驱动转矩 T 和负载转矩 T_L 的代数和来决定。这样，当 $n>0$，$T>0$，$T_L>0$ 时，如果 $T>T_L$，则动负载转矩 $\dfrac{GD^2}{375}\cdot\dfrac{\mathrm{d}n}{\mathrm{d}t}>0$，系统加速运行；如果 $T<T_L$，电动机的电磁转矩不足以克服静负载转矩，$\dfrac{GD^2}{375}\cdot\dfrac{\mathrm{d}n}{\mathrm{d}t}<0$，系统减速运行；当 $T=T_L$ 时，$\dfrac{GD^2}{375}\cdot\dfrac{\mathrm{d}n}{\mathrm{d}t}=0$，系统处于静止或者匀速运行状态。

1.3　复杂系统运动方程及其参数计算

在 1.2 节中所介绍的电力拖动系统的运动方程和参数计算方法，只能适用于简单直线运动系统和旋转系统。所谓简单的直线运动系统和旋转系统，是指在同一个平面上的可以视作质点的直线运动系统和单轴旋转系统。对于复杂电力拖动系统，运动方程式（1-4）和（1-5）都不适用。复杂拖动系统包括复杂直线拖动系统和多轴旋转系统。

为了研究复杂电力拖动系统的运动方程和参数计算，我们需要引入等效系统的概念。有关等效系统的概念我们并不陌生，在前期的电路原理等课程中已经熟悉，为了准确理解并加深这一概念，这里再次予以说明。

所谓等效，是系统的外特性，指系统对外部而言特性相同，即系统在变换前后对外部来说效果是完全一样的。对于电力拖动系统来说，如果两个结构不同的拖动系统，它们所传递的功率相同，即对于被拖动的对象而言，拖动能力相同，同时系统所拥有的动量相同，即系统的惯量相同，则这两个系统对外来说是完全相同的，即是等效的。由此我们得出复杂电力拖动系统与简单系统等效的原则：复杂系统与简单系统所传递的功率不变，系统所拥有的动能不变。

这样我们就清楚和明确了研究复杂电力拖动系统运动方程和相关参数计算的思路和方法：首先把复杂系统等效成简单系统，再按照简单系统得出它们的运动方程并进行分析处理。

由于复杂直线运动系统等效成简单系统的折算相对简单，所以我们首先研究复杂旋转系统（多轴系统）等效折算成简单旋转系统（单轴系统）的方法，然后再介绍平面运动系统的等效折算问题。

1.3.1 复杂旋转系统的等效与参数计算

在简单旋转系统中，由于电动机与工作机械是直接连接的，工作机械的转速就是电动机的转速，在忽略电动机空载转矩 T_o 的情况下，工作机械的负载所产生的转矩就等于作用在电动机轴上的阻力转矩。

但是，在复杂旋转系统中电动机轴并不直接与工作机械轴连接，而是通过传动机构与工作机构轴连接，以便实现电动机转速与工作机构转速在大小和方向上的匹配，同时实现力矩放大，这时各个轴的转速和转矩是不同的，必须首先进行等效折算，把其他转轴上的转矩折算到电动机轴上，才能应用式（1-5）或者式（1-7）进行分析与计算。所以，对于复杂旋转系统的分析与计算，关键就是如何把多轴系统折算成等效的单轴系统，其他的分析计算与简单旋转系统无任何差异。

图 1-6 给出了一种四轴旋转系统及其等效为单轴拖动系统的示意图，图 1-6（a）为系统本身的多轴传动结构，图 1-6（b）是折算成等效的单轴系统。

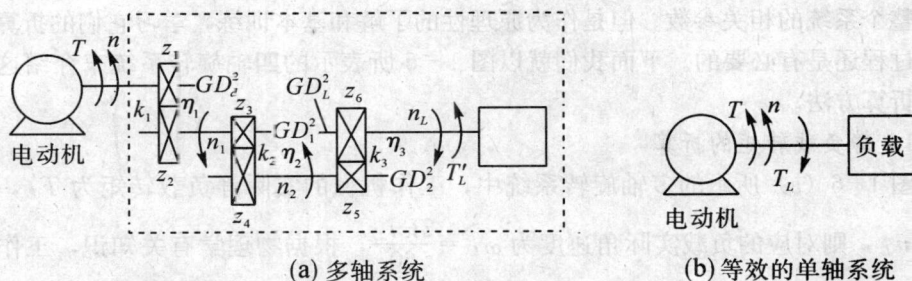

(a) 多轴系统   (b) 等效的单轴系统

图 1-6 多轴拖动系统及等效单轴系统示意

图 1-6 中的 T 为电动机的拖动转矩，即电磁转矩，n 为电动机的转速，GD_d^2、GD_1^2、GD_2^2、GD_L^2 分别是电动机轴、1 号传动轴、2 号传动轴和负载所在的 3 号传动轴上的飞轮矩，T_L' 是相对于 3 号传动轴的静负载转矩，即实际的静负载矩，n_L 是负载相对于 3 号传动轴的转速，即负载的实际转速，k_1、k_2、k_3 分别是三级齿轮传动的减速比，η_1、η_2、η_3 分别是三级齿轮传动的传递效率，z_1、z_2、z_3、z_4、z_5、z_6 分别代表传动齿轮，同时也表示各个齿轮的齿数。

由图 1-6 和以前的相关知识，我们不难知道：

$$k_1 = \frac{n}{n_1} = \frac{z_2}{z_1}, \quad \text{即} \quad n_1 = \frac{n}{k_1}$$

$$k_2 = \frac{n_1}{n_2} = \frac{z_4}{z_3}, \quad \text{即} \quad n_2 = \frac{n_1}{k_2}$$

$$k_3 = \frac{n_2}{n_L} = \frac{z_6}{z_5}, \quad \text{即} \quad n_L = \frac{n_2}{k_3} = \frac{n_1}{k_2 k_3} = \frac{n}{k_1 k_2 k_3} = \frac{1}{K}n \quad \text{或} \frac{n_L}{n} = \frac{1}{K}$$

式中，$K = k_1 k_2 k_3$。

由图 1—6 可见，要全面地研究这样一个多轴拖动系统，必须对每一根轴列出其相应的运动方程式，然后再找出它们之间相互关联的方程式，最后对这些方程式进行联立求解，才能对拖动系统进行全面的研究，求出它们的数量关系。显然采用这种方法是十分复杂的，它涉及求解高阶方程和高阶微分方程，对于电力拖动系统没有必要采用这种方法。这是由于电力拖动系统的研究对象是电动机轴，并不需要详细研究它的中间传动机构的每个轴的问题，因此在实际工程中，通常采用等效折算的办法，即把实际的多轴拖动系统等效成单轴拖动系统，然后采用 1.2 节中介绍的研究单轴电力拖动系统的方法来研究实际的多轴拖动系统。当然这种两个不同系统的等效必须遵循前面介绍的原则。

在具体分析计算时，首先从已知的实际静负载转矩 T'_L 计算出折算到电动机轴上的等效静负载转矩 T_L，然后从已知的各个传动轴的飞轮矩 GD_d^2、GD_1^2、GD_2^2 和 GD_L^2 计算出系统的总飞轮矩 GD^2。其中，$T'_L \rightarrow T_L$ 的折算称为静负载转矩的折算或者简称转矩折算，GD_d^2、GD_1^2、GD_2^2、$GD_L^2 \rightarrow GD^2$ 的折算称为系统飞轮矩的折算，这两种折算方法都随拖动系统工作机构的不同而不同。

多轴旋转系统的转矩折算和飞轮矩折算，过去一直是本课程的重点和难点，然而随着技术的进步，人们已经不再愿意进行这种繁琐和效率较低的计算，而是直接采用仪器测量出整个系统的相关参数。但是作为原理性的了解和基本训练，学习它们的折算方法和计算过程还是有必要的。下面我们就以图 1—6 所表示的四轴旋转系统来介绍这两种参数的折算方法。

1.3.1.1 静负载转矩的折算

在图 1—6（a）所示的多轴旋转系统中，工作机械的实际静负载转矩为 T'_L，实际转速为 n_L，则对应的负载实际角速度为 $\omega_L = \frac{2\pi n_L}{60}$，根据物理学有关知识，工作机械输出的机械功率为

$$P'_L = T'_L \omega_L$$

而在图 1—6（b）等效后的单轴系统中，T_L 代表将图 1—6（a）多轴系统中实际的负载转矩 T'_L 折算到电动机轴上的静负载转矩，ω 为电动机轴的角速度，$\omega = \frac{2\pi n}{60}$，则折算后系统所输出的机械功率 P_L 为

$$P_L = T_L \omega$$

如果忽略传动机构的功率损耗，则根据等效原则，折算前后系统所输出的机械功率应该相等，有

$$P'_L = P_L$$

即

$$T'_L\omega_L = T_L\omega$$

由此得

$$T_L = T'_L\frac{\omega_L}{\omega} = T'_L\frac{2\pi n_L/60}{2\pi n/60} = T'_L\frac{n_L}{n} = \frac{1}{K}T'_L$$

式中，$K = \dfrac{\omega}{\omega_L} = \dfrac{n}{n_L}$ 为电动机与工作机械之间总的传动比。剥离中间推导环节，上式可以写成

$$T_L = \frac{1}{K}T'_L \tag{1-8}$$

式中，T_L 为折算到单轴系统后的负载转矩；

$\quad\quad$ K 为电机轴到负载轴的总传动比；

$\quad\quad$ T'_L 为折算前实际的负载转矩。

式（1-8）就是多轴系统折算成等效的单轴系统时负载转矩的折算公式。下面我们对式（1-8）作些定性的分析。

首先，$K > 1$，$T_L < T'_L$。这是由于在电机设计与制造中，为了充分利用材料，降低电动机的制造成本，电动机的额定转速一般都比较高。而工作机械的转速一般都比较低，这不仅是由于加工工艺和质量要求或者从安全角度考虑，同时也是为了增大力矩，所以通常的传动机构都是减速性质的。

其次，在实际的多轴拖动系统中，机械功率在传动装置传递过程中，总是存在着一定的功率损耗，即传动损耗，这部分损耗是由作为驱动的电动机承担的，而在式（1-8）中没有涉及。尽管这部分功率损耗较小，在实际的工程计算中不会产生大的影响，但是在进行精密系统（如航空航天系统）设计计算和理论研究时，不可忽略。在考虑传动机构功率损耗时，电动机输出的机械功率应该比生产机械所消耗的功率大，如果用传动效率 η 来描述这部分损耗，有

$$P'_L = P_L\eta$$

或

$$P_L = P'_L\frac{1}{\eta}$$

即

$$T'_L\omega_L = T_L\omega\eta$$

或

$$T_L = \frac{1}{K\eta}T'_L \tag{1-9}$$

式（1-9）就是多轴系统折算成等效的单轴系统并考虑传动机构损耗时负载转矩的折算公式，其中 $\eta = \eta_1\eta_2\eta_3$ 为传动机构的总传动效率。

需要注意的是，不同种类的传动机构，其传动效率是不同的，同时负载的大小不同时，即同一传动机构其效率也不相同。在工程计算中，一般采用系统在额定状态时的效率进行计算。传动机构的效率可在相应的机械工程手册上查得。

1.3.1.2 飞轮矩的折算

飞轮矩是旋转工作机构机械惯量的体现，由于旋转体的动能为 $W = \frac{1}{2}J\omega^2$，设 J 为将多轴系统折算成单轴系统后的等效转动惯量，GD^2 为对应的等效飞轮矩，则对于图 1-6（a）所示的多轴旋转系统，根据系统折算前后所储存的动能相等的原则，必然有

$$W = W'$$

式中，W 为折算后等效单轴系统拥有的动能；

W' 为折算前多轴系统拥有的动能。

由系统动能计算公式，即得

$$\frac{1}{2}J\omega^2 = \frac{1}{2}J_d\omega^2 + \frac{1}{2}J_1\omega_1^2 + \frac{1}{2}J_2\omega_2^2 + \frac{1}{2}J_L\omega_L^2$$

式中，J 为等效后的单轴系统总的转动惯量；

J_d 为电动机转子所在轴上的总转动惯量，它包含电动机转子本身的转动惯量、轴本身和装在该轴上的齿轮 z_1 的转动惯量之和；

J_1 为第二根传动轴上的总转动惯量，它包括轴本身和装在该轴上的两个齿轮 z_2、z_3 的转动惯量之和；

J_2 为第三根传动轴上的总转动惯量，它包括轴本身和装在该轴上的两个齿轮 z_4、z_5 的转动惯量之和；

J_L 为第四根传动轴即负载所在轴上的总转动惯量，它包括轴本身和装在该轴上的齿轮 z_6 及负载本身的转动惯量之和。

将上式两边同乘以 $4g$，再除以 ω^2，由转动惯量与飞轮矩的关系式（1-6）式，则有

$$GD^2 = GD_d^2 + GD_1^2 \frac{1}{k_1^2} + GD_2^2 \frac{1}{k_1^2 k_2^2} + GD_L^2 \frac{1}{k_1^2 k_2^2 k_3^2} \qquad (1-10)$$

式中，GD^2、GD_d^2、GD_1^2、GD_2^2、GD_L^2 分别是对应于转动惯量 J、J_d、J_1、J_2、J_L 的飞轮矩，各个飞轮矩的含义与上面所述相同，这里不再说明。

式（1-10）就是将多轴旋转系统等效成单轴系统时飞轮矩的折算公式。注意，如果多轴系统的传动级数更多，则在式（1-10）右边依次增加折算的相加项。

通常，在折算后的总飞轮矩 GD^2 中，电动机转子本身的飞轮矩 GD_d^2 所占的比重最大，工作机械由于折算前本身的飞轮矩基数较大，所以折算后的折算值所占比重仅次于电动机转子的折算值，而传动机构飞轮矩的折算值所占比重最小。因此在实际工程中，为了避免计算折算值带来的麻烦，往往采用下面的估算式来计算系统的总飞轮矩，在要求不高的情况下，既能够满足工程要求，又节省了时间。系统的总飞轮矩为

$$GD^2 = (1+\delta)GD_d^2 \qquad (1-11)$$

式中，δ 为小于 l 的估算系数，通常取 $0.2 \sim 0.3$；

GD_d^2 为电动机转子本身的飞轮矩，其值可在电动机产品资料中查得。

至此，当复杂多轴旋转系统的静负载转矩折算值 T_L 和飞轮矩的折算值 GD^2 得到以后，就可以直接按照简单单轴系统的运动方程式（1-7）来分析计算了。

1.3.2　复杂直线运动系统的等效与参数计算

复杂直线运动系统主要是指做平移运动的拖动系统，如港口卸货吊车的移动平台拖动系统，在平直轨道上行驶的电动机车，龙门刨床的工作台驱动系统等，都是复杂直线运动系统。复杂直线运动系统的等效思路和原则与旋转系统相同，同样是首先把复杂系统的转矩和飞轮矩通过折算，转换成等效的简单直线运动系统，然后按照简单直线系统的运动方程式（1-4）进行分析计算，但是复杂直线运动系统的转矩与飞轮矩的折算方法与旋转系统不同。图 1-7 是一种刨床传动结构的示意图。由图可见，电动机通过多级齿轮减速后，再由齿轮与齿条啮合将旋转运动变成直线运动。下面以图 1-7 所示系统为例，来说明复杂直线运动系统的等效与转矩折算和飞轮矩折算。

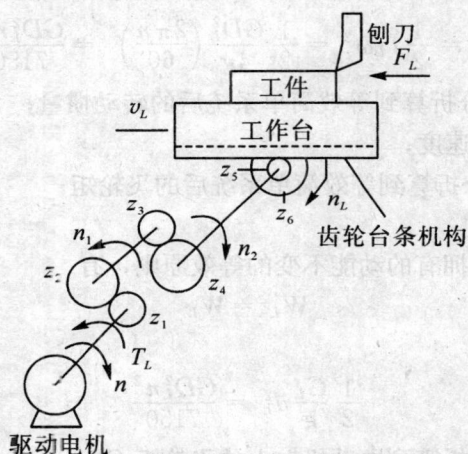

图 1-7　一种刨床工作台拖动系统示意

1.3.2.1　转矩的折算

设切削时工件与工作台的线速度为 v_L，刀具作用在工件上的切削力为 F_L，根据机械原理，刀具产生的切削功率 P_L' 为

$$P_L' = F_L v_L$$

切削力 F_L 反映到电动机轴上表现为静负载转矩 T_L，切削功率 P_L' 反映到电动机轴上则表现为电动机的输出功率（不含传动损耗）$P_L = T_L \omega = \dfrac{2\pi n}{60} T_L$，如果不考虑传动机构的损耗，则根据系统所传递的功率不变的原则，必然有

$$P_L = P_L'$$

即

$$F_L v_L = T_L \frac{2\pi n}{60}$$

由此得到折算到电动机轴上的转矩

$$T_L = \frac{F_L v_L}{2\pi n/60} = 9.55 \frac{F_L v_L}{n} \tag{1-12}$$

如果考虑传动机构的损耗，由于传动机构的损耗是由电动机承担的，这时式（1—12）应修正为

$$T_L = 9.55 \frac{F_L v_L}{n\eta} \qquad (1-13)$$

式中，η 为从电动机轴到切削刀具的传动效率。

1.3.2.2 飞轮矩的折算

设复杂系统中平移运动部分的重力 $G_L = m_L g$，根据物理学知识，平移运动部分所具有的动能为

$$W'_L = \frac{1}{2} m_L v_L^2 = \frac{1}{2} \frac{G_L}{g} v_L^2$$

平移运动部分折算到等效的简单系统后，它所储存的动能为

$$W_L = \frac{1}{2} J_L \omega^2 = \frac{1}{2} \frac{GD_L^2}{4g} \left(\frac{2\pi n}{60}\right)^2 = \frac{GD_L^2 n^2}{7150}$$

式中，J_L 为平移运动部分折算到等效简单系统后的转动惯量；

ω 为电动机的旋转角速度；

GD_L^2 为平移运动部分折算到等效简单系统后的飞轮矩；

n 为电动机的转速。

按照折算前后系统所拥有的动能不变的等效原则，有

$$W'_L = W_L$$

即

$$\frac{1}{2} \frac{G_L}{g} v_L^2 = \frac{GD_L^2 n^2}{7150} \qquad (1-14)$$

因此，平移运动部分折算到电动机轴上的飞轮矩 GD_L^2 为

$$GD_L^2 = 365 \frac{G_L v_L^2}{n^2} \qquad (1-15)$$

式（1—15）就是将复杂拖动系统中直线运动部分折算到等效简单系统时飞轮矩的折算公式。

从图1—7我们看到，复杂电力拖动系统中除了直线运动部分外，可能还有旋转部分存在，这一部分的飞轮矩也必须折算到等效后的简单系统中，等效简单系统的总飞轮矩为这两部分飞轮矩折算值之和，有关旋转部分的折算与前面介绍过的方法相同，这里不再述及。

1.3.2.3 升降型复杂直线运动折算中的特殊问题

上面所介绍的复杂直线运动系统的等效与折算，属于水平型直线拖动。在复杂直线拖动系统中，除了水平型直线拖动系统外，还有升降型（垂直型）直线拖动系统，主要是各种起重升降机和电梯。由于在升降型直线拖动系统中通常要使用卷筒和动滑轮，同时重物在下降过程中往往是由重物倒拉拖动电动机，所以升降型直线拖动系统具有不同于水平直线拖动系统的特点，在进行折算时需要特别注意。为了解升降型直线拖动系统在等效与折算过程中的这些特点，现以图1—8所示的升降型直线拖动系统为例来说明。

由图1—8可见，电动机通过传动机构拖动卷筒，缠绕在卷筒上的钢绳悬挂重物，

其重力为 G_L，钢绳以力 F_L 等速提升或下放重物，线速度为 v_L。

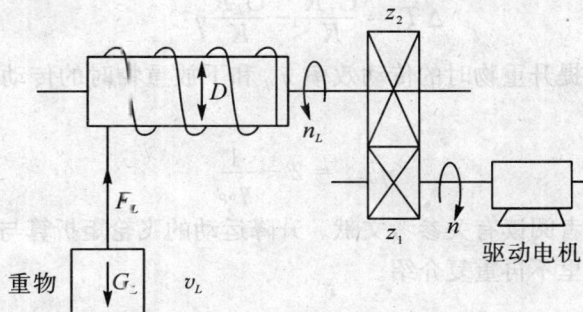

图 1-8　一种升降型直线拖动系统示意

在向上提升重物的过程中：设卷筒半径为 $R = \dfrac{D}{2}$，相对于卷筒，提升重物的转矩为 $T'_L = F_L \cdot R = G_L \cdot R = G_L \dfrac{D}{2}$，如不计传动机构损耗，根据前面的介绍，折算到电动机轴上的负载转矩为

$$T_L = \frac{G_L R}{K} = \frac{G_L D}{2K} \tag{1-16}$$

式中，K 为电动机轴到卷筒轴的传动比；

$\qquad D$ 为卷筒直径。

如果考虑传动机构的损耗，在提升重物时，由于这部分损耗是由电动机承担的，这样，折算到电动机轴上的负载转矩应为

$$T_{L_{up}} = \frac{G_L R}{K \eta_{up}} = \frac{G_L D}{2K \eta_{up}} = 9.55 \frac{G_L v_L}{n \eta_{up}} \tag{1-17}$$

式中，$T_{L_{up}}$ 为提升重物时的转矩折算值；

$\qquad \eta_{up}$ 为提升重物时传动机构的传动效率。

由式（1-16）和式（1-17）可知，提升重物时，传动机构的损耗转矩 ΔT 为

$$\Delta T = \frac{G_L R}{K \eta_{up}} - \frac{G_L R}{K} \tag{1-18}$$

在下放重物的过程中，重物对卷筒轴的负载转矩大小仍为 $G_L \cdot R$，不难推得在不计传动机构损耗时，折算到电动机轴上的负载转矩仍可用式（1-16）描述。但在下放重物时，是重物即负载倒拉电动机，在负载重力作用下拉着整个系统反方向运动。此时，电动机的电磁转矩起着制动作用，即成为阻碍系统运动的阻力矩。这时如果考虑传动机构的损耗，这部分损耗显示应该是由负载来承担的。因此，如果仍用传动机构的效率来描述传动机构的损耗，则下放重物时折算到电动机轴上的负载转矩应为

$$T_{L_{dow}} = \frac{G_L R}{K} \eta_{dow} = \frac{G_L D}{2K} \eta_{dow} = 9.55 \frac{G_L v_L}{n} \eta_{dow} \tag{1-19}$$

式中，$T_{L_{dow}}$ 为下放重物时转矩的折算值；

$\qquad \eta_{dow}$ 为下放重物时的传动效率。

同理可得下放重物时传动机构的损耗转矩 ΔT 为

$$\Delta T = \frac{G_L R}{K} - \frac{G_L R}{K}\eta_{dow} \qquad (1-20)$$

可以证明，向上提升重物时的传动效率 η_{up} 和下放重物时的传动效率 η_{dow} 具有如下关系：

$$\eta_{dow} = 2 - \frac{1}{\eta_{up}} \qquad (1-21)$$

其证明过程请读者阅读有关参考文献。升降运动的飞轮矩折算与平面直线运动的折算方法完全相同，这里不再重复介绍。

1.3.2.4 例题分析

为了加深对复杂电力拖动系统等效为简单系统的理解，掌握计算方法，下面我们以两个经典的例题来说明。

例 1-1 设某刨床工作台的电力拖动系统如图 1-9 所示。已知电动机 M 的转速 $n=960$ r/min，电动机转子的飞轮矩为 $GD_d^2=118$ N·m²，工作台重 $G_1=18050$ N，被加工工件重 $G_2=24650$ N，各齿轮的编号和相应的齿数及飞轮矩如图 1-9 和表 1-1 所示，齿轮 8 的节距为 $t_8=25.2$ mm。如果要将该复杂拖动系统等效为简单系统分析，试计算系统折算到电动机轴上后总的飞轮距。

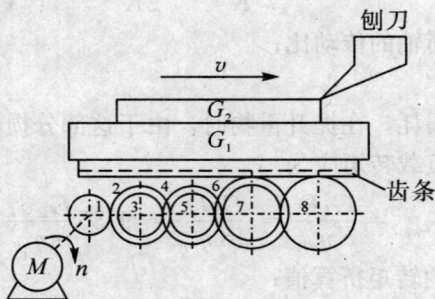

图 1-9 刨床工作台传动示意

表 1-1 齿轮数据

齿轮编号	1	2	3	4	5	6	7	8
齿轮齿数 z	28	56	32	64	30	75	30	90
对应飞轮矩 GD^2（N·m²）	5.24	24.10	10.82	32.40	20.60	48.20	28.32	80.68

解题思路分析：

这是一个典型的复杂拖动系统，系统中既含有多轴旋转部分，又有直线运动部分，也是本课程历来的经典型例题。为了正确进行计算，必须首先搞清楚它们的传动关系。

根据题意和刨床工作台的实际工作情况，系统中电动机轴和齿轮 1 为同轴，它们具有相同的转速；齿轮 2 和齿轮 3 是同轴，具有相同的转速；齿轮 4 和齿轮 5 为同轴，转速相同；齿轮 6 和齿轮 7 同轴，转速相同；齿轮 8 与工作台组成齿轮齿条机构，将旋转运动转换为直线运动。旋转部分共进行了 4 级减速；工作台 G_1（含齿条）和被加工工件为刚性连接，进行往返直线运动，运动速度相同；根据机械原理，工作台与工件的运动速度 v 与齿轮 8 的节圆上的线速度相同。

明确了这些传动关系以后，我们把刨床工作台运动系统分为旋转运动和直线运动两部分来分别计算，而系统总的飞轮矩折算值为这两部分折算值之和。

由图 1-9 我们可以看出，旋转部分总的飞轮矩 GD_{L1}^2 应为下面 6 部分之和，即

折算到电动机轴上的旋转部分总飞轮矩 GD_{L1}^2 ＝ 电动机转子飞轮矩 GD_d^2 ＋ 齿轮 1 的飞轮矩 GD_1^2 ＋ 齿轮 2 和齿轮 3 飞轮矩的折算值 ＋ 齿轮 4 和齿轮 5 飞轮矩的折算值 ＋ 齿轮 6 和齿轮 7 飞轮矩的折算值 ＋ 齿轮 8 飞轮矩的折算值

注意：由于题中没有涉及系统中的 5 根传动轴的任何参数，我们无法对它们进行计算，只能理解为它们的飞轮矩已经被考虑到了相关的齿轮之中或者可以忽略不计。

解：(1) 求旋转部分总的折算飞轮矩 GD_{L1}^2。

根据以上分析、飞轮矩折算公式（1-10）和相关机械知识，有

$$GD_{L1}^2 = (GD_d^2 + GD_1^2) + \frac{GD_2^2 + GD_3^2}{\left(\frac{z_2}{z_1}\right)^2} + \frac{GD_4^2 + GD_5^2}{\left(\frac{z_2}{z_1}\right)^2 \left(\frac{z_4}{z_3}\right)^2} + \frac{GD_6^2 + GD_7^2}{\left(\frac{z_2}{z_1}\right)^2 \left(\frac{z_4}{z_3}\right)^2 \left(\frac{z_6}{z_5}\right)^2} +$$

$$\frac{GD_8^2}{\left(\frac{z_2}{z_1}\right)^2 \left(\frac{z_4}{z_3}\right)^2 \left(\frac{z_6}{z_5}\right)^2 \left(\frac{z_8}{z_7}\right)^2}$$

代入相关的数据，得

$$GD_{L1}^2 = (118 + 5.24) + \frac{24.10 + 10.82}{\left(\frac{56}{28}\right)^2} + \frac{32.40 + 20.60}{\left(\frac{56}{28}\right)^2 \left(\frac{64}{32}\right)^2} + \frac{48.20 + 28.32}{\left(\frac{56}{28}\right)^2 \left(\frac{64}{32}\right)^2 \left(\frac{75}{30}\right)^2} +$$

$$\frac{80.68}{\left(\frac{56}{28}\right)^2 \left(\frac{64}{32}\right)^2 \left(\frac{75}{30}\right)^2 \left(\frac{90}{30}\right)^2}$$

$$= 123.24 + \frac{34.92}{4} + \frac{53}{16} + \frac{76.52}{100} + \frac{80.68}{900}$$

$$\approx 123.24 + 8.73 + 3.3125 + 0.7652 + 0.08964$$

$$\approx 136.14 \, (\text{N} \cdot \text{m}^2)$$

(2) 求直线运动部分总的折算飞轮矩 GD_{L2}^2。

首先求齿轮 8 的转速 n_8，有

$$n_8 = \frac{n}{\left(\frac{z_2}{z_1}\right)\left(\frac{z_4}{z_3}\right)\left(\frac{z_6}{z_5}\right)\left(\frac{z_8}{z_7}\right)}$$

$$= \frac{960}{\left(\frac{56}{28}\right)\left(\frac{64}{32}\right)\left(\frac{75}{30}\right)\left(\frac{90}{30}\right)}$$

$$= \frac{960}{2 \times 2 \times 2.5 \times 3}$$

$$= 32 \, (\text{r/min})$$

再由机械原理可求得工作台及工件直线运动的速度为

工作台及工件直线运动的速度（米／秒）

$$= \frac{\text{齿轮 8 节圆的圆周长（米）} \times \text{齿轮 8 的转速（转／分）}}{60}$$

$$= \frac{\dfrac{\text{齿轮 8 的节距（毫米）}}{1000（毫米／米）} \times \text{齿轮 8 的齿数（转）} \times \text{齿轮 8 的转速（转／分）}}{60（秒／分）}$$

所以

$$v = t_8 z_8 n_8 = \frac{\dfrac{25.2}{1000} \times 90 \times 32}{60} = \frac{0.0252 \times 90 \times 32}{60} \approx 1.21 \text{（m/s）}$$

直线运动部分总的折算飞轮矩 GD_{L2}^2 为

$$GD_{L2}^2 = \frac{365(G_1 + G_2)v^2}{n^2} = \frac{365(18050 + 24650) \times 1.21^2}{960^2}$$

$$= \frac{365 \times 42700 \times 1.4641}{921600}$$

$$= 24.76 \text{（N · m}^2\text{）}$$

（3）求刨床拖动系统折算到电动机轴上的总飞轮距 GD^2，有

$$GD^2 = GD_{L1}^2 + GD_{L2}^2 = 136.14 + 24.76 = 160.9 \text{（N · m}^2\text{）}$$

至此，系统的飞轮矩折算全部完成。

下面再介绍一个含有升降型直线运动的复杂拖动系统的计算例题。

例 1-2 某升降机拖动系统如图 1-10 所示。已知被提升重物的重量 $G = 28600$ N，提升速度 $v = 0.8$ m/s，传动齿轮的效率 $\eta_1 = \eta_2 = 0.98$，卷筒的效率 $\eta_3 = 0.96$，卷筒直径 $D = 0.68$ m，传动机构的转速比 $k_1 = 8$，$k_2 = 12$，且各个转动轴上的飞轮矩分别为 $GD_d^2 = 12.78$ N · m²，$GD_1^2 = 24.52$ N · m²，$GD_2^2 = 15.75$ N · m²。忽略钢绳自身的重力和滑轮传动装置的损耗，计算：

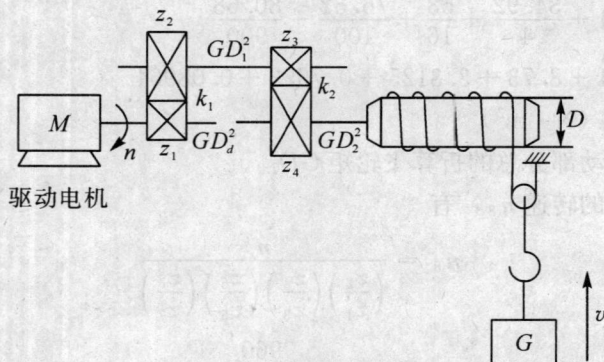

图 1-10 升降机拖动系统示意

（1）系统折算到电动机轴上的总的飞轮矩 GD^2；

（2）以 $v = 0.8$ m/s 的速度提升重物时，电动机所输出的转矩 T_{up} 和效率 $\eta_{c_{up}}$；

（3）以 $v=0.8\,\text{m/s}$ 的速度下放重物时，电动机所输出的转矩 $T_{L_{dow}}$ 和效率 $\eta_{c_{dow}}$；

（4）以加速度 $\alpha=0.12\,\text{m/s}^2$ 提升重物时，电动机所输出的转矩 T。

解题思路分析：

本题是非常典型的升降型直线拖动运动系统。根据题意和系统的实际工作情况，系统中电动机通过传动机构拖动卷筒，卷筒的转速 n_D 与电机的转速 n 的关系为 $n=n_D K=nk_1k_2$，其中 k_1,k_2 是传动机构的传动比，K 为从电动机轴到卷筒轴之间总的传动比（减速比）。卷筒上的绳索与动滑轮共同作用提升或下放重物 G，则重物 G 的提升或下降速度是卷筒的线速度，因此卷筒的转速 n_D 与钢绳提升速度 v 的关系为

$$v=\frac{\pi D n_D}{60}\,(\text{m/s})$$

由图 1-10 所示系统结构，根据升降型直线运动的折算方法，可以看出

折算到电动机轴上的旋转部分总飞轮矩 $GD^2=$ 电动机转子飞轮矩 GD_d^2+ 传动机构 1 的飞轮矩＋传动机构 2 的飞轮矩＋卷筒飞轮矩的折算值

由前面分析可知，提升重物和下放重物由于电动机的电磁转矩分别起着拖动和制动的作用，因此分析计算方法略有不同，这在前面的内容中有详细的论述。

根据以上解题思路，我们可以很顺利地完成题目的解答，具体解答过程如下。

解：（1）系统折算到电动机轴上的总的飞轮距为

$$GD^2=GD_d^2+\frac{GD_1^2}{k_1^2}+\frac{GD_2^2}{k_1^2k_2^2}+365\frac{Gv^2}{n^2}$$

式中，n 为电动机提升重物时的转速，$n=n_D K=nk_1k_2$（其中 n_D 为卷筒的转速）。

钢绳提升速度 v 的关系为

$$v=\frac{\pi D n_D}{60}\,(\text{m/s})$$

由此得卷筒的转速为

$$n_D=\frac{60v}{\pi D}=\frac{60\times0.8}{\pi\times0.68}\approx22.47\,(\text{r/min})$$

从而得到电动机的转速为

$$n=n_D K=n_D k_1 k_2=22.47\times8\times12\approx2157\,(\text{r/min})$$

于是，系统折算到电动机轴上的总的飞轮距为

$$GD^2=GD_d^2+\frac{GD_1^2}{k_1^2}+\frac{GD_2^2}{k_1^2k_2^2}+365\frac{Gv^2}{n^2}$$

$$=12.78+\frac{24.52}{8^2}+\frac{15.75}{8^2\times12^2}+365\times\frac{28600\times0.8^2}{2157^2}$$

$$=12.78+0.38+0.0017+1.436$$

$$\approx14.6\,(\text{N}\cdot\text{m}^2)$$

（2）以 $v=0.8\,\text{m/s}$ 的速度提升重物时，由于采用了动滑轮，则卷筒钢丝绳所承受的重力只有提升物体重力的一半，作用于卷筒上的静负载转矩 T_L' 为

$$T_L'=\frac{G}{2}\cdot\frac{D}{2}=\frac{28600}{2}\times\frac{0.68}{2}=4862\,(\text{N}\cdot\text{m})$$

由此得电动机轴上的输出转矩 T_{up}（即折算到电动机轴上的静负载转矩 T_L）为

$$T_{up} = T_L = \frac{T'_L}{k_1 k_2 \eta_1 \eta_2 \eta_3} = \frac{4862}{8 \times 12 \times 0.98 \times 0.98 \times 0.96} = \frac{4862}{88.51} \approx 54.93 \, (\text{N} \cdot \text{m})$$

根据转矩与功率的关系，得提升重物时电动机输出的功率为

$$P_2 = P_L = \frac{T_L n}{9550} = \frac{54.93 \times 2157}{9550} \approx 12.4 \, (\text{kW})$$

电动机提升效率为

$$\eta_{c_{up}} = \eta_1 \eta_2 \eta_3 = 0.98 \times 0.98 \times 0.96 \approx 0.92$$

（3）以 $v = 0.8 \, \text{m/s}$ 的速度下放重物时，设题中所给出的传动机构的效率为提升重物时的效率，即

$$\eta_{c_{up}} = \eta_1 \eta_2 \eta_3 \approx 0.92$$

根据升降型直线拖动运动系统在提升重物和下放重物时的传动效率之间的关系式（1-21），得下放重物时的效率为

$$\eta_{c_{dow}} = 2 - \frac{1}{\eta_{c_{up}}} = 2 - \frac{1}{0.92} \approx 0.91$$

在恒速下放重物时，电动机轴上输出的转矩 $T_{L_{dow}}$ 为

$$T_{L_{dow}} = \frac{T'_L}{k_1 k_2} \eta_{dow} = \frac{4862}{8 \times 12} \times 0.91 \approx 46.09 \, (\text{N} \cdot \text{m})$$

下放重物时电动机轴上输出的功率为

$$p_2 = -\frac{T_{L_{dow}} n}{9550} = -\left(\frac{46.09 \times 2157}{9550} \right) \approx -10.41 \, (\text{kW})$$

式中，负号表示电动机这时实际上是吸收功率，重物的重力做功倒拉电动机反转，电动机工作在发电机状态。

（4）求电动机转速与重物提升线速度的关系为

$$n = n_D K = n_D k_1 k_2 = \frac{60v}{\pi D} k_1 k_2$$

于是，电动机加速度与重物提升加速度的关系为

$$\frac{\text{d}n}{\text{d}t} = \frac{\text{d}}{\text{d}t} \left(\frac{60v}{\pi D} k_1 k_2 \right) = \frac{60}{\pi D} k_1 k_2 \frac{\text{d}v}{\text{d}t} = \frac{60}{\pi D} k_1 k_2 \alpha$$

代入有关数据，得

$$\frac{\text{d}n}{\text{d}t} = \frac{60}{\pi \times 0.68} \times 8 \times 12 \times 0.12 \approx 323.72$$

根据运动方程式（1-7），即

$$T - T_L = \frac{GD^2}{375} \frac{\text{d}n}{\text{d}t}$$

得当系统以加速度 $\alpha = 0.12 \, \text{m/s}^2$ 提升重物时，电动机所输出的转矩为

$$T = T_L + \frac{GD^2}{375} \frac{\text{d}n}{\text{d}t} = 54.93 + \frac{14.62}{375} \times 323.72 \approx 67.55 \, (\text{N} \cdot \text{m})$$

1.4　电力拖动系统中的典型负载特性

从 1.1 节中介绍的电力拖动系统运动方程可以看出，电动机的驱动力矩与静负载转矩是组成电力拖动系统的主要元素，它们存在于一个统一体中。要分析电力拖动系统的特性，就必须知道负载的特性。而静负载转矩是由生产机械的特性决定的，不管什么形式的拖动系统，最终都反映在负载转速的变化和电动机的拖动转矩及输出功率上。转矩和转速是描述电力拖动系统的两个重要物理量，大多数生产机械的静负载特性都可以表示成与速度的关系，生产机械的静负载转矩与转速的关系称为生产机械的负载转矩特性，简称负载特性。

由于不同的生产机械和不同的工艺要求，生产机械的负载特性不同，即使同一种生产机械，在不同的要求和工作条件下，其负载特性也是不同的。在实际工作中，通常根据生产机械的负载转矩与速度的关系，将生产机械分为转矩不变型负载、功率不变型负载、指数型负载三种类型，下面分别介绍它们的特点。

1.4.1　转矩不变型负载

所谓转矩不变型负载，就是在整个拖动过程中，负载转矩 T_L 保持不变，与系统的转速 n 无关。具有这种特性的负载，当负载的转速改变时，转矩 T_L 始终保持在某一恒定值，故在一些教材中也称这种负载为恒转矩负载。由于拖动系统结构形式的不同，转矩不变型负载又可以分为反抗型的转矩不变型负载和位能型的转矩不变型负载两大类。

1.4.1.1　反抗型转矩不变型负载

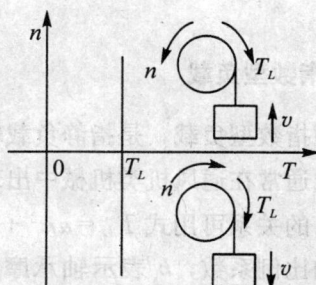

反抗型转矩不变型负载的特点是负载转矩 T_L 总是与运动的方向相反。对于反抗型的转矩不变型负载，当转速 n 为正方向时，T_L 也为正方向；当 n 改变为负方向时，T_L 也改变方向变为负值，如图 1-11 所示。显然，反抗型转矩不变型负载的转矩特性应位于 $n=f(T)$ 平面坐标系中第 I 象限和第 III 象限内，常见的属于这类特性的负载有金属压延加工机械和各种机床的水平直线运动机构以及电动机车的平道行驶等。

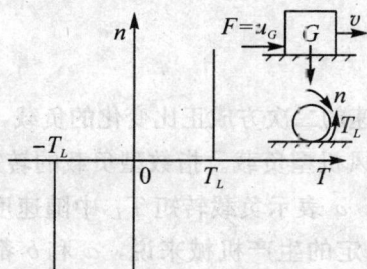

图 1-11　反抗型转矩不变型负载特性　　图 1-12　位能型转矩不变型负载特性

1.4.1.2 位能型转矩不变型负载

位能型转矩不变型负载的特点是静负载转矩的方向不随转速方向的改变而改变,如在起重机升降拖动系统中由重物重力所产生的静负载就是位能型的负载。位能型的转矩不变型负载特性如图 1−12 所示。由图可见,不论向上提升重物($n > 0$)还是下放重物($n < 0$),由重物重力所产生的负载转矩始终是不变的,即始终保持 $T_L > 0$ 为正,其特性曲线位于 $n = f(T)$ 平面坐标系中第Ⅰ象限和第Ⅳ象限内,表示负载特性的直线从第Ⅰ象限到第Ⅳ象限是连续的。但需要注意的是,向上提升重物时,转矩 T_L 是阻碍提升的;下放重物时,T_L 是帮助下放的。

1.4.2 功率不变型负载

所谓功率不变型负载,是指在拖动过程中,负载功率 P_L 基本不发生变化,始终保持为一恒定值的负载,功率不变型负载也称恒功率负载。由机械原理我们知道,在这一类负载的拖动过程中,负载转矩 T_L 必然与转速 n 成反比。例如,各种机床在加工工件的过程中,驱动工件或者刀具的电动机功率是一定的,为了充分发挥设备的作用,在粗加工时切削量大、切削阻力大,此时必须开低速,否则电动机将发生过载;而在进行精加工时,为了保证工件的表面光洁度,切削量小,为充分发挥设备效率,往往开高速,以使电动机的容量得到充分利用。因此,不同的转速下的负载转矩与转速成反比,即

$$T_L = \frac{K}{n} \tag{1−22}$$

式中,K 为比例常数。相应的切削功率 P_L 为

$$P_L = T_L \omega = T_L \frac{2\pi n}{60} = \frac{T_L}{9.55} n = \frac{K}{9.55} \tag{1−23}$$

根据式(1−22),我们可以作出功率不变型负载的特性曲线,如图 1−13 所示。

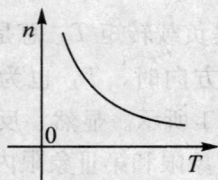

图 1−13 功率不变型负载特性

1.4.3 指数型负载

所谓指数型负载,是指静负载转矩近似于与转速的二次方成正比变化的负载,由于这类负载通常在通风机类机械中出现,故又称为通风机型负载。指数型负载的转矩 T_L 与转速 n 的关系可用式 $T_L = an^2 + b$ 来描述,式中,a 表示负载转矩 T_L 中随速度 n 变化部分的比例系数,b 表示轴承摩擦转矩。对于确定的生产机械来说,a 和 b 都是常量。指数型负载的负载特性曲线如图 1−14 所示,在实际生产中,属于指数型负载的生产机械有通风机和各类泵等(如水泵、油泵)。

需要注意的是，实际生产机械的负载特性往往并不是某一种单一性质的负载，可能是以上各种典型负载特性的综合。

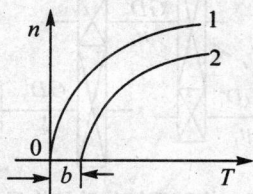

图 1-14　指数型负载特性

小　结

本章介绍了电力拖动系统的运动方程，它是研究电力拖动系统的静态特性和过渡过程所必备的基础，应认真掌握。

电力拖动系统所涉及的物理基础，主要是牛顿第二定律和能量守恒定律，根据它们所得出的电力系统的运动方程，揭示了电力拖动系统的内在规律。

实际的电力拖动系统多数是比较复杂的系统，为了分析它们的运动特性，需要把这些复杂系统等效成典型的简单系统。在等效过程中，需要进行负载转矩折算和飞轮矩折算，这是本章的一个难点。在折算的计算过程中，一定要准确分析系统中的传动关系，根据系统的不同拖动方式正确应用计算公式。

生产机械的种类很多，通常按照生产机械负载转矩与转速的关系将生产机械分为转矩不变型负载、功率不变型负载和指数型负载三大类，但应该注意实际的生产机械的负载转矩特性往往可能是不同类型负载特性的组合。

习题 1

1-1　电力拖动系统由哪几部分组成？它们各起什么作用？

1-2　试说明运动方程中 T、T_L、$\dfrac{GD^2}{375}\dfrac{\mathrm{d}n}{\mathrm{d}t}$ 和 GD^2 的物理意义。

1-3　为什么要把复杂电力拖动系统等效成简单拖动系统？等效的原则是什么？

1-4　根据电力拖动系统的运动方程，怎样判断系统是处于动态还是稳态？

1-5　某电力拖动系统的传动结构如图 1-15 所示，已知 $n_1/n_2=3$，$n_2/n_3=2$，$GD_1^2=82$ N·m²，$GD_2^2=268$ N·m²，$GD_3^2=780$ N·m²，$T_L=95$ N·m（反抗转矩），每对齿轮的传动效率都为 $\eta=0.98$。计算折算到电动机轴上的静负载转矩和系统总的飞

轮矩。

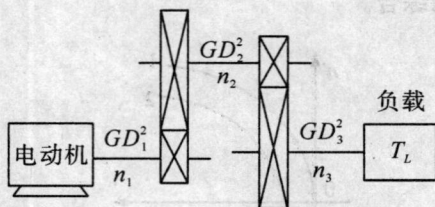

图 1-15　拖动系统传动结构示意

1-6　某提升装置传动系统结构如图 1-16 所示，已知各齿轮的齿数和飞轮矩分别为：$z_1=20$，$GD_1^2=1\ \text{N}\cdot\text{m}^2$，$z_2=100$，$GD_2^2=6\ \text{N}\cdot\text{m}^2$，$z_3=30$，$GD_3^2=3\ \text{N}\cdot\text{m}^2$，$z_4=124$，$GD_4^2=10\ \text{N}\cdot\text{m}^2$，$z_5=25$，$GD_5^2=8\ \text{N}\cdot\text{m}^2$，$z_6=92$，$GD_6^2=14\ \text{N}\cdot\text{m}^2$；卷筒直径 $D_L=0.72\ \text{m}$，负载的重量（重力）$G_L=1270\ \text{N}$，回转半径 $\rho=0.8D_L$；最大起重量（重力）$G_{LM}=29430\ \text{N}$，电动机的飞轮矩 $GD_d^2=21\ \text{N}\cdot\text{m}^2$；每对齿轮的传动效率 $\eta=0.95$；卷筒与钢绳的传动效率为 $\eta_L=0.96$；忽略钢绳自身的重量。求：

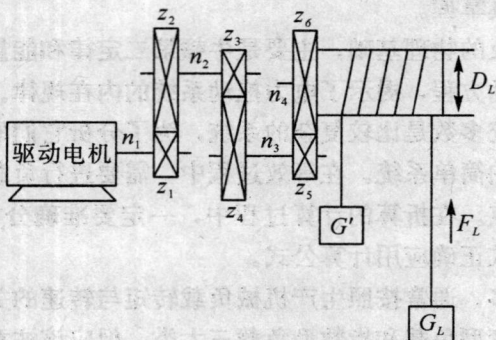

图 1-16　提升装置传动系统结构示意

（1）当平衡的重力（配重）$G'=0$ 时，系统对电动机轴的运动方程；

（2）当平衡的重力 $G'=0$ 时，直线运动部分的运动方程；

（3）当平衡的重力 $G'=0$ 时，提升重物 G_L 以 $2\ \text{m/s}^2$ 的加速度上升时钢绳所受到的拉力 F_L；

（4）当平衡重力 $G'=\dfrac{1}{2}G_{LM}$ 时，折算到电动机轴上的静负载转矩和飞轮矩。

（提示：卷筒并不是以自身的轴心旋转，而是以回转半径 $\rho=0.8D_L$ 旋转）

第 2 章　直流电力拖动

电力拖动系统根据所采用的电动机种类,分为直流电力拖动系统和交流电力拖动系统,简称直流拖动和交流拖动。在 20 世纪 80 年代以前,由于交流电力拖动的不可连续调速性及交流电动机复杂的电磁关系,直流电力拖动曾一度成为电力拖动的主流,为电力拖动领域研究的主要内容。但是 20 世纪 80 年代以后,随着电力电子技术和计算机技术的飞速发展,不仅高性能的交流电力拖动系统的实现已经成为可能,而且由于交流电能获得与传输方面的优势和交流电动机制造上的低成本、易维护等特点,交流电力拖动系统取代直流电力拖动系统成为电力拖动的主流。进入 21 世纪,随着科学技术的飞速发展,稀土材料的永磁无刷直流电机及其控制技术迅速发展起来,它保留了有刷直流电机优良的调速性能,同时又克服了有刷直流电机的一系列缺点,并且还具有效率高、能耗低、噪音低等优点,因此在各个领域,如数控机床、智能机器人、航空航天、电动交通工具等得到了广泛的应用。

由于直流拖动系统电磁关系简单,电路原理清晰,同时掌握直流电力拖动系统对于学习和理解交流电力拖动系统有重要的基础作用,所以我们首先介绍直流电力拖动系统。但对一些已经明显陈旧过时且不再常用的内容,如直流串励电动机和复励直流电动机的机械特性、直流串级调速系统和电磁转差离合器调速系统等不再介绍,对这些内容感兴趣的读者可参阅有关资料。而稀土材料的永磁无刷直流电机及其控制技术已经超出了电力拖动基础课程的一般任务,将在电气工程新技术等专门课程中介绍。

2.1　直流电动机的特点

电力拖动系统无论采用什么拖动形式,即无论是直流拖动还是交流拖动,对于特定的负载来说,都是一样的。所以电力拖动的特性主要决定于电动机,研究电力拖动系统的特性问题就转化为研究电动机的特性问题。

由电机学我们知道,直流电动机根据其励磁方式分为并励、他励、串励和复励等形式,并励直流电动机的励磁绕组与电枢共用一个电源,他励直流电动机采用独立的励磁电源,串励电动机的励磁绕组与电枢串联,而复励型直流电动机是并励和串励的组合。在这些形式的励磁方式中,他励直流电动机的励磁系统独立,与电枢绕组无关,机械特性好,控制简单方便,是直流电动机的主要类型;而对于并励直流电动机,如果我们在对电动机进行运行分析时不考虑电源电压的变化，则电机的励磁电流也不会变化，这样它与他励直流电动机没有任何本质的区别，它们有相同的特征，因此可以统一按照他励式直流电动机来考虑，所以本章对并励直流电动机不作单独介绍；串励和复励直流电动机由于性能特殊，过去只在某些特殊情况下使用，现在由于技术进步，它们所具有的特殊性完全可以通过其他技术手段和方法来实现，串励和复励直流电动机已经基本被淘汰，所以本章也不再作介绍。这样，为了方便和简化，我们约定：在本课程后续内容中，凡是提到直流电动机，如无特殊声明，均是指他励式直流电动机。关于永磁无刷直流电动机及其控制与驱动，可以参考相关专著和书籍，如由谭建成编著，机械工业出版社 2011 年 5 月出版的《永磁无刷直流电机技术》。

图 2-1 是描述直流电动机的特征图，其中图 2-1（a）为电动机励磁和电枢绕组结构示意图，图 2-1（b）为电气原理图，图 2-1（c）为等效电路图，图中的 S、N 分别表示励磁磁场的南、北极，n 为电动机转速，R_a 和 R_f 分别是电枢绕组电阻和励磁绕组电阻，R_c 和 R_{fc} 分别为外串到电枢回路和励磁回路中的电阻，如果 $R_c=0$，$R_{fc}=0$，则在电路中没有此元件，U_a 和 U_f 分别为电枢电压和励磁电压，I_a 和 I_f 分别是电枢电流和励磁电流，E_a 为电枢反电势，L_a 和 L_f 分别为电枢绕组和励磁绕组的自感系数。

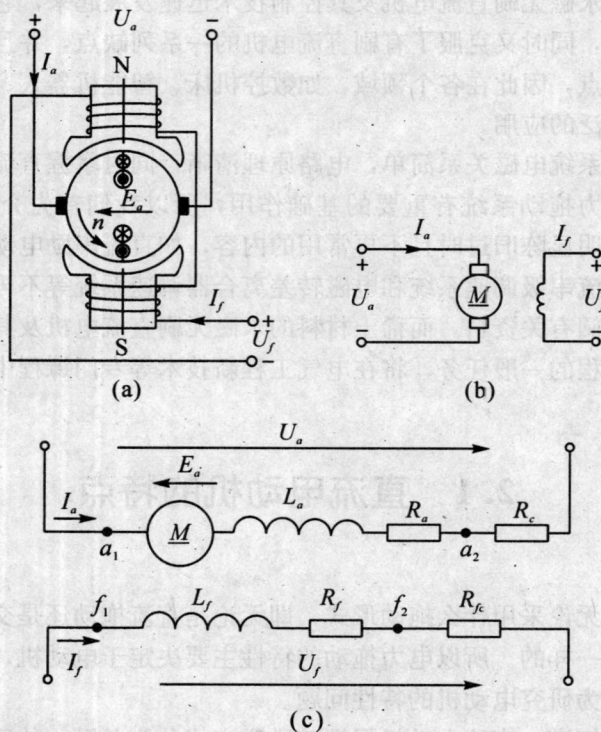

图 2-1 直流电动机特征

2.1.1　磁路特点

由图 2-1 可知，直流电动机的励磁系统不仅独立，而且非常简单，在稳态情况下，$I_f = \dfrac{U_f}{R_f + R_{fc}}$，$\dfrac{\mathrm{d}I_f}{\mathrm{d}t} = 0$，$\Phi_m \propto I_f$，如果 R_f 保持不变且 $R_{fc} = 0$，则 $\Phi_m \propto U_f$，即直流电动机的主磁通与励磁电压为线性关系，而与电枢电压无关。在实际工作中，电动机的励磁电源是不变的（特殊情况除外），所以可以认为主磁通 Φ_m 是恒定的，正是基于这种考虑，所以我们在以后分析直流电动机的各种性能时，只针对电枢回路即主回路，不再考虑励磁回路。

2.1.2　电压平衡方程

稳态情况下的电压平衡方程为

$$U_a = E_a + RI_a \tag{2-1}$$

式中，R 为电枢回路总电阻，$R = R_a + R_c$。

动态过程中的电压平衡方程为

$$U_a = E_a + Ri_a + L_a \frac{\mathrm{d}i_a}{\mathrm{d}t} \tag{2-2}$$

式中，L_a 为电枢回路绕组电感量；

i_a 为过渡过程中的电枢电流。

2.1.3　功率平衡方程

功率平衡方程为

$$P = P_L + P_{C_u} + P_0 \tag{2-3}$$

式中，P 为电动机输入的电功率，一般情况下，应该包括电枢回路和励磁回路输入的电功率之和，即 $P = P_a + P_f = U_a I_a + U_f I_f$，当 $P_a \gg P_f$ 时，可以忽略励磁功率的影响，即 $P \approx P_a$；

P_L 为生产机械输出的机械功率，即负载功率；

P_{C_u} 为电动机绕组的铜损，原则上也应该包括励磁绕组的损耗；

P_0 为电动机除铜损以外的空载损耗。

2.1.4　转矩平衡方程

稳态情况下的转矩平衡方程为

$$T = T_L + T_0$$

式中，T 为电动机产生的电磁转矩；

T_L 为负载转矩；

T_0 为包括传动系统和电动机在内的拖动系统的空载转矩。

当 $T_L \gg T_0$ 时，有

$$T \approx T_L \tag{2-4}$$

动态过程中的转矩平衡方程为

$$T = T_L + J\frac{d\omega}{dt} \tag{2-5}$$

式中，J 为运动系统总的转动惯量；

ω 为电动机的角速度。

2.2 直流电动机的机械特性

2.2.1 机械特性简述

2.2.1.1 机械特性方程

所谓机械特性，是指电动机在稳定运动状态下转速与电磁转矩之间的关系曲线，即 $n=f(T)$，由于转速和转矩这两个物理量都是机械性质的，而表现出来的特征也是机械属性，所以称为机械特性。虽然机械特性描述的是稳态下转速与转矩之间的关系，但是它与拖动系统的运动方程相关联，也决定系统过渡过程的情况。因此，机械特性对于分析电力拖动系统的运行性能非常重要。

在图 2-1（c）中已经给出了直流电动机的等效电路，为了分析方便，我们再把它画在图 2-2 中，由于所考虑的是稳态工作情况，所以电枢绕组和励磁绕组中的自感电势应为零，其他参数的意义与图 2-1 一样，这里不再介绍。

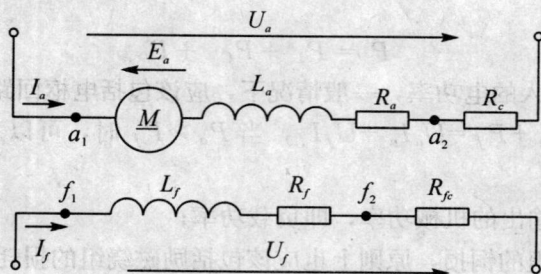

图 2-2 直流电动机等效电路

根据式（2-1）和电机学知识有

$$U_a = E_a + RI_a$$
$$E_a = C_e\Phi_m n$$
$$T = C_T\Phi_m I_a$$

式中，C_e 为电动机的电动势常数；

C_T 为电动机的电磁转矩常数；

Φ_m 为电动机的主磁通。

由此可得

$$n = \frac{U_a}{C_e \Phi_m} - \frac{R}{C_e C_T \Phi_m^2} T \qquad (2-6)$$

式（2-6）就是直流电动机的机械特性方程。

由式（2-6）可见，当 U_a、R、Φ_m 均为常数时，机械特性方程是一直线方程，且随着转矩 T 的增大，稳态转速将按照线性关系下降，所以说机械特性曲线还是一条下倾的直线，如图 2-3 所示。

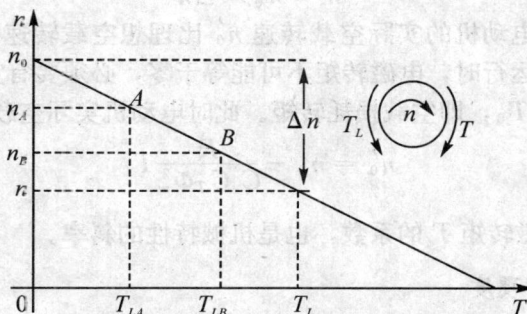

图 2-3 直流电动机的机械特性曲线

在图 2-3 中，设电动机原来在 A 点稳定运行，转速为 n_A，对应的负载转矩为 T_{LA}，电枢电流为 I_{aA}，电枢电动势为 E_{aA}，电压平衡关系为 $U_a = E_{aA} + I_{aA} R$。如果负载转矩增大到 T_{LB}，这时 $T < T_{LB}$，转矩平衡关系被打破，电动机因为拖不动负载而开始减速，转速降低；但随着转速的降低，反电势 $E_a = C_e \Phi_m n$ 开始减小，因为电源电压 U_a 没有变，由电压平衡方程 $U_a = E_a + R I_a$，电枢电流增大；由 $T = C_T \Phi_m I_a$，电磁转矩也随之增大，这个转速降低，电磁转矩增大的过程将一直持续到满足新的转矩平衡条件 $T = T_{LB}$ 时为止，在这之后，电动机以较低的转速 n_B 稳定运行，电压的平衡关系为 $U_a = E_{aB} + I_{aB} R$。比较图 2-3 中 A、B 两点可见，由于 $I_{aB} > I_{aA}$，$E_{aB} < E_{aA}$，$n_B < n_A$，所以机械特性是下倾的。

由上述分析可知，电动机的稳态转矩决定于负载的大小，如果电动机空载运行，则电动机轴上的输出转矩等于零，此时，电动机只产生用来克服自身空载转矩的电磁转矩。电动机的稳态转矩能够自动地与静负载转矩平衡，不需要通过任何操作去调节电枢电压、电枢回路电阻或者励磁磁通，这种优良的性能是其他一些原动机不可能具备的。

根据式（2-6），直流电动机的稳态转速由两部分组成。第一部分是负载转矩等于零时的转速，即

$$n_0 = \frac{U_a}{C_e \Phi_m}$$

式中，n_0 称为理想空载转速，即电动机不带任何负载情况下的转速，此时对应的电动机电压平衡关系为

$$U = C_e \Phi n_0$$

这说明电枢反动势与外加电压相平衡，因此电枢电流为零，电磁转矩自然也为零。由于理想空载转速与电压成正比，与磁通成反比，故可通过改变电源电压或改变磁通来

改变理想空载转速。

电动机稳态转速的第二部分是当负载转矩 $T_L \neq 0$ 时所产生的转速降落，即

$$\Delta n = n_0 - n = \frac{R}{C_e C_T \Phi_m^2} T$$

转速降落 Δn 与电磁转矩 T 成正比，负载转矩越大，转速降落越大，稳态转速 n 就越低。这样，式（2-6）也可以写成

$$n = n_0 - \Delta n$$

需要注意的是，电动机的实际空载转速 n_0' 比理想空载转速 n_0 要略低一些，因为实际的电动机在空载运行时，电磁转矩不可能等于零，必须要有克服电动机转子和电枢所产生的静负载转矩 T_0，即空载损耗转矩。此时电动机实际空载转速 n_0' 为

$$n_0' = n_0 - \frac{R}{C_e C_T \Phi_m^2} T_0$$

式中，$\frac{R}{C_e C_T \Phi_m^2}$ 为电磁转矩 T 的系数，也是机械特性的斜率。

2.2.1.2 机械特性的硬度

直流电动机的机械特性曲线是一条下倾的直线，而其他一些电动机的机械特性虽然不一定都是直线，但也基本上是下倾的，因此就电动机的机械特性而言，当转矩增大时，转速都要下降。然而，对于不同的机械特性，转速下降的程度是不同的。为了衡量转速下降的程度，或者说为了衡量电动机运行时由于静负载转矩变化而引起的稳态转速变化的程度，我们引入机械特性硬度这一概念来作为衡量指标，其定义为

$$\beta = \left| \frac{dT}{dn} \right| \qquad (2-7)$$

式（2-7）表明，硬度等于机械特性斜率倒数的绝对值。机械特性曲线下倾越严重，硬度越小。我们通常将硬度大的机械特性称为硬特性，将硬度小的机械特性称为软特性。

根据定义，机械特性硬度可以直接通过对式（2-6）求导得出，即

$$\beta = \left| \frac{dT}{dn} \right| = \frac{-1}{\frac{dn}{dT}} = \frac{C_e C_m \Phi_m^2}{R}$$

由此可见，增大电枢回路总电阻 R 和减小磁通 Φ_m 都将使机械特性变软。

直流电动机机械特性的硬度也可以用机械特性曲线上有限增量的比值来近似描述，即

$$\beta = \left| \frac{\Delta T}{\Delta n} \right|$$

如在图 2-4 中，机械特性曲线 1、曲线 2 和曲线 3 的硬度可分别表示为

$$\beta_1 = \left| \frac{\Delta T}{\Delta n_1} \right|, \beta_2 = \left| \frac{\Delta T}{\Delta n_2} \right|, \beta_3 = \left| \frac{\Delta T}{\Delta n_3} \right|$$

为了便于比较不同额定转速和额定转矩时的机械特性硬度，通常采用相对硬度的概念，其定义为

$$\beta = \left| \frac{\frac{\Delta T}{T_N}}{\frac{\Delta n}{n_N}} \right| = \left| \frac{n_N \Delta T}{T_N \Delta n} \right| \qquad (2-8)$$

式中，T_N 为额定电磁转矩；

　　　　n_N 为额定转速。

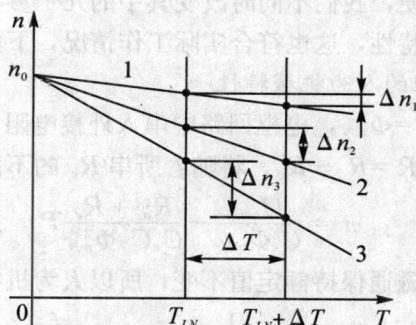

图 2-4　机械特性硬度近似计算示意

2.2.2　固有机械特性和人为机械特性

根据式（2-6），当直流电动机的外加电压 U_a、磁通 Φ_m、电枢回路总电阻 R 发生变化时，机械特性曲线都要发生改变。我们把电动机电枢电压和励磁磁通均设为额定值，且电枢回路没有串接任何外加电阻时的机械特性称为固有机械特性，简称固有特性，电动机的固有特性只有一条。与此相反，凡是电源电压或励磁磁通不为额定值，或者在电枢回路串入外接电阻的机械特性，称为人为机械特性，简称人为特性。显然，相对电动机只有一条固有机械特性而言，电动机的人为机械特性可以有很多。

2.2.2.1　固有机械特性

根据固有机械特性的定义，固有机械特性的方程为

$$n = \frac{U_{aN}}{C_e \Phi_{mN}} - \frac{R_a}{C_e C_T \Phi_{mN}^2} T \tag{2-9}$$

式中，$C_e = \dfrac{pN}{60a}$ 为电动势常数；

　　　　$C_T = \dfrac{pN}{2\pi a}$ 为转矩常数，$C_T = 9.55 C_e$。

这样式（2-9）可以写成

$$n = n_0 - kT \tag{2-10}$$

式中，$n_0 = \dfrac{U_{aN}}{C_e \Phi_{mN}}$ 为额定条件下的理想空载转速；

　　　　$k = \dfrac{1}{\beta} = \dfrac{R_a}{C_e C_T \Phi_{mN}^2}$ 为固有机械特性直线的斜率。

根据电机学原理，在固有机械特性条件下，当 $R = R_a$ 且 $\Phi_m = \Phi_{mN}$ 时，固有特性直线的斜率 k 可取得最小值，即是直流电动机所有机械特性中最硬的一条。

2.2.2.2　人为机械特性

由前定义可知，人为地改变某些参数所做出的机械特性称为人为机械特性，简称人

为特性。从上面的介绍我们知道，除了 C_e、C_T 是由电动机设计制造结构所决定的常数而不能改变外，电源电压 U_a、励磁磁通 Φ_m 和电枢回路总电阻 $R = R_a + R_c$ 都是可以改变的，但是为了分析方便，我们不同时改变其中的几个参数，而是采用每次只改变一个参数的方法来分析人为特性，这也符合实际工作情况，下面我们分别介绍。

1）电枢回路串入电阻的人为机械特性

条件：$U_a = U_{aN}$，$\Phi_m = \Phi_{mN}$，电枢回路中串入外接电阻 R_c。

此时电枢回路总电阻 $R = R_a + R_c$，将随着所串 R_c 的不同而改变，人为特性方程为

$$n = \frac{U_{aN}}{C_e \Phi_{mN}} - \frac{R_a + R_c}{C_e C_T \Phi_{mN}^2} T \tag{2-11}$$

由于电动机的电压及磁通保持额定值不变，所以人为机械特性具有与固有特性相同的理想空载转速 n_0，但直线方程的斜率 $\frac{1}{\beta}$ 则随串入的电阻 R_c 的增大而加大，人为特性的硬度降低，如图 2-5 所示。

由图可见，电枢回路串入电阻的人为特性是一组通过额定理想空载转速点（$T = 0$，$n = n_0$）的放射形直线簇，它们的斜率 $\frac{1}{\beta}$ 与电阻 R 成正比。

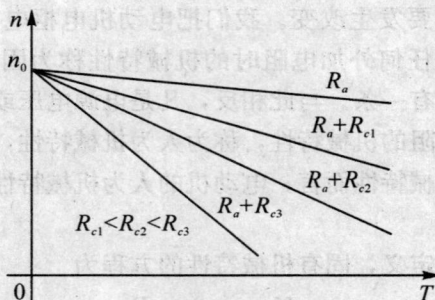

图 2-5　电枢串入电阻时的人为机械特性

2）改变电源电压时的人为机械特性

条件：电枢回路总电阻 $R = R_a$，主磁通 $\Phi = \Phi_{mN}$ 且保持额定，电源电压 U_{aN} 改变。

此时，人为机械特性方程为

$$n = \frac{U_{aN}}{C_e \Phi_{mN}} - \frac{R_a}{C_e C_T \Phi_{mN}^2} T \tag{2-12}$$

由式（2-12）可见，改变电压时，理想空载转速将随之改变，但特性的斜率 $\frac{R_a}{C_e C_T \Phi_{mN}^2}$ 保持不变，由于电动机的电压只能由额定电压向低于额定电压方向减少，所以，此时的人为特性表现为一组斜率不变，理想空载转速随着电源电压降低而减小的平行直线簇，如图 2-6 所示。

3）减弱励磁磁通时的人为机械特性

在电动机的设计制造中，为了充分有效地利用铁芯，减少电动机的体积和重量，降低电动机的制造成本，总是将电动机设计成为当电动机在额定磁通下运行时，电动机的

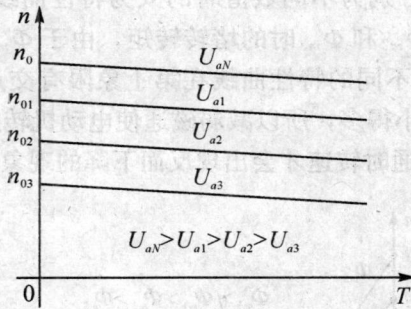

图 2-6　改变电源电压时的人为机械特性

磁路已经得到最大利用，即已接近临界饱和。因此，在实际运行中，改变电动机的励磁磁通只能向减弱磁通方向调整。减弱磁通可以通过在励磁回路中串入电阻或直接降低励磁电源电压来实现，但采用串入电阻较方便。这时，电动机的电枢电压保持为额定值，电枢回路总电阻等于电枢电阻，即 $U_a = U_{aN}$，$R = R_a$，Φ_m 减小，人为机械特性方程为

$$n = \frac{U_{aN}}{C_e \Phi} - \frac{R_a}{C_e C_T \Phi^2} T \tag{2-13}$$

由式（2-13）可以看出，殖着主磁通 Φ 的改变，理想空载转速 $n_0 = \dfrac{U_{aN}}{C_e \Phi}$ 和斜率 $-\dfrac{R_a}{C_e C_T \Phi^2}$ 都将发生变化，而且可以判断出是理想空载转速升高，斜率增大。为了研究方便，我们先分析电动机转速与电枢电流之间的关系为 $n = f(I_a)$ 的变化情况。这里，$n = f(I_a)$ 称为电动机的转速特性方程，我们只要把转矩 $T = C_T \Phi I_a$ 代入机械特性方程式（2-13），即可方便地得到 $n = f(I_a)$ 方程，即

$$n = \frac{U_{aN}}{C_e \Phi} - \frac{R_a}{C_e \Phi} I_a \tag{2-14}$$

由式（2-13）和式（2-14）可见，当磁通减弱时，理想空载转速 n_0 加大，转速 $n = 0$ 时的堵转电流 $I_k = \dfrac{U_{aN}}{R_a} =$ 常数，而堵转转矩 T_k 将随着磁通的减弱而降低。磁通为不同数值时的转速特性曲线如图 2-7 所示，这些特性曲线都是直线，且相交于横坐标轴上的点（$I_a = I_k$）处，磁通 Φ 越小，特性越软。

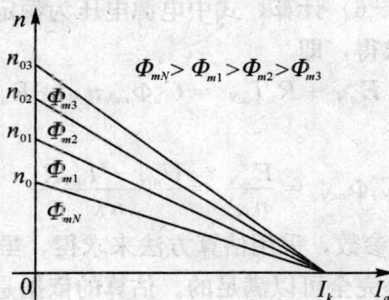

图 2-7　减弱 Φ 时的 $n = f(I_a)$ 特性

图 2-8 给出了磁通 Φ 分别为不同数值时的人为特性曲线。图中，T_k、T_{k1}、T_{k2} 和 T_{k3} 分别是 Φ_{mN}、Φ_{m1}、Φ_{m2} 和 Φ_{m3} 时的堵转转矩，由于 $\Phi_{mN} > \Phi_{m1} > \Phi_{m2} > \Phi_{m3}$，所以，$T_k > T_{k1} > T_{k2} > T_{k3}$，不同的特性曲线在第 I 象限有交点。一般情况下，电动机的额定负载转矩 T_{LN} 比 T_k 小得多，所以减弱磁通使电动机转速升高。只有当负载特别重或磁通特别小时，减弱磁通时转速才会出现反而下降的现象。

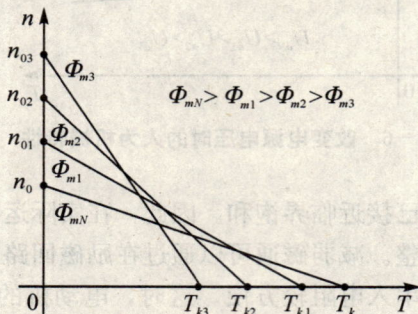

图 2-8 减弱磁通时的人为机械特性曲线

2.2.3 机械特性曲线的绘制

在工程设计与分析中，有可能需要绘制出电动机的机械特性曲线，但是这时工程尚未进入实质性实施，电动机实物可能还没有购买，不可能采用实际测量得到参数，设计者手中只有相关设备的技术资料，如何利用这些资料来绘制出电动机的机械特性呢？

由机械特性方程可知，要绘制机械特性必须首先知道 $C_e\Phi_m$ 和 $C_T\Phi_m$ 等参数，这些参数与电机的结构 p、a、N 有关，通常在电动机铭牌数据或者产品目录上不能直接查得，但是可以根据电动机铭牌或产品目录上的额定数据如 P_N、U_N、I_N 和 n_N，通过计算求出，而这些额定参数是电动机生产厂商必须提供的。下面介绍根据额定数据计算的固有机械特性和人为机械特性的绘制方法。

2.2.3.1 固有机械特性的绘制

由于直流电动机的机械特性是一条直线，因此，根据初等几何，只要能够求出该直线上任意两点的坐标，就可以绘出这条直线。为了方便，通常选择一些特殊点的坐标，例如，理想空载转速点（$T=0$，$n=n_0$）和额定运行点（$T=T_N$，$n=n_N$）就较为方便。理想空载转速可由式（2-6）计算，式中电源电压为额定电压，$C_e\Phi_{mN}$ 可由额定状态下的电枢电压平衡方程式求得，即

$$U_{aN} = E_{aN} + R_a I_{aN} = C_e\Phi_{mN} n_N + R_a I_{aN}$$

解得

$$C_e\Phi_{mN} = \frac{E_{aN}}{n_N} = \frac{U_{aN} - I_{aN}R_a}{n_N} \tag{2-15}$$

式中的 R_a 同样可以利用额定参数，采用估算方法来求得，虽然存在一定的误差，但对于设计分析阶段的工程要求是完全可以满足的。估算的依据是利用电动机在额定运行点的损耗来计算的。电动机在额定点的总损耗为

$$\Delta P = P_1 - P_o = U_N I_N - P_N$$

式中，P_o 为电动机轴上的输出功率。而在 ΔP 中，包含电动机电枢绕组的铜耗、铁耗、机械损耗等全部损耗，由电机学原理和统计规律，电动机电枢绕组的铜耗一般要占总损耗的 $50\% \sim 70\%$ 或总损耗的 $1/2 \sim 2/3$，即

$$\Delta P_{Cu} = R_a I_N^2 = \left(\frac{1}{2} \sim \frac{2}{3}\right)\Delta P = \left(\frac{1}{2} \sim \frac{2}{3}\right)(U_N I_N - P_N)$$

由此可得

$$R_a = \left(\frac{1}{2} \sim \frac{2}{3}\right)\frac{U_N I_N - P_N}{I_N^2} \tag{2-16}$$

式（2-16）中的系数到底是取 $\frac{1}{2}$ 还是 $\frac{2}{3}$，这需要根据实际情况决定，一般对于容量大的电动机取 $\frac{1}{2}$，而容量小的电动机取 $\frac{2}{3}$ 比较合适。

计算出 R_a 以后，就可顺利求出 $C_e \Phi_{mN}$。

对于额定运行点，由于 n_N 是已知的，因此，只需根据 $T_N = C_T \Phi_{mN} I_{aN}$ 计算出 T_N 即可，而 $C_T \Phi_{mN} = 9.55 C_e \Phi_{mN}$。这样就可求出机械特性上在额定点的坐标 (T_N, n_N)。

最后在机械特性曲线 $n = f(T)$ 坐标图上过理想空载点 $A(0, n_o)$ 和额定负载运行点 $B(T_N, n_N)$ 作直线 AB，就绘制出了固有机械特性曲线，如图 2-9 所示。

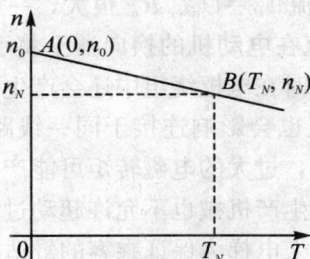

图 2-9　固有机械特性绘制示意

2.2.3.2　人为机械特性的绘制

各种人为机械特性的绘制相对简单，$C_e \Phi_m$、R_a 及 T_N 的计算方法与固有机械特性相同，在绘制人为机械特性时，通常选择理想的空载转速点和额定负载点作为绘制直线的两点坐标，即点 $T = 0$，$n = n_o$ 和点 $T = T_N$，$n = n_{Nr}$，这里的 n_{Nr} 是人为机械特性上在额定负载时的转速，并非电动机的额定转速 n_N，这是要务必注意的，它可根据转速公式或机械特性方程来求得。

实际上，人为机械特性可以根据它的特点，由电动机所对应的固有机械特性很方便地得到。例如：电枢串入电阻的人为机械特性，理想空载点不变，只是改变直线的斜率，所以只需求出串入电阻后人为机械特性的斜率，通过理想空载点作直线即可；而降低电源电压的人为机械特性，由于人为机械特性的斜率与固有机械特性相同，所以只需求出降低电压后人为机械特性对应的理想空载点 $A_r(0, n_{0r})$，然后过 $A_r(0, n_{0r})$ 作固有机械特性的平行线即可；对于减弱励磁磁通的人为机械特性，则比较麻烦，需要重新

算出两个点的坐标。关于人为机械特性的具体绘制过程，这里就不再介绍。

2.3 直流电动机的起动

2.3.1 起动过程与起动方法

所谓电动机的起动，是指电动机在静止状态下，对其进行通电后旋转且转速不断增加直到进入稳态运行的整个过程。

从生产机械的生产工艺来看，起动过程属于非生产过程，因此大多数生产机械要求起动过程越短越好，以便提高劳动生产效率，对于频繁起动和制动的生产机械尤其需要如此。于是，单从缩短起动过程而言，需要提高加速度，也就是提高起动过程中的电磁转矩。由于直流电动机磁场为恒定磁场，电磁转矩正比于电枢电流，故应使起动过程中电动机的电枢电流尽可能大一些。但是，如果直接给电动机加上额定电压起动，即所谓直接起动，在不考虑电枢电感的情况下，根据电枢回路电压平衡方程式 $U_{aN} = E_a + I_a R_a$，由于在电动机起动瞬间 $n = 0$，电枢反电动势 $E_a = C_e \Phi_m n = 0$，加之电枢绕组自身的电阻 R_a 很小，所以起动电流 $I_{st} = U_{aN}/R_a$ 很大，一般可能达到额定电流值 I_{aN} 的 $10 \sim 20$ 倍，如此之大的电枢电流在电动机的换向器上将引起强烈的火花，严重时可能产生环火，烧伤换向器表面；同时在电枢绕组中还会产生过大的电动应力，使绕组受到机械损害；另外过大的起动电流也会影响连接于同一线路上的其他用电设备的正常运行。就生产机械的传动机构来说，过大的电磁转矩可能产生剧烈的机械撞击，导致机械传动部件受到损害。况且，有些生产机械也不允许起动过程太快，如起重运输机涉及安全、车轮与钢轨打滑等问题；乘人电梯为保证乘客的舒适感，均对加速度有所限制。因此，对于电动机的起动电流必须加以限制。

综上所述，对于电力拖动系统的起动性能的要求可归纳如下：

（1）接通励磁回路，建立符合运行条件的磁场。

（2）起动电流要小，以避免损坏电机和减小对电网的冲击。

（3）起动转矩要大，以加快起动过程，缩短起动时间，但又必须满足避免给传动机构和工作机械造成过大的冲击，损害拖动系统传动机构和工作机械的条件。

对于直流电动机而言，由于换向条件许可的最大电枢电流一般只有额定电流的 2 倍左右，所以在起动电动机时，应采取措施将电枢电流限制在这个范围内。通常采用的方法是降低电源电压起动，或是电枢回路串电阻分级起动（但实质上仍然是降低电枢上的有效电压，减小电枢电流）。

就降压起动来说，起动时，电源电压 U 比较低，电流 I_a 不大；但是随着转速的不断提高，电枢反电动势 E_a 逐渐增大，电流随之减小，必须人为地使电源电压随着转速的变化不断提高，使 U 与 E_a 的差值所产生的电流保持在允许的范围内。

如果采用手动调节电压，电压 U 不能升得太快，否则电枢电流还是会产生较大的冲击。为了保证电流限制在允许的范围内，手动调节必须小心地进行，这实际上是比较困难的，在现代电力拖动系统中，一般采用闭环自动控制系统，电压的调节和电流的限制完全靠控制环节自动实现，非常方便，有关这方面的内容将在后续专业课程"电力拖动自动控制系统"中介绍。总之，对于降压起动，不论是手动还是自动，都必须要有电压可调节的直流电源，这是基本的条件，通过现代电力电子技术是很容易做到的。

当采用电枢回路串电阻分级起动时，可选用一组合适的电阻串入电枢回路，使电动机起动时的电枢电流限制在允许的范围内，随着电枢反电动势的建立和增大，逐步将串入电枢电路的电阻分段予以切除，直到起动过程结束。下面首先介绍电枢回路串电阻分级起动。

2.3.2 电枢回路串电阻分级起动

2.3.2.1 起动过程与起动原理

在串电阻分级起动过程中，由于电枢电流随时间变化，所以在电枢回路中有自感电势产生。电枢回路中的电感主要是电枢的电感，由于电枢的电感值通常很小，忽略它不会引起明显的误差，却可以使分析问题得到简化，因此在分析起动过程时，我们暂且不去考虑它，即假设电枢电感等于零。根据这个假设，电枢电路的动态电压平衡方程式与稳态时的相同，都具有式（2－1）的形式。因而，机械特性方程也能描述动态下转速与转矩（电流）之间的关系。

图 2－10（a）是串入三级电阻起动的原理图，图 2－10（b）是它的机械（转速）特性。

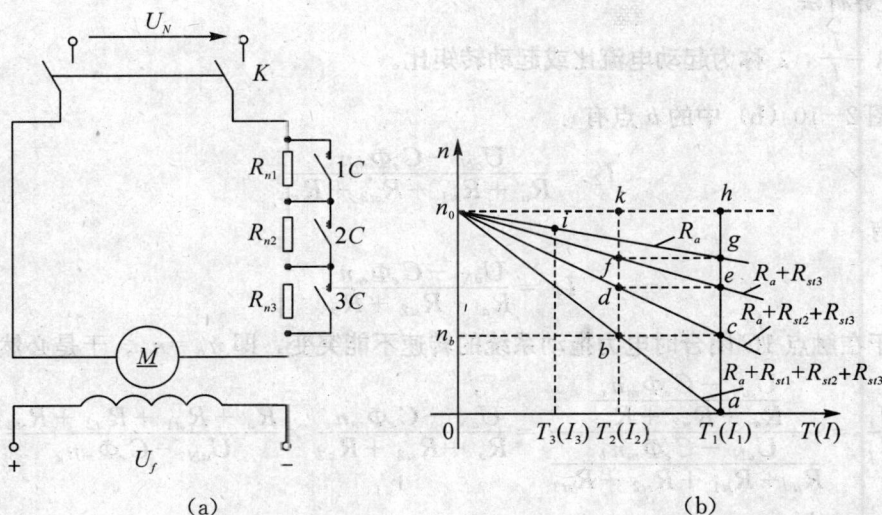

图 2－10 电枢串入三级电阻起动原理及机械（转速）特性

起动开始时，开关 K 闭合，将额定电压加到电枢回路，接触器触点 $1C$、$2C$、$3C$ 都处于断开状态，起动电阻 R_{st1}、R_{st2}、R_{st3} 全部串入电枢回路中，起动电流限制在所设定的最大电流 I_1 内，电动机的转速从 $n=0$ 开始沿着图 2－10（b）中的曲线 ab 上升，随着转速的上升，电枢的反电势增大，电枢电流减小。当转速上升到 n_b 时，电枢电流降为 I_2，达到事先设定的切换值。此时，接触器触点 1C 闭合，将第一段起动电阻短接即切除电阻 R_{st1}，忽略电磁过渡过程，电动机的转速特性将变为直线 cd，由于机械惯性转速不能突变，电动机的运行点将由 b 点切换到 c 点，电枢电流由 I_2 重新回到 I_1；然后电动机沿直线 cd 继续加速至 d 点，这时电枢电流再次降为 I_2，触点 2C 闭合，切除电阻 R_{st2}，电动机运行点由 d 点切换到 e 点，电枢电流又由 I_2 变回到 I_1；随后电动机沿直线 ef 继续加速至 f 点，电流又降为 I_2，触点 3C 闭合，切除电阻 R_{st3}，电动机运行点由 f 点切换到 g 点，并沿直线 gi 加速，直到稳态运行于 i 点，起动过程结束。

在稳定运行点 i，电磁转矩等于负载转矩，即

$$T = T_L$$

$$I_a = \frac{T_L}{C_T \Phi_m} = I_{aL}$$

式中，I_{aL} 称为负载电流，表示电动机负载运行时由负载转矩 T_L 所决定的电枢电流，也就是电动机的稳态电流。

在图 2—10（b）中，I_1 是电动机的最大允许的电枢电流，它是由电动机的性能决定的，I_2 称为起动切换电流，这是由设计操作人员自己确定的，但是 I_2 必须大于对应的负载 I_L，否则电动机将因驱动转矩小于负载转矩而减速，切换电流 I_2 越大，起动平均电流越大，起动时间越短。但是，切换电流增大，起动级数增多，起动设备增加。因此，如果无特殊要求，一般可选取 $I_2 = (1.1 \sim 1.3) I_L$。

2.3.2.2 起动电阻的计算

1）解析法

设 $\lambda = \dfrac{I_1}{I_2}$，$\lambda$ 称为起动电流比或起动转矩比。

在图 2—10（b）中的 b 点有

$$I_2 = \frac{U_{aN} - C_e \Phi_m n_b}{R_a + R_{st1} + R_{st2} + R_{st3}}$$

在 c 点有

$$I_1 = \frac{U_{aN} - C_e \Phi_m n_c}{R_a + R_{st2} + R_{st3}}$$

由于在触点 1C 闭合时电力拖动系统的转速不能突变，即 $n_b = n_c$。于是必然有

$$\frac{I_1}{I_2} = \frac{\dfrac{U_{aN} - C_e \Phi_m n_c}{R_a + R_{st2} + R_{st3}}}{\dfrac{U_{aN} - C_e \Phi_m n_b}{R_a + R_{st1} + R_{st2} + R_{st3}}} = \frac{U_{aN} - C_e \Phi_m n_c}{R_a + R_{st2} + R_{st3}} \times \frac{R_a + R_{st1} + R_{st2} + R_{st3}}{U_{aN} - C_e \Phi_m n_c}$$

即

$$\frac{R_a + R_{st1} + R_{st2} + R_{st3}}{R_a + R_{st2} + R_{st3}} = \frac{I_1}{I_2} = \lambda \qquad (2-17)$$

同理可得

$$\frac{R_a + R_{st2} + R_{st3}}{R_a + R_{st3}} = \frac{R_a + R_{st3}}{R_a} = \frac{I_1}{I_2} = \lambda \qquad (2-18)$$

将式（2-17）和式（2-18）加以整理，可得

$$R_a + R_{st1} + R_{st2} + R_{st3} = R_a \lambda^3 \qquad (2-19)$$

由于在图 2-10（b）中的 a 点，$n = 0$，于是有

$$R_a + R_{st1} + R_{st2} + R_{st3} = \frac{U_{aN}}{I_1} \qquad (2-20)$$

由式（2-19）和式（2-20）可得

$$\lambda = \sqrt[3]{\frac{U_{aN}}{I_1 R_a}}$$

如果 I_1、R_a 已知，则可计算出 λ，并由 $\lambda = \dfrac{I_1}{I_2}$ 计算出 I_2，再由式（2-17）和式（2-18）可得

$$R_a + R_{st3} = R_a \lambda$$
$$R_a + R_{st2} + R_{st3} = R_a \lambda^2$$
$$R_a + R_{st1} + R_{st2} + R_{st3} = R_a \lambda^3$$

这样，就可以分别求出应该串入的起动电阻 R_{st1}、R_{st2} 和 R_{st3}。

如果将上述公式推广到具有 m 级起动电阻的一般情况，则：

（1）若已经确定了起动级数 m 和最大允许的起动电流 I_1，有

$$\lambda = \sqrt[m]{\frac{U_{aN}}{I_1 R_a}} \qquad (2-21)$$

（2）如果已经给定了 λ 值和最大允许起动电流 I_1，有

$$m = \frac{\lg \dfrac{U_{aN}}{I_1 R_a}}{\lg \lambda} \qquad (2-22)$$

于是，各级的分段起动电阻值为

$$R_{stm} = (\lambda - 1) R_a$$
$$R_{st(m-1)} = \lambda R_{stm}$$
$$R_{st(m-2)} = \lambda R_{st(m-1)}$$
$$R_{st(m-3)} = \lambda R_{st(m-2)}$$
$$\vdots$$
$$R_{st2} = \lambda R_{st3}$$
$$R_{st1} = \lambda R_{st2}$$

注意，式中的 R_{st1} 为最先切除的电阻，R_{stm} 为最后切除的电阻。采用解析法计算分级起动电阻，可能有以下两种情况：

（1）起动级数 m 已定：此时，可以首先选定 I_1 的数值，一般情况下，可以取 $I_1 = (1.5 \sim 2.0) I_{aN}$。然后根据 $R_a + R_{st1} + R_{st2} + \cdots + R_{stm} = \dfrac{U_{aN}}{I_1}$ 计算出起动瞬间的电枢回路总电阻，并根据式（2-21）计算出 λ 值。最后将 λ 代入上式中计算出各级电阻值。

（2）起动级数 m 未定：这时，可先在上面所规定的 I_1 和 I_2 的取值范围内初步选定一个 I_1 和 I_2 值，也就是初选 λ 值，然后用式（2-22）计算起动级数 m，如果所求

得的 m 值为小数，则取与其相近的整数值，再将其代入式（2-21），求出新的 λ 值。最后，将新的 λ 值代入上式，便可计算出各级起动电阻值。

下面我们以例 2-1 来说明起动电阻的具体计算方法。

例 2-1 已知一台直流电动机的额定数据为：额定功率 $P_N = 30$ kW，额定电压 $U_N = 440$ V，额定电流 $I_N = 78$ A，额定转速 $n_N = 1260$ r/min，电枢电阻 $R_a = 0.32$ Ω，负载电流 $I_L = I_N$。请采用解析法计算：

（1）采用四级起动时的起动电阻值；

（2）以 $I_2 = (1.1 \sim 1.3)I_L$ 确定起动级数并计算起动电阻。

解：（1）因为已知起动级数 $m = 4$，选取

$$I_1 = 2I_N = 2 \times 78 = 156 \text{ A}$$

由式（2-21）可求得

$$\lambda = \sqrt[m]{\frac{U_{aN}}{I_1 R_a}} = \sqrt[4]{\frac{440}{156 \times 0.32}} = \sqrt[4]{\frac{440}{49.92}} = \sqrt[4]{8.814} = 1.723$$

由此可求得四级起动的起动电阻值分别为

$$R_{st4} = (\lambda - 1)R_a = (1.723 - 1) \times 0.32 = 0.231 \text{ } \Omega$$
$$R_{st3} = \lambda R_{st4} = 1.723 \times 0.231 = 0.398 \text{ } \Omega$$
$$R_{st2} = \lambda R_{st3} = 1.723 \times 0.398 = 0.686 \text{ } \Omega$$
$$R_{st1} = \lambda R_{st2} = 1.723 \times 0.686 = 1.182 \text{ } \Omega$$

（2）仍然选取 $I_1 = 2I_N = 156$ A，并初步选取 $I_2 = 1.2I_L = 1.2I_N = 1.2 \times 78 = 93.6$ A，则得

$$\lambda = \frac{I_1}{I_2} = \frac{156}{93.6} = 1.67$$

由式（2-22）可求得起动级数为

$$m = \frac{\lg\left(\dfrac{U_{aN}}{I_1 R_a}\right)}{\lg\lambda} = \frac{\lg\left(\dfrac{440}{156 \times 0.32}\right)}{\lg 1.67} = \frac{\lg 8.814}{\lg 1.67} = \frac{0.945}{0.223} = 4.23$$

取 $m = 4$，按照式（2-21）重新计算 λ，可得

$$\lambda = \sqrt[m]{\frac{U_{aN}}{I_1 R_a}} = \sqrt[4]{\frac{440}{156 \times 0.32}} = \sqrt[4]{\frac{440}{49.92}} = \sqrt[4]{8.814} = 1.723$$

由 $\lambda = \dfrac{I_1}{I_2}$ 重新计算 I_2 的取值，可得

$$I_2 = \frac{I_1}{\lambda} = \frac{156}{1.723} = 88.99 \text{ A}$$

$$\frac{I_2}{I_L} = \frac{I_2}{I_N} = \frac{88.99}{78} = 1.14$$

即 $I_2 = 1.14I_L$，满足 $I_2 = (1.1 \sim 1.3)I_L$ 的取值要求。各级起动电阻的计算与（1）完全相同，这里不再重复。

2）图解法

图解法由于直观、表达清楚，在工程上经常采用。利用图解法求起动电阻时，首先

必须绘出起动时电动机的机械特性。现以图 2－10 为基础，并将图 2－10（b）重新绘制，如图 2－11 所示。

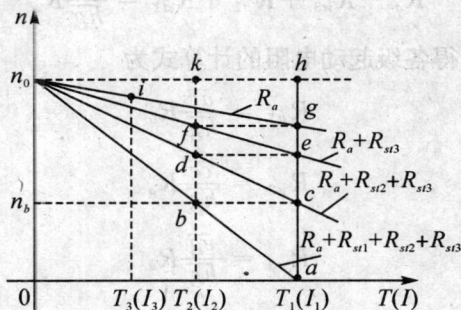

图 2－11　采用图解法计算起动电阻示意

（1）绘制固有机械特性，如图 2－11 中直线 n_0ig 所示。

（2）按照 $I_1=(1.5\sim2.0)I_N$，$I_2=(1.1\sim1.3)I_L$ 选取起动过程中的最大允许电流 I_1 和切换电流 I_2。在图中横坐标轴上截取 I_1 和 I_2 两点，分别向上作垂直线 I_1h 和 I_2k，与过 n_0 点的水平直线相交于 h 点和 k 点，垂直线 I_1h 与固有机械特性交于 g 点，与横坐标轴交于 a 点，则 a 点就是电动机的起动初始点。

（3）连接 n_0a，与垂直线 I_2k 交于 b 点，过 b 点作水平线交 I_1h 于 c 点；连接 n_0c，交 I_2k 于 d 点，过 d 点作水平线，交 I_1h 于 e 点；连接 n_0e，交 I_2k 于 f 点。

（4）过 f 点作水平线，若该水平线正好交 I_1h 于 g 点，则起动级数就可以确定。

如果作图的结果不能保证这一点，必须对所选取的 I_1 和 I_2 数值重新进行调整，一般可变动 I_2 的数值，然后再按上述步骤重新绘图，直到满足与 I_1 一致的条件为止，即作图过程进行到最后所作的水平线必须经过 g 点。

分级起动特性图一经确定，便可在图上确定起动级数，如图 2－11 中为 3 级起动。与此同时，可在图中截取相应的线段，根据初等数学中的几何关系作简单的比例计算就可以计算出各段起动电阻的值，其方法的依据如下：

由机械特性方程式

$$n=n_0-\frac{R}{C_eC_T\varPhi_m^2}T$$

得

$$\Delta n=n_0-n=\frac{R}{C_eC_T\varPhi_m^2}T$$

上式表明，当电磁转矩或电枢电流为某一确定值时，转速降落 Δn 与电枢回路总电阻成正比。当 $I_a=I_1$ 时，固有机械特性上的转速降落与 hg 对应，串入电阻 R_{st3} 特性上的转速降落与 he 对应，以此类推。设直线段 $\overline{hg}$、$\overline{he}$、$\overline{hc}$、$\overline{ha}$ 分别为 hg、he、hc、ha 的长度，由于它们分别与 $I_a=I_1$ 时各对应的转速降落成正比，因而也与对应的电枢回路总电阻成正比，于是有

$$R_a+R_{st3}=\frac{\overline{he}}{\overline{hg}}R_a$$

$$R_a + R_{st3} + R_{st2} = \frac{\overline{hc}}{\overline{hg}}R_a$$

$$R_a + R_{st3} + R_{st2} + R_{st1} = \frac{\overline{ha}}{\overline{hg}}R_a$$

如果 R_a 已知，则可得各级起动电阻的计算式为

$$R_{st1} = \frac{\overline{ac}}{\overline{hg}}R_a$$

$$R_{st2} = \frac{\overline{ce}}{\overline{hg}}R_a$$

$$R_{st3} = \frac{\overline{eg}}{\overline{hg}}R_a$$

2.4 直流电动机的制动

2.4.1 制动定义与概念

所谓制动，就是人为地阻止电动机的运转，使它减速或者停车。在电力拖动系统中，电动机有两种运行状态：电动运行状态和制动运行状态。电动机的电磁转矩方向与电动机的旋转方向一致时的运行状态称为电动运行状态，这时电动机拖动负载运行；电动机的电磁转矩与电动机旋转方向相反时的运行状态称为制动运行状态，简称制动，这时电动机阻止系统运行。如果电动机的电磁转矩不是去驱动电动机运转而是阻止电动机旋转，使电动机减速或者停止，这时的电磁转矩就是属于制动性质的转矩。电动机制动运行时，有可能把系统已经拥有的机械能转变成电能送回电网，或把这些能量转变成热能消耗掉。当把系统已经储存的机械能转换为电能回送给电网时，电动机实际上已经在系统的惯性驱动下作为发电机运行。

总体而言，电动机把电能转变为机械能，为生产机械运行提供原动力。但在实际生产过程中，往往需要电动机提供制动转矩来满足生产工艺减速或者快速停车的要求，所以，制动运行也是电动机经常处于的一种工作状态。

许多生产机械工作时经常需要减速或停车，最简单的方法就是将电动机断电，靠系统运动部件的摩擦转矩与静负载转矩的作用使电动机减速或停车，即自由停车。但是，仅仅采用这种方法来减速或停车，过程往往较长，特别是对于重型负载，时间可达数小时，满足不了生产效率的要求，因此需要采用制动转矩来阻止电动机旋转以强制停车，加快减速或停车的过程。另外，提升装置为了使吊起的重物匀速下放，也需要用制动转矩来平衡由重物重力所产生的转矩，否则将产生自由落体运动，造成损失甚至危及安全。制动转矩可以通过摩擦获得，也可以通过电动机运行于制动状态获得。前一种获得制动转矩的方法称为机械制动，后一种方法称为电气制动。由于电气制动没有机械磨损，容易控制，以及在某些情况下可将输入机械能转变为电能回送给电网等优点，因而

得到广泛的应用。

在分析电动机的制动运行时，我们经常借助于机械特性方程。在机械特性方程中，n、T、U 都是带有方向的量，当规定了相应的参考方向之后，可以把这些量看成代数量，它们可正可负，当实际方向与参考方向一致时为正，反之则为负。由于我们把电动机从电源吸收电功率且通过电动机轴向负载输出机械功率时各量的实际方向取为它们的参考正方向，根据上述制动状态的定义，电动机在作制动运行时，机械特性必然位于第 Ⅱ 象限和第 Ⅳ 象限内。

直流电动机的制动运行可分为能耗制动、反接制动、回馈制动（再生制动）三种电气制动方式。下面将分别对这几种制动运行的接线图、用途、机械特性的特点、电动机内部各物理量的相互关系、转矩平衡关系和功率平衡关系进行分析。

2.4.2 能耗制动

能耗制动是最简单、最基本的制动方式，它的核心就是如何尽快地把电力拖动系统制动开始前所具有的动能消耗掉，使电动机减速或者停车。

2.4.2.1 能耗制动下的机械特性

直流电动机能耗制动的接线图和机械特性如图 2—12 所示，其中图 2—12（a）为电路原理图，图 2—12（b）为机械特性。若设电动机原来在电动状态下稳定运行，工作在图 2—12（b）中的 a 点，由图 2—12（a）可知，由于理想空载转速是正的，即 $n_0 = \dfrac{U_a}{C_e \Phi_m} > 0$，电枢绕组的 a_1 端接电源正极，a_2 端接电源负极，电源电压定义为正。依据电动机运行于电动状态时从电源吸取电功率和电枢电动势为反电动势的条件，可以确定电枢电流 I_a 的正方向是由 a_1 到 a_2，电枢电动势 E_a 的正方向是由 a_2 到 a_1。

制动开始时刻，将电枢从电源断开，并立即把电阻 R_z 并接到电枢两端，电动机即进行能耗制动。

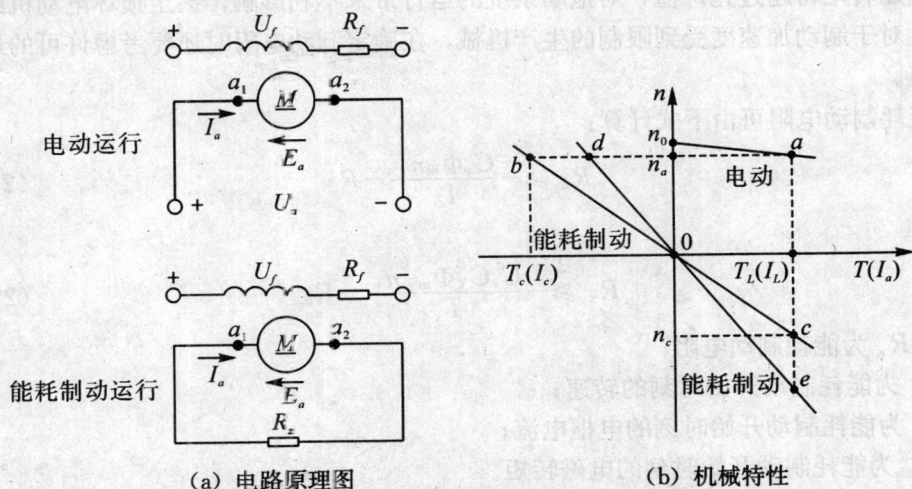

（a）电路原理图   （b）机械特性

图 2—12 能耗制动时的电路原理图和机械特性

根据图中所标明的各物理量的正方向，可以写出制动时的电压平衡方程式为

$$E_a + I_a R = 0 \tag{2-23}$$

将电源电压 $U_a = 0$ 代入直流电动机的机械特性方程式（2-6）中，可得能耗制动状态时的机械特性方程式为

$$n = -\frac{R}{C_e C_T \Phi_m{}^2} T \tag{2-24}$$

式中，$R = R_a + R_z$，为能耗制动时电枢回路的总电阻，R_z 称为能耗制动电阻。

由式（2-24）可见，能耗制动时的机械特性是通过坐标原点、位于第Ⅱ象限和第Ⅳ象限的直线，如图 2-12（b）所示。此时，制动电阻 R_z 越大，机械特性越倾斜。如果忽略电磁惯性，在能耗制动瞬间，由于机械惯性的作用，电动机的转速不能突变，工作点应由 a 点切换到 b 点，电动机在 b 点的电磁转矩方向与转速方向相反，电动机进入制动状态，电动机转矩与静负载转矩共同阻碍系统运转，使转速迅速降低。由于电枢电动势与转速成正比，所以能耗制动转矩随着转速降低按照直线规律减小，当转速等于零时，电枢电动势也等于零，制动转矩也等于零。

通常，直流电动机能耗制动时，最终的运行状态与它所拖动的负载性质有关。如果电动机拖动的是反抗型负载，则当电动机由第Ⅱ象限制动减速到坐标原点时，电动机便会自动停车；如果电动机拖动的是位能型负载，电动机还将在负载的拖动下，反向起动并沿着机械特性在第Ⅳ象限内反向加速，直到制动转矩与位能型负载转矩相平衡，电动机的转速不再变化，匀速下放重物（负载），如图 2-12（b）中的 c 点和 e 点，注意这时电动机已经工作在发电机状态，是负载作为原动机在拖动电机。

在直流电动机能耗制动开始的瞬间，电枢电流和电磁转矩的大小与制动时电枢回路的总电阻有关。在图 2-12（b）中，如果增大能耗制动电阻 R_z，制动开始时的电枢电流和电磁转矩就减小到由 d 点所决定的数值。由此可见，制动电阻越小，机械特性越平，制动转矩的绝对值越大，制动就越迅速。但制动电阻如果太小，则制动时的电枢电流和电磁转矩将超过允许值，对拖动系统的运行带来不利影响，甚至损坏电动机或传动机构。对于制动加速度受到限制的生产机械，在确定制动电阻时还要考虑许可的最大制动转矩。

能耗制动电阻可由下式计算：

$$R_z \geqslant -\frac{C_e \Phi_m n_c}{I_c} - R_a \tag{2-25}$$

或

$$R_z \geqslant -\frac{C_e C_T \Phi_m{}^2 n_c}{T_c} - R_a \tag{2-26}$$

式中，R_z 为能耗制动电阻；

n_c 为能耗制动开始时刻的转速；

I_c 为能耗制动开始时刻的电枢电流；

T_c 为能耗制动开始时刻的电磁转矩。

在选择制动电阻时，如果只考虑按最大制动电流不超过 $2I_N$ 的条件来选择 R_z，则式（2-25）可简化为

$$R_z \geqslant \frac{C_e \Phi_m n_c}{2I_{aN}} - R_a \approx \frac{U_{aN}}{2I_{aN}} - R_a \tag{2-27}$$

由电机学可知,电动机正常运行时,在电枢绕组上的电压降很小,一般只有几伏到几十伏,所以外加电压接近电枢反电动势,即 $E_{ac} = C_e \Phi_m n_c = U_{aN} - R_a I_c \approx U_{aN}$。

应当注意,当直流电动机以能耗制动匀速下放位能型负载时,最终稳定运行时电枢回路内应串的制动电阻的大小取决于负载要求的下放速度。

2.4.2.2　能耗制动的能量关系

直流电动机能耗制动时,在电枢电路中只有一个电源,即制动开始时刻的电枢反电动势 E_a,电枢电流的方向必然与电枢反电动势方向相同,因而电动机这时是发出电能。由电压平衡方程式(2-23),可得功率平衡方程式为

$$-E_a I_a = I_a^2 R = I_a^2 (R_a + R_z) \tag{2-28}$$

式中的负号是由于这时的电流方向与制动开始时刻前相反的缘故。由正方向的定义,在能耗制动状态下,电枢电动势 E_a 与电枢电流 I_a 的符号总是相反的,因此,$-E_a I_a$ 为正值。式(2-28)说明电动机发出的电功率完全以热能的形式消耗在电枢电阻 R_a 和制动电阻 R_z 上。根据前面介绍的有关内容,可进一步得

$$-E_a I_a = -C_e \Phi_m n I_a = -C_T \Phi_m \omega I_a = -T\omega \tag{2-29}$$

式中,由于 $\omega = \dfrac{2\pi n}{60}$,可得 $n = \dfrac{60\omega}{2\pi} \approx 9.55\omega$;又 $C_T = 9.55C_e$,因此有

$$-C_e \Phi_m n I_a = -C_T \Phi_m \omega I_a$$

将式(2-29)代入式(2-28),得

$$-T\omega = I_a^2 (R_a + R_z) \tag{2-30}$$

上式说明,如果忽略电动机的空载损耗,电动机将机械功率 $-T\omega$ 变成了电功率,并且全部消耗在电枢电阻和制动电阻上变成热能消耗掉,正因为如此,故称这种制动方式为能耗制动。

当能耗制动用于匀速下放的位能型负载时,机械功率就是静负载输送给电动机的功率;而当电动机拖动反抗型的负载能耗制动时,用于制动的能量来自于拖动系统减小动能所释放出的机械能。

例 2-2　一台直流电动机,其额定参数为:$P_N = 40 \text{ kW}$,$U_N = 440 \text{ V}$,$I_N = 82 \text{ A}$,$n_N = 1250 \text{ r/min}$,$R_a = 0.38 \ \Omega$,在能耗制动状态下以 600 r/min 的转速下放重物,电枢电流为额定值,试求电枢回路内应串接的电阻值,并计算此时的电磁转矩。

解:因为是下放重物,所以

$$n = -600 \text{ (r/min)}$$

$$C_e \Phi_{mN} = \frac{U_{aN} - I_{aN} R_a}{n_N} = \frac{(440 - 82 \times 0.38)}{1250} = \frac{408.84}{1250} = 0.327$$

由于 $n = -\dfrac{R_a + R_z}{C_e \Phi_{mN}} I_a$,可得

$$R_z = -\frac{C_e \Phi_{mN} n}{I_a} - R_a = -\frac{0.327 \times (-600)}{82} - 0.38 = 2.01 \text{ (}\Omega\text{)}$$

2.4.3　直流电动机的反接制动

直流电动机的反接制动可用两种方法实现：一种是外加电源电压的大小和极性不变，电动机的转速方向改变，即倒拉反转的反接制动；另外一种是电动机的转速方向不变，直接将外加电源电压反接的反接制动。

2.4.3.1　转速反向的反接制动

所谓转速反向反接制动，是指电源电压不作任何改变，在电枢回路中突然串入一个较大的电阻，使之产生转速降落大于理想空载转速，即

$$\left| \frac{R}{C_e C_T \Phi_{mN}^2} T \right| > \left| \frac{U_{aN}}{C_e \Phi_{mN}} \right|$$

电动机的转速变为负值，由原来的向上提升变为向下下放，系统由原来的电磁转矩拖动正转变为由负载拖动反转，当电动机重新达到稳态运行时，以恒转速下放重物，此种工作状态习惯上称为倒拉反转。

由转速反向反接制动的定义可知，此时电动机工作在第Ⅳ象限，如图 2-13（b）中的 cd 段，反接制动时各物理量的实际方向如图 2-13（a）所示。由图可见，电动机被倒拉反转时，电压为正，转速为负，因而电枢反电动势 E_a 也为负，E_a 与电源电压 U_a 顺向串联，共同在电枢回路中产生电流，电流为正，所以电磁转矩 T 也仍然为正。

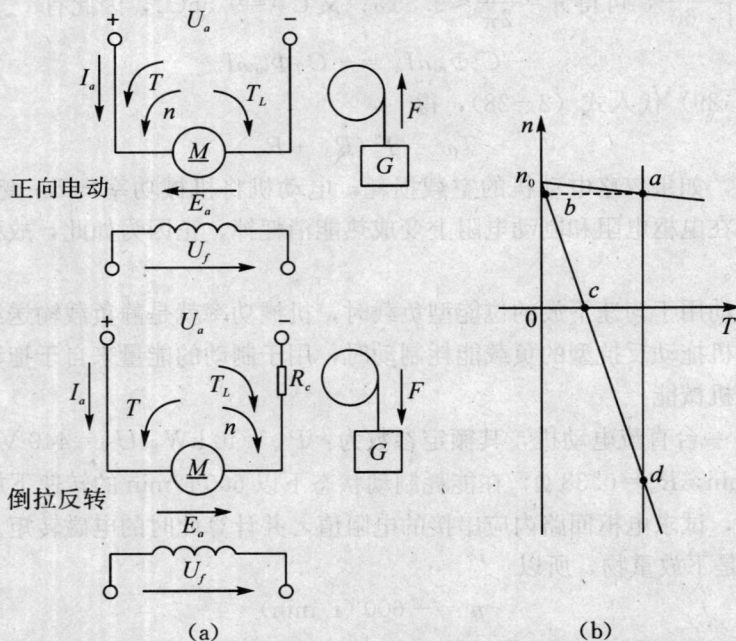

图 2-13　转速反向反接制动（倒拉反转）时的各物理量方向和机械特性

当电动机运行于电动状态时，即提升重物，若瞬间在电枢回路中串入一个相当大的电阻 R_c，电动机将由固有机械特性上的 a 点过渡到新的人为机械特性上的 b 点。由于这时电动机所产生的电磁转矩不足以拖动负载转矩，电动机在负载的拉动下开始减速。

当电动机减速到 c 点即转速降为零时，电动机产生的电磁转矩仍然不足以和负载转矩相平衡，故电动机将在负载重力的拉动下继续反向加速，而一旦转速反向，电枢反电势也将反向，与外加电源电压顺极性串联共同产生电枢电流，从而使电磁转矩进一步增大，直到达到新的稳定工作点，如图 2-13（b）中的 d 点。

现在来讨论一下转速反向反接制动状态下的功率平衡关系。将电枢回路电压平衡方程式（2-1）两侧同乘以电枢电流 I_a，得

$$I_a^2(R_a + R_c) = U_a I_a + E_a I_a \tag{2-31}$$

式中，U_a 及 I_a 的方向与电动状态相同，$U_a I_a$ 仍表示由电网输入电功率；而 E_a 的方向与电动状态相反，故 $E_a I_a = T\omega < 0$，表明电动机从轴上吸收由位能负载所提供（即重物下放时所释放出）的机械功率。$U_a I_a$ 与 $E_a I_a$ 两者之和都消耗在电枢电路中的电阻 $R_a + R_c$ 上。

2.4.3.2 电压反向反接制动

电压反向的反接制动的接线原理如图 2-14（a）所示，图 2-14（b）表示出了在制动过程中各个物理量的实际方向。制动开始时，在电枢回路瞬间串入制动电阻 R_z 并通过转换开关将电源电压的极性交换，使电动机电枢加上相反的电压，这时电源电压与仍然存在的电枢反电势（因转速还没有来得及改变）顺向串联，共同产生一个很大的反向电流，从而产生强烈的制动效果。所以，电压反向反接制动常用于快速停车。

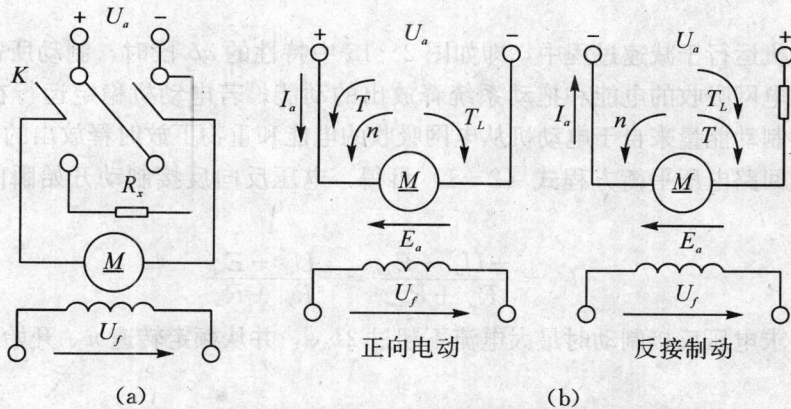

图 2-14 电压反向反接制动接线原理及各物理量的方向

由图 2-14（b）我们可以看出，在反接制动开始时，电枢电流 I_a 和电磁转矩 T 均为负，而转速由于不能突变仍然为正，因此电动机在电磁转矩和负载转矩的共同作用下，转速迅速下降。

采用电压反向反接制动时，因电源电压为负，所以由它所决定的理想空载转速 n_0 也必然为负。为了限制制动起始电流，电枢回路中必须串入一个较大的制动电阻。此时，机械特性方程为

$$n = -n_0 - \frac{R_a + R_z}{C_e C_T \Phi_m^2} T \tag{2-32}$$

电压反向的反接制动时的机械特性如图 2-15 所示。由图可见，如果制动的目的是

为了停车，则必须在转速降为零之前将开关 K 断开，切断电源。否则电动机将在反向电源电压的作用下，开始反向起动，拖动系统反向运行。在这种情况下，如果电动机所拖动的是反抗型的恒转矩负载而且反向起动转矩大于负载转矩，则电动机将在反向电压作用下反向起动，最后达到新的平衡进入反向电动状态，稳定地运行在 c 点；如果电动机拖动的是位能型的恒转矩负载，则电动机将在转速过零后反向加速，最终进入回馈制动状态，稳定运行于 d 点。

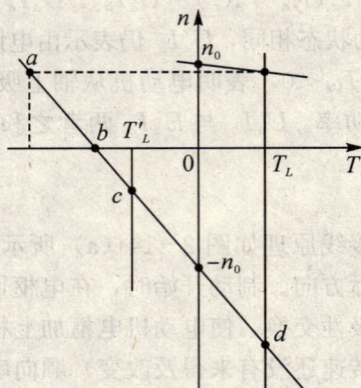

图 2-15　电压反向反接制动机械特性

当电动机运行于减速过程中，即如图 2-15 中特性的 ab 段时，制动所需的能量来自电动机从电网吸收的电能和拖动系统释放出的动能；若电动机稳定运行在 d 点，则拖动系统的制动能量来自于电动机从电网吸收的电能和重物下放时释放出的位能。

由电枢回路电压平衡方程式（2-1）可得，电压反向反接制动开始瞬间的电枢电流为

$$I_a = \frac{-U_a - E_a}{R_a + R_z} = -\frac{U_a + E_a}{R_a + R_z} \tag{2-33}$$

如果要求电压反接制动时最大电流不超过 $2I_{aN}$，并从额定转速 n_N 开始进行反接制动时，则有

$$R_a + R_z \geqslant \frac{U_{aN} + E_a}{2I_{aN}} \approx \frac{2U_{aN}}{2I_{aN}} = \frac{U_{aN}}{I_{aN}}$$

由此可求出在电压反接制动时电枢回路中应该串入的最小电阻，即

$$R_z \geqslant \frac{U_{aN}}{I_{aN}} - R_a \tag{2-34}$$

与式（2-27）相比，此时的制动电阻 R_z 比能耗制动时的制动电阻近似大一倍。

2.4.4　直流电动机的回馈制动

所谓回馈，就是把电力拖动系统的能量回送给电网。由上面的介绍已知，直流电动机在电动状态下提升重物时，如果反接电枢的电源电压，就有可能过渡到机械特性的第Ⅳ象限运行，此时电动机便在回馈制动状态下匀速下放重物。

直流电动机在回馈制动时,转速方向与理想空载转速方向一致,外加电源电压 U_a 与电枢反电动势 E_a 的方向与电动状态时一样,但电机转速超过了由外加电压决定的理想空载转速,从而导致电枢反电势高于外加电压,电枢电流就由电枢电动势决定,由于电枢电动势是在克服外加电压后产生的,这时电动机实际上已经完全工作在发电状态下。此时,与电动状态相比,电枢电流已经反向,电磁转矩当然也就反向了,由原来电动状态时的驱动性质的转矩变为制动性质的转矩。因此,这时电动机吸收系统所储存的机械能,输出电能,具有发电并向电网回馈电能的作用,故称为回馈制动状态。

通常,我们把回馈制动分为正向回馈制动和反向回馈制动。正向回馈制动是指电枢加正向电压的回馈制动状态,其各物理量的实际方向和机械特性如图 2−16 所示,其中图 2−16(a)是正向回馈制动时各个物理量的实际方向,图 2−16(b)是正向回馈制动时的机械特性。由图 2−16(b)可见,电动机如果想要保持在 b 点恒速运行,就必须要有一个与转速同方向的驱动转矩 T_1 才能实现。反向回馈制动是指电枢在加反向电压时的回馈制动状态,如上面电压反向反接制动图 2−15 中的 d 点。

回馈制动的发生是有条件的,而且一般制动过程不会持续到电动机停机的。下面我们分别介绍几种在实际工作中可能出现的回馈制动状态。

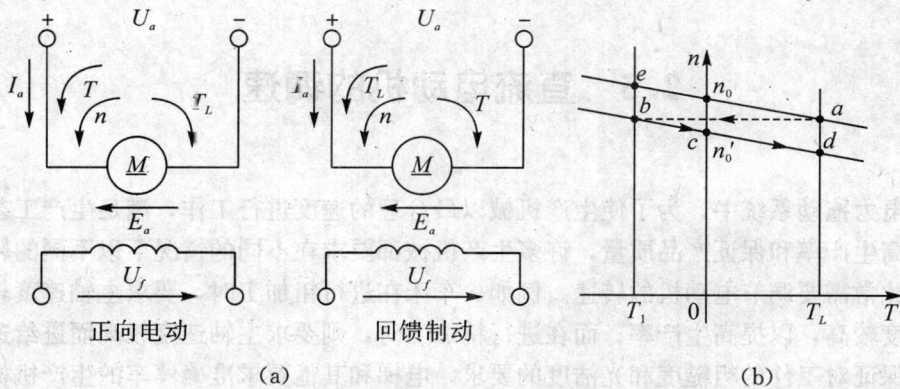

图 2−16 正向回馈制动时各物理量的方向及机械特性

2.4.4.1 高速下放重物

电动机高速下放重物的工作状态如图 2−15 中的 d 点所示。此时,电动机的实际转速 n 高于电动机的理想空载转速 n_0,重物下放时释放出的位能转为电动机轴上的输入机械功率,这部分功率扣除各种损耗后,余下的部分便是向电网回馈的电功率。通常称这种回馈制动状态为稳定的回馈制动状态。

2.4.4.2 电动机车下坡

当由电动机牵引的车辆在平直的路面上行驶时,电动机工作在正向电动状态,如图 2−16(b)中的 a 点所示,这时电磁转矩所产生的牵引力与车辆的摩擦阻力平衡,整个列车保持在某一速度例如 n_a 匀速运行。当电动机车下坡时,电动机的电气工作状态没有变化,但是由于电动机车自身的重力将沿斜坡方向产生一个分力,这个分力作用在电动机轴上成为新增加的驱动力矩,迫使电动机加速,当电动机的实际转速超过由外加在电动机电枢上的电压决定的理想空载转速 n_0 时，电动机就进入了回馈制动状态，如图 2-16（b）中的 e 点。如果电动机车重新回到平直的路面上，则会返回到 a，回馈制动状态结束。

2.4.4.3 降低电枢电压调速

在电动机运行于正向电动状态时，如果采用降低电动机电枢电压调速，在电动机减速运动的过程中就有可能存在一段时间的回馈制动状态，如图 2-16（b）中的 bc 段。电动机回馈制动的过程为：设电动机带动恒转矩型负载稳定运行于 2-16（b）中的 a 点，突然瞬间降低电源电压，机械特性立即变为 bd，由于电动机的机械惯性，转速不能突变，电动机的运行点将由 a 点切换到新的机械特性上的 b 点，这时就出现了电动机实际转速高于机械特性理想空载转速 n_0'，由转速决定的电枢反电势大于外加电源电压的情况，电动机的电流反向，电磁转矩也反向，但转速方向没有改变，电动机进入回馈制动，这时电动机实际工作在发电机状态，向电网馈送电能。随着系统动能的释放，电动机的转速也逐渐下降，反电势也随之下降，一旦反电势下降到小于电源电压时，电动机的电流大小和方向又重新由外加电压主导，重新进入电动状态，如图 2-16（b）中的 cd 段，最终运行于 d 点。通常称这种回馈制动工作状态为过渡的回馈制动状态。

2.5 直流电动机的调速

在电力拖动系统中，为了使生产机械以最合理的速度进行工作，满足生产工艺的要求，提高生产率和保证产品质量，许多生产机械都要求在不同的情况下以不同的转速运行，因此常需要调节电动机的转速。例如，车床在进行粗加工时，要求主轴速度较低而进给速度较高，以提高生产率；而在进行精加工时，则要求主轴速度较高而进给速度较低，以保证对工件的粗糙度和光洁度的要求。电梯和其他要求准确停车的生产机械，在停车前都要先降低速度，以提高停车的准确性。这就要求我们采用一定的方法来改变生产机械的工作速度，以满足生产的需要。通常，我们把这种为了满足生产需要而人为地改变拖动电机的转速，使电动机从一个稳定转速过渡到另一个稳定转速的过程称为调速过程，简称调速。在电力拖动系统中，调速是普遍的，特别是在能源日益紧张的今天，过去不调速的风机水泵，现在也大量采用调速方式运行。

2.5.1 基本概念与要求

2.5.1.1 调速方法

对于采用电动机作为原动机的生产机械，实现调速的方案通常有电气调速、机械调速和机电配合调速三种。机械调速是靠改变传动机构的转速比来调节工作机构的速度；而电气调速是靠直接调节电动机的转速来调节工作机构的速度。电气调速有许多优点，如传动机构简单、调速时不需要脱离负载、技术性能好等。因此，电气调速获得了广泛的应用。下面我们从电动机的机械特性来研究电气调速的方法。

现将直流电动机的机械特性方程式（2-6）重写，即

$$n = \frac{U_a}{C_e \Phi_m} - \frac{R}{C_e C_T \Phi_m^2} T$$

由上式可知，直流电动机转速的改变可以分别通过改变如电动机的外加电压 U_a、电枢回路中的电阻 R 和励磁磁通 Φ_m 三种方法实现，分别称为调压调速、串电阻调速和调磁调速。

由前述可知，电动机转速的变化均会引起机械特性的改变，因此，可以说电动机就是通过改变其机械特性参数来改变转速的，图 2-17 表示出了几种不同的机械特性和电动机速度的变化情况。

设电动机原来工作在如图 2-17（a）中的固有机械特性曲线 1 上，转速为 n_1；如果保持负载转矩不变，在电枢回路串入电阻，可得人为机械特性曲线 2，转速降低到 n_2；如果减弱磁通，可得人为机械特性曲线 3，转速将升高到 n_3；如果降低电枢端电压，可得人为机械特性 4，转速将降低到 n_4。

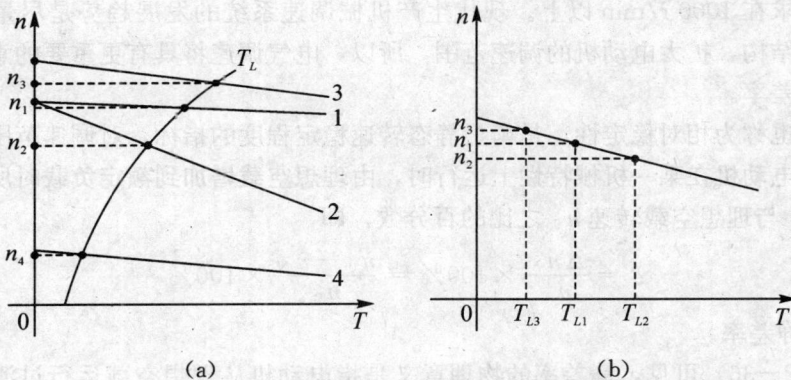

图 2-17　改变参数及负载波动时引起的速度变化

必须注意的是，只有在人为地控制作用下所进行的速度改变才叫调速，非人为地控制作用例如负载变化、电源电压波动等所引起的电动机速度变化不能称为调速，而属于干扰，这将在后续的专业课程电力拖动自动控制系统中详细介绍。比如在图 2-17（b）中，当负载由 T_{L1} 增加到 T_{L2} 时，电动机的转速便从 n_1 降低到 n_2，或者当负载由 T_{L1} 减少到 T_{L3} 且转速升到 n_3 时，这种由负载波动而引起的转速变化都不能称为调速。

2.5.1.2　调速指标

在确定调速方案前，为了进行比较，必须定义调速的性能指标，调速指标通常主要包括技术指标和经济指标两大类，下面分别介绍。

1）技术指标

（1）调速范围。

电动机的调速范围定义为：电动机在正常工作情况下所能够达到的最高转速与最低转速之比，即

$$D = \frac{n_{max}}{n_{min}} \tag{2-35}$$

式中，D 为调速范围；

n_{max} 为电动机在正常工作时所能够达到的最高转速；

n_{min} 为电动机在正常工作时所能够达到的最低转速。

注意正常工作的涵义是指电动机不致遭到损坏、性能不受到影响的工作状态。电动机的最高转速和最低转速通常是指在额定转矩时的稳态转速。但如果电动机实际运行时的负载转矩不是额定值，而且与额定值相差较多时，调速范围就应按实际转速计算。

由于生产机械的调速范围是指工作机构的最高转速与最低转速之比，或最大线速度与最小线速度之比，由此当生产机械采用电气调速时，生产机械的调速范围就等于电动机的调速范围。而当生产机械采用电气调速与机械调速相配合的调速方式时，生产机械的调速范围就等于电气调速范围与机械调速范围的乘积。

不同的生产机械要求的调速范围是不同的。例如，车床的调速范围为 20 r/min～120 r/min；龙门刨床要求在 10 r/min～40 r/min；机床的进给机构要求在 5 r/min～200 r/min；轧钢机要求在 3 r/min～120 r/min；造纸机要求在 3 r/min～20 r/min；精密机床往往要求在 1000 r/min 以上。现代生产机械调速系统的发展趋势是尽量简化机械传动部分的结构，扩大电动机的调速范围，所以，电气调速将具有更重要的意义。

（2）静差率。

静差率也称为相对稳定性，是衡量静态转速稳定程度的指标，对调速范围有直接影响，它是指电动机在某一机械特性上运行时，由理想空载增加到额定负载时所产生的转速降落 Δn_N 与理想空载转速 n_0 之比的百分数，即

$$\delta = \frac{\Delta n_N}{n_0} \times 100\% = \frac{n_0 - n_N}{n_0} \times 100\% \qquad (2-36)$$

式中，δ 为静差率。

由式（2-36）可见，静差率的物理意义是指电动机从理想空载运行过渡到带动额定负载运行时稳态转速下降的相对值。静差率越小，说明电机实际运行时的静态转速越稳定；反之，则说明静态转速的波动程度越大。

现在我们来分析机械特性的硬度、静差率和调速范围三者之间的关系。图 2-18 给出了具有不同硬度和不同理想空载转速时的机械特性曲线。

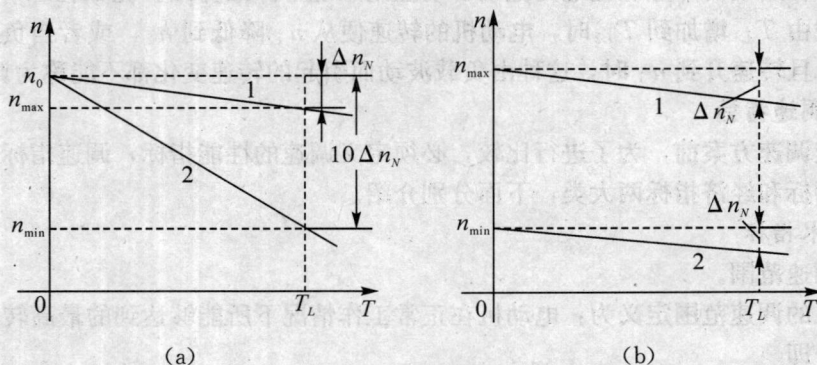

图 2-18　直流电动机在不同硬度和理想空载转速下的机械特性

由图 2−18（a）可见，固有机械特性 1 和电枢串电阻时的人为特性 2 具有相同的理想空载转速，当转矩为额定值时，人为特性上的转速降等于固有特性的 10 倍，所以，人为特性的硬度等于固有特性的 1/10，人为特性的静差率等于固有特性的 10 倍。在图 2−18（b）中，固有特性 1 与电枢电压降低时的人为特性 2 具有相同的硬度，但是，由于 $n_{0max} = 10n_{0min}$，所以人为特性的静差率是固有特性的 10 倍，即

$$\delta_2 = \frac{\Delta n_N}{n_{0min}} = \frac{\Delta n_N}{0.1 n_{0max}} = 10\delta_1$$

此时，硬度相同只说明由同一转矩变化引起的稳态转速变化的绝对值是相同的，例如从理想空载运行到带动额定负载运行，稳态转速都下降了相同的 Δn_N，但转速下降的影响程度却不相同。由图 2−18 和式（2−36）可见，理想空载转速越低，同一转速降落所产生的影响程度越大。因此，仅仅用机械特性硬度的概念不能准确地反映电动机静态转速的稳定程度，必须采用静差率这一技术指标来衡量。

不同的生产机械对静差率有不同的要求。例如，高精度造纸机和龙门刨床则要求 $\delta < 0.1$；普通车床要求 $\delta < 0.3$；而热连续轧钢机要求 $\delta < 0.002 \sim 0.005$。对于相同的转速降落，理想空载转速越低，静差率越大，所以，调速可能达到的最低转速受到它所允许的静差率的限制。另外，由于电动机的最高转速 n_{max} 受电机的机械强度、换向条件等方面的限制，在额定转速以上可以提高转速的范围很小，因此可认为其是一个常量。这样一来，电动机的调速范围将主要受静差率的限制。根据式（2−35）和式（2−36），调速范围与静差率之间的关系可以表示为

$$D = \frac{n_{max}}{n_{min}} = \frac{n_{max}}{n_{0min} - \Delta n_N} = \frac{n_{max}}{n_{0min}(1-\delta)} = \frac{n_{max}}{\frac{\Delta n_N}{\delta}(1-\delta)}$$

即

$$D = \frac{n_{max}}{\Delta n_N} \cdot \frac{\delta}{1-\delta} \qquad (2-37)$$

式（2−37）说明：

① 当机械特性的硬度一定时，即 Δn_N 一定时，允许的静差率越大，允许达到的最低转速就越低，而最高转速是一定的，所以电动机调速范围就越大。

② 当要求的静差率一定时，Δn_N 越小，即机械特性越硬，能够达到静差率要求的最低转速就越低，所以电动机的调速范围越大。

例 2−3 某直流电力拖动系统，采用降压调速。已知直流电动机的额定转速 $n_N = 1520$ r/min，固有机械特性上的额定转速降落 $\Delta n_N = 56$ r/min。求：

（1）如果要求静差率 $\delta \leqslant 0.1$，它可以得到多大的调速范围？

（2）如果要求调速范围 $D = 30$ r/min，系统的最大静差率是多少？

（3）如果要求调速范围 $D = 30$ r/min，静差率 $\delta \leqslant 0.1$，电动机允许的额定转速降落是多少？

解：（1）由式（2−37）得

$$D = \frac{n_{max}}{\Delta n_N} \cdot \frac{\delta}{1-\delta} = \frac{n_N}{\Delta n_N} \cdot \frac{\delta}{1-\delta} = \frac{1520}{56} \times \frac{0.1}{1-0.1} = \frac{152}{50.4} = 3.02$$

上面计算出的结果是在忽略电源内阻的条件下得出的，如果考虑电源内阻，由于额定转速要降低约 56 r/min，所以调速范围要小于 3.02。

（2）方法一：将式（2-37）进行变换，得

$$\delta = \frac{\Delta n_N \dfrac{D}{n_{max}}}{1 + \Delta n_N \dfrac{D}{n_{max}}} = \frac{56 \times \dfrac{30}{1520}}{1 + 56 \times \dfrac{30}{1520}} = \frac{1.105}{2.105} = 0.525$$

方法二：根据调速范围计算出最低的理想空载转速，由最低理想空载转速来计算最大的静差率，即

$$n_{0min} = \frac{n_{max}}{D} + \Delta n_N = \frac{1520}{30} + 56 = 106.67 \ (\text{r/min})$$

$$\delta = \frac{\Delta n_N}{n_{0min}} = \frac{56}{106.67} = 0.525$$

两种计算方法的结果完全一样。如果考虑到电源内阻，静差率还会大一些。

（3）将式（2-37）变换后得

$$\Delta n_N = \frac{n_{max}}{D} \cdot \frac{\delta}{1-\delta} = \frac{n_N}{D} \cdot \frac{\delta}{1-\delta} = \frac{1520}{30} \times \frac{0.1}{1-0.1} = \frac{152}{27} = 5.63 \ (\text{r/min})$$

由于电动机允许的额定转速降落比固有机械特性的额定转速降落还小得多，因而必须采用自动调节电枢外加电压的办法才能实现。

（4）调速平滑性。

电动机在一定的调速范围内，调速的级数越多，调速越平滑，而电动机的调速方法不同，可能得到级数的多少与平滑性的程度也不同。不同的生产机械对调速平滑性有着不同的要求。

调速的平滑程度通常用平滑系数 φ 来衡量。平滑系数 φ 定义为相邻两个调速级的转速或线速度之比，即

$$\varphi = \frac{n_i}{n_{i-1}} = \frac{v_i}{v_{i-1}} \tag{2-38}$$

显然，平滑系数越接近于 1，则平滑性越好。当平滑系数趋于 1 时，称为无级调速，即转速可以连续调节。

（5）调速时的允许输出。

电动机的允许输出是指电动机在得到充分利用的情况下，在调速过程中电动机轴上所能够输出的最大功率和转矩。这一问题将在下面讨论不同调速方法与不同类型负载的配合问题时一起讨论。

2）调速的经济指标

调速的经济指标决定调速系统的设备投资费用和运行费用，而运行费用又决定调速过程中的损耗。这个指标可用设备的效率 η 来表示，即

$$\eta = \frac{P_2}{P_2 + \Delta P} \tag{2-39}$$

式中，P_2 为电动机轴上的输出功率；

ΔP 为调速时的损耗功率。

不同的调速方法如电枢串电阻调速与弱磁调速，在调速的经济指标上有较大的差异，因此，在选择确定调速方案时，在技术指标满足的前提下，应该寻求最经济的调速方案，力求设备投资少，电能损耗小。

2.5.2　电枢回路串电阻调速

下面我们对每一种调速方法进行详细的分析，首先介绍电枢回路串电阻调速的分析方法。在图 2-19 中给出了在电动机电枢回路中串接不同电阻时的人为特性。其中，除固有特性外，人为特性的 R_1、R_2、R_3 中都串有不同阻值的电阻 R_c，由图可见，在静负载一定的情况下，改变电枢回路中所串联的电阻值，可以在基速即电动机在固有特性上的转速以下调节，且电枢回路电阻值越大，电动机转速越低。这里所说的静负载一定，是指静负载转矩特性一定，如图中的恒转矩负载 T_L，或通风机负载 T'_L。

现以恒转矩负载 T_L 且转速由 n_1 降为 n_2 为例，说明系统的调速过程。设系统原来稳定运行在图 2-19 中的 a 点，转速 $n = n_a = n_1$，当电枢电阻由 R_a 突然增大到 R_1 时，电动机的转速和电枢反电动势突变，电枢电流和电磁转矩瞬间减小，电动机的转速由图 2-19 中的 a 点过渡到 b 点，电磁转矩由 $T = T_L$ 减小为 T'。由于 $T' < T_L$，$\dfrac{\mathrm{d}n}{\mathrm{d}t} < 0$，拖动系统开始减速。随着电动机转速及电枢反电势的下降，电枢电流和电磁转矩不断增大，当转速 n 由 $n = n_b = n_1$ 降到 $n = n_c = n_2$ 时，T 重新增大至 T_L，系统达到新的平衡，以较低的转速 n_2 于 c 点重新稳定运行，调速过程结束。

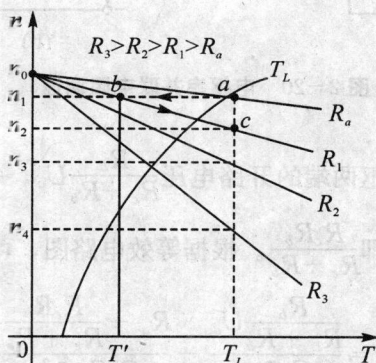

图 2-19　电枢串电阻调速的机械特性

下面我们再来分析串电阻调速时的经济性。为了分析问题简单，我们只考虑电枢回路的铜损，忽略空载损耗。电枢串电阻时电动机从电网吸取的功率 P_1 为

$$P_1 = U_a I_a = E_a I_a + I_a^2 R$$

式中，R 为电枢回路的总电阻，包括电枢绕组电阻 R_a 和外串电阻 R_c。

电枢回路的铜损 ΔP_{Cu} 为

$$\Delta P_{Cu} = I_a^2 R = U I_a - E_a I_a = U I_a \left(1 - \frac{E_a}{U}\right)$$

$$= P_1 \left(1 - \frac{C_e \Phi n}{C_e \Phi n_0}\right) = P_1 \left(\frac{n_0 - n}{n_0}\right)$$

即

$$\Delta P_{Cu} = P_1 \left(\frac{n_0 - n}{n_0} \right)$$

在不考虑空载损耗时，电动机的效率 η 为

$$\eta = \frac{P_1 - \Delta P_{Cu}}{P_1} = 1 - \frac{n_0 - n}{n_0} = \frac{n}{n_0}$$

由此可见，采用在电枢回路中串电阻调速时，随着转速的降低，损耗增大，效率降低。

总体而言，电枢回路串电阻调速方式的经济性较差，调速指标不高；另外，由于低速时机械特性较软，调速范围不大，不能满足一般生产机械对于静差率的要求。

为了改善串电阻调速的机械特性的硬度，常用的方法是在串接电阻 R_c 的同时，再在电枢两端并接一电阻 R_b，如图 2-20（a）所示。现用等效电源法求出它的等效电路，如图 2-20（b）所示。

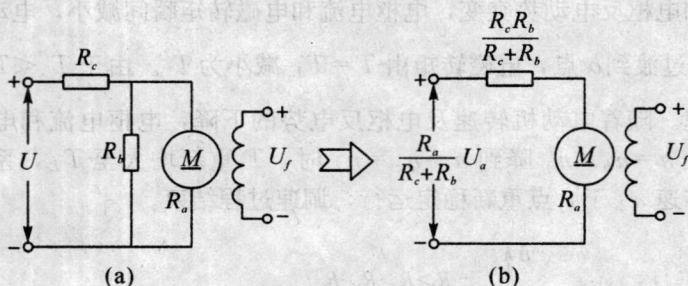

图 2-20　电枢串并联电阻调速

图中等效电源电压是电枢两端的开路电压 $\frac{R_b}{R_c + R_b} U_a$，等效串联电阻是电源短路时从电枢两端看进去的电阻，即 $\frac{R_c R_b}{R_c + R_b}$。根据等效电路图，可得机械特性方程

$$n = \frac{\frac{R_b}{R_c + R_b} U_a}{C_e \Phi_m} - \frac{R_a + \frac{R_c R_b}{R_c + R_b}}{C_e C_T \Phi_m^2} T$$

由上式所描述的机械特性曲线如图 2-21 中实线所示。为了便于比较，图中还用虚线画出了固有特性曲线和电枢回路只串接电阻 R_c 时的人为特性曲线。由图可见，这种串并联电阻的调速方法虽然提高了机械特性的硬度，但电动机的理想空载转速却有所下降。

综上所述，电枢回路串电阻调速的经济性较差、调速指标较低、调速范围小、低速时转速稳定性差，在空载时几乎没有调速作用，而且是有级调速，调速的平滑性也不高（这是由于为了提高调速的平滑性，必然要增加所串电阻的级数）。因此，电枢回路串电阻调速多用于对调速性能要求不高的场合。

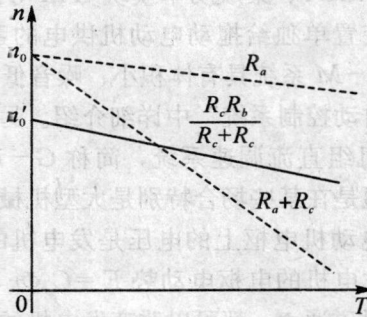

图 2—21　采用电枢串并联电阻时的机械特性

2.5.3　调压调速

调压调速在所有调速方法中调速性能最好，是调速的首选。调压调速的机械特性如图 2—22 所示。由于电源电压一般不能超过额定值，所以，改变电枢外加电压只能在额定电压以下调节，即在基速以下调节转速。如果电源为理想电源，电源的内阻为零，由于电源电压与电流无关，所以，采用调压调速时的机械特性硬度与固有特性相同。但是，通常电源是存在内阻的。因此，电源电压随电流的增大将有所降低，故机械特性的硬度比固有特性的要稍稍小一些。当然，由于电源内阻一般较小，机械特性仍为硬特性。为分析问题方便，往往认为特性硬度不变。

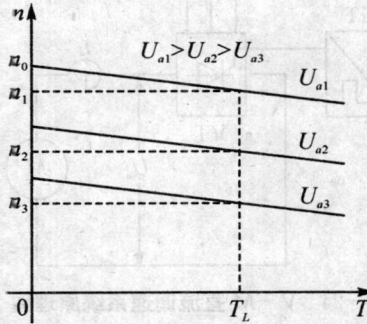

图 2—22　调压调速时的机械特性

在采用调压调速时，由于机械特性硬度不变，调速的范围较大，电压容易做到连续调节，便于实现无级调速，且调速的平滑性较好；调速时不需要在电枢回路中串接电阻，调速损耗小，且可以靠降低电压使电动机在调速时工作在回馈制动状态，将能量回送给电网，因而电动机的运行效率高。基于调压调速的上述优点，虽然采用该方法时初始投资较大，但仍被广泛应用于调速性能要求较高的拖动系统中。

目前，在调压调速系统中用得最多的可调压直流电源是由电力电子器件构成的可控整流装置，如图 2—23 所示。图中符号 UPE 表示电力电子变换装置，过去在较长一个时期内都是采用晶闸管，现在随着电力电子技术的飞速发展，作为开关器件的元件很多，常见的有门极可关断晶闸管 GTO、电力双极型晶体管 BJT、绝缘栅双极型晶体管

IGBT、集成门极换流晶闸管 IGCT、集成功率模块 IPM 等。获得可变电压直流电源的方法也很多，由晶闸管变流装置单独给拖动电动机供电的系统，简称 $V-M$ 系统，其原理电路如图 2-24 所示。$V-M$ 系统具有体积小、噪音低等许多优点，其工作原理将在后续专业课程"电力拖动自动控制系统"中详细介绍。另外，在 20 世纪 60 年代一度采用的发电机-电动机旋转机组直流调速系统，简称 $G-M$ 系统，如图 2-25 所示，现在已经基本上不使用了，但是在某些场合特别是大型机械加工企业，可能还存在。在 $G-M$ 系统中，加在被调速电动机电枢上的电压是发电机的端电压，即发电机的电动势，根据电机学我们知道，发电机的电枢电动势 $E=C_e\Phi n$，由此可见，改变发电机的转速 n 或者改变发电机的励磁磁通 Φ，都可以改变发电机的输出电压，但是由于改变发电机的转速 n 比较麻烦，通常都是采用改变发电机的励磁磁通 Φ 来实现发电机的输出电压的改变，以达到调节电动机转速的目的。由于发电机的励磁电流可以连续调节，所以电动机的供电电压也可以连续调节，从而实现连续无级调速。

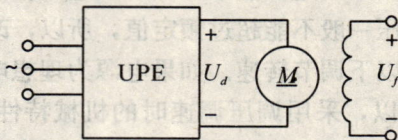

图 2-23　电力电子变流调压调速系统结构图

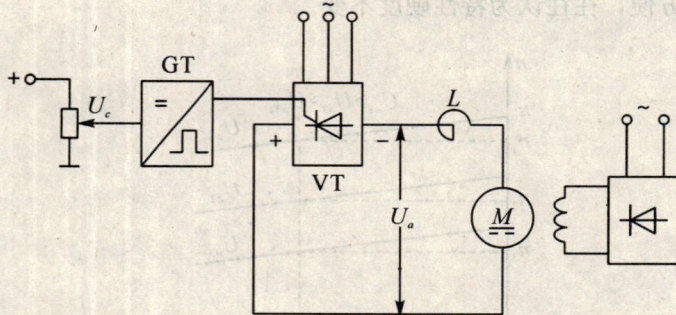

图 2-24　$V-M$ 直流调速系统原理图

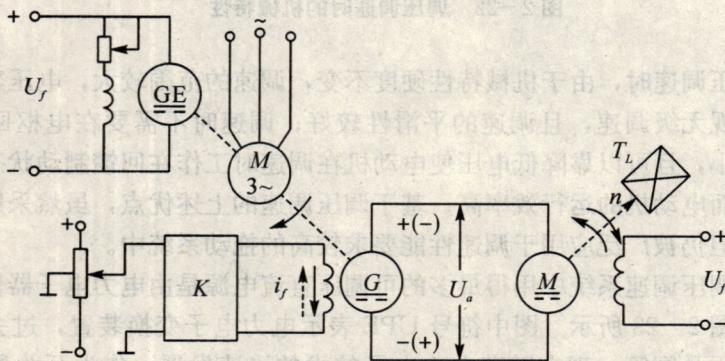

图 2-25　$G-M$ 旋转变流机组直流调速系统原理示意

2.5.4　调磁调速

所谓调磁调速，是指通过改变电动机的励磁磁通来调节电动机的转速。由于直流电动机在设计制造时，已经把在额定磁通时的磁路设计成接近饱和，所以磁通实际上只能从额定值向下调节，又称为弱磁调速。

当直流电力拖动系统采用弱磁调速时，小容量系统可以直接通过在励磁电路中串接可调电阻 R_f 来调节磁通，大容量系统可通过采用独立可控晶闸管整流装置向电动机的励磁电路供电来实现。

由机械特性方程式（2-8）可知，当减弱磁通时，理想空载转速 $n_0 = \dfrac{U_a}{C_e\Phi_m}$ 将升高，机械特性曲线的斜率 $\dfrac{R}{C_eC_T\Phi_m^2}$ 也将增大，但由于 n_0 比转速降落 $\Delta n = \dfrac{R}{C_eC_T\Phi_m^2}T$ 增加得快，所以，弱磁调速时，电动机的转速通常是由额定转速向上调节的。

图 2-26 给出了减弱磁通时的人为机械特性。图中曲线 1 是电动机的固有特性，曲线 2 为弱磁时的人为特性。下面我们来分析减弱磁通的调速过程。

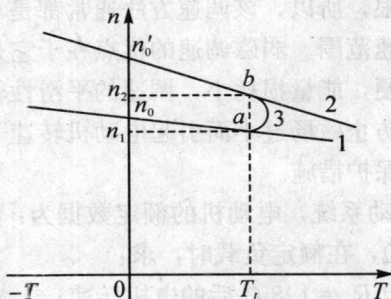

图 2-26　减弱磁通时的人为机械特性

设电动机原来工作在固有机械特性 1 上的 a 点，这时对应的理想空载转速为 n_0，电动机的转速为 n_1，电磁转矩为 $T = T_L$，相应的电枢电流为 $I_{ai} = \dfrac{T_L}{C_T\Phi_{mL}}$。为了弱磁升速，现在励磁回路中突然串接电阻 R_f，当磁路未饱和时，励磁电流和磁通都将按指数规律减小。由于电动机的转速不能突变，电动机反电动势 $E_a = C_e\Phi_m n$ 将随磁通的减小而降低，于是，电枢电流 I_a 将随之迅速增大。通常，电枢电流增加的相对数量比磁通下降的相对数量来得大，所以，电动机的电磁转矩 $T = C_T\Phi_m I_a$ 增大，即有 $T > T_L$，从而使系统加速，转速由 n_1 开始上升。转速的不断上升使电枢电动势由开始的下降经某一最小值逐渐回升，而电枢电流和电磁转矩则由开始的上升经某一最大值逐渐下降，直到 T 下降到 $T = T_L$ 时，系统又重新达到平衡，电动机稳定运行在人为特性曲线 2 的 b 点，其中 n_0' 是弱磁后的机械特性曲线 2 所对应的理想空载转速。电动机的工作点自 a 点过渡到 b 点，电磁转矩 T 的变化如图 2-26 中的曲线 3 所示，我们通常称曲线 3 为动态机械特性。

图 2-27 给出了减弱磁通调速过程中 I_a、n、Φ_m 随时间变化的曲线。由图 2-26 和图 2-27 可见，虽然电动机运行在 a 点时的电磁转矩与运行在 b 点时的相同，但运行

在 b 点时的电枢电流却比运行在 a 点时的电枢电流增大了。

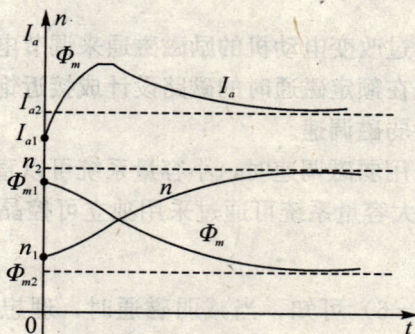

图 2-27 弱磁调速时的 I_a、n、Φ_m 变化曲线

由于弱磁调速是在额定转速以上调节转速，而最高转速 n_{max} 受机械强度和换向的限制不可能太高，所以，弱磁调速范围相对较小。通常，普通电动机调速范围最多为 $D = 2$ r/min，对于特殊设计的额定转速较低的调磁调速电机 $D = 3$ r/min~ 4 r/min。

由于弱磁调速的范围有限，所以，该调速方法通常都是与降压调速或电枢串电阻调速方法配合使用，以扩大调速范围。弱磁调速的优点在于它是在功率较小的励磁回路中进行调节，因而控制较为方便，能量损耗小，调速的平滑性较高。

最后要强调的是，为了防止磁场过小而引起电动机转速飞逸和电枢电流过大，在采用弱磁调速时必须要有弱磁保护措施。

例 2-4 某直流电力拖动系统，电动机的额定数据为：$U_{aN} = 220$ V，$I_{aN} = 42.6$ A，$n_N = 1500$ r/min，$R_a = 0.4$ Ω，在额定负载时，求：

（1）在电枢回路串入电阻 $R_c = 1.8$ Ω 后的电机转速；

（2）电枢回路不外串电阻，电枢电压下降为 110 V 时的电机转速；

（3）如果只减弱磁通，使磁通 Φ_m 减小 10%，其他参数都为额定值，求电动机的转速。

解：根据题意，调速是在额定负载情况下进行的，即在整个调速过程中负载转矩不变，所以负载电流为额定电流。

首先计算出 $C_e\Phi_{mN}$，由额定点的电压平衡方程得

$$C_e\Phi_{mN} = \frac{U_{aN} - I_{aN}R_a}{n_N} = \frac{220 - 42.6 \times 0.4}{1500} = \frac{202.96}{1500} = 0.135$$

（1）$n = \dfrac{U_{aN} - I_{aN}(R_a + R_c)}{C_e\Phi_{mN}} = \dfrac{220 - 42.6 \times (0.4 + 1.8)}{0.135} = \dfrac{126.28}{0.135} = 935$（r/min）

（2）$n = \dfrac{U_a - I_{aN}R}{C_e\Phi_{mN}} = \dfrac{110 - 42.6 \times 0.4}{0.135} = \dfrac{92.96}{0.135} = 689$（r/min）

（3）弱磁调速时，按调速前后转矩不变的条件，得

$$T = C_T\Phi_{mN}I_{aN} = C_T\Phi_m I_a$$

$$I_a = \frac{\Phi_{mN}}{\Phi_m}I_{aN} = \frac{\Phi_{mN}}{\Phi_{mN} - 0.1\Phi_{mN}}I_{aN} = \frac{1}{0.9} \times 42.6 = 47.3 \text{（A）}$$

$$n = \frac{U_{aN} - I_a R_a}{C_e \Phi_m} = \frac{U_{aN} - I_a R_a}{C_e \times 0.9 \Phi_{mN}} = \frac{220 - 47.3 \times 0.4}{0.9 \times 0.135} = \frac{201.08}{0.1215} = 1654 \ (\text{r/min})$$

2.5.5　调速方法与负载的配合

电动机运行时，其允许输出的功率主要取决于电机的发热，而电机的发热又主要取决于电枢电流。因此，只要电动机运行时其电流不超过额定值 I_{aN}，发热就不会超过允许的限度，电机就可以长时运行。所以，电流等于额定值是从发热观点充分利用电动机的条件。

当直流电动机采用电枢回路串电阻调速和降低电枢电压调速时，由于磁通为额定值不变，因而如果电枢电流等于额定值，则电磁转矩也必然等于额定电磁转矩。这时，若忽略空载转矩，电动机允许输出的最大转矩是恒定的，而输出功率与转速成正比。因此，我们称这两种调速方式为恒转矩调速方式。

当直流电动机采用弱磁调速时，如果电枢电流等于额定值，其电磁功率也为额定功率，这是因为若电枢电流保持恒定，则 $E_a = U_{aN} - I_a R_a$ 保持恒定，故 $E_a I_a$ 亦保持恒定。这时，若认为效率不随转速变化而变化，则电动机轴上的输出功率也是恒定的，也就是说，电动机允许输出的最大功率是恒定的，而输出转矩与转速成反比。因此，我们称弱磁调速为恒功率调速方式。

图 2-28 分别绘出了恒转矩调速和恒功率调速时的机械特性曲线，并且标出了恒转矩调速区和恒功率调速区。由电机学原理可知，直流电动机稳定运行时，电枢电流是由静负载决定的，所以，实现恒转矩调速或恒功率调速的条件是电动机必须是拖动恒转矩性质的负载或恒功率性质的负载，不能理解为调压调速的输出就必定是恒转矩的，弱磁调速的输出就必定是恒功率的。因此就存在着调速方式与静负载的配合问题。

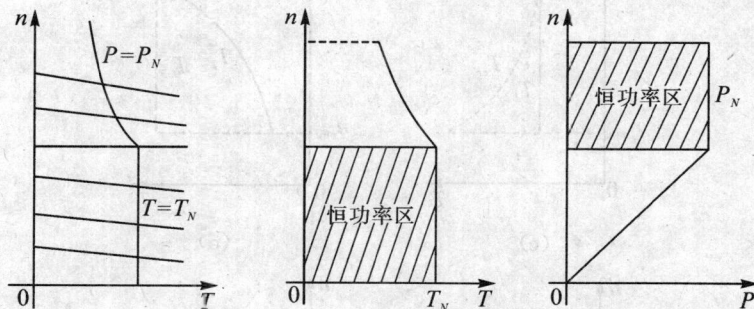

图 2-28　恒转矩调速和恒功率调速

为了充分利用电动机的容量和驱动能力，一般来讲，若电动机所拖动的负载为恒转矩型负载，适合采用恒转矩调速方式；而电动机若拖动的负载为恒功率型的负载，则应该采用恒功率调速方式。

在实际生产中，若生产机械的静负载在比较低的转速范围内，则具有近似恒转矩的特性；而在较高的转速范围内，则具有近似恒功率的特性。通常，若在基速以下采用恒转矩调速，基速以上采用恒功率调速，则可使电动机得到较充分的利用。

以图 2-29 来具体说明调速方式与静负载的配合关系。在图 2-29 中虚线表示电动机能够达到的转矩，即能够得到充分利用的转矩 T_{cF}，实线表示负载的静负载转矩 T_L。图 2-29（a）表示在任何转速下都有 $T_L = T_{cF}$，电动机的拖动能力得到了充分的利用，是一种理想的配合情况；图 2-29（b）表示恒转矩调速方法与功率不变型负载相配合，为了使电动机在 n_{max} 与 n_{min} 之间的任何转速下都能够长期可靠地运行，必须使 T_{cF} 等于电动机在最低转速时的静负载转矩，这样，在其他转速下就会出现 $T_L < T_{cF}$，在大部分时间中电动机的拖动能力都不能发挥出来，没有得到充分利用；图 2-29（c）表示恒功率调速方法与转矩不变型负载的配合，由图可见，除了在最高转速外，在其他转速下都有 $T_L < T_{cF}$，电动机同样得不到充分利用；图 2-29（d）表示恒转矩调速方法与指数特性型负载的配合，图 2-29（e）表示恒功率调速方法与指数特性型负载相配合，显然，在这两种情况下，电动机的拖动能力都得不到有效的发挥，没有充分利用，但从图中可见，采用恒转矩调速方法比采用恒功率调速方法与指数特性型负载配合要好一些。

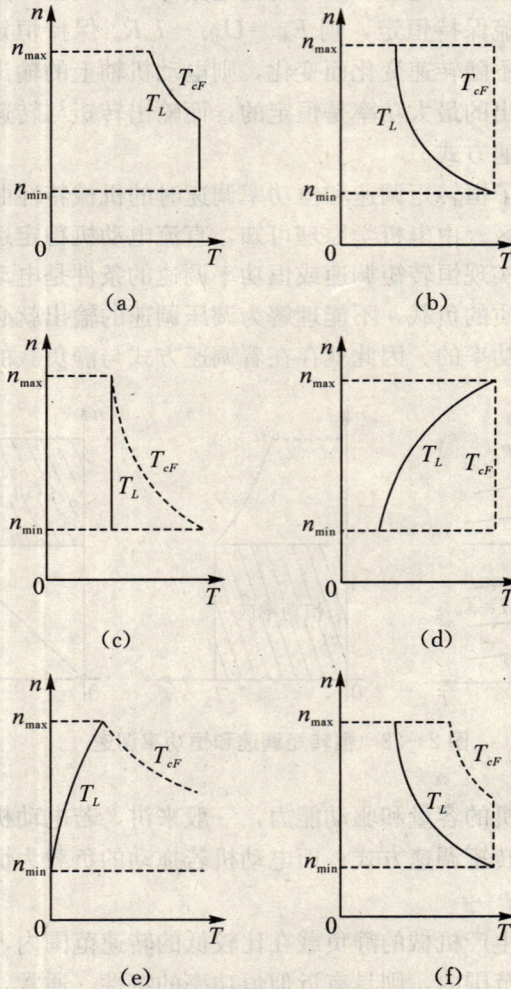

图 2-29　调速方式与静负载的配合

还有一些生产机械，它们的静负载特性基本上是功率不变型的，但是调速范围较大，如果单纯采用弱磁调速，其调速范围很难满足要求，通常都采用恒转矩和恒功率分区调速方法与功率不变型负载配合的调速方式，如图 2-29 （f）所示。这时，虽然电动机也仍然得不到充分利用，但好于单独采用任何一种调速方式。

2.6 直流电力拖动系统典型实例分析

到此为止，我们已经讨论和分析了直流电动机的起动和制动及调速，了解了直流电动机在不同运行状态下的特性，为了加深对这些概念的理解与掌握，下面以在生产实际中广泛存在的反抗型负载和位能型负载为例，对直流电力拖动系统的工作状态进行系统地分析。

2.6.1 反抗型负载

电动机作为原动机拖动反抗型负载，是电力拖动系统的一种典型情况，在水平路面上行驶的市内电气公交车和电力机车、各类桥式起重机、在工矿和码头等地点使用的电瓶车、轧钢厂的钢锭车、龙门刨床的工作台、钻床等都属于这类负载。现以起重机上的电动小车前进和后退的工作状态为例，根据机械特性来分析直流电动机拖动反抗型负载时的运行状态。

图 2-30 给出了直流电动机拖动反抗型负载时的电路图和机械特性曲线，图中 DK 是双极刀开关，用来使电动机同电源连通或者断开。方向接触器的触点 Z 和 F 分别用来实现正向运行和反向运行的转换，带负载接通和断开电枢回路也是靠接点 Z 和 F 来实现的。R_{st1}、R_{st2}、R_{st3} 是三级起动电阻，它们分别由三个加速接触器的接点 $1C$、$2C$、$3C$ 切除和串入。R_{FZ} 是反接制动电阻，由反接制动接触器的接点 FZ 切除和串入。R_{NZ} 是能耗制动电阻，由能耗制动接触器的接点 NZ 来接入或断开。R_f 是励磁绕组的串联电阻，由励磁接触器的接点 KF 切除或串入。所有接触器的动作都由主令控制器操纵。操作人员操纵主令控制器便可控制电动机的工作状态，从而控制电动小车的运行。有关电器工作原理和操作控制的具体内容，可参阅工厂电气控制设备等参考资料。下面我们以图 2-30 （a）所示电路介绍电动机的运行状态。

2.6.1.1 正向电动

（1）合上双极刀开关 DK，磁场接触器的常闭触点闭合，励磁电流达到额定值。

（2）操作控制器使正转接触器的常开触点 Z 闭合，将电枢接至电源，同时反接制动接触器的常开触点 FZ 闭合，将反接制动电阻 R_{FZ} 短接，能耗制动接触器的常闭触点 NZ 断开，将能耗制动电阻 R_{NZ} 断开。由于这时三个加速接触器的常开触点 $1C$、$2C$、$3C$ 仍然保持在断开状态，于是串入全部起动电阻 R_{st1}、R_{st2}、R_{st3} 起动。

（3）当电动机从图 2-30 （b）中机械特性上的 a 点加速到 b 点时，加速接触器常开接点 $1C$ 闭合，将起动电阻 R_{st1} 短接，电动机切换到机械特性 cd 段继续加速。

(a)

(b)

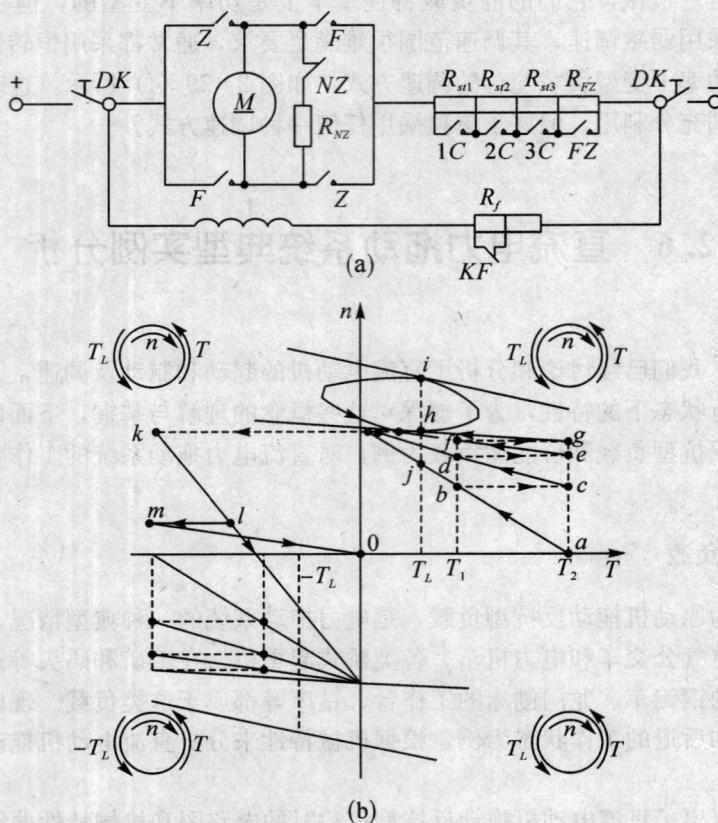

图 2-30　反抗型负载时的运行特性

（4）当电动机加速到机械特性上 d 点时，接点 $2C$ 闭合，将起动电阻 R_{st2} 短接，电动机切换到机械特性 ef 段继续加速。

（5）当电动机加速到图 2-30（b）中机械特性上的 f 点时，接点 $3C$ 闭合，将起动电阻 R_{st3} 短接，电动机过渡到固有特性上，并从 g 点继续加速，最终稳定运行在固有特性上的 h 点，起动过程完毕，电动小车进入匀速前进。

2.6.1.2　正向串电阻调速

当要求电动小车以低于固有机械特性上的转速前进时，加速接触器的常开触点断开，向电动机电枢回路串入调速电阻，如接点 $2C$ 和 $3C$ 断开，电动机降低到 j 点运行。

2.6.1.3　正向弱磁升速

当要求电动小车以高于固有机械特性上的转速运行时，使磁场接触器的常闭触点 KF 断开，电动机的转速从固有机械特性上的 h 点沿右边的虚线升高，最后在 i 点稳定运行，提高了电动小车的运行速度。

2.6.1.4　正向增磁降速

当电动小车前进到一定位置时，需要制动停车。由于在减弱磁通的条件下，如果采用反接制动或者能耗制动，则在确定的制动电流下产生的制动转矩比较小，因此都是不

66

适合的。所以，必须首先使在弱磁升速时已经断开的磁场接触器的常闭触点 KF 闭合，磁通重新增大到额定值，在磁通增大过程中，电动机从机械特性上的 i 点沿左边虚线减速，并经过第 Ⅱ 象限工作在回馈制动状态。

2.6.1.5　正向反接制动

当转速降低到 h 点时，磁通恢复到最大值。这时，断开正向接触器的常开接点 Z、反接制动接触器的常开接点 FZ 和三个加速接触器的常开接点 $1C$、$2C$、$3C$，随后反向接触器的常开接点 F 闭合，电枢串入全部起动电阻 R_{st1}、R_{st2}、R_{st3} 和制动电阻 R_{NZ} 进行反接制动，电动机沿机械特性 kl 段减速。

2.6.1.6　正向能耗制动

为了使电动小车减速到零并能够准确地停止，应采用适当措施，在电动机减速到某一转速如图中的 l 点时，将反向接触器触点 F 断开，然后将原已断开的能耗制动接触器触点 NZ 闭合，使电动机工作在能耗制动状态，这时电动机沿机械特性 $m0$ 段继续减速到停止状态，从而避免了继续采用反接制动造成转速过零时因断电不及时而引起小车后退。但应注意，如果要求电动小车制动到停止便立即后退，就不必使电动机换入到能耗制动状态，而是一直沿着机械特性 kl 段继续运行，从反接制动直接转入反向起动。

2.6.2　位能型负载

设有一台起重机，其提升装置能够完成以下四项工作：

(1) 将重物提升到指定的高度，并用电磁离合器抱闸抱住制动。

(2) 由移动行车装置将重物运送到指定地点，提升装置将重物放下。

(3) 将空钩提起。

(4) 由移动行车装置将空钩运送到待吊运物的地点，提升装置将空钩放下。

图 2-31 (a) 给出了提升装置的电动机接线原理图，图中 DK 为起隔离作用的双极刀开关，Z 和 F 是方向接触器的常开触点，五段串联电阻 R_{c1}、R_{c2}、R_{c3}、R_{c4} 和 R_{c5} 分别由五个接触器的常开接点 $1C$、$2C$、$3C$、$4C$ 和 $5C$ 进行切除或者串入，其中，电阻 R_{c1}、R_{c2} 只是在反接制动、转速下降时才接入。

图 2-31 (b) 绘出了提升电动机的正反向机械特性曲线，理想空载转速为正值的一组，即位于第 Ⅰ 象限的机械特性是由正向接触器触点 Z 闭合时得到的，理想空载转速为负值的一组，即位于第 Ⅲ 象限的机械特性是由反向接触器触点 F 闭合时得到的，直线 1 是在正向串入电阻 $R_{c1}-R_{c2}+R_{c3}+R_{c4}+R_{c5}$ 时的人为机械特性，直线 2 是正向串入电阻 $R_{c2}+R_{c3}+R_{c4}+R_{c5}$ 时的人为机械特性，直线 3 和 3′ 分别是正向和反向串入电阻 $R_{c3}+R_{c4}+R_{c5}$ 时的人为机械特性，直线 4 和 4′ 分别是正向和反向串入电阻 $R_{c4}+R_{c5}$ 时的人为机械特性，直线 5 和 5′ 分别是正向和反向串入电阻 R_{c5} 时的人为机械特性，直线 6 和 6′ 分别为正向和反向时的固有特性。

下面，我们根据机械特性来详细分析电动机的各种运行状态。

2.6.2.1　重物提升

(1) 首先闭合双极刀开关 DK，使励磁电流达到额定值。

(2) 接触器触点 Z、$1C$、$2C$ 闭合，电枢通电并切除电阻 R_{c1} 和 R_{c2}，同时抱闸通电

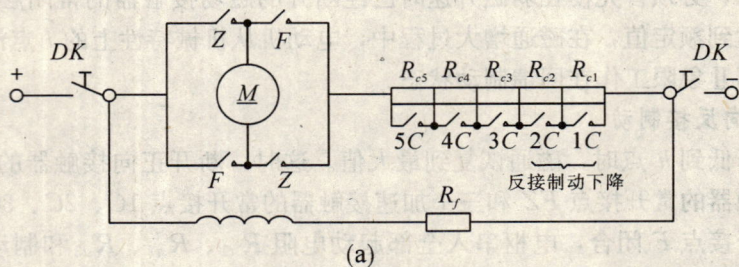

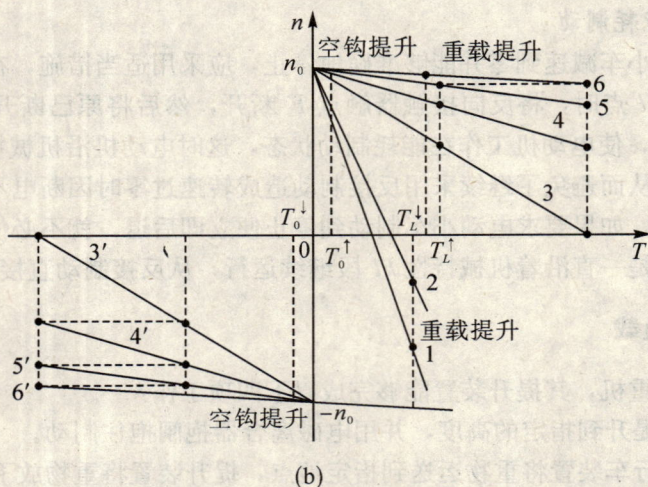

图 2-31 提升装置拖动电动机的接线图和机械特性

松开，电动机沿人为机械特性 3 加速，进行重物提升。

（3）当重物提升距离较大时，根据需要使接触器接点 $3C$、$4C$、$5C$ 按照起动要求依次闭合，电动机加速到固有机械特性 6 上稳定运行，重物高速提升。接触器 $3C$、$4C$、$5C$ 的断开与闭合，可以分别使电动机工作在不同的机械特性上，从而改变提升重物的速度。

（4）当重物被提升到了指定高度时，正向接触器接点 Z 断开，加速接触器触点断开，电动机断电，同时抱闸控制器因断电而抱紧固定电动机进行制动，使重物悬停在空中。

2.6.2.2 重物下放

（1）接触器触点 Z 闭合，电枢通电，抱闸松开，加速接触器 $1C$ 闭合，电动机工作在人为机械特性 2 上。此时，由于堵转转矩小于位能转矩，电动机工作在转速倒拉反向反接制动状态，以匀速下放重物。

（2）如果需要提高下放重物的速度，将加速接触器 $1C$ 断开，使电动机工作在人为特性曲线 1 上。由于受机械特性硬度的限制，反接制动下放重物的速度不能太高，如果需要快速下放重物，可以将正向接触器接点 Z 断开，随后使反向接触器接点 F 闭合，最终电动机处于回馈制动状态，工作在固有特性曲线 $6'$ 上下放重物。

（3）为了使重物停放平稳，当重物接近于停放位置时，断开触点 F、$1C$、$2C$、$3C$、$4C$ 和 $5C$，再闭合触点 Z，使电动机工作在人为特性曲线 1 上的反接制动部分，降低重物下放速度。

（4）将触点 $1C$ 闭合，使电动机工作在人为特性曲线 2 上，进一步降低重物下放的速度。待重物落在停放位置上，断开接点 Z，使电动机断电，重物下放结束。

2.6.2.3　空钩提升

正向接触器点 Z 闭合，电枢通电，电动机正向起动，工作在第 I 象限的机械特性曲线上。空钩提升速度可采用对加速接触器触点的闭合情况不同来进行控制，但由于此时的静负载转矩较小，所以工作在不同的人为特性上的转速相差不大。

2.6.2.4　空钩下放

当传动机构的损耗转矩大于空钩自身所产生的位能型负载转矩时，折算到电动机轴上的负载转矩是反抗型的转矩，所以松开抱闸后，空钩不能仅仅依靠自身的重力下放。这时，空钩的下放需要电动机产生的电磁驱动转矩来强迫进行，所以称为空钩强迫下放。为使电动机工作在第 III 象限的机械特性上下放空钩，应当将反向接触器触点 F 闭合，进行反向起动。

2.7　直流拖动系统的过渡过程

所谓过渡过程，是指系统由一个稳定状态变化到另一个新的稳定状态的过程。研究过渡过程的目的，是为了掌握系统的变化规律，以便控制它，使它按照人们所期望的方式或者规律变化。

电力拖动系统的运行状态可以根据电磁转矩 T 与静负载转矩 T_L 的平衡关系分为稳定运行状态和过渡过程状态两种情况。在稳定运行状态时，$T = T_L$，转速保持恒定；在过渡过程状态时，$T > T_L$ 或者 $T < T_L$，转速随时间变化，如起动、制动、反转、调速、突加负载等都需经历过渡过程。

电力拖动系统在过渡过程前后，由于其两个稳定工作状态下的转速 n、转矩 T、电枢电流 I_a 和输出功率 P 的大小都不相同，因而在过渡过程中，这些物理量都随时间变化而变化，按其变化规律 $n = f(t)$、$T = f(t)$、$I_a = f(t)$ 和 $P = f(t)$ 所作的图，统称为电力拖动系统的运行负载图。

研究过渡过程的任务就是研究在过渡过程中转速、电流、电磁转矩及功率随时间的变化规律，了解这些变化受哪些因素的制约和影响，有针对性地采取措施，使拖动系统的过渡过程能够受到控制，减少损耗，提高生产率和产品质量。对于某些要求快速可逆运转或频繁起动、制动的生产机械和要求速度平稳变化或者能够准确停车的生产机械，了解它们的过渡过程尤为重要。如轧钢机、龙门刨床等生产机械希望过渡过程尽可能快，以便尽量缩短非生产时间，提高劳动生产率。

研究电力拖动系统过渡过程的方法可采用解析法、图解法和计算机仿真分析法。对于线性系统，通常采用解析法，其优点是该方法能够给出各物理量随时间变化的解析表达式，便于定性分析。但由于实际的电力拖动系统或多或少存在着一定的非线性，因而借助于计算机，采用数值求解法研究拖动系统的过渡过程是一种更加有效的方法，现在已经广泛采用。计算机仿真分析法直观、效率高，只要模型建立正确，结果也是比较精确的，现在也广泛采用。限于本课程的任务和教学学时，本书只介绍解析法和图解法，其他方法读者可以参考有关资料。

众所周知，电力拖动系统是一个机械与电气组成的混合系统，由于各种惯性的交互影响，拖动电动机的转速、电流、转矩和功率等参量都不可能发生突变，而应该是一个连续变化的过程。通常，电力拖动系统中存在着以下三种惯性：

（1）机械惯性。反映机械静负载力和摩擦阻力等，体现在系统的飞轮矩 GD^2 上，正是由于它使转速 n 不能突变，这是拖动系统的主要惯性。

（2）电磁惯性。主要反映在电枢回路电感 L_a 及励磁回路电感 L_f 上，它们分别使电枢电流和励磁电流即磁通不能突变。

（3）热惯性。热惯性使电动机的温升不能发生突变。我们一般情况下通常不考虑热惯性的影响，这是由于温度的变化比转速、电流等参量的变化要慢得多。

根据不同惯性对拖动系统的影响，电力拖动系统的过渡过程一般分为以下两种：

（1）机械过渡过程。仅仅只考虑机械惯性，而忽略影响较小的电磁惯性。

（2）电气－机械过渡过程。同时考虑机械和电磁两种惯性。

下面我们将分别讨论这两种惯性的特点。

2.7.1 机械过渡过程

在电力拖动系统中，各种惯性是同时存在的，但与机械惯性相比，电磁惯性对过渡过程的影响相对较小，因而，为了分析问题方便，有时可以忽略电磁惯性，仅仅考虑机械惯性对系统过渡过程的影响。理论分析和实验结果表明，忽略电磁惯性所引起的误差在工程允许的范围内。

2.7.1.1 直流电动机拖动转矩不变型负载的过渡过程

电动机串电阻调速的机械特性如图 2－32 所示。假设调速前电动机稳定运行在机械特性曲线上 a 点，电枢回路串入电阻 R_c 后，电动机瞬间过渡到机械特性曲线上的 b 点，经过一段时间过渡过程结束后，电动机稳定运行于 c 点。由此可见，b 点决定了过渡过程中各物理量的起始值即初始值，c 点决定了过渡过程中各物理量的稳态值即终值。

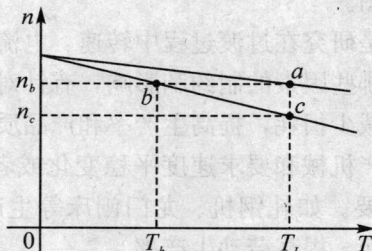

图 2－32　电动机串电阻调速时的机械特性

在从 b 点向 c 点的过渡过程中，拖动系统应该满足运动方程

$$T - T_L = \frac{GD^2}{375}\frac{\mathrm{d}n}{\mathrm{d}t} \tag{2-40}$$

同时还应该满足机械特性方程

$$n = \frac{U_a}{C_e\Phi_m} - \frac{R_a + R_c}{C_e C_T \Phi_m^2}T$$

于是，有

$$T = \left(\frac{U_a}{C_e\Phi_m} - n\right)\frac{C_e C_T \Phi_m^2}{R_a + R_c} \tag{2-41}$$

将式（2-40）代入式（2-41）中，得

$$\frac{GD^2}{375}\cdot\frac{\mathrm{d}n}{\mathrm{d}t} + T_L = \frac{U_a}{C_e\Phi^m}\frac{C_e C_T \Phi_m^2}{R_a + R_c} - \frac{C_e C_T \Phi_m^2}{R_a + R_c}n$$

方程两边同时乘以 $\dfrac{R_a + R_c}{C_e C_T \Phi_m^2}$，经整理可得

$$\frac{GD^2}{375}\cdot\frac{R_a + R_c}{C_e C_T \Phi_m^2}\frac{\mathrm{d}n}{\mathrm{d}t} + n = \frac{U_a}{C_e\Phi_m} - \frac{R_a + R_c}{C_e C_T \Phi_m^2}T_L = n_c$$

即

$$\frac{GD^2}{375}\cdot\frac{R_a + R_c}{C_e C_T \Phi_m^2}\frac{\mathrm{d}n}{\mathrm{d}t} + n = n_c \tag{2-42}$$

显然，式（2-42）是一个以电动机转速 n 为变量的一阶线性微分方程，n_c 是过渡过程结束时的稳态转速，即强制分量。

令 $T_m = \dfrac{GD^2}{375}\cdot\dfrac{R_a + R_c}{C_e C_T \Phi_m^2}$，则式（2-42）可写成

$$T_m\frac{\mathrm{d}n}{\mathrm{d}t} + n = n_c \tag{2-43}$$

式中，T_m 为机电时间常数，它是一个与机械量和电气量有关的常数。

对式（2-43）求解，得

$$\frac{\mathrm{d}n}{n_c - n} = \frac{\mathrm{d}t}{T_m}$$

$$\int\frac{\mathrm{d}n}{n_c - n} = \int\frac{\mathrm{d}t}{T_m}$$

$$\ln(n - n_c) = -\frac{t}{T_m} + C$$

$$n - n_c = K\mathrm{e}^{-\frac{t}{T_m}} \tag{2-44}$$

式中的积分常数 K 可以根据初始值确定，将 $t = 0$，$n = n_b$ 代入式（2-44）中，得

$$K = n_b - n_c$$

再将其代入式（2-44）中，可得机械过渡过程中的转速方程为

$$n = n_c + (n_b - n_c)\mathrm{e}^{-\frac{t}{T_m}} \tag{2-45}$$

将式（2-45）代入运动方程，得

$$T = T_L + \frac{GD^2}{375}\cdot\frac{\mathrm{d}n}{\mathrm{d}t} = T_L + \frac{GD^2}{375}\left(-\frac{1}{T_m}\right)(n_b - n_c)\mathrm{e}^{-\frac{t}{T_m}}$$

将 $n_b = \dfrac{U_a}{C_e \Phi_m} - \dfrac{R_a + R_c}{C_e C_T \Phi_m^2} T_b$ 和 $n_c = \dfrac{U_a}{C_e \Phi_m} - \dfrac{R_a + R_c}{C_e C_T \Phi_m^2} T_L$ 代入上式中，可得

$$T = T_L + (T_b - T_L)e^{-\frac{t}{T_m}} \qquad (2-46)$$

由于 $T = C_T \Phi_m I_a$，$T_L = C_T \Phi_m I_L$，$T_b = C_T \Phi_m I_{ab}$，且此时磁通为常量，因此有

$$I_a = I_L + (I_{ab} - I_L)e^{-\frac{t}{T_m}} \qquad (2-47)$$

式（2—47）中，I_{ab}、I_L 分别代表过渡过程 b 点的电枢电流的初始值和 c 点的电枢电流稳态值。

式（2—45）、式（2—46）和式（2—47）分别表示的是直流电动机在电枢串电阻调速过渡过程中 n、T、I_a 随时间 t 的变化规律表达式，为了便于记忆，我们把它们再次集中写在一起，即

$$n = n_c + (n_b - n_c)e^{-\frac{t}{T_m}}$$
$$T = T_L + (T_b - T_L)e^{-\frac{t}{T_m}}$$
$$I_a = I_L + (I_{ab} - I_L)e^{-\frac{t}{T_m}}$$

为使式（2—45）、式（2—46）和式（2—47）具有普遍意义，令 n_b、T_b、I_{ab} 和 n_s、T_s、I_{as} 分别代表过渡过程中转速、电磁转矩、电枢电流的初始值和稳态值，于是，式（2—45）、式（2—46）和式（2—47）可写成更具有一般性的表达式：

$$n = n_s + (n_b - n_s)e^{-\frac{t}{T_m}} \qquad (2-48)$$
$$T = T_s + (T_b - T_s)e^{-\frac{t}{T_m}} \qquad (2-49)$$
$$I_a = I_{as} + (I_{ab} - I_{as})e^{-\frac{t}{T_m}} \qquad (2-50)$$

由式（2—48）、式（2—49）和式（2—50）可见，过渡过程中转速、转矩和电枢电流都由两项组成：第一项是稳态值，第二项是初始值与稳态值之差乘以指数函数 $e^{-\frac{t}{T_m}}$。由于初始值和稳态值都是常数，只有 $e^{-\frac{t}{T_m}}$ 是时间 t 的指数函数，所以，转速、转矩和电枢电流都是按指数规律变化的。因此，我们将这种过渡过程称为指数规律的机械过渡过程，将其中的初始值、稳态值和机电时间常数称为过渡过程的三要素。

由式（2—48）、式（2—49）和式（2—50）所表示的结果可作进一步的推广，设电动机起初处于某一稳定运行状态，在 $t = 0$ 时刻因负载转矩发生了突变而引起过渡过程，且在 $t > 0$ 后负载转矩保持突变时的数值不变，于是，在过渡过程中电动机满足相应的机械特性和运动方程，只是在运动方程中，负载转矩应为突变后的数值。显然，在这种过渡过程中，转速、电磁转矩和电枢电流的变化也应满足式（2—48）、式（2—49）和式（2—50）。各量的初始值仍应根据转速不能突变的原则和过渡过程开始后电动机所满足的机械特性来确定，各个物理量的稳态值应根据突变后的负载特性和机械特性的交点来确定，或根据相应的方程式求解得到。

指数规律的机械过渡过程所需要的时间，可以按照转速、转矩或电流的变化间隔进行计算得到。

由式（2—48），可得到

$$e^{-\frac{t}{T_m}} = \frac{n_s - n}{n_s - n_b}$$

$$t = T_m \ln \frac{n_s - n}{n_s - n_b} \qquad (2-51)$$

式（2—51）表示转速从初始值 n_b 变化到 n 所需要的时间。

同理，由式（2—49）、式（2—50）可分别得

$$t = T_m \ln \frac{T_s - T_b}{T_s - T} \qquad (2-52)$$

$$t = T_m \ln \frac{I_{as} - I_{ab}}{I_{as} - I_a} \qquad (2-53)$$

上面两式中，T 和 I_a 分别为对应于式（2—51）中转速 n 的转矩和电枢电流。

必须指出，由于指数规律的机械过渡过程可以用比较简单的数学关系来描述，并且在大多数场合下可用来分析实际问题，所以是本课程研究过渡过程的重点内容。但是，我们不能认为凡是机械过渡过程都一定是指数规律的。由上述机械过渡过程方程式的推导过程可以看出，指数规律的机械过渡过程必须具备以下三项条件：

（1）静负载转矩是常数。

（2）飞轮转矩是常数。

（3）机械特性是直线。

如果上述三项条件得不到满足，就不能用式（2—48）、式（2—49）、式（2—50）的指数规律来描述机械过渡过程。

2.7.1.2　电枢回路串固定电阻起动时的机械过渡过程

设接通电源的时刻为 $t=0$，由前面的分析可知，在过渡过程中，转速、转矩和电流可分别由式（2—48）、式（2—49）和式（2—50）描述。初始值和稳态值可以按照图 2—33（a）中的机械特性确定，初始转速 $n_b = 0$，稳态转速 n_s 由机械特性与静负载转矩特性的交点决定，初始转矩 T_b 等于起动转矩 T_{st}，稳态转矩等于静负载转矩 T_L，初始电流 I_{ab} 等于起动电流 I_{ast}，即 $I_{ab} = I_{ast} = \dfrac{U_a}{R}$，稳态电流为 $I_{as} = \dfrac{T_L}{C_T \Phi_m}$。将初始值和稳态值分别代入式（2—48）、式（2—49）和式（2—50），得到起动的机械过渡过程方程为

$$n = n_s (1 - e^{-\frac{t}{T_m}}) \qquad (2-54)$$

$$T = T_L + (T_s - T_L) e^{-\frac{t}{T_m}} \qquad (2-55)$$

$$I_a = I_{aL} + (I_{as} - I_{aL}) e^{-\frac{t}{T_m}} \qquad (2-56)$$

由上列三个方程式所描述的过渡过程曲线如图 2—33（b）所示。

由图 2—33（b）可见，在起动过程中，转速按指数曲线升高，以 $n = n_s$ 为渐近线，转矩和电流按指数曲线减小，分别以 $T = T_L$ 和 $I_a = I_{aL}$ 为渐近线。由起动过程方程式和图 2—33（b）可以看出，理论上的过渡过程时间应为无穷大。这是因为，随着转速升高，电动机用于加速的转矩，如图 2—33（a）中的 $T - T_L$，越来越小，转速越接近于 n_s，$T - T_L$ 越接近于零，因而加速度也越趋近于零，因此转速升高到完全等于 n_s 所需要的时间理论上会为无穷大。

从工程实际应用考虑，通常认为电动机的实际转速 n 只要达到 $(0.95 \sim 0.98) n_s$

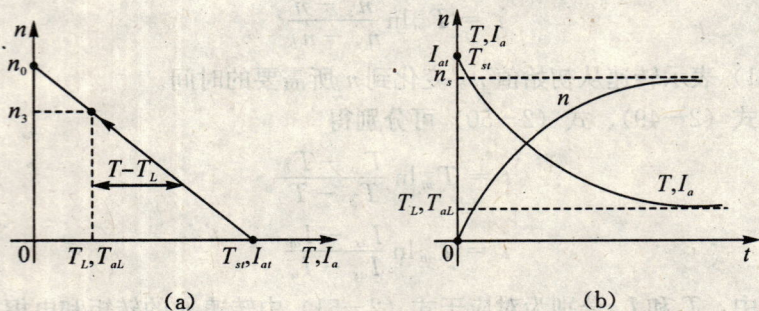

图 2-33 串电阻起动的机械过渡过程

时，系统起动过程已经基本结束，即一般认为起动时间达到（3~4）T_m 时，起动过渡过程结束。由此可见，起动时间的长短与电机的机电时间常数 T_m 有关，T_m 越小，起动越快，T_m 越大，起动越慢。如有两个电力拖动系统，其静负载转矩、电动机的机械特性均相等，但飞轮矩不同。这时，若单从机械特性上分析两者的起动过程，并不能反映出两个系统的差别，如图 2-34（a）所示，起动过程中转速都是由零升高到 n_s，转矩由 T_{st} 减小到 T_L，但是，若考虑到两者飞轮矩的差别，则情况就大不一样了，如图 2-34（b）所示，此时，机电时间常数越大的系统，起动时间就越长。

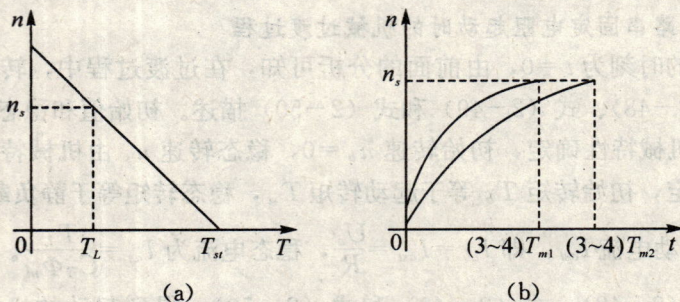

图 2-34 飞轮矩对起动过程的影响

2.7.1.3 串电阻分级起动的机械过渡过程

直流电动机电枢回路串电阻分级起动时，其起动过程可分为若干段，现以图 2-35 所示的串电阻三级起动为例来介绍。

从起动开始，到切除第一级起动电阻 R_{st1} 为第一阶段，即图 2-35（a）机械特性曲线上的 ab 段；从切除第一级起动电阻到切除第二级起动电阻 R_{st2} 为第二阶段，即图 2-35（a）机械特性曲线上的 cd 段；从切除第二级起动电阻到切除第三级起动电阻 R_{st3} 为第三阶段，即图 2-35（a）机械特性曲线上的 ef 段；从切除第三级起动电阻到在固有机械特性上的 i 点稳定运行为第四阶段，即图 2-35（a）机械特性曲线上的 gi 段。每一阶段中过渡过程的 n、T、I_a 都可以按照式（2-48）、式（2-49）、式（2-50）列写出来。

由图 2-35 可以看出，在四个阶段的起动过程中，各个阶段电磁转矩和电枢电流的

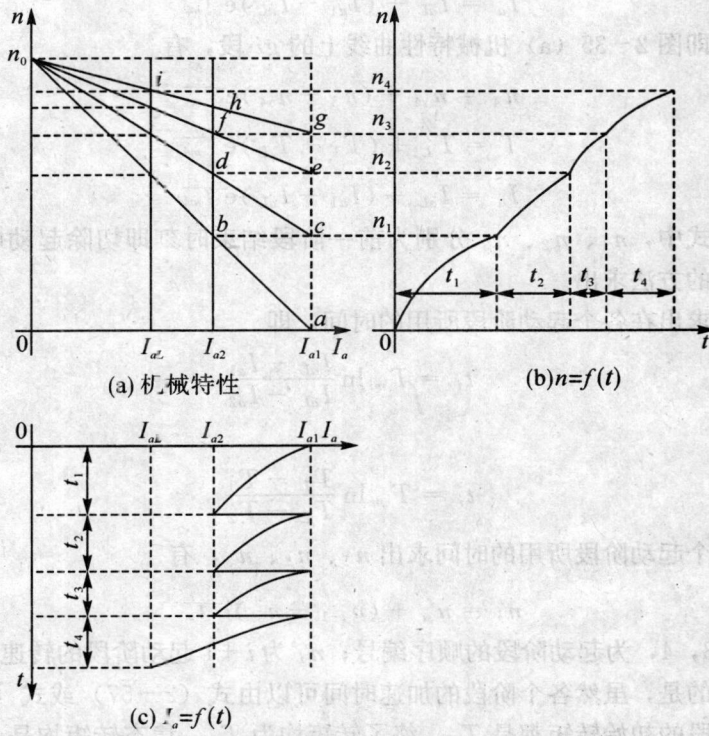

(a) 机械特性

(b) $n=f(t)$

(c) $I_a=f(t)$

图 2-35　电枢串电阻三级起动的过渡过程

初始值都是相同的，分别为 T_1 和 I_{a1}；各个阶段的稳态值也是相同的，分别为 T_L 和 I_{aL}；各个阶段转速的初始值和稳态值都不相同，初始值由开始起动和切除电阻时的转速确定，稳态值为机械特性上对应于负载转矩 T_L 的转速；在过渡过程各个阶段的机电时间常数数值也不相同。现根据式（2-48）、式（2-49）和式（2-50），将图 2-35 所示的各段起动过程的过渡过程方程列写如下。

第一阶段即图 2-35（a）机械特性曲线上的 ab 段，有

$$n_1 = n_{s1}(1 - e^{-\frac{t}{T_{m1}}})$$

$$T = T_L + (T_1 - T_L)e^{-\frac{t}{T_{m1}}}$$

$$I_a = I_{aL} + (I_{a1} - I_{aL})e^{-\frac{t}{T_{m1}}}$$

第二阶段即图 2-35（ε）机械特性曲线上的 cd 段，有

$$n_2 = n_{s2} + (n_1 - n_{s2})e^{-\frac{t}{T_{m2}}}$$

$$T = T_L + (T_1 - T_L)e^{-\frac{t}{T_{m2}}}$$

$$I_a = I_{aL} + (I_{a1} - I_{aL})e^{-\frac{t}{T_{m2}}}$$

第三阶段即图 2-35（ε）机械特性曲线上的 ef 段，有

$$n_3 = n_{s3} + (n_2 - n_{s3})e^{-\frac{t}{T_{m3}}}$$

$$T = T_L + (T_1 - T_L)e^{-\frac{t}{T_{m3}}}$$

$$I_a = I_{aL} + (I_{a1} - I_{aL})e^{-\frac{t}{T_{m3}}}$$

第四阶段即图 2-35（a）机械特性曲线上的 gi 段，有

$$n_4 = n_{s4} + (n_3 - n_{s4})e^{-\frac{t}{T_{m4}}}$$

$$T = T_L + (T_1 - T_L)e^{-\frac{t}{T_{m4}}}$$

$$I_a = I_{aL} + (I_{a1} - I_{aL})e^{-\frac{t}{T_{m4}}}$$

在以上诸式中，n_1、n_2、n_3 分别为前一阶段结束时刻即切除起动电阻时的转速，可以根据下面的方法求出。

（1）首先求出在各个起动阶段所用的时间，即

$$t_i = T_{mi}\ln\frac{I_{aL} - I_{a1}}{I_{aL} - I_{a2}} \tag{2-57}$$

或

$$t_i = T_{mi}\ln\frac{T_L - T_1}{T_L - T_2} \tag{2-58}$$

（2）由各个起动阶段所用的时间求出 n_1、n_2、n_3，有

$$n_i = n_{si} + (n_{i-1} - n_{si})e^{\frac{t_i}{T_m}} \tag{2-59}$$

式中，$i = 2，3，4$，为起动阶段的顺序编号；n_i 为 $i+1$ 起动阶段的转速初始值。

需要注意的是，虽然各个阶段的加速时间可以由式（2-57）或式（2-58）计算，但是由于各阶段的初始转矩都是 T_1，终了转矩均为 T_2，稳态转矩均是 T_L，只是机电时间常数不同，这样，采用式（2-58）计算会方便得多。

各段加速时间的计算如下：

$$t_1 = T_{m1}\ln\frac{T_L - T_1}{T_L - T_2}$$

$$t_2 = T_{m2}\ln\frac{T_L - T_1}{T_L - T_2}$$

$$t_3 = T_{m3}\ln\frac{T_L - T_1}{T_L - T_2}$$

$$t_4 = (3 \sim 4)T_{m4}$$

其中，各段机电时间常数为

$$T_{m1} = \frac{GD^2}{375} \cdot \frac{R_a + R_{st1} + R_{st2} + R_{st3}}{C_e C_T \Phi_m^2}$$

$$T_{m2} = \frac{GD^2}{375} \cdot \frac{R_a + R_{st2} + R_{st3}}{C_e C_T \Phi_m^2}$$

$$T_{m3} = \frac{GD^2}{375} \cdot \frac{R_a + R_{st3}}{C_e C_T \Phi_m^2}$$

$$T_{m4} = \frac{GD^2}{375} \cdot \frac{R_a}{C_e C_T \Phi_m^2}$$

总的起动时间即过渡过程时间为各个加速阶段的时间之和，即

$$t_{st} = t_1 + t_2 + t_3 + t_4$$

$$= (T_{m1} + T_{m2} + T_{m3})\ln\frac{T_L - T_1}{T_L - T_2} + (3 \sim 4)T_{m4} \qquad (2-60)$$

2.7.1.4 能耗制动时的机械过渡过程

由于直流电动机能耗制动状态的机械特性是直线，所以，当静负载转矩和飞轮矩都是常量时，机械过渡过程具有指数规律，过渡过程方程式可以由式（2－48）、式（2－49）和式（2－50）得出。

能耗制动的机械过渡过程曲线如图 2－36（b）所示。如果 T_L 是反抗型转矩，当电动机转矩等于零时，静负载转矩也等于零，因而转速降低到零时就稳定在静止状态，能耗制动过程结束。在式（2－48）中，n_s 是将 $T = T_L$ 代入能耗制动机械特性方程式得出的转速，即是由能耗制动机械特性和直线 $T = T_L$ 交点所决定的转速，并不是能耗制动的过渡过程所达到的稳态转速，反抗型负载下的稳态转速是零。式（2－49）和式（2－50）只适用于转矩从 T_b 减小到零、电枢电流从 I_b 减小到零的过程，当电磁转矩为零时，静负载转矩由 T_L 立即减小到零，系统稳定在静止状态。但是，如果 T_L 是位能型转矩，转速降低到零以后，在由重物所产生的位能型转矩的拖动下，将继续沿着指数曲线反向起动，并加速到稳定运行状态，最后使位能负载匀速下降。这时电动机的电磁转矩和电枢电流都由制动前切换后的某一负值减小到零，然后继续沿着指数曲线往正方向增大，直到与静负载转矩相平衡，如图 2－36（b）中虚线所示。

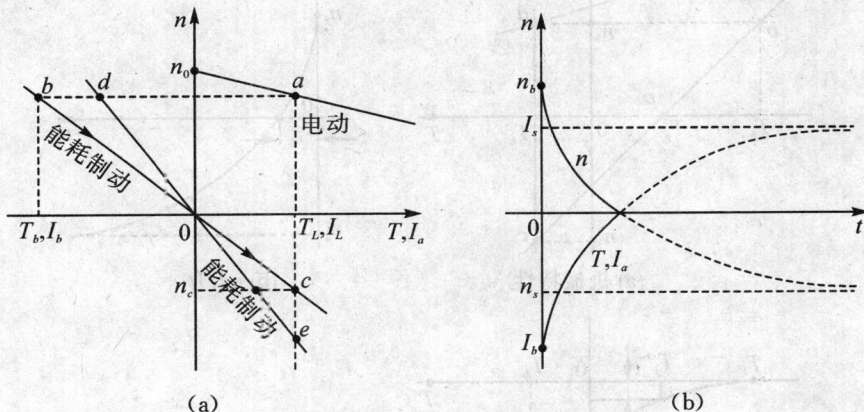

图 2－36 能耗制动时的过渡过程

如果需要求出从电动机能耗制动到停车的时间 t_T，则可根据式（2－51）计算。此时 $n = 0$，n_s 为能耗制动时的机械特性与负载转矩特性在第Ⅳ象限的交点所对应的转速，显然转速应取负号。于是，能耗制动的时间为

$$t_T = T_m\ln\frac{n_b - n_s}{n_s}$$

如果采用式（2－50）计算，则 $I_a = 0$，I_b 前取负号，于是有

$$t_T = T_m\ln\frac{-I_b - I_L}{-I_L} = T_m\ln\frac{I_b + I_L}{I_L}$$

采取以上两式的计算结果是相同的。

2.7.1.5　电压反向反接制动时的机械过渡过程

1）位能型转矩不变型负载下的反接制动过渡过程

电动机拖动位能型转矩不变型负载下的机械特性和负载转矩特性如图 2-37（a）所示。在图中，设电动机原来工作在正向电动状态，即图中 a 点；电压反接后，工作点由 a 点瞬间切换到 b 点，b 点作为过渡过程的起始点；过渡过程结束后，电动机达到新的稳态运行点 c 点。在过渡过程中，n、T 的初始值分别为 n_b（其值为正）、T_b（其值为负），n、T 的稳态值分别为 n_s（其值为负）、T_L（其值为正），设反接制动时的电枢回路串电阻为 R_z，则有

$$T_m = \frac{GD^2}{375} \cdot \frac{R_a + R_Z}{C_e C_T \Phi_m^2}$$

设 n_b、T_b、n_s、T_L 或者为已知，或者可以根据已知条件求得，于是，在由 b 点向 c 点的过渡过程中，有

$$n = n_s + (n_b - n_s)e^{-\frac{t}{T_m}}$$

$$T = T_L + (T_b - T_L)e^{-\frac{t}{T_m}}$$

图 2-37（b）、（c）分别画出了过渡过程中的 $n = f(t)$ 和 $T = f(t)$ 曲线。

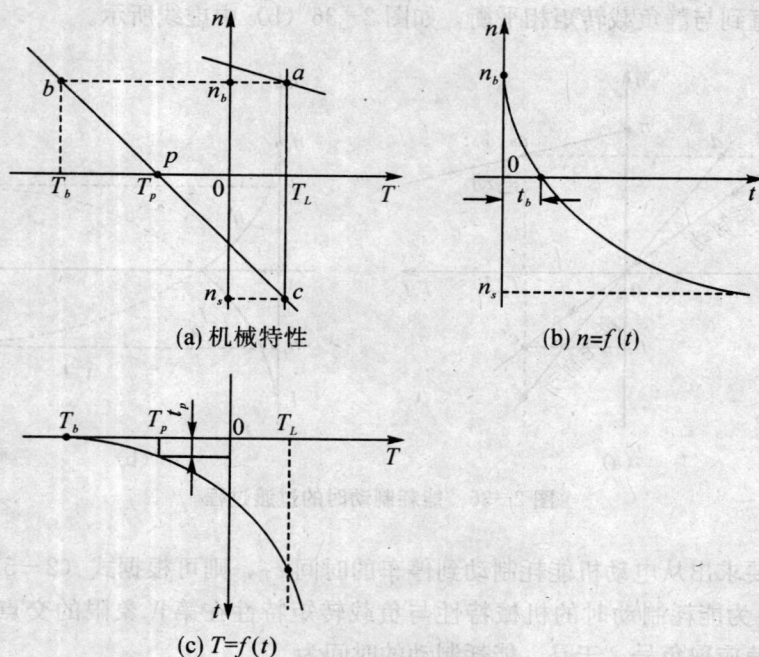

(a) 机械特性　　(b) $n=f(t)$　　(c) $T=f(t)$

图 2-37　在位能型负载下的反接制动时的过渡过程特性

设过渡过程中，当 $n = 0$ 时，$T = T_p$，根据式（2-52），从制动开始到转速为零时所经历的时间 t_T 为

$$t_T = T_m \ln \frac{T_b - T_L}{T_p - T_L} = T_m \ln \frac{n_b - n_s}{-n_s}$$

2) 反抗型转矩不变型负载下的反接制动过渡过程

图 2-38 是电动机拖动反抗型负载的机械特性和负载转矩特性。设电动机初始工作在正向电动状态，即图 (a) 中 a 点；电压反接后，工作点由 a 点瞬时切换到 b 点，从 b 点开始（$t=0$）到转速为零（对应 $t=t_T$ 时刻），负载转矩为常量，于是，n、T 的初始值由 b 点决定，其值分别为 n_b（其值为正）、T_b（其值为负）；n、T 的稳态值由 c 点决定，其值分别为 n_c（其值为负）、T_L（其值为正），根据式（2-48）和式（2-49），有

$$n = n_c + (n_b - n_c)e^{-\frac{t}{T_m}} \qquad (0 \leqslant t \leqslant t_T)$$

$$T = T_z + (T_b - T_L)e^{-\frac{t}{T_m}} \qquad (0 \leqslant t \leqslant t_T)$$

$$t_T = T_m \ln \frac{n_b - n_c}{-n_c}$$

必须注意，对于反抗型负载，实际上是不可能达到工作点 c 的，但由于式（2-48）和式（2-49）是在 T_L 为常量的条件下求得的，所以，式（2-48）和式（2-49）中的稳态值必须按 T_L 为常量来确定，这时我们称 c 点为虚稳态点，如图 2-38 所示。

综上分析可见，从过渡过程开始到转速为零这段时间里（$0 \leqslant t \leqslant t_T$），位能型的转矩不变型负载和反抗型的转矩不变型负载的过渡过程具有相同的表达形式。

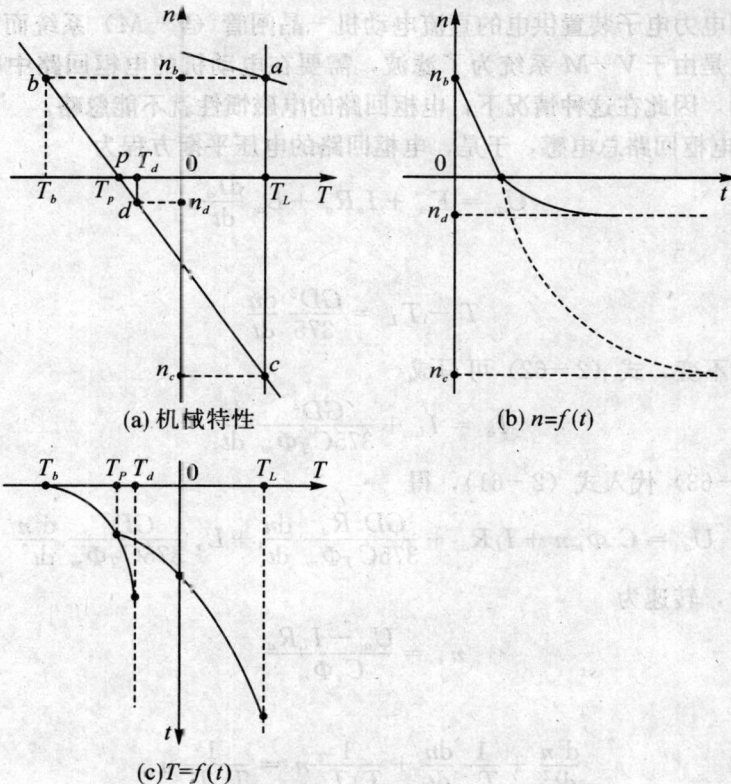

(a) 机械特性

(b) $n=f(t)$

(c) $T=f(t)$

图 2-38 在反抗型负载下的反接制动过渡过程

对于反抗型的转矩不变型负载，转速过零时负载转矩发生突变（由正变负），设转速为零时的工作点为 p 点，并将转速为零的时刻取作新的时间起点（$t'=0$），从 p 点到真正的稳态工作点 d 点的过渡过程中，仍然满足式（2-48）和式（2-49）的应用条件，于是，n、T 的初始值由 p 点决定，分别为 0 和 T_p（其值为负），n、T 的稳态值由 d 点决定，分别为 n_d（其值为负）和 T_d（其值为负），故在由 p 点至 d 点的过渡过程中，有

$$n = n_d(1 - e^{-\frac{t'}{T_m}}) \quad (t' > 0)$$

$$T = T_d + (T_p - T_d)e^{-\frac{t'}{T_m}}$$

即

$$n = n_d(1 - e^{-\frac{t-t_T}{T_m}})$$

$$T = T_d + (T_p - T_d)e^{\frac{t-t_T}{T_m}}$$

图 2-38（b）、(c) 中分别绘出了 $n = f(t)$ 和 $T = f(t)$ 曲线。

2.7.2 考虑电磁惯性时的过渡过程

2.7.2.1 考虑电枢电感时的数学模型

在前面的分析中，对于直流电动机电枢绕组，往往忽略其电感量很小的电感，但是，对于采用电力电子装置供电的直流电动机－晶闸管（$V-M$）系统而言，其电感却不能忽略，这是由于 $V-M$ 系统为了滤波，需要在电动机的电枢回路中串入一定电感量的电感线圈，因此在这种情况下，电枢回路的电磁惯性就不能忽略。

设 L_a 为电枢回路总电感，于是，电枢回路的电压平衡方程为

$$U_a = E_a + I_a R_a + L_a \frac{\mathrm{d}I_a}{\mathrm{d}t} \tag{2-61}$$

运动方程为

$$T - T_L = \frac{GD^2}{375} \frac{\mathrm{d}n}{\mathrm{d}t} \tag{2-62}$$

由于 T_L 保持不变，式（2-62）可写成

$$I_a = I_L + \frac{GD^2}{375 C_T \Phi_m} \frac{\mathrm{d}n}{\mathrm{d}t} \tag{2-63}$$

将式（2-63）代入式（2-61），得

$$U_a = C_e \Phi_m n + I_L R_a + \frac{GD^2 R_a}{375 C_T \Phi_m} \frac{\mathrm{d}n}{\mathrm{d}t} + L_a \frac{GD^2}{375 C_T \Phi_m} \frac{\mathrm{d}^2 n}{\mathrm{d}t^2}$$

在达到稳态后，转速为

$$n_s = \frac{U_a - I_L R_a}{C_e \Phi_m}$$

则有

$$\frac{\mathrm{d}^2 n}{\mathrm{d}t^2} + \frac{1}{T_a} \frac{\mathrm{d}n}{\mathrm{d}t} + \frac{1}{T_a T_m} n = \frac{1}{T_a T_m} n_s \tag{2-64}$$

式中，$T_a = \dfrac{L_a}{R_a}$ 为电枢回路的电磁时间常数；

$$T_m = \frac{GD^2}{375} \frac{R_a}{C_e C_T \Phi_n^2}$$ 为拖动系统的机电时间常数。

这是一个以转速 n 为变量的二阶线性非齐次微分方程，其解具有以下形式：

$$n = C_1 e^{\alpha_1 t} + C_2 e^{\alpha_2 t} + n_s \qquad (2-65)$$

这就是转速随时间变化的规律 $n = f(t)$。式中，

$$\alpha_1 = -\frac{1}{2T_a} + \frac{1}{2T_a} \sqrt{1 - \frac{4T_a}{T_m}};$$

$$\alpha_2 = -\frac{1}{2T_a} - \frac{1}{2T_a} \sqrt{1 - \frac{4T_a}{T_m}};$$

C_1、C_2 是由初始条件决定的常数。

对式（2-65）两边对时间求导，可得

$$\frac{dn}{dt} = C_1 \alpha_1 e^{\alpha_1 t} + C_2 \alpha_2 e^{\alpha_2 t}$$

将其代入式（2-63）中，得

$$I_a = I_L + (C_1 \alpha_1 e^{\alpha_1 t} + C_2 \alpha_2 e^{\alpha_2 t}) \frac{GD^2}{375 C_m \Phi_m} = I_L + C_3 e^{\alpha_1 t} + C_4 e^{\alpha_2 t}$$

即

$$I_a = I_L + C_3 e^{\alpha_1 t} + C_4 e^{\alpha_2 t} \qquad (2-66)$$

这就是电枢电流随时间变化的规律 $I_a = f(t)$。式中，有

$$C_3 = C_1 \alpha_1 \frac{GD^2}{375 C_T \Phi_m}$$

$$C_4 = C_2 \alpha_2 \frac{GD^2}{375 C_T \Phi_m}$$

为了便于记忆，我们把式（2-65）和式（2-66）集中写在下面：

$$n = C_1 e^{\alpha_1 t} + C_2 e^{\alpha_2 t} + n_s$$

$$I_a = I_L + C_3 e^{\alpha_1 t} + C_4 e^{\alpha_2 t}$$

下面分两种情况讨论考虑电磁惯性时的过渡过程：

（1）当 $4T_a < T_m$ 时，α_1、α_2 为负实数，式（2-65）和式（2-66）即为过渡过程解的最终形式。由式（2-65）和式（2-66）可知，在这种情况下，n 和 I_a 中的自由分量都按指数规律非周期性地衰减。

（2）当 $4T_a > T_m$ 时，α_1、α_2 为共扼复数，令

$$\alpha_1 = -a + j\omega, \quad \alpha_2 = -a - j\omega$$

式中，$a = \frac{1}{2T_a}$，$\omega = \frac{1}{2T_a} \sqrt{\frac{4T_a}{T_m} - 1}$。

于是，式（2-65）可写为

$$n = C e^{-at} \sin(\omega t + \varphi_1) + n_s \qquad (2-67)$$

式中，C、φ_1 由初始条件决定。

式（2-66）可写为

$$I_a = D e^{-at} \sin(\omega t + \varphi_2) + I_L \qquad (2-68)$$

式中，D、φ_2 也由初始条件决定。

由式（2−67）和式（2−68）可知，此时的过渡过程将出现衰减振荡。

2.7.2.2 考虑电磁惯性时直流电动机起动的过渡过程

现以电动机拖动转矩不变型负载起动为例，分析当电磁惯性和机械惯性并存时的电气—机械过渡过程。由于电枢电感的存在，此时的起动过渡过程将分为两个阶段来完成。

1）转速为零的阶段

由于电枢电感的存在，电枢回路中的电流不能突变。因此，在电枢电流增大到负载电流 I_L 值之前，电磁转矩 $T < T_L$，电动机不能克服静负载转矩转动，转速为零。由于这时 $n = 0$，自然不可能有电枢电动势，机械惯性也不能体现出来。所以，该阶段电枢电流的变化规律完全由电磁惯性决定。这时的电枢回路电势平衡方程为

$$U_a = I_a R + L_a \frac{\mathrm{d}I_a}{\mathrm{d}t} \tag{2-69}$$

式中，R 为电枢回路总电阻，包括电枢绕组电阻和外串起动电阻。

在 $t = 0$，$I_a = 0$ 的初始条件下，解方程式（2−69），得

$$I_a = \frac{U_a}{R}\left(1 - \mathrm{e}^{\frac{t}{T_a}}\right) = I_k\left(1 - \mathrm{e}^{\frac{t}{T_a}}\right) \tag{2-70}$$

式中，$I_k = \dfrac{U_a}{R}$，称为开路电流。

显然，式（2−70）所描述的曲线是一指数曲线，在图 2−39（a）中的 $0 \sim t_1$ 段内用实线表示出，而在 t_1 以后用虚线绘出。t_1 称为滞后时间，可由下式计算：

$$t_1 = T_a \ln\left(\frac{U_a}{U_a - I_L R_a}\right) = T_a \ln\frac{I_k}{I_k - I_a}$$

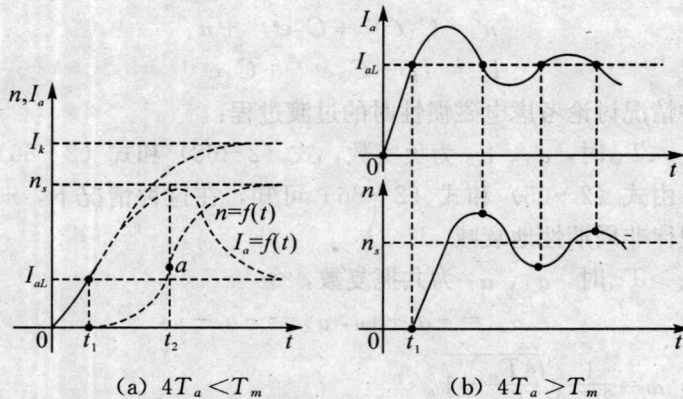

(a) $4T_a < T_m$ (b) $4T_a > T_m$

图 2−39　起动过程中的 $n = f(t)$，$I_a = f(t)$ 曲线

2）电动机加速阶段

当 $t > t_1$ 时，$T > T_L$，电动机开始加速。这时，机械惯性与电磁惯性共存，并且相互影响。为了分析问题方便，我们选择在 $t = t_1$ 时，令 $t' = 0$，作为这一阶段的时间起点。这样，$t' = 0$ 时，$n = 0$，$I_a = I_{aL}$。下面分两种情况讨论。

(1) $4T_a < T_m$。将式 (2-65) 和式 (2-66) 中的坐标换成 t'，则有

$$n = C_1 e^{\alpha_1 t'} + C_2 e^{\alpha_2 t'} + n_s \qquad (2-71)$$

$$I_x = C_3 e^{\alpha_1 t'} + C_4 e^{\alpha_2 t'} + I_{aL} \qquad (2-72)$$

以 $t' = 0$，$I_a = I_{aL}$ 为初始值，代入式 (2-72) 中，得

$$C_3 + C_4 = 0 \qquad (2-73)$$

将式 (2-61) 中的时间坐标换成 t'，得

$$U_a = E_a + I_a R_a + L_a \frac{dI_a}{dt}$$

把初始值 $t' = 0$，$I_a = I_{aL}$，$E_a = C_e \Phi_m n = 0$ 代入上式，得

$$\left. \frac{dI_a}{dt'} \right|_{t'=0} = \frac{U_a - R_a I_{aL}}{L_a} = \frac{I_k - I_{aL}}{T_a} \qquad (2-74)$$

由式 (2-72)，得

$$\left. \frac{dI_a}{dt'} \right|_{t'=0} = (C_3 \alpha_1 e^{\alpha_1 t'} + C_4 \alpha_2 e^{\alpha_2 t'})|_{t'=0} = C_3 \alpha_1 + C_4 \alpha_2$$

即

$$\left. \frac{dI_a}{dt'} \right|_{t'=0} = C_3 \alpha_1 + C_4 \alpha_2 \qquad (2-75)$$

由式 (2-74) 和式 (2-75)，得

$$C_3 \alpha_1 + C_4 \alpha_2 = \frac{I_k - I_{aL}}{T_a} \qquad (2-76)$$

将 $\alpha_1 = -\dfrac{1}{2T_a} + \dfrac{1}{2T_a}\sqrt{1 - \dfrac{4T_a}{T_m}}$，$\alpha_2 = -\dfrac{1}{2T_a} - \dfrac{1}{2T_a}\sqrt{1 - \dfrac{4T_a}{T_m}}$ 代入式 (2-76)，并联立求解式 (2-73) 和式 (2-76)，得

$$C_4 = -\frac{I_k - I_{aL}}{\sqrt{1 - \dfrac{4T_a}{T_m}}}$$

$$C_3 = -C_4 = \frac{I_k - I_{aL}}{\sqrt{1 - \dfrac{4T_a}{T_m}}}$$

$$I_a = \frac{I_k - I_{aL}}{\sqrt{1 - \dfrac{4T_a}{T_m}}} (e^{\alpha_1 t'} - e^{\alpha_2 t'}) + I_{aL}$$

于是，有

$$I_a = \frac{I_k - I_{aL}}{\sqrt{1 - \dfrac{4T_a}{T_m}}} [e^{\alpha_1(t-t_1)} - e^{\alpha_2(t-t_1)}] + I_{aL} \qquad (t > t_1) \qquad (2-77)$$

$$n = \frac{\alpha_2 n_s}{\alpha_1 - \alpha_2} e^{\alpha_1(t-t_1)} - \frac{\alpha_1 n_s}{\alpha_1 - \alpha_2} e^{\alpha_2(t-t_1)} + n_s \qquad (t > t_1) \qquad (2-78)$$

由式 (2-77) 和式 (2-78) 所描述的曲线如图 2-39 (a) 所示。由图可见，当 $t = t_1$ 时，$I_a = I_{aL}$，$\dfrac{dn}{dt} = 0$，故 $n = f(t)$ 在 $t = t_1$ 处与横轴相切。设 $t = t_2$ 时 I_a 达到最大

值。当 $t_1 < t < t_2$ 时 I_a 上升，$\dfrac{d^2n}{dt^2} > 0$，$n = f(t)$ 是凹形曲线；$t > t_2$ 后，I_a 下降，$\dfrac{d^2n}{dt^2} < 0$，$n = f(t)$ 是凸形曲线。所以，与 t_2 对应的 a 点是曲线 $n = f(t)$ 的拐点，此时 $\dfrac{d^2n}{dt^2} = 0$。

（2）$4T_a > T_m$。同理，可求得此情况下电流和转速随时间变化的方程式为

$$I_a = \frac{2(I_k - I_{aL})}{\sqrt{\dfrac{4T_a}{T_m} - 1}} e^{-\alpha_0(t-t_1)} \sin[\omega(t - t_1)] + I_{aL} \quad (t > t_1) \tag{2-79}$$

$$n = \frac{-n_s}{\sqrt{1 - \dfrac{T_m}{4T_a}}} e^{-\alpha(t-t_1)} \sin[\omega(t - t_1) + \varphi] + n_s \quad (t > t_1) \tag{2-80}$$

式中，$\varphi = \arctan\sqrt{\dfrac{4T_a}{T_m} - 1}$，$\omega = \dfrac{1}{2T_a}\sqrt{\dfrac{4T_a}{T_m} - 1}$。

式（2-79）和式（2-80）所描述的曲线如图 2-39（b）所示。

由上述分析可见，电枢电感不仅使电枢电流和转速的上升延迟，并且使起动产生振荡过程。

以上分析了电枢回路电感在电力拖动系统过渡过程中的影响。除电枢回路外，直流电动机还有励磁回路，励磁绕组的电感对过渡过程也有影响，但是通常由于励磁回路的电感量很小，而且除了起动过程以外，基本上保持恒定，不存在状态变化，所以在现代电力拖动系统的过渡过程分析中，已经不再考虑它对系统过渡过程的影响。除非对于一些要求较高的特殊系统，例如航空航天、雷达控制、火炮随动系统等，才会分析励磁回路对系统过渡过程的影响，所以在本教材中不再专门介绍。

2.8 电力拖动系统动态方程中时间常数的确定

从前面的分析中我们知道，在电力拖动系统的动态方程中，有两个非常重要的常数，即机电时间常数 T_m 和电磁时间常数 T_a，由于它们具有时间的量纲，所以称为时间常数，其定义分别为

$$T_m = \frac{GD^2 R_a}{375 C_e C_T \Phi_m^2}$$

$$T_a = \frac{L_a}{R_a}$$

式中各物理量的意义及单位已经在前面介绍过了，这里不再赘述。由于 T_m、T_a 在电力拖动系统的动态分析中不仅物理意义明确，而且非常重要，所以必须首先把它们确定出来。一般都是利用电动机的参数直接计算得到，即使电动机的参数未知，也可以采用作图法求出。下面我们介绍用作图法确定它们的方法。

电动机的电压平衡方程和运动方程为

$$L_a \frac{dI_a}{dt} + I_a R_a + C_e \Phi_m n = U_a \qquad (2-81)$$

$$T - T_L = \frac{GD^2}{375} \frac{dn}{dt} \qquad (2-82)$$

令电动机空载起动，$T_L = 0$，由于 $T = C_T \Phi_m I_a$，$T_m = \frac{GD^2 R_a}{375 C_e C_T \Phi_m^2}$，由式 (2-82) 可解得

$$n = \frac{R_a}{T_m C_e \Phi_m} \int_0^t I_a \, dt \qquad (2-83)$$

将式 (2-83) 和 $T_a = \frac{L_a}{R_a}$ 代入式 (2-81)，并同时乘以 $\frac{1}{R_a}$，可得

$$T_a \frac{dI_a}{dt} + I_a + \frac{1}{T_m} \int_0^t I_a \, dt = \frac{U_a}{R_a}$$

即

$$T_m T_a \frac{dI_a}{dt} + T_m I_a + \int_0^t I_a \, dt = \frac{U_a T_m}{R_a} \qquad (2-84)$$

2.8.1　机电时间常数 T_m 的确定

用长余辉示波器拍摄的电动机空载起动的电流波形如图 2-40 所示。由图可见，当 $t = t_a$ 时，I_a 达到最大值 I_{am}，则 $\frac{dI_a}{dt} \Big|_{t=t_a} = 0$，以 $t = t_a$ 代入式 (2-84) 中，得

$$T_m I_{am} + \int_0^{t_a} I_a \, dt = \frac{U_a T_m}{R_a} \qquad (2-85)$$

由图 2-40 可见，当 $t \to \infty$ 时，$I_a \to 0$，$\frac{dI_a}{dt} \to 0$，以此条件代入式 (2-84) 中，可得

$$\int_0^\infty I_a \, dt = \frac{U_a T_m}{R_a} \qquad (2-86)$$

联立求解式 (2-85) 和式 (2-86)，得

$$T_m = \frac{\int_0^\infty I_a \, dt - \int_0^{t_a} I_a \, dt}{I_{am}} = \frac{\int_{t_a}^\infty I_a \, dt}{I_{am}} \qquad (2-87)$$

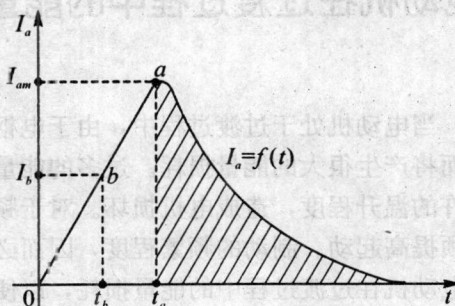

图 2-40　空载起动电流波形

式（2-87）的分子为图2-40中的阴影线所包围的面积，由图中量出此面积即可求出 T_m。

2.8.2 电磁时间常数 T_a 的确定

在图2-40中，当 $t=0$ 时，$I_a=0$，$\int_0^t I_a \mathrm{d}t=0$。将此条件代入式（2-84）中，可得

$$T_m T_a \frac{\mathrm{d}I_a}{\mathrm{d}t} = \frac{U_a T_m}{R_a}$$

于是，有

$$T_a = \frac{\frac{U_a}{R_a}}{\frac{\mathrm{d}I_a}{\mathrm{d}t}\bigg|_{t=0}} \tag{2-88}$$

在曲线的 $0\sim a$ 段任取一点 b，近似地认为

$$\frac{\mathrm{d}I_a}{\mathrm{d}t}\bigg|_{t=0} = \frac{I_b}{t_b} \tag{2-89}$$

将式（2-89）代入式（2-88），得

$$T_a = \frac{U t_b}{R_a I_b}$$

根据式（2-86），有

$$\frac{U_a}{R_a} = \frac{1}{T_m}\int_0^\infty I_a \mathrm{d}t$$

于是，有

$$T_a = \frac{t_b \int_0^\infty I_a \mathrm{d}t}{T_m I_b} \tag{2-90}$$

在式（2-90）中，$\int_0^\infty I_a \mathrm{d}t$ 为图2-40中 $I_a=f(t)$ 曲线与横轴所包围的全部面积，量得这个面积后，便可求得 T_a。

2.9 电动机在过渡过程中的能量损耗

由2.7节的分析可知，当电动机处于过渡过程中，由于电枢电流比稳定运行状态时的电枢电流大许多倍，从而将产生很大的能量损耗。过多的能量损耗将使电动机发热加剧，甚至超过电动机所允许的温升程度，造成电机损坏。对于频繁起动、制动的生产机械，为了提高生产率，必须提高起动、制动的频繁程度，因而必须采取措施尽量降低电动机的损耗，为此，分析电动机在过渡过程中的能量损耗，以便设法减小这种损耗是非常必要的。

通常，电动机在过渡过程中的铜损耗远远大于其他损耗，而采用电枢串电阻的方法进行起动、制动时，起动电阻和制动电阻上的损耗又远远大于电动机本身电枢绕组的损耗。所以，在以下的分析过程中，我们只讨论由电枢电流引起的损耗。下面以直流电动机拖动系统空载运行为例进行分析。

由式（2-1），在稳态情况下的电压平衡方程为

$$U_a = E_a + RI_a$$

将上式两边同乘以电枢电流 I_a，可得功率平衡方程式为

$$U_a I_a = E_a I_a + RI_a^2$$

式中，$U_a I_a$ 为电动机从电源吸收的电功率。

$E_a I_a$ 为电动机所产生的电磁功率。由于只考虑理想空载情况，当 $E_a I_a$ 为正值时，它表示电动机输出的机械功率；当 $E_a I_a$ 为负值时，它表示电动机所吸收的机械功率。

$I_a^2 R$ 为在电动机电枢回路中的损耗功率。

在过渡过程时间内，对功率平衡方程两边进行积分可得能量平衡关系为

$$\int_0^{t_g} U_a I_a \,dt = \int_0^{t_g} E_a I_a \,dt + \int_0^{t_g} RI_a^2 \,dt$$

即

$$W_1 = W_2 + \Delta W \qquad (2-91)$$

式中，$W_1 = \int_0^{t_g} U_a I_a \,dt$ 为电动机在过渡过程时间 t_g 内从电网吸收的电能；

$W_2 = \int_0^{t_g} E_a I_a \,dt$ 为电动机在过渡过程时间 t_g 内输出的机械能；

$\Delta W = \int_0^{t_g} RI_a^2 \,dt$ 为电动机在过渡过程时间 t_g 内所损耗的电能。

由于

$$U_a I_a = C_e \Phi_m n_0 I_a = C_T \Phi_m I_a \omega_0 = T\omega_0$$
$$E_a I_a = C_e \Phi_m n I_a = C_T \Phi_m I_a \omega = T\omega$$

即

$$U_a I_a = T\omega_0$$
$$E_a I_a = T\omega$$

再由空载时的运动方程式

$$T = J \frac{d\omega}{dt}$$

得

$$W_1 = \int_0^{t_g} U_a I_a \,dt = \int_{\omega_1}^{\omega_2} J\omega_0 \,d\omega \qquad (2-92)$$

$$W_2 = \int_0^{t_g} E_a I_a \,dt = \int_{\omega_1}^{\omega_2} J\omega \,d\omega \qquad (2-93)$$

$$\Delta W = \int_0^{t_g} RI_a^2 \,dt = W_1 - W_2 \qquad (2-94)$$

式中，J 为折算到电动机轴上的系统总转动惯量；

ω_0 为电动机理想空载角速度；

ω 为电动机实际角速度；

ω_1 为过渡过程开始时刻的电动机角速度；

ω_2 为过渡过程终了时电动机的角速度。

2.9.1　理想空载下恒压起动时的能量损耗

由于在起动过程中电压为恒定值，所以电动机的理想空载角速度必然为常数，电动机在理想空载起动时的初始角速度 $\omega_1 = 0$，终了时的角速度 $\omega_2 = \omega_0$。于是，由式（2-92）、式（2-93）和式（2-94）得

$$W_1 = J\omega_0 \cdot \omega \Big|_{\omega_1}^{\omega_2} = J\omega_0 \cdot \omega \Big|_0^{\omega_0} = J\omega_0^2 \tag{2-95}$$

$$W_2 = \frac{1}{2}J\omega^2 \Big|_{\omega_1}^{\omega_2} = \frac{1}{2}J\omega^2 \Big|_0^{\omega_0} = \frac{1}{2}J\omega_0^2 \tag{2-96}$$

$$\Delta W = \frac{1}{2}J\omega_0^2 \tag{2-97}$$

综上分析可见，电动机由电源吸取的电能 W_1 等于系统动能的两倍，其中一半用于做机械功，使系统获得 $\frac{1}{2}J\omega_0^2$ 的动能；另一半则以热能的形式消耗在电阻中，消耗的电能刚好等于系统获得的动能。由起动过程能量平衡的推导过程可以看出，这种能量关系与起动电阻的大小、级数和切除方式无关。这是由于理想空载时电动机轴上没有静负载，电动机本身也没有损耗转矩的理想情况，起动过程中只存在因系统加速而产生的动负载转矩，电动机只需要克服动负载转矩做功，所以不论以什么方式起动，电动机输出的机械能必然等于系统的动能的缘故。

2.9.2　理想空载下电压分级起动时的能量损耗

设将电枢外加电压分成 m 级起动，即 $\frac{1}{m}U_{aN}$，$\frac{2}{m}U_{aN}$，$\frac{3}{m}U_{aN}$，$\cdots$，$\frac{m-1}{m}U_{aN}$，U_{aN}。与各级电压相对应的理想空载转速分别为 $\frac{1}{m}n_0$，$\frac{2}{m}n_0$，$\frac{3}{m}n_0$，$\cdots$，$\frac{m-1}{m}n_0$，n_0。起动开始时首先加入电压 $\frac{1}{m}U_{aN}$，转速由 0 上升到 $\frac{1}{m}n_0$，当转速达到 $\frac{1}{m}n_0$ 时，电压增加到 $\frac{2}{m}U_{aN}$，转速由 $\frac{1}{m}n_0$ 上升到 $\frac{2}{m}n_0$，以此类推，最终电压升高到 U_{aN}，转速达到 n_0，起动过程结束。在各级加速过程中，电源电压是恒定的，根据上面的分析，能量损耗可以计算为

$$\Delta W_1 = \int_0^{\frac{\omega_0}{m}} J\frac{\omega_0}{m}\mathrm{d}\omega - \int_0^{\frac{\omega_0}{m}} J\omega\mathrm{d}\omega = \frac{1}{2}J\left(\frac{\omega_0}{m}\right)^2$$

$$\Delta W_2 = \int_{\frac{\omega_0}{m}}^{\frac{2}{m}\omega_0} J\omega_0\mathrm{d}\omega - \int_{\frac{\omega_0}{m}}^{\frac{2}{m}\omega_0} J\omega\mathrm{d}\omega = \frac{1}{2}J\left(\frac{\omega_0}{m}\right)^2$$

$$\Delta W_3 = \int_{\frac{2}{m}\omega_0}^{\frac{3}{m}\omega_0} J\omega_0\mathrm{d}\omega - \int_{\frac{2}{m}\omega_0}^{\frac{3}{m}\omega_0} J\omega\mathrm{d}\omega = \frac{1}{2}J\left(\frac{\omega_0}{m}\right)^2$$

$$\Delta W_m = \int_{\frac{m-1}{m}\omega_0}^{\omega_0} J\omega_0 \mathrm{d}\omega - \int_{\frac{m-1}{m}\omega_0}^{\omega_0} J\omega \mathrm{d}\omega = \frac{1}{2}J\left(\frac{\omega_0}{m}\right)^2$$

起动过程的总能量损耗等于各级能量损耗之和，即

$$\Delta W = \Delta W_1 + \Delta W_2 + \Delta W_3 + \cdots + \Delta W_m$$

$$= \frac{m}{m^2} \cdot \frac{1}{2}J\omega_0^2 = \frac{1}{m} \cdot \frac{1}{2}J\omega_0^2$$

即

$$\Delta W = \frac{1}{m} \cdot \frac{1}{2}J\omega_0^2 \qquad (2-98)$$

上式说明，如果将电压分成 m 级起动，可使起动过程中的能量损耗减小到全电压起动时的 $\frac{1}{m}$。由此可见，采用连续升压的方法起动电动机时，可使起动过程中的能量损耗大大减小。

2.9.3　理想空载下能耗制动时的能量损耗

直流电动机在理想空载下进行能耗制动时，转速由 n_0 下降到零。由于系统的动能全部转变为电能消耗在电枢电路中，所以能量损耗就等于系统在制动开始时刻所具有的动能，即

$$\Delta W = \frac{1}{2}J\omega_0^2$$

上述结论可以由式（2-92）、式（2-93）和式（2-94）推得。这时电动机从电网吸收的电能 $W_1 = 0$，而输出的机械能 $W_2 = \int_{\omega_0}^{0} J\omega \mathrm{d}\omega = -\frac{1}{2}J\omega_0^2$，如果 W_2 为负值，则表明这部分机械能是输入性质的。

于是，由式（2-94）得能量损耗为

$$\Delta W = W_1 - W_2 = \frac{1}{2}J\omega_0^2 \qquad (2-99)$$

2.9.4　理想空载下反接制动时的能量损耗

考虑到反接电枢电压时，理想空载转速改变符号以及转速初始值 $\omega_1 = \omega_0$；终值 $\omega_2 = 0$，于是，由式（2-92）、式（2-93）和式（2-94）得

$$W_1 = \int_{\omega_0}^{0} J(-\omega_0) \mathrm{d}\omega = J(-\omega_0) \cdot \omega \Big|_{\omega_0}^{0} = J\omega_0^2$$

$$W_2 = \int_{\omega_0}^{0} J\omega \mathrm{d}\omega = -\frac{1}{2}J\omega_0^2$$

上式中，若 W_2 为负值，表示电动机输入机械能。

由式（2-94）得

$$\Delta W = W_1 - W_2 = \frac{3}{2}J\omega_0^2 \qquad (2-100)$$

由此可见，直流电动机在理想空载下，从 ω_0 反接制动到停止状态所损耗的能量等于系统动能的三倍，其中由电源提供 $J\omega_0^2$，由系统释放动能提供 $\frac{1}{2}J\omega_0^2$。

2.9.5 理想空载下反转时的能量损耗

直流电动机在理想空载下以角速度 ω_0 运行时，反接电枢电压，使电动机经过反接制动，然后反向起动达到角速度 $-\omega_0$ 稳定运行，实现反转。这时的边界条件为 $\omega_1 = \omega_0$，$\omega_2 = -\omega_0$，由式（2−92）、式（2−93）和式（2−94）得

$$W_1 = \int_{\omega_0}^{-\omega_0} J(-\omega_0)\mathrm{d}\omega = J(-\omega_0) \cdot \omega \Big|_{\omega_0}^{-\omega_0} = 2J\omega_0^2$$

$$W_2 = \int_{\omega_0}^{-\omega_0} J\omega\,\mathrm{d}\omega = 0$$

$$\Delta W = W_1 - W_2 = 4 \times \frac{1}{2}J\omega_0^2 = 2J\omega_0^2 \qquad (2-101)$$

式（2−101）说明，反转过程由反接制动过程和反向起动过程两部分组成，电动机在反接制动过程中从电源吸取的电能等于系统动能的三倍，而在反向起动过程中从电源吸取的电能刚好等于系统的动能，所以整个反转过程中从电源吸取的电能等于系统动能的四倍。

2.9.6 减小过渡过程能量损耗的方法

1) 减小系统的动能

由上面的分析可知，减小系统的动能就能减小过渡过程中的能量损耗，系统的动能通常用折算到电动机轴上的等效动能 $\frac{1}{2}J\omega_0^2$ 来表示。在大多数电力拖动系统中，电动机的转动惯量占总转动惯量 J 的主要部分，因此，采用细长转子的电动机或者采用两台相同的电动机共同拖动同一负载，都可以减小电动机的转动惯量，从而减小过渡过程的能量损耗。另外，就相同容量的电动机而言，额定转速越低，转动惯量越大，但此时所采用的传动机构的转动惯量必然越小；额定转速越高的电动机，转动惯量越小，但为了减速，所采用的传动机构的转动惯量却越大。于是，根据系统动能最小原则来选择不同转速的电动机和传动机构的速比，也可以减小过渡过程的能量损耗。

2) 选择适当的起动方式

在前面的介绍中，已经知道采用电压分级起动可以减小起动过程的能量损耗，因此，对于电压可调的系统，采用电压分级起动就可以减小能量损耗。另外，对于由两台电动机拖动同一台生产机械的拖动系统，起动时可先把它们串联，每台电动机电枢电压为 $\frac{1}{2}U_{aN}$；当电动机的转速接近 $\frac{1}{2}n_0$ 时，两台电动机并联，每台电动机电枢电压变为 U_{aN}，电动机转速最终达到额定转速。

小　结

在本章我们重点分析了他励直流电动机的起动、制动、调速和过渡过程等方面的问题，同时对过渡过程中的能量损耗进行了简单分析，虽然是在空载情况下进行的，但也能定性地说明在如何减少能量损失方面应采取的措施。

直流电动机可采用降压起动和串电阻起动两种方法，但是不论采用哪种方法起动，都必须保持电枢电流不超过允许值。

直流电动机有能耗制动、反接制动和回馈制动等制动方式，其共同特点是电磁转矩 T 与转速 n 符号相反，电磁转矩起阻碍电动机旋转的作用，机械特性位于第 II 和第 III 象限。通常，能耗制动、电压反向反接制动可用于快速停车；能耗制动、转速反向反接制动、回馈制动均可用于恒速下放重物；回馈制动时电动机的实际转速高于它所在机械特性上的理想空载转速，相当于发电机。在求解制动运行问题时，应注意电动机基本方程中各物理量的符号。

直流电动机可采用电枢回路串电阻、降低电源电压和弱磁等方法进行调速。电枢回路串电阻调速设备简单，但存在效率低、低速时转速稳定性差等缺点；调压调速性能较好，可以实现无级调速，但是必须有连续可调的直流电源，这在电力电子技术高速发展的今天，已经是非常容易实现的，所以调压调速是直流电力拖动系统调速的主要方法；弱磁调速较易实现，但调速范围较小。就调速指标而言，有调速范围 D、静差率 δ、平滑性等，静差率与机械特性的硬度有别，通常按照低速时的机械特性确定；D 与 δ 相互制约；调速方法必须与负载性质配合，转矩不变型负载宜采用恒转矩调速方式，功率不变型负载宜采用恒功率调速方式。

电动机的过渡过程分为电气－机械过渡过程和机械过渡过程。在前一种过渡过程中，电磁惯性和机械惯性同时存在，其过渡过程可用二阶常微分方程来描述，由 T_m 与 $4T_a$ 的相对大小决定过渡过程是否会产生振荡。当不考虑电磁惯性的影响时，过渡过程称为机械过渡过程，这时，电动机的转速、电枢电流和电磁转矩都按指数规律变化；决定过渡过程的主要参数为初始值、稳态值（终值）和机电时间常数。初始值、稳态值都是代数量，可正可负，将它们代入相关公式时，应连同符号一起代入。初始值按转速不能突变的原则确定，稳态值则由机械特性与恒转矩负载特性的交点即平衡点决定。

为了减小过渡过程中的能量损耗，在系统控制方面，宜采用逐步升高电压的方法起动电机，以减小系统的动能。

习题 2

2—1　直流电动机的理想空载转速以及带负载以后的转速降落与哪些因素有关？什么叫额定转速降落？

2—2　什么叫固有特性和人为机械特性？直流电动机固有特性和各种人为机械特性有哪些特点？

2—3　什么叫驱动性转矩？什么叫制动性转矩？

2—4　直流电动机为什么不能直接起动？

2—5　采用能耗制动和电压反接制动时，为什么要在电枢回路中串入电阻？哪种情况电阻较大？

2—6　当提升机下放重物时，要使电动机的转速低于理想空载转速，可采用哪些方法来实现？

2—7　转速反向反接制动和电压反向反接制动分别适用于什么场合？

2—8　静差率与机械特性硬度有无区别？静差率与调速范围有什么关系？

2—9　在调速过程中为什么要电动机与负载类型配合？

2—10　电磁时间常数和机电时间常数是如何定义的？

2—11　有一台直流电动机的额定数据为：$P_N = 10\ kW$，$U_{aN} = 220\ V$，$I_{aN} = 52.8\ A$，$n_N = 1500\ r/min$，$R_a = 0.42\ \Omega$。求：

(1) $C_T \Phi_{mN}$；

(2) 额定电磁转矩 T_N 和额定输出转矩 T_L；

(3) 空载转矩 T_0；

(4) 理想空载转速 n_0 和实际空载转速 n_0'；

(5) $I_a = 0.5 I_{aN}$ 时的转速；

(6) $n = 1200\ r/min$ 时的 I_a。

2—12　一台直流电动机的额定数据为：$P_N = 7.5\ kW$，$U_{aN} = 110\ V$，$I_{aN} = 85.2\ A$，$n_N = 750\ r/min$，$R_a = 0.18\ \Omega$，如果采用三级起动，取 $I_1 = 2I_{aN}$，求各级起动电阻。

2—13　某直流电力拖动系统，电动机的铭牌数据为：$P_N = 30\ kW$，$U_{aN} = 220\ V$，$I_{aN} = 158.8\ A$，$n_N = 1000\ r/min$，$R_a = 0.12\ \Omega$，$T_L = 0.8T_N$。求：

(1) 电枢电路不串电阻时的转速；

(2) 电枢电路串入 $0.5\ \Omega$ 电阻后的稳态转速；

(3) 设 I_f 不变，将电枢电压降低至 $185\ V$，求降压后瞬时的电枢电流及达到新的稳态后的转速；

(4) 要使 $n = 500\ r/min$，工作于正向电动状态，有哪几种方法可以实现？计算有关参数。

2—14　有一台直流电动机的额定数据为：$P_N = 30\ kW$，$U_{aN} = 440\ V$，$I_{aN} = 76\ A$，

$n_N = 1000$ r/min，$R_a = 0.38\ \Omega$，采用降压和弱磁配合调速，要求最低理想空载转速为 250 r/min，最高理想空载转速为 1500 r/min，试求在额定转矩时的最高转速和最低转速，并比较最高转速机械特性和最低转速机械特性的静差率。

2－15　某直流电力拖动系统，电动机的额定数据为：$P_N = 75$ kW，$U_{aN} = 220$ V，$I_{aN} = 378$ A，$n_N = 1450$ r/min，采用降压调速，已知电枢电阻 $R_a = 0.12\ \Omega$。当要求 $\delta = 20\%$ 时，试求调速范围 D；当要求 $\delta = 30\%$ 时，D 又能达到多少？

2－16　某直流调速系统采用调压调速。已知电动机的额定转速 $n_N = 980$ r/min，高速机械特性的理想空载转速为 $n_0 = 1000$ r/min，在额定负载下低速机械特性上的转速为 $n_{min} = 100$ r/min。求：

(1) 电动机的调速范围 D 和静差率 δ；

(2) 如果生产工艺要求低速静差率 $\delta \leqslant 15\%$，则此时的调速范围是多少？

2－17　一台直流电动机的铭牌数据为：$P_N = 2.5$ kW，$U_{aN} = 220$ V，$I_{aN} = 12.5$ A，$n_N = 1500$ r/min，$R_a = 0.8\ \Omega$，求：

(1) 当电动机以 1000 r/min 的转速运行时，采用能耗制动停车，要求制动开始后瞬间电流限制在额定电流的两倍，电枢回路中应该串入的电阻值；

(2) 如果负载为位能型恒转矩负载，$T_L = 0.9T_N$，采用能耗制动，使负载以 420 r/min 的转速恒速下放，电枢回路应串入的电阻值；

2－18　一直流电动机，$P_N = 12$ kW，$U_{aN} = 220$ V，$I_{aN} = 64$ A，$n_N = 685$ r/min，$R_a = 0.25\ \Omega$，$GD^2 = 49$ N·m²。在空载情况下进行能耗制动停车，求：

(1) 最大制动电流为 $2I_{aN}$ 时，电枢应串入的电阻值；

(2) 能耗制动停车的时间；

(3) 能耗制动过程中 $n = f(t)$ 和 $I_a = f(t)$ 的表达式和相应的曲线。

2－19　一直流电动机，$P_N = 5.6$ kW，$U_{aN} = 220$ V，$I_{aN} = 32$ A，$n_N = 1000$ r/min，$R_a = 0.4\ \Omega$，系统总的飞轮矩 $GD^2 = 9.8$ N·m²，静负载转矩 $T_L = 50$ N·m，使电枢电压反接，反接瞬间的电枢电流限制为 $2I_{aN}$，现就位能型负载和反抗型负载，求：

(1) 转速下降到零所需的时间；

(2) 如果不切断电源，从反接制动开始到进入新的稳定运行状态全过程中 $n = f(t)$ 和 $I_a = f(t)$ 的表达式。

2－20　一直流电动机，$P_N = 20$ kW，$U_{aN} = 220$ V，$I_{aN} = 120$ A，$n_N = 980$ r/min，$R_a = 0.1\ \Omega$，如果允许最大起动电流为 $2I_{aN}$，负载电流为 $0.8I_{aN}$，求：

(1) 电动机起动电阻的最小级数和各段起动电阻；

(2) 设系统的总飞轮矩 $GD^2 = 65.8$ N·m²，计算总的起动时间。

2－21　一台直流电动机，$P_N = 10$ kW，$U_{aN} = 220$ V，$I_{aN} = 55$ A，$n_N = 1000$ r/min，$R_a = 0.34\ \Omega$。该电动机用于提升和下放重物的起重机。

(1) 当 $I_a = I_{aN}$，电枢电路分别串入 2.2Ω 电阻和 0.45Ω 电阻时，稳态转速各为多少？各处于何种运行状态？

(2) 保持电压不变，$I_a = I_{aN}$，要使重物悬停在空中，电枢回路应该串入多大电阻？

(3) 将电枢电压反接，电枢回路不串电阻，$I_a = 0.65I_{aN}$，稳态转速是多少？此时电动机处于何种运行状态?

（4）采用能耗制动下放重物，设 $I_a = I_{aN}$，电枢回路串入 $2.8\,\Omega$ 电阻，求稳态时的转速;

（5）采用能耗制动下放重物，设 $I_a = I_{aN}$，在何种情况下可获得最慢的下放转速? 该转速是多少?

第 3 章 交流电力拖动

3.1 现代电力拖动与交流电动机

由于科学技术发展的阶段性和持续性，20 世纪 80 年代以前长期处于次要和辅助地位的交流电动机拖动系统，目前已经成为现代电力拖动的主流。交流电动机特别是鼠笼式异步电动机，具有结构简单、消耗有色金属少、制造成本低、维护方便、获得电源容易等诸多优点，很受欢迎，应用领域非常广泛。过去长期困扰交流电动机应用的调速问题，也因为电力电子技术和计算机技术的飞速发展，在 20 世纪末得到了彻底解决，交流电动机和变频器组成的调速系统，其调速性能已经达到并超过直流电动机调速系统。现在人们已经在研究将交流电动机与变频器集成在一起成为新型的调速电机，这种电机与过去曾经一度称为调速电机的交流电动机－电磁离合器软连接组合体调速系统有着本质的不同。

交流电动机根据其结构分为单相电动机和三相电动机，三相电动机又分为同步电动机和异步电动机，异步电动机再分为绕线式异步电动机和鼠笼转子异步电动机。根据电机学我们知道，由于单相电动机没有起动转矩，必须另外增加电路（例如并联电容器）改变其磁路才能起动，在本质上仍然属于两相或者三相磁路系统，而且驱动力矩小，一般只在家用电器上采用，不作为工业拖动使用；与此同时，三相同步电动机更多的是作为发电机运行；所以作为工业拖动的交流电动机绝大部分都是采用三相异步电动机，在三相异步电动机拖动系统中，除特殊情况外，无一例外地都采用鼠笼转子异步电动机。所以，为了方便，本课程约定：在本课程中，凡是没有特殊说明，所提到的交流电动机均指的是鼠笼转子三相异步电动机，而提及的交流电力拖动系统均指由鼠笼转子三相异步电动机作为原动机组成的拖动系统。

3.1.1 交流电动机的特点

3.1.1.1 磁路

由电机学我们知道，交流电动机没有独立的励磁回路，励磁电流与电枢电流混合在一起，相互影响，相互作用，同时由于在绕组中存在三个随时间变化的相差 120° 的对称电流，它们在定、转子之间的空气间隙中形成的是合成旋转磁势 $\dot{F}(\dot{\Phi}_m)$，与直流电动机中的由独立的励磁绕组所产生的固定磁场完全不同。常见的交流电动机结构特征如

图 3-1 所示。

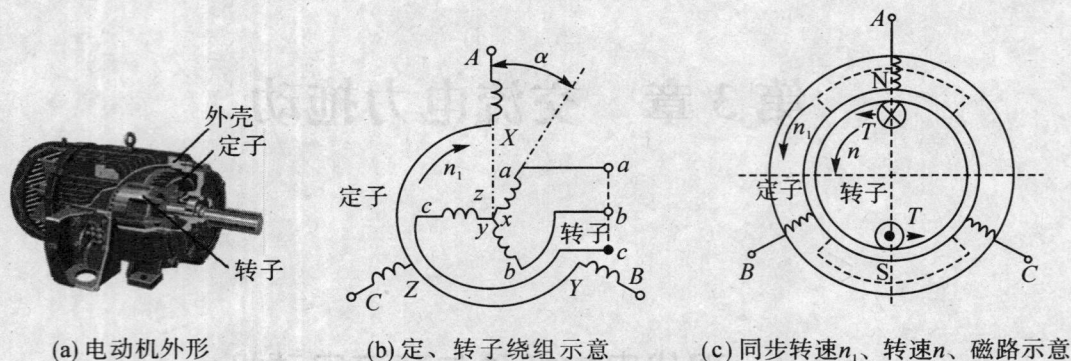

(a) 电动机外形　　　　(b) 定、转子绕组示意　　　(c) 同步转速n_1、转速n、磁路示意

图 3-1　交流电动机结构特征示意

3.1.1.2　转速

在交流电动机中，同时存在着两个转速 n_1 和 n，其中 n_1 为电动机旋转磁场的转速，称为同步转速，它存在于定子绕组中，是无形的，不能被我们直观地看到或感觉到；另一个 n 就是我们经常所说的电动机的转速，它是我们实际所看到的电动机转子旋转运动的转速。n_1 和 n 的差值称为交流电动机的转差（转速差），在电动机运行状态，$n_1 > n$，它决定了电动机转子绕组切割磁力线的速度，也就是决定了在转子绕组中所产生的感应电动势 $\dot{E}_2$ 的频率 f_2，异步之称由此而来；在发电机运行状态，$n_1 = n$，同步也由此而得名。

本课程主要研究异步电动机，有关同步机的内容可参阅电机学。在交流异步电动机中，正是转速差维持着在转子中产生持续的感应电动势 $\dot{E}_2$ 和交流电动机的电磁转矩 T。同步转速 n_1、转速 n 和转差率 s 的计算和定义式分别为

$$n_1 = \frac{60f_1}{p} \tag{3-1}$$

$$s = \frac{n_1 - n}{n_1} \tag{3-2}$$

$$n = n_1(1-s) = \frac{60f_1}{p}(1-s) \tag{3-3}$$

式中，n_1 为同步转速，即电动机旋转磁场的转速；

n 为电动机的转速，即转子的转速；

f_1 为电源频率；

p 为电动机的磁极对数，由电动机制造结构决定；

s 为电动机定子与转子间的转差率，即滑差。

3.1.1.3　机械特性

交流电动机的机械特性不再是线性的，而是典型的非线性，正向电动状态下的交流电动机机械特性如图 3-2 所示。其中 T_{st}、T_m、S_m、T_L 分别为起动转矩、最大转矩、临界转差率和负载转矩。

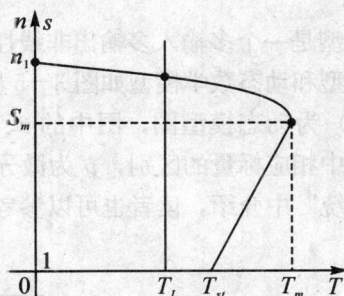

图 3-2　交流电动机机械特性

3.1.1.4　等效电路与电压平衡方程

交流电动机的定子绕组回路与转子绕组回路虽然没有直接的电气连接，但是有着紧密的电磁耦合关系，它们相互作用、互相影响，在分析计算上比较麻烦。工程上通常采用频率折算的办法，将转子电路对定子回路的影响折算到定子电路中，折算以后的 T 型等效电路如图 3-3 所示。图中 $\dot{U}_1$、$\dot{I}_1$、r_1、L_1、$\dot{E}_1$ 分别是电源电压、定子电流、定子绕组电阻、定子绕组电感和定子绕组感应电动势，$\dot{I}_2'$、L_2'、r_2'、$\dot{E}_2'$ 分别是折算到定子边的转子电流、转子电感、折算到定子边的电阻和转子中的感应电动势，$\dot{I}_m$ 和 L_m 分别是等效的励磁电流和电感，r_m 代表等效损耗的电阻。

根据等效电路，异步电动机的电压平衡方程为

$$\dot{U}_1 = Z_1\dot{I}_1 - \dot{E}_1 = (r_1 + \mathrm{j}\omega_1 L_1)\dot{I}_1 + (r_m + \mathrm{j}\omega_1 L_m)\dot{I}_m \qquad (3-4)$$

$$\dot{E}_2' = \left(r_2' + \frac{r_2'}{s} + \mathrm{j}\omega_1 L_2'\right)\dot{I}_2' \qquad (3-5)$$

$$\dot{I}_1 = \dot{I}_2' + \dot{I}_m \qquad (3-6)$$

$$\dot{E}_1 = \dot{E}_2' = -(r_m + \mathrm{j}\omega_1 L_m)\dot{I}_m \qquad (3-7)$$

由上面各式可以看出，异步电动机的电压平衡方程比直流电动机复杂得多。需要特别提醒的是，以上的等效电路和电压平衡方程只是三相中的一相，根据三相异步电动机的对称性，其他两相的形式与其完全相同。

一般有 $\dot{I}_m \ll \dot{I}_1$ 和 $\dot{I}_m \ll \dot{I}_2'$，工程上有时可以忽略励磁电流 $\dot{I}_m$，同时因为笼型异步电动机转子等效绕组自身的折算电阻 r_2' 也很小，有 $r_2' \ll r_1$，对 r_2' 也予以忽略，这样得到交流电动机的简化等效电路，如图 3-4 所示，这时有 $\dot{I}_2' \approx \dot{I}_1$。

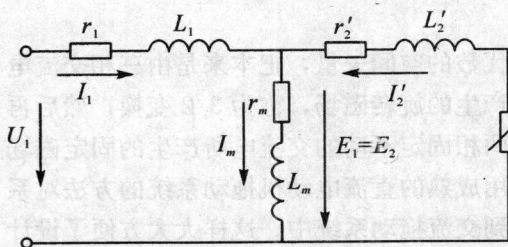

图 3-3　异步电动机 T 型等效电路

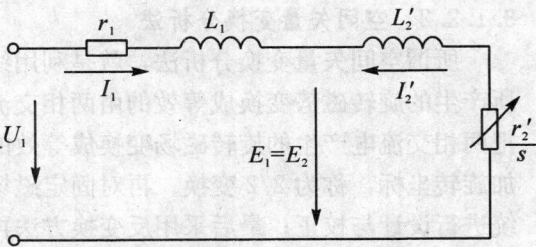

图 3-4　异步电动机的简化等效电路

3.1.1.5 动态数学模型

交流电动机的动态数学模型是一个多输入多输出非线性的系统，不再适合传递函数模型，交流电动机的物理结构模型和动态数学模型如图 3—5 所示，图 3—5（a）为交流电动机的物理结构图，图 3—5（b）为动态模型图，图中的 r、L、i、$\dot{\Phi}_1(\cdot)$、$\dot{\Phi}_2(\cdot)$ 都是矢量，注意与上面等效电路图中相应标量的区别，p 为微分因子，有关详细的内容将在后续课程"电力拖动自动控制系统"中介绍，读者也可以参考相关资料。

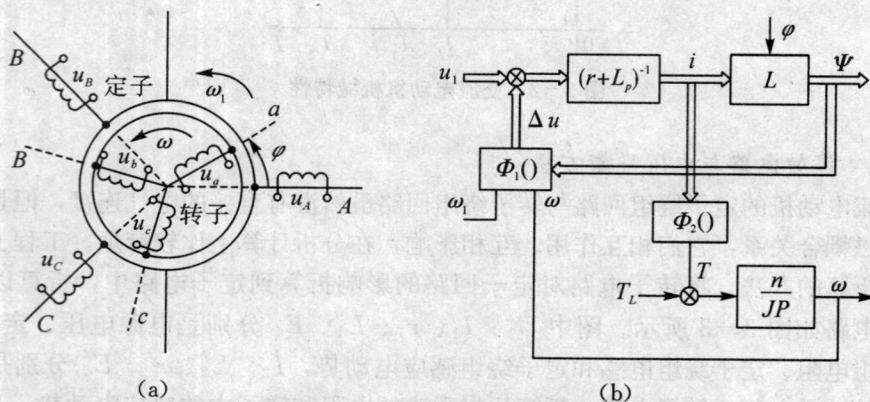

图 3—5　交流电动机的物理结构模型和动态模型

3.1.2　研究现代电力拖动系统的方法

由于交流电力拖动系统是现代电力拖动系统的主流，而交流电力拖动系统的动态系统是一个多输入多输出的非线性系统，所以过去长期在直流电力拖动系统分析中所采用的简单平面坐标直线方程和传递函数方法已经不能适用，必须借助新的分析方法才能解决。目前，分析交流电力拖动系统常用的主要研究方法有计算机仿真分析法和空间矢量变换分析法。

3.1.2.1　计算机仿真分析法

计算机仿真分析法主要用于交流电动机的动态分析，它通过建立交流电动机的动态模型和仿真模型，对电动机的动态性能进行模拟实验与分析，具有方便直观等特点。如图 3—6 所示，图 3—6（a）为交流异步电动机的一种仿真模型，图 3—6（b）是电动机在空载下起动和加载过程的仿真结果，图 3—6（c）是电动机在稳态时的电流仿真结果。

3.1.2.2　空间矢量变换分析法

所谓空间矢量变换分析法，就是利用线性代数的空间矢量，把本来是由三相交流电所产生的旋转磁势变换成等效的由两相交流电产生的旋转磁场，称为 3/2 变换；然后再把两相交流电产生的旋转磁场变换成等效的由两相固定不动的交流电所产生的固定磁场加旋转坐标，称为 2/2 变换；再对固定磁场采用成熟的直流电动机拖动系统的方法对系统进行设计与校正；最后采用反变换方法再回到交流拖动系统中。这样大大方便了设计分析与计算，同时可以有效地利用计算机工具，不仅所设计出的系统精度高、性能好，而且节约了很多时间。正是由于空间矢量变换分析法在交流拖动系统设计分析中的应

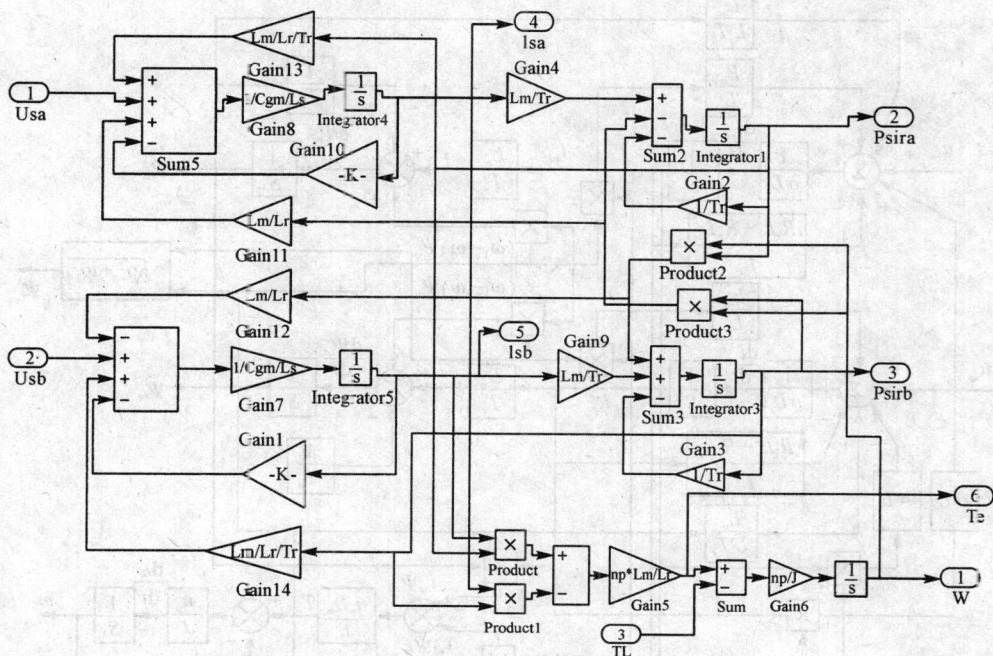

(a)交流异步电动机仿真模型

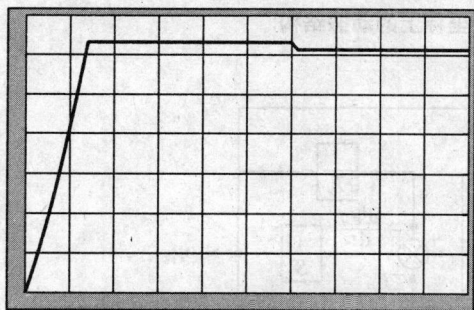

(b)交流异步电动机空载起动
和加载过程的仿真结果

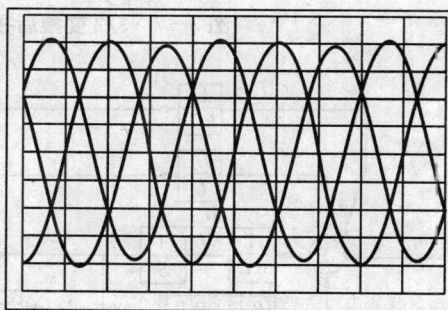

(c)交流异步电动机稳态
电流仿真结果

图 3－6　交流异步电动机的仿真模型和仿真结果示意

用，使交流电力拖动系统产生了革命性的进步，并使其成为现代电力拖动系统的主流。

　　图 3－7 是通过 3/2 矢量变换后交流电动机的动态结构图，图 3－8 是异步电动机 2/2 变换后在 α—β 坐标系上的动态结构图。关于矢量变换分析方法的详细情况，将在后续专业课程"电力拖动自动控制系统"中介绍，读者也可以参阅相关资料。

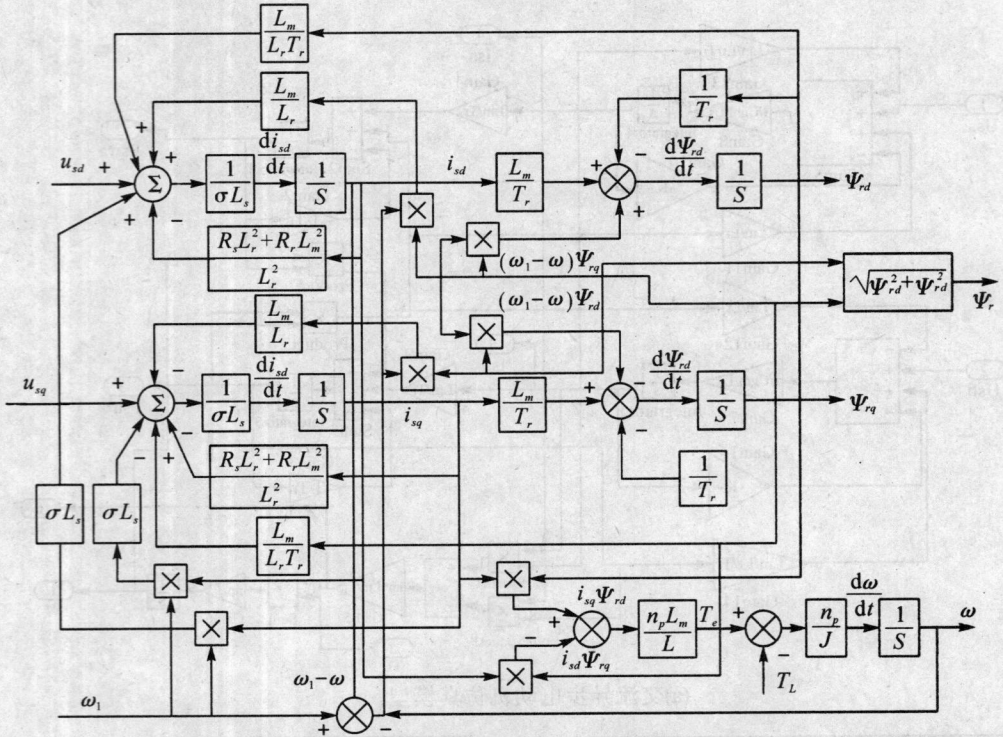

图 3—7　3/2 变换后在 d—q 坐标上的动态结构

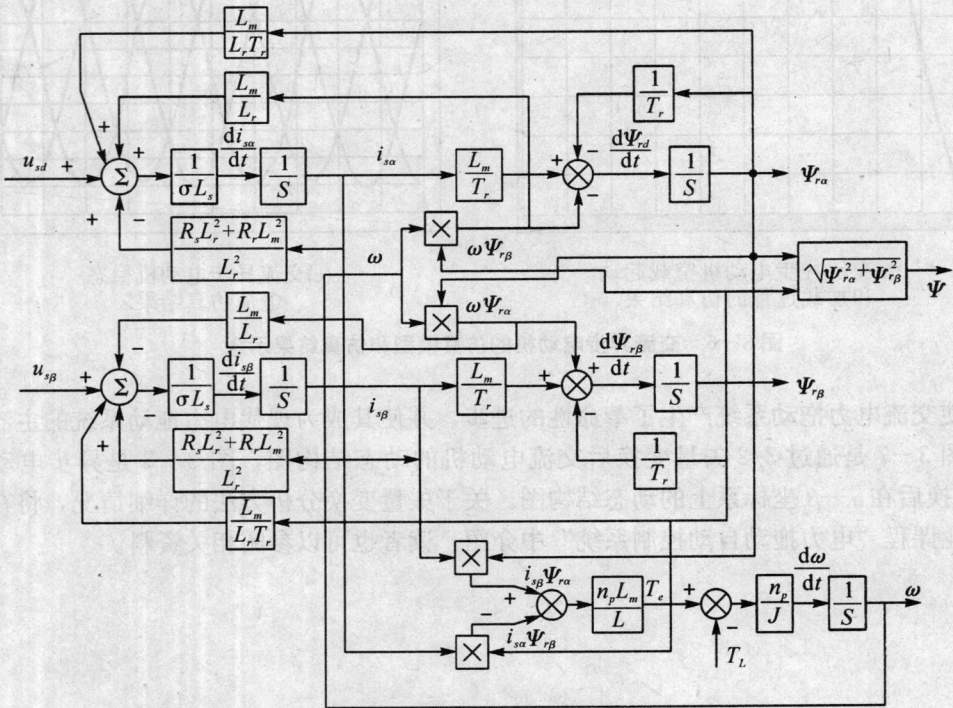

图 3—8　2/2 变换后在 α—β 坐标上的动态结构

3.2　交流电动机的机械特性

与直流电动机的机械特性一样，三相异步电动机的机械特性也是指电动机的转速 n 与电磁转矩 T 之间，即 $n = f(T)$ 的关系曲线。

3.2.1　机械特性的三种描述形式

由于交流电动机的特殊结构和电磁关系，它的机械特性比直流电动机要复杂得多。从不同的概念出发，通过不同的推导方法和满足不同的需要，交流电动机的机械特性有不同的描述形式，下面分别介绍。

3.2.1.1　物理描述

由电机学知，交流电动机的电磁转矩 T 与直流电动机的电磁转矩 $T = C_T \Phi_m I_a$ 有相似的描述形式，它们都与电动机的设计制造结构即转矩常数 C_T 和每极下的磁通 Φ_m 有关，只不过在三相交流异步电动机中不再是通过电枢即定子的全部电流，而只是电枢电流的有功分量，三相异步电动机的电磁转矩为

$$T = C_T \Phi_m I_2' \cos\varphi_2' \tag{3-8}$$

式中，$C_T = \dfrac{p m_1 W_1 k_{W1}}{\sqrt{2}}$ 为转矩常数；

Φ_m 为每极下的磁通；

$\cos\varphi_2'$ 为转子绕组中的功率因数。

式（3-8）表明，转子通入电流后，与气隙磁场相互作用产生电磁力，式（3-8）描述的是电动机中电流、磁场和作用力之间符合左手定则的物理关系，故称为机械特性的物理表达式，该表达式在分析电磁转矩与磁通、电流之间的关系时非常方便。

从三相异步电动机的转子等值电路可知

$$I_2' = \frac{s E_2'}{\sqrt{r_2'^2 + (s x_2')^2}} \tag{3-9}$$

$$\cos\varphi_2' = \frac{r_2'}{\sqrt{r_2'^2 + (s x_2')^2}} \tag{3-10}$$

将式（3-9）和式（3-10）代入式（3-8）中，得

$$T = C_T \Phi_m \frac{s E_2' r_2'}{r_2'^2 + (s x_2')^2} \tag{3-11}$$

那么式（3-11）所描述的是什么样形状的曲线呢？结合式（3-3），我们定性地分析如下：

（1）当 $s = 0$ 时，$n = n_1$，$T = 0$，说明电动机的理想空载转速为同步转速 n_1。

（2）当 s 很小时，有 $r_2' \gg s x_2'$，$T \approx C_T \Phi_m \dfrac{E_2'}{r_2'} s$，这时电磁转矩 T 与转差率 s 近似

呈线性关系，即随着 T 的增加，$n = n_1 (1-s)$ 略有下降，这类似于直流电动机的机械特性，是一条下倾的直线。

（3）当 s 很大时，有 $r_2' \ll s x_2'$，$T = C_T \Phi_m \dfrac{E_2' r_2'}{x_2'^2} \cdot \dfrac{1}{s}$，电磁转矩 T 与转差率 s 近似成反比，即 T 增加时，转速 n 反而升高。

（4）当 $s = 1$ 时，$n = 0$，$T = C_T \Phi_m \dfrac{E_2' r_2'}{r_2'^2 + x_2'^2} = K$，为一常数，这也就是三相异步电动机的起动转矩。

从以上定性分析可知，三相异步电动机的机械特性应该由两段组成：当 s 较小，即 n 较高时，n 与 T 近似呈线性关系；当 s 较大，即 n 较低时，n 随 T 增大而升高。将两部分机械特性平滑连接，就得到三相异步电动机机械特性曲线，如图 3−9 所示。

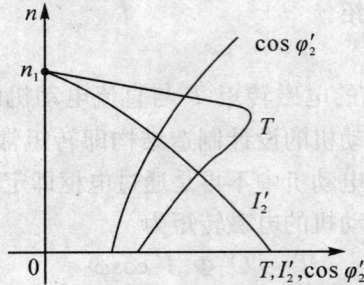

图 3−9　三相异步电动机机械特性

当然我们也可以按照式（3−9）、式（3−10）及式（3−3）分别求出 $n = f(I_2')$ 曲线和 $n = f(\cos\varphi_2')$ 曲线，如图 3−9 所示，然后再将它们对应于某一转速 n 下的 I_2' 和 $\cos\varphi_2'$ 与常数 C_T 相乘，得到对应的电磁转矩 T，最后采用描点法同样可画出如图 3−9 中所示的机械特性 $n = f(T)$ 曲线。

在分析三相异步电动机的运行状态时，应用机械特性的物理描述式很不方便，因为电动机设计制造常数 C_T 和主磁通 Φ_m 通常比较难求，但是在一般情况下，电动机的参数却可以通过试验测量或者理论计算得到。因而，我们需要推导出采用电动机参数来描述的机械特性形式，称为交流异步电动机机械特性的参数表达式，下面我们来推导这一描述形式。

3.2.1.2　参数描述

根据电机学，三相异步电动机的电磁功率为

$$P = m_1 I_2'^2 \frac{r_2'}{s} \tag{3-12}$$

由机械原理，电磁转矩为

$$T = \frac{P}{\omega_1} = \frac{1}{\omega_1} m_1 I_2'^2 \frac{r_2'}{s} \tag{3-13}$$

由三相异步电动机的简化等效电路图 3−4，可得

$$I_2' = \frac{U_1}{\sqrt{\left(r_1 + \dfrac{r_2'}{s}\right)^2 + (x_1 + x_2')^2}} \tag{3-14}$$

式中，$x_1 = j\omega_1 L_1$ 为定子绕组的感抗；

　　$x_2' = j\omega_1 L_2'$ 为转子绕组的感抗。

而

$$\omega_1 = \frac{2\pi f_1}{p} \tag{3-15}$$

将式（3-14）和式（3-15）代入式（3-13）得，

$$T = \frac{m_1 p}{2\pi f_1} \cdot \frac{U_1^2 \dfrac{r_2'}{s}}{\left(r_1 + \dfrac{r_2'}{s}\right)^2 + (x_1 + x_2')^2} \tag{3-16}$$

式（3-16）即为三相异步电动机机械特性的参数描述形式。按照前面的分析方法同样可得到如图 3-9 所示的机械特性 $n = f(T)$ 曲线。在式（3-16）中，对于已经确定的某一台电动机，定子相数 m_1、磁极对数 p、定子电压的有效值 U_1、电源频率 f_1 及定、转子每相绕组参数等都是常数，所以，电磁转矩 T 是转差率 s 的二次函数。这时，可以用求极值的办法求出最大转矩 T_m。

将式（3-16）对 s 求导，并令 $\dfrac{dT}{ds} = 0$，得

$$S_m = \pm \frac{r_2'}{\sqrt{r_1^2 + (x_1 + x_2')^2}} \tag{3-17}$$

式中，S_m 称为临界转差率，将式（3-17）代入式（3-16），得

$$T_m = \pm \frac{m_1 p}{2\pi f_1} \cdot \frac{U_1^2}{2\left[\pm r_1 + \sqrt{r_1^2 + (x_1 + x_2')^2}\right]} \tag{3-18}$$

式中，T_m 称为异步电动机的最大转矩。

式（3-17）和式（3-18）中的"+"号对应电动机的电动工作状态，"-"号对应电动机的发电机工作状态。从式（3-17）中可以看出，在电动机的两种工作状态下临界转差率相同。从式（3-18）可以看出，在发电机工作状态下，最大转矩比电动工作状态下的要大。

T_m 和 S_m 是三相异步电动机运行分析及应用中十分重要的参数，式（3-17）和式（3-18）在今后经常用到，必须认真掌握。

考虑到 $r_1 \ll x_1 + x_2'$，式（3-17）和式（3-18）可简化为

$$S_m = \pm \frac{r_2'}{x_1 + x_2'} \tag{3-19}$$

$$T_m = \pm \frac{m_1 p}{2\pi f_1} \cdot \frac{U_1^2}{x_1 + x_2'} \tag{3-20}$$

从式（3-19）和式（3-20）可以看出：

（1）当电机参数和电源频率不变时，最大转矩 T_m 与电源电压 U_1 的平方成正比，而临界转差率 S_m 与电源电压 U_1 无关。

（2）当电源电压与频率不变时，临界转差率 S_m 与转子电阻 r_2' 成正比；最大转矩 T_m 与转子电阻 r_2' 无关。

（3）当电源电压与频率不变时，最大转矩 T_m 和临界转差率 S_m 均与定、转子绕组的电抗 $(x_1 + x_2')$ 成反比。

这几点在以后分析三相异步电动机性能时经常用到，应牢牢掌握。

必须注意，式（3−18）是在异步电动机近似等值电路的基础上推得的，是电磁转矩的近似计算公式。但是在工程实际中，人们往往希望利用产品目录或者电动机的铭牌中的数据来得到电动机的机械特性，称为电动机机械特性的实用描述，下面我们介绍这种描述形式。

3.2.1.3 实用描述

将式（3−16）等号两边分别除以式（3−18）的等号两边，得

$$\frac{T}{T_m} = \frac{2 \frac{r_2'}{s} \left[r_1 + \sqrt{r_1^2 + (x_1 + x_2')^2} \right]}{\left(r_1 + \frac{r_2'}{s} \right)^2 + (x_1 + x_2')^2} \tag{3-21}$$

考虑到式（3−17），式（3−21）变为

$$\frac{T}{T_m} = \frac{2 + \frac{2x_1}{x_2'} S_m}{\frac{S_m}{s} + \frac{s}{S_m} + \frac{2x_1}{x_2'} S_m} \tag{3-22}$$

现在我们来讨论一下式（3−22）中的数量关系。在一般情况下，S_m 的取值范围为 $S_m = 0.1 \sim 0.2$，所以，有 $\frac{2x_1}{x_2'} S_m \approx 0.2 \sim 0.4$，而 $\frac{S_m}{s} + \frac{s}{S_m}$ 总大于 2，因此，可将式（3−22）中的 $\frac{2x_1}{x_2'} S_m$ 忽略（在有的资料上也称为是忽略 x_1），这样式（3−22）简化为

$$T = \frac{2T_m}{\frac{S_m}{s} + \frac{s}{S_m}} \tag{3-23}$$

式（3−23）就是三相异步电动机机械特性的实用描述形式。在已知 T_m 和 S_m 的情况下，任意给定一个 s 值，就可以求出对应的 T 值，这样，通过描点法就可以画出异步电动机的机械特性。由于式（3−23）简单实用，应用十分广泛。特别是当 s 很小时，例如 s 的取值在 $0 < s < S_N$ 之间变化时，将有 $\frac{S_m}{s} \gg \frac{s}{S_m}$，式（3−23）还可以继续简化为

$$T = \frac{2T_m}{S_m} s \tag{3-24}$$

这时 T 与 s 已经完全呈线性关系了，这一结论与上面所分析过的结论完全相同。式（3−24）称为异步电动机机械特性的近似计算公式，使用更为方便。此时的临界转差率 S_m 为

$$S_m = 2\lambda_m S_N \tag{3-25}$$

式中，$\lambda_m = \dfrac{T_m}{T_N}$ 称为电动机的过载倍数，它是电动机的一个重要参数。

3.2.2　固有机械特性

　　与直流电动机一样，所谓固有机械特性，是指三相异步电动机在额定工作电压和额定频率下，按照规定的接线方式接线，定子绕组和转子绕组都无外接电阻、电感和电容时，电动机转速 n 与电磁转矩 T 之间的关系 $n = f(T)$，如图 3-10 所示。在图 3-10 中，特性曲线 1 为电动机在正向旋转时的固有机械特性，其中在第Ⅰ象限的部分为正向电动状态，在第Ⅱ象限的部分为发电工作状态，特性曲线 2 为电动机在反向电动和反向发电状态时的固有特性。

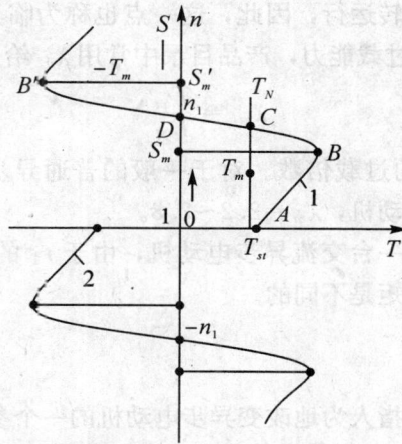

图 3-10　三相异步电动机固有机械特性

　　由固有机械特性由线可以看出，三相异步电动机机械特性没有直流电动机那样简单。为了深入了解异步电动机固有机械特性的特点，我们以电动机在正向运行的情况为例，讨论它的几种特殊情况。

3.2.2.1　起动点 A

　　在 A 点，$n = 0$，$s = 1$，所对应的电磁转矩为电动机的起动转矩 T_{st}。

　　将 $s = 1$ 代入式 (3-16)，得

$$T_{st} = \frac{m_1 p}{2\pi f_1} \cdot \frac{U_1^2 r_2'}{(r_1 + r_2')^2 + (x_1 + x_2')^2} \tag{3-26}$$

　　从式 (3-26) 可见，在电源电压与频率一定的情况下，电动机的起动转矩 T_{st} 仅仅与电机参数有关，而与负载无关。因此，T_{st} 是异步电动机的另一个重要参数，在产品目录中常用 K_m 给出，K_m 的定义为

$$K_m = \frac{T_{st}}{T_N} \tag{3-27}$$

式中，K_m 称为电动机的起动转矩倍数。一般 K_m 的取值范围是 0.9~1.3。

3.2.2.2　额定运行点 C

　　特性曲线在 C 点的特点是 $n = n_N$，$s = S_N$，对应的电磁转矩 $T = T_N$。此时，电动

机处于额定工作状态。一般 $S_N=0.02\sim0.05$，这说明在 $0<s<S_N$ 范围内，异步电动机的固有机械特性是很硬的。

3.2.2.3 同步转速点 D

特性曲线在 D 点的特点是 $n=n_1=\dfrac{60f_1}{p}$，$s=0$，对应的电磁转矩 $T=0$。由于交流异步电动机即使在空载时也存在空载转矩 T_0，实际不可能工作在这一点，这一点是理想空载点，其转速只与电源频率和电动机的极对数有关。

3.2.2.4 最大转矩点 B

在 B 处电动机取得最大转矩 T_m，所以 $T=T_m$，$s=S_m$，$n=n_1(1-S_m)$。在任何情况下，电动机的负载转矩都不应该大于 T_m，一旦出现 $T_L>T_m$，电动机的转速将急剧下降，最后导致电动机堵转运行，因此，这一点也称为临界转速点。这一现象说明，T_m 的大小反映了电动机的过载能力，产品目录中常用 λ_m 给出，λ_m 的定义为

$$\lambda_m=\frac{T_m}{T_N} \tag{3-28}$$

式中，λ_m 称为异步电动机的过载倍数。对于一般的普通异步电动机，$\lambda_m=1.6\sim2.2$；对于起重和冶金专用异步电动机，$\lambda_m=2.2\sim2.8$。

必须注意的是，对于同一台交流异步电动机，由于 r_1 的影响，电动机在电动状态下与在发电状态下的最大转矩是不同的。

3.2.3 人为机械特性

所谓人为机械特性，是指人为地改变异步电动机的一个参数或电源参数，保持其他参数不变而得到的机械特性。由式（3-16）可见，可供改变的参数有电源电压 U_1、电源频率 f_1、极对数 p、定子电路电阻或电抗、转子电路电阻或电抗。其中，改变电源频率 f_1 和极对数 p 的人为特性将在后面专门讲述，这里主要介绍其余几种情况的人为机械特性。

3.2.3.1 降低电源电压时的人为特性

当电源电压 U_1 降低时，同步转速 $n_1=\dfrac{60f_1}{p}$ 与电压无关，n_1 不变。由式（3-18）可知，T_m 与 U_1^2 成正比，当 U_1 下降时，T_m 与 U_1^2 成正比地降低，而临界转差率 S_m 与 U_1 无关，S_m 不变。同理，由式（3-26）可见，起动转矩 T_{st} 也与 U_1^2 成正比降低。因此，电源电压降低时的人为特性是一组过同步转速 n_1、临界转差率 S_m 保持不变、最大转矩 T_m 和起动转矩 T_{st} 都与 U_1^2 成比例下降的曲线簇。在图 3-11 中表示出了电源电压分别为 $U_1=U_N$、$U_1=0.8U_N$、$U_1=0.5U_N$ 时的机械特性曲线。

从图 3-11 所示特性曲线可见，当电源电压降低时，不仅使电动机起动能力和过载能力下降，而且对电动机的正常运行也有较大影响。当电源电压降低时，电磁转矩 T 与 U_1^2 按比例下降，当电源电压下降到一定程度时，就会出现 $T<T_L$ 的情况，电机转速降低，s 增大，使 sE_2' 增加，I_2' 随之增大，T 亦增加，直到 $T=T_L$ 时，电动机运行于新的稳定状态下，其转速低于原来的转速，即 s 比原来的增大了，因而，I_2' 比原来

增大了。若电动机原来运行于额定状态，这时的电流就要大于额定电流，出现过载，使电机发热严重，影响电机的寿命。同时，当电源容量较小时，电机电流增大，会使电源电压进一步下降，影响使用同一电源的其他设备的正常工作，如果电压降低过多，可能出现电动机无法起动的情况。

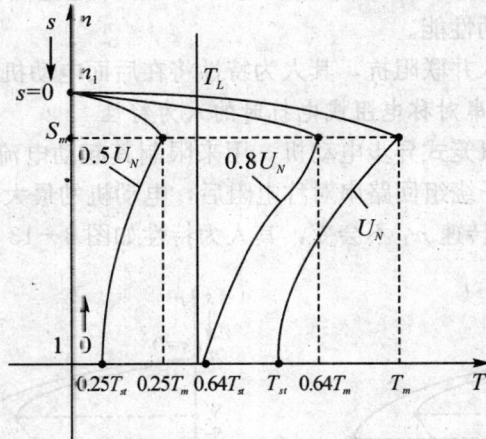

图 3-11　降低电源电压时的异步电动机人为特性

3.2.3.2　绕线转子电动机转子绕组回路串对称电阻时的人为特性

这种情况只对绕线式异步电动机才有意义。由于 $n_1 = \dfrac{60 f_1}{p}$，同步转速与转子电阻无关，当转子串电阻时，n_1 不变。由式（3-18）知，最大转矩 T_m 与转子电阻无关，串电阻前后 T_m 不变，临界转差率 S_m 与转子电阻成正比变化。因此，转子绕组回路串对称电阻的人为特性是一组过同步转速点、最大转矩 T_m 不变、临界转差率随转子电阻增加而成比例增大的曲线簇，如图 3-12 所示。

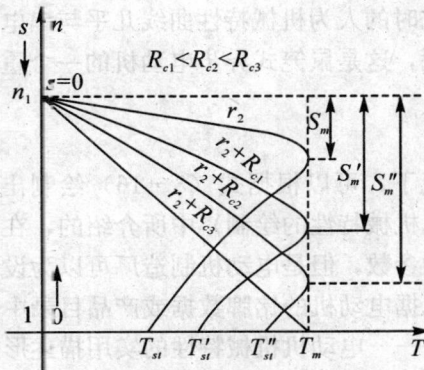

图 3-12　转子绕组回路串对称电阻时的人为特性

从图 3-12 所示曲线可见，当转子电阻刚开始增加时，起动转矩 T_{st} 随着转子电阻增加而增加，当 $s = S_m = 1$ 时，$T_{st} = T_m$，即有最大起动转矩。这时，转子绕组回路应

串入的电阻值可由式（3−17）并令 $S_m = 1$ 计算出来，即

$$S_m = \frac{r_2' + R_c'}{\sqrt{r_1^2 + (x_1 + x_2')^2}} = 1$$

当转子绕组回路所串电阻的折算值 R_c' 大于 $(\sqrt{r_1^2 + (x_1 + x_2')^2} - r_2')$ 时，起动转矩 T_{st} 反而减小。由此可得，对于绕线式异步电动机，在一定范围内增加转子电阻，可以增加起动转矩，改善起动性能。

转子回路也可以接入并联阻抗，其人为特性将在后面电动机起动部分讲述。

3.2.3.3 定子绕组回路串对称电阻或电抗时的人为特性

这种情况主要用于鼠笼式异步电动机，用来限制其起动电流。由式（3−17）和式（3−18）可知，当在定子绕组回路串对称电阻后，电动机的最大转矩 T_m 和临界转差率 S_m 都会减小，但是同步转速 n_1 不会变，其人为特性如图 3−13（a）所示。

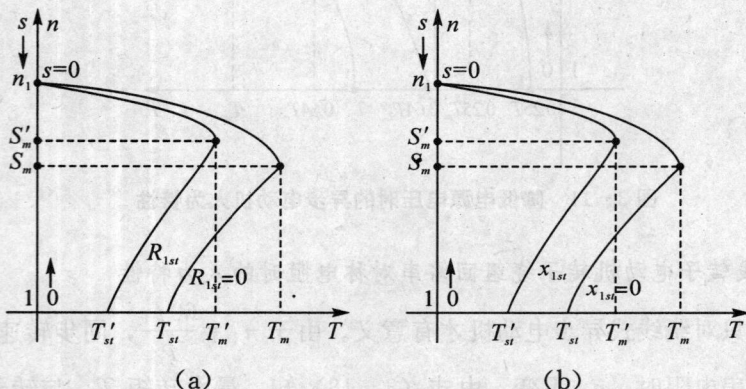

图 3−13 定子绕组回路串对称电阻或电抗时的人为机械特性

除了串对称电阻外，定子绕组回路也可以串入对称电抗（电感器或者电容器）以减少损耗，串电抗时的人为特性如图 3−13（b）所示。由图 3−13（b）可以看出，在定子绕组回路中串入对称电抗时的人为机械特性曲线几乎与串电阻时一样，但是电抗元件不消耗能量，没有能量损耗，这是鼠笼式异步电动机的一个重要特点。

3.2.4 机械特性的绘制

在已知电机参数的情况下，可以根据式（3−16）绘制出异步电动机的机械特性。正如在 2.2.3 节（直流电机机械特性的绘制）中所介绍的，在工程实际中，无法采用实际测量的方法得到电动机的参数，但是电动机制造厂可以为设计单位或者用户提供产品目录和铭牌数据。因此，根据电动机的铭牌数据或产品目录中所提供的技术参数来绘制出电动机的机械特性的方法——电动机机械特性的实用描述形式就显示出了优势。下面我们就按照电动机机械特性的实用表达式来说明机械特性的绘制方法。

3.2.4.1 固有特性的绘制

首先从产品目录或铭牌数据中查得 P_N、n_N、λ_m 等数据，就可以根据实用表达式绘制机械特性了。从式（3−23）可见，只要知道 T_m 和 S_m，就可以知道机械特性。

因为

$$T_N = 9550 \frac{P_N}{n_N} \tag{3-29}$$

$$T_m = \lambda_m T_N \tag{3-30}$$

$$S_N = \frac{n_1 - n_N}{n_1} \tag{3-31}$$

将 T_N、S_N 代入式（3-17）中，解得

$$S_m = S_N(\lambda_m \pm \sqrt{\lambda_m^2 - 1}) \tag{3-32}$$

求出 T_m 和 S_m 后，将它们代入式（3-23）中，设一些特殊的 s 值，求出 T 的对应值，就可以根据描点法绘制异步电动机固有机械特性了。下面我们用例题说明。

例 3-1 有一台三相异步电动机的铭牌数据为 $P_N = 95$ kW，$n_N = 960$ r/min，$U_{1N} = 380$ V，$E_{2N} = 214$ V，$I_{2N} = 312$ A，$\cos\varphi_N = 0.88$，$\eta_N = 91.2\%$，$\lambda_m = 2.4$，Y 形接法，求：

(1) 机械特性的实用表达式；

(2) 绘制固有机械特性曲线。

解：首先根据已知条件计算基础数据，得

$$T_N = 9550 \frac{P_N}{n_N} = 9550 \times \frac{95}{960} = 945.05 \,(\text{N} \cdot \text{m})$$

$$T_m = \lambda_m T_N = 2.4 \times 945.05 = 2268 \,(\text{N} \cdot \text{m})$$

$$S_N = \frac{n_1 - n_N}{n_1} = \frac{1000 - 960}{1000} = 0.04$$

（注意，这里题中并没有提供 $n_1 = 1000$ r/min 这个数据，它是如何得来的呢？这是因为 $n_1 = \frac{60 f_1}{p} = \frac{60 \times 50}{p} = \frac{3000}{p} = \frac{n_N}{1 - S_N}$，从电机学我们知道，电动机的额定转速 n_N 只可能比同步转速 n_1 低几十转，而极对数 p 必须是整数，要满足这两个条件，显然极对数不可能为 $p \leqslant 2$，只能取 $p = 3$，由此知道 $n_1 = 1000$ r/min。）

$$S_m = S_N(\lambda_m \pm \sqrt{\lambda_m^2 - 1}) = 0.04(2.4 \pm \sqrt{2.4^2 - 1})$$

即

$$S_m = 0.04(2.4 \pm 2.18)$$

$$S_{m1} = 0.04(2.4 + 2.18) = 0.183$$

$$S_{m2} = 0.04(2.4 - 2.18) = 0.009$$

由于 $S_{m2} = 0.009 < S_N = 0.04$，显然不符合逻辑关系，故舍去。

(1) 求实用表达式。

根据上面已经计算出的基础数据，由式（3-23）可得机械特性的实用描述表达式为

$$T = \frac{2T_m}{\dfrac{s}{S_m} + \dfrac{S_m}{s}} = \frac{2 \times 2268}{\dfrac{s}{0.183} + \dfrac{0.183}{s}} = \frac{4536}{\dfrac{s}{0.183} + \dfrac{0.183}{s}} \,(\text{N} \cdot \text{m})$$

即

$$T = \frac{4536}{\dfrac{s}{0.183} + \dfrac{0.183}{s}} \ (\mathrm{N \cdot m})$$

这就是所求机械特性的实用表达式。

（2）绘制固有特性曲线。

由上面已经求得的实用表达式 $T = \dfrac{4536}{\dfrac{s}{0.183} + \dfrac{0.183}{s}} \mathrm{N \cdot m}$，给定若干 s 值，计算出相

应的转矩 T 值，计算结果见表 3-1。

表 3-1　s 取值与对应计算 T 明细表

s	0.00	0.04	0.10	0.183	0.30	0.50	0.75	1.00
$n(\mathrm{r/min})$	1000	960	900	817	700	500	250	0
$T(\mathrm{N \cdot m})$	0	946	1910	2268	2017	1464	1045	803

根据表 3-1 中的数据，在 $n-T$ 坐标系中描点，得到异步电动机固有机械特性，如图 3-14 所示。在实际工作中，常用标幺值来绘制机械特性，使计算更加简便。

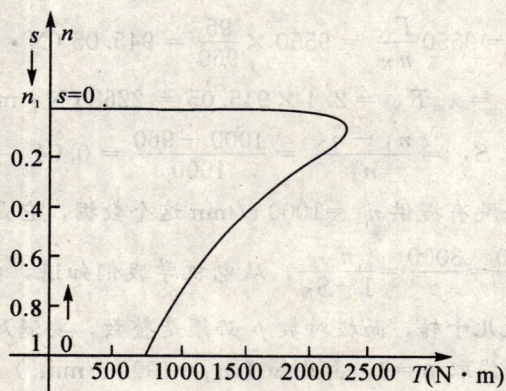

图 3-14　用实用表达式作出的固有特性

3.2.4.2　人为特性的绘制

异步电动机有很多种人为特性，最为常用的是降低电源电压的人为特性和转子绕组回路中串对称电阻时的人为特性。

1）降低电压时人为特性的绘制

设调整过程中的电源电压 $U_x < U_{1N}$，由式（3-17）和式（3-18）知，当电源电压降低时，S_m 不变，T_m 与 U_x^2 成比例变化，即

$$\frac{T_{mx}}{T_m} = \frac{U_x^2}{U_{1N}^2}$$

式中，T_{mx} 为电压降低到 U_x 时所对应的最大电磁转矩，即

$$T_{mx} = T_m \left(\frac{U_x}{U_{1N}}\right)^2 \tag{3-33}$$

于是，根据机械特性的实用描述表达式（3-23），得在降低电压时人为机械特性表达式为

$$T_x = \frac{2\left(\dfrac{U_x}{U_{1N}}\right)^2 T_m}{\dfrac{s}{S_m} + \dfrac{S_m}{s}} \qquad (3-34)$$

式中，T_x 为电压降低到 U_x 时所对应的电磁转矩。

只要求出一组对应的 s 与 T_x 的对应值，就可以绘制降压时的人为机械特性。

2）转子绕组回路串对称电阻时人为特性的绘制

这里首先要注意，转子绕组回路串对称电阻只是适用绕线转子异步电动机。转子绕组回路串对称电阻时，其最大转矩 T_m 不变，临界转差率 S_m 随 r_2' 成比例增大。如果设所研究的人为机械特性的临界转差率为 S_{mx}，则该人为机械特性的实用表达式为

$$T = \frac{2T_m}{\dfrac{s}{S_{mx}} + \dfrac{S_{mx}}{s}} \qquad (3-35)$$

现在的关键问题是如何求出 S_{mx}，设对应于某负载转矩的转速为 n_x，则有

$$s_x = \frac{n_1 - n_x}{n_1}$$

如果此时的电磁转矩为 T_x，则有

$$T_x = \frac{2T_m}{\dfrac{s_x}{S_{mx}} + \dfrac{S_{mx}}{s_x}}$$

解得

$$S_{mx} = s_x \left(\frac{T_m}{T_x} \pm \sqrt{\left(\frac{T_m}{T_x}\right)^2 - 1} \right) \qquad (3-36)$$

根据式（3-36），只要知道某一个转差率 s_x 和对应的电磁转矩 T_x，就可以求得 S_{mx}，然后根据机械特性的实用描述表达式，就可以按照以上介绍的方法作出转子绕组回路串对称电阻时的人为机械特性曲线。

转子所串电阻为

$$R_z = \frac{S_{mx}}{S_m} r_2 - r_2 = \left(\frac{S_{mx}}{S_m} - 1 \right) r_2 \qquad (3-37)$$

转子电阻 r_2 可由下式估算：

$$r_2 = \frac{S_N E_{2N}}{\sqrt{3}\, I_{2N}} \qquad (3-38)$$

式中，E_{2N} 为转子静止状态时，转子绕组中的额定线电动势；

I_{2N} 为转子的额定线电流；

S_N 为额定转差率。

例 3-2 三相异步电动机的铭牌数据为：$P_N = 95$ kW，$n_N = 980$ r/min，$U_{1N} = 380$ V，$E_{2N} = 213$ V，$I_{2N} = 312$ A，$\cos\varphi_N = 0.86$，$\eta_N = 90.5\%$，$\lambda_m = 2.4$，Y 形接法，现在如果使其在 $0.8T_N$ 负载下工作在 600 r/min，求：

（1）人为机械特性表达式；

（2）转子回路需要串入多大电阻。

解：首先根据已知条件计算基础数据，得

$$T_N = 9550 \frac{P_N}{n_N} = 9550 \times \frac{95}{960} = 945 \text{ (N · m)}$$

$$T_m = \lambda_m T_N = 2.4 \times 945 = 2268 \text{ (N · m)}$$

$$S_N = \frac{n_1 - n_N}{n_1} = \frac{1000 - 980}{1000} = 0.02$$

$$S_m = S_N(\lambda_m \pm \sqrt{\lambda_m^2 - 1}) = 0.02(2.4 \pm \sqrt{2.4^2 - 1})$$

$$S_{m1} = 0.0915$$

$$S_{m2} = 0.0045$$

由于 $S_{m2} = 0.0045 < S_N = 0.02$，显然不符合逻辑关系，故舍去。

（1）求人为特性表达式。

由于 $s_x = \frac{n_1 - n_x}{n_1} = \frac{1000 - 600}{1000} = 0.4$，该电机负载为 $0.8T_N$，即这时的实际负载 $T_x = 0.8T_N$，有

$$S_{mx} = s_x \left[\frac{T_m}{T_x} \pm \sqrt{\left(\frac{T_m}{T_x}\right)^2 - 1} \right] = 0.4 \times \left[\frac{2.4}{0.8} \pm \sqrt{\left(\frac{2.4}{0.8}\right)^2 - 1} \right]$$

即

$$S_{mx} = 0.4 \times (3 \pm 2.83)$$

$$S_{mx1} = 0.4 \times (3 + 2.83) = 2.33$$

$$S_{mx2} = 0.4 \times (3 - 2.83) = 0.068$$

由于 $S_{mx2} = 0.068 < s_x = 0.4$，不符合电动机稳定运行的转差率要求，故舍去。

这样得到人为机械特性的表达式为

$$T = \frac{2T_m}{\dfrac{s}{S_{mx}} + \dfrac{S_{mx}}{s}} = \frac{2 \times 2268}{\dfrac{s}{2.33} + \dfrac{2.33}{s}} = \frac{4536}{\dfrac{s}{2.33} + \dfrac{2.33}{s}}$$

即

$$T = \frac{4536}{\dfrac{s}{2.33} + \dfrac{2.33}{s}}$$

（2）求转子绕组回路中应该串入的电阻值。

首先求电动机转子绕组电阻 r_2，由估算公式（3-38）得

$$r_2 = \frac{s_N E_{2N}}{\sqrt{3} I_{2N}} = \frac{0.02 \times 213}{\sqrt{3} \times 312} = 0.008 \text{ (Ω)}$$

由式（3-37），转子回路应串入的电阻值为

$$R_c = \left(\frac{S_{mx}}{S_m} - 1\right) r_2 = \left(\frac{2.33}{0.0915} - 1\right) \times 0.008 = 0.196 \text{ (Ω)}$$

3.3 交流电动机的起动

所谓起动，是指电动机从静止状态开始转动至某一转速稳定运行的全过程。总的来看，交流三相异步电动机尤其是鼠笼式电动机的起动性能较差，体现在以下几个方面：

（1）起动电流大。由于在起动的瞬间 $s=1$，由简化等效电路图 3-3 得起动电流为

$$I_1 = \frac{U_1}{\sqrt{(r_1+r_2')^2+(x_1+x_2')^2}} \tag{3-39}$$

由于 r_1+r_2' 和 x_1+x_2' 都比较小，使得 I_1 很大，一般 $I_{1st}=(4\sim7)I_N$，某些鼠笼式电动机甚至达到 $(8\sim10)I_N$。这样大的起动电流，对于大容量的电动机，会产生一系列的问题。

（2）起动时功率因数低。起动时转子功率因数为

$$\cos\varphi_2 = \frac{r_2'}{\sqrt{r_2'^2+x_2'^2}} \tag{3-40}$$

因为 r_2' 比 x_2' 小得多，所以 $\cos\varphi_2$ 很小，异步电动机在起动时将从电源吸收较大的无功电流，使电源的功率因数下降，引起电源电压降低。

（3）起动转矩小。异步电动机的电磁转矩 $T=C_T\Phi_mI_2'\cos\varphi_2$，尽管这时的起动电流 $I_2'=I_1$ 比较大，但是因为功率因数 $\cos\varphi_2$ 比较低，其有功分量较小，同时过大的起动电流和较低的功率因数会引起电源电压降低，再者过大的起动电流又会加大定子漏抗压降，它们都将使定子感应电势 E_1 降低。由 $E_1=4.44f_1W_1k_{w1}\Phi_m$ 知，必然导致主磁通 Φ_m 降低，这样综合的结果，导致异步电动机的起动转矩较小。

上述几点是异步电动机的不足之处，在工程应用中，都必须设法加以弥补，尤其是要限制异步电动机的起动电流。

3.3.1 鼠笼式异步电动机的起动

鼠笼式异步电动机有直接起动和降压起动两种方法，下面分别介绍。

3.3.1.1 直接起动

直接起动就是将额定电压直接加到定子绕组上，也称全压起动。这种起动方法简单，不需要任何起动设备，是应用最普遍的一种起动方法。

直接起动时的起动电流约为 $(4\sim7)I_N$，对于经常起动和制动的电动机会造成严重的发热，影响电动机的使用寿命。过大的起动电流会造成较大的线路电压降落和损耗，过低的功率因数也会引起电源电压的波动，严重时会影响接在同一电源上的其他电动机和用电设备的正常工作。因此，对采用直接起动的交流异步电动机必须有严格的限制，只有小功率的异步电动机才允许直接起动。

由于我国电网建设迅速发展，电网容量增大，现在对交流异步电动机的直接起动限制已经放宽，原则上只要电网容量足够大，起动对电网的冲击较小的交流电动机，都可

以采取直接起动，通常电动机容量在 100 kW 以下的交流电动机都允许直接起动；一般情况下，交流电动机只要满足下式：

$$K_I \leqslant \frac{1}{4}\left[3 + \frac{连接电动机的电源总容量(kVA)}{起动电动机的容量(kVA)}\right] \qquad (3-41)$$

就可以采取直接起动。

式（3-41）中，$K_I = \dfrac{I_{1st}}{I_N}$ 为交流异步电动机起动电流倍数，可以从电动机产品目录或者电动机铭牌数据上查得。如果不能满足上式的要求，则不能直接起动。

3.3.1.2 降压起动

所谓降压起动，就是在电动机起动过程中，采取措施降低施加在电动机定子绕组上的有效电压，达到降低起动电流的起动方法。由于鼠笼式异步电动机的转子绕组回路已经固定，不能再外接电阻。为了限制起动电流，只能在定子绕组回路中采取措施。

1）定子串电阻降压或电抗降压起动

在定子绕组回路中串入对称电阻的起动线路如图 3-15（a）所示，图 3-15（b）是起动时的简化等效电路，其中 $r_k = r_1 + r_2'$，习惯上称为起动时的短路电阻；$x_k = x_1 + x_2'$，习惯上称为起动时的短路电抗。

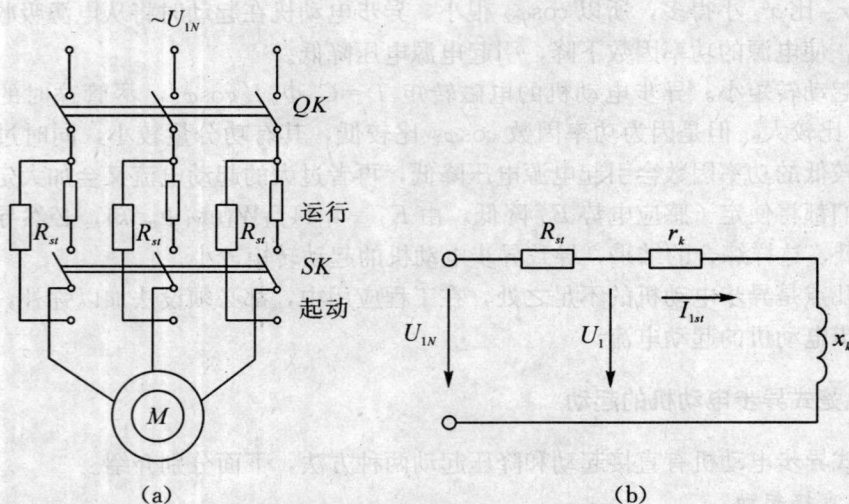

图 3-15　串电阻降压起动的原理图和简化等效电路

起动时先将 QK 合闸，并将选择开关 SK 投向起动位置，定子回路接入三相对称电阻。起动电流在串接的电阻上产生压降，降低了加在定子绕组上的有效电压，从而减小了起动电流。待电动机转速升高到一定值时，再将选择开关 SK 转换到运行位置，切除已经串入的起动电阻，额定电压全部加到定子绕组上，直到达到某一稳定转速，起动过程结束。

起动电流为

$$I_{1stR} = \frac{U_{1N}}{(r_1 + r_2' + R_{st})^2 + (x_1 + x_2')^2} = \frac{U_{1N}}{(r_k + R_{st})^2 + x_k^2}$$

即

$$I_{1stR} = \frac{U_{1N}}{(r_k + R_{st})^2 + x_k^2} \tag{3-42}$$

式中，$r_k = r_1 + r_2'$ 为异步电动机短路电阻；

$x_k = x_1 + x_2'$ 为异步电动机短路电抗；

r_k、x_k 可由异步电动机铭牌数据估算。

对于 Y 形接法的异步电动机，有

$$Z_k = \frac{U_{1N}}{\sqrt{3}\,I_{1st}} = \frac{U_{1N}}{\sqrt{3}\,K_I I_{1N}} \tag{3-43}$$

对于 △ 形接法的异步电动机，有

$$Z_k = \frac{U_{1N}}{I_{1st}/\sqrt{3}} = \frac{\sqrt{3}\,U_{1N}}{K_I I_{1N}} \tag{3-44}$$

如果异步电动机起动时功率因数为 $\cos\varphi_{st}$，则有

$$r_k = Z_k \cos\varphi_{st} \tag{3-45}$$

$$x_k = Z_k \sin\varphi_{st} \tag{3-46}$$

一般的，$\cos\varphi_{st}$ 的取值范围为 $0.25 \sim 0.4$。

这样，如果在已知对异步电动机起动电流的数值要求时，便可求出定子回路中应该串入的电阻值。例如若要求电阻降压起动时，起动电流 I_{1stR} 为直接起动的 $\frac{1}{Q}$ 倍，即

$$I_{1stR} = \frac{1}{Q} I_{1st}$$

或

$$\frac{1}{Q}\,\frac{U_{1N}}{\sqrt{r_k^2 + x_k^2}} = \frac{U_{1N}}{\sqrt{(r_k + R_{st})^2 + x_k^2}}$$

解得

$$R_{st} = \sqrt{Q^2 r_k^2 + (Q^2 - 1)x_k^2} - r_k \tag{3-47}$$

串电阻降压起动时，降低了加在定子绕组上的有效电压，必然要引起起动转矩的减小。由于起动转矩与定子电压的平方成比例，所以有

$$\frac{T_{stR}}{T_{st}} = \left(\frac{U_x}{U_{1N}}\right)^2$$

由于起动电流与定子电压成比例，即 $\dfrac{I_{stR}}{I_{st}} = \dfrac{U_x}{U_{1N}} = \dfrac{1}{Q}$，则有

$$T_{stR} = \frac{1}{Q^2} T_{st} \tag{3-48}$$

式（3-48）说明，采用串电阻降压起动时，如果起动电流是采用直接起动时起动电流的 $\frac{1}{Q}$ 倍，则降压后的起动转矩是采用直接起动时起动转矩的 $\frac{1}{Q^2}$ 倍，起动转矩减小比较严重，所以这种方法仅仅适用于空载或者轻负载起动时的场合。

　　定子绕组回路串电阻降压起动方法虽然设备简单，并具有起动平稳、运行可靠等特点，但由于起动时损耗较大，现在已经不采用这种方法来起动电动机了。

　　为了减少起动时外串电阻所造成的损耗，通常在异步电动机定子回路中串入对称电抗，如图 3−16 所示，亦能达到降压起动的目的。

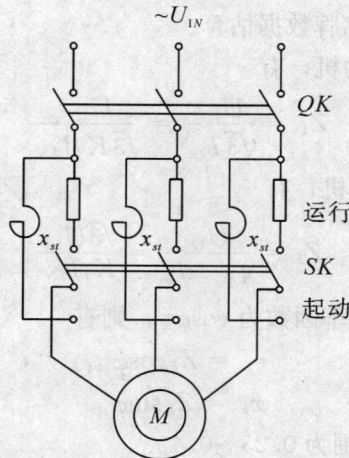

图 3−16　异步电动机定子串电抗降压起动原理图

　　按照上面相同的分析方法，当要求定子绕组回路串对称电抗时的起动电流为采用直接起动时的 $\frac{1}{Q}$ 倍时，定子回路需串入的电抗值 $x_{st} = \sqrt{(Q^2-1)r_k^2 + Q^2 x_k^2} - x_k$，串对称电抗器时的起动转矩同样为 $T_{stx} = \frac{1}{Q^2} T_{st}$，但是，在起动过程中没有能量损耗。

　　2) **自耦变压器降压起动**

　　此种起动方式是利用自耦变压器来降低加到定子绕组的电压，以减小起动电流，接线图如图 3−17 (a) 所示，其中 ZB 代表自耦变压器，图 3−17 (b) 是电动机一相电路的原理图。起动开始时，将选择开关 SK 投向起动位置，在自耦变压器原边绕组上加上额定电源电压，由绕组抽头决定的副边绕组上的电压加到电动机的定子绕组上，电机在降低后的电压下起动。当转速接近额定值时，将选择开关 SK 转换到运行位置，切除自耦变压器，电源电压直接加到定子绕组上，电动机在全电压下运行，直到电动机稳定运行于某一转速，起动过程结束。

　　设在自耦变压器原边绕组加上电源额定相电压 U_{1N}，变压器副边绕组上的相电压为 U_x，根据原理电路图有

$$\frac{U_{1N}}{U_x} = K$$

式中，$K = \dfrac{W_1}{W_2}$，为自耦变压器原边绕组与副边绕组的匝数比。

　　如果起动时将电压 U_x 加于定子绕组上，电动机的起动电流 I_{stT} 即为自耦变压器的副边电流 I_x，自耦变压器的原边电流为

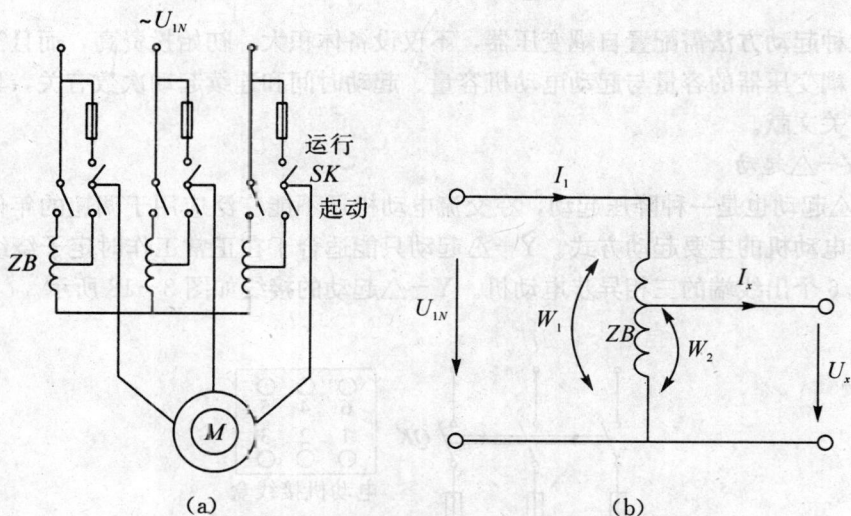

（a）　　　　　　　　　　　　　（b）

图 3-17　自耦变压器降压起动接线图和原理图

$$I_{1st} = \frac{1}{K}I_x = \frac{1}{K}I_{stT}$$

I_{1st} 就是自耦变压器起动时从电源吸收的电流，根据自耦变压器的原边与副边绕组之间的电压电流关系，有

$$\frac{I_{stT}}{I_{st}} = \frac{U_x}{U_{1N}} = \frac{1}{K}$$

式中，I_{st} 为直接起动时的起动电流。自耦变压器起动时从电源吸收的电流为

$$I_{1st} = \frac{1}{K^2}I_{st} \tag{3-49}$$

由起动转矩与定子电压的平方成正比，因此有

$$\frac{T_{stT}}{T_{st}} = \frac{U_x^2}{U_{1\varphi N}^2} = \frac{1}{K^2} \tag{3-50}$$

式中，T_{stT} 为采用自耦变压器降压起动时的起动转矩；

T_{st} 为直接起动时的起动转矩；

$U_{1\varphi N}$ 为电源额定相电压的有效值。

式（3-49）和式（3-50）说明，采用自耦变压器起动时，如果把实际加到电动机定子绕组上的电压降到额定电压的 $\frac{1}{K}$，则起动电流和起动转矩都是采用直接起动时的 $\frac{1}{K^2}$ 倍。与电阻降压起动相比较，在相同的起动电流下，自耦变压器降压起动可以获得比较大的起动转矩，故这种起动方法可用于较大负载的起动，尤其适用于大容量低电压电动机的降压起动。一般的，自耦变压器在设计制造时设置了三个抽头，可分别选择40％、60％、80％或55％、64％、73％的电源电压 $U_{1\varphi N}$，以满足不同的起动电流和起动转矩的要求。因此，这种起动方法在 100 kW 及其以上的鼠笼式电动机起动中应用十

117

分广泛。

但这种起动方法需配置自耦变压器，不仅设备体积大、初始投资高，而且需要长期维护。自耦变压器的容量与起动电动机容量、起动时间和连续起动次数有关，具体内容请参考有关文献。

3）Y−△起动

Y−△起动也是一种降压起动，在交流电动机还不能广泛应用于调速的年代，是鼠笼式异步电动机的主要起动方式。Y−△起动只能适合于在正常工作时定子绕组为△接法而且有6个出线端的三相异步电动机。Y−△起动的接线如图3−18所示。

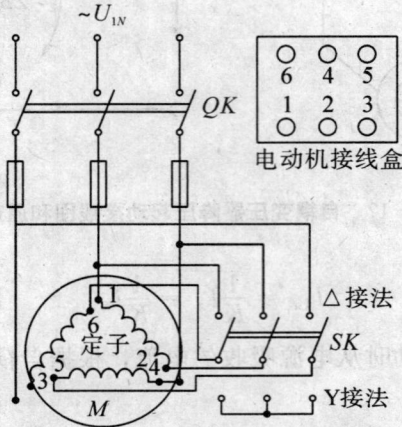

图3−18　Y−△起动接线图

起动时将定子绕组接成Y形连接，每相定子绕组加上$\frac{1}{\sqrt{3}}$电源的线电压，待电动机运行到接近稳定转速时，将定子绕组通过起动转换开关SK改接成△形连接，每相定子绕组加上电源的线电压，直到电动机稳定运行，起动过程结束。

设电动机每相绕组的阻抗为Z_x，定子绕组接成Y形时，每相绕组上承受电源相电压（$\frac{1}{\sqrt{3}}$线电压），起动电流为

$$I_{stY} = \frac{U_\varphi}{Z_x} = \frac{U_l}{\sqrt{3}Z_x}$$

如果采用直接起动，定子绕组接成△形，每相绕组承受电源线电压，对应的起动电流为

$$I_{st\triangle} = \sqrt{3} \cdot \frac{U_l}{Z_x}$$

因此，Y起动时起动电流为

$$I_{stY} = \frac{1}{\sqrt{3}Z_x} \cdot \frac{I_{st\triangle}}{\sqrt{3}} = \frac{1}{3}I_{st\triangle} \tag{3−51}$$

由于起动转矩与电源电压的平方成正比，Y起动时的起动转矩为

$$T_{stY} = \left(\frac{U_\varphi}{U_l}\right)^2 T_{st\triangle} = \frac{1}{3} T_{st\triangle} \tag{3-52}$$

式（3-51）和式（3-52）分别说明，Y-△起动时的起动转矩和起动电流都是直接起动时的$\frac{1}{3}$。因此，这种起动方法只适用于轻负载或者空载时起动的场合。

Y-△起动设备简单，具有重量轻、体积小、起动设备价格便宜、运行可靠、维护简便等特点，不足之处在于只有一种固定起动电压。

4）Y-△结合起动

Y-△结合起动是在起动期间把电动机的定子绕组分成两部分，中间引出抽头，一部分采用Y形连接，一部分采用△连接，由于它的外形像延长了边长的三角形，故过去习惯上也称为延边三角形起动。Y-△结合起动的电动机绕组抽头情况和起动时的接线如图3-19所示，其中图3-19（a）为定子绕组抽头图，也是正常运行时的绕组连接图，图3-19（b）为起动时的接线图。

Y-△结合起动结束后，电动机正常运行时，必须接成△形，即1与6、2与4、3与5相连，然后并接到电源上，中间抽头端7、8、9悬空。起动时，将4与8相连、5与9相连、6与7相连，端头1、2、3分别接到电源的A、B、C相上，使绕组的z_1部分构成Y连接，z_2部分构成△连接。

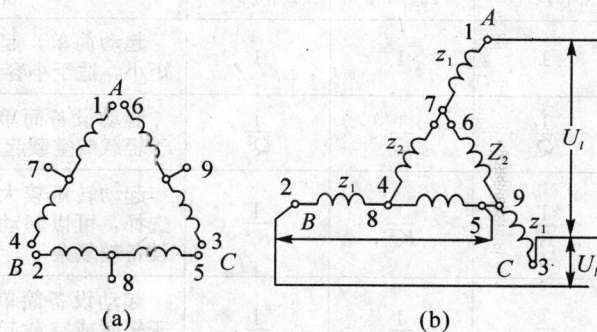

图 3-19　Y-△结合起动时定子绕组抽头和接线图

分析Y-△结合起动，可将△部分等效成Y形电路。△-Y变换在电路原理中已讲述过，在那里主要是以电流、电压的关系考虑的，而对于电动机，还应该考虑在变化前后两种情况下的磁势不变的原则，因此还必须考虑电流相位和匝数的等效关系，这样就使分析变得比较复杂，感兴趣的学生请参考有关的文献。

以前，对于采用Y-△结合起动的电动机，为了方便用户选择，通常将定子绕组分成几种不同比例的抽头，使两部分绕组的匝数比为2∶1、1∶1和1∶2等。每一种匝比对应着不同的起动电流和起动转矩，它们与采用△连接直接进行起动时的比较情况见表3-2。

从表3-2中可知，采用Y-△结合起动时，与采用△接法直接起动比较，起动转矩与起动电流降低同样的数值。可以通过选择具有不同匝比的电动机，来满足不同负载的起动要求。

表3-2　Y-△结合起动性能与△连接直接起动的比较

Y形连接部分与△形连接部分的比例	每相绕组电压	起动电流	起动转矩
2∶1	$0.66U_l$	$0.43I_{st}$	$0.43T_{st}$
1∶1	$0.71U_l$	$0.5I_{st}$	$0.5T_{st}$
1∶2	$0.78U_l$	$0.6I_{st}$	$0.6T_{st}$

注：U_l 为△接法时的线电压，I_{st}、T_{st} 分别为△接法的起动电流和起动转矩。

　　这种起动方法所用设备体积小，重量轻，能起动一般负载，而且允许经常起动，过去在一些特殊场合经常采用，但是电机内部接线复杂，尤其对电压较高的电动机，难以引出 9 个出线端，购买电动机时必须与制造厂联系，特殊生产制造。

　　需要指出的是，由于现代交流变频调速的大量普及应用，在解决交流电动机调速的同时，也能够很好地解决起动问题，Y-△结合起动已经完全退出历史舞台。

　　5）降压起动方法的比较

　　上述四种降压起动方法各有优缺点，虽然有些起动方法现在已经不再采用，但是作为研究和了解，我们将上述四种降压起动方法的有关数据列于表3-3中，以便于比较。

表3-3　各种降压起动方法的性能比较

起动方法	U_{1x}/U_{1N}	I_{stx}/I_{1st}	T_{stx}/T_{st}	优缺点
直接起动	1	1	1	起动简单，起动电流大，起动转矩小，适于小容量电机
串电阻降压或串电抗降压起动	$\dfrac{1}{Q}$	$\dfrac{1}{Q}$	$\dfrac{1}{Q^2}$	起动设备简单，起动转矩小，适于轻载或空载起动
自耦变压器降压起动	$\dfrac{1}{K}$	$\dfrac{1}{K^2}$	$\dfrac{1}{K^2}$	起动转矩较大，有多种抽头可供选择，可以起动较大负载，但起动设备较复杂
Y-△起动	$\dfrac{1}{\sqrt{3}}$	$\dfrac{1}{3}$	$\dfrac{1}{3}$	起动设备简单，起动转矩小，适于轻载或空载起动，只用于△接电动机
Y-△结合起动（匝比1∶1）	0.71	0.5	0.5	起动设备简单，起动转矩较大，但是电动机内部和起动接线复杂，电机制造成本高

注：U_{1x}/U_{1N} 为施加于电动机各相定子绕组上的相电压之比。

　　例3-3　一台三相鼠笼式异步电动机，$P_N=75$ kW，$n_N=1400$ r/min，$U_{1N}=380$ V，△接法，$I_{1N}=135$ A，$\eta_N=91\%$，$\cos\varphi_N=0.90$，起动电流倍数 $K_I=6.0$，起动转矩倍数 $K_m=1.0$，计划带半载起动，电源容量为 1000 kW，请选择合适的起动方法。

　　解：下面首先分别讨论各种起动方法，然后选择最适合的方法。

　　（1）是否可以采用直接起动。

　　由于

$$\frac{1}{4}\left[3+\frac{电源总容量}{电动机容量}\right]=\frac{1}{4}\left[3+\frac{1000}{75}\right]=4.08<K_I=6.0$$

故不能采用直接起动。

（2）采用降压起动。

①串电阻降压起动。

由上面计算可知，电源允许的起动电流为 $4.1I_{1N}$，按 $I_{1stR}=4I_{1N}$，则有

$$Q = \frac{I_{1st}}{I_{1stR}} = \frac{6.0I_{1N}}{4I_{1N}} = 1.5$$

对应的起动转矩为

$$T_{stR} = \frac{1}{Q^2}T_{st} = \frac{1}{1.5^2} \times 1 \times T_N = 0.44T_N < 0.5T_N$$

由于实际的起动转矩 $T_{stR}=0.44T_N$ 小于半载起动时的负载转矩 $T_{LQ}=0.5T_N$，不能满足起动要求，故无法采用串电阻降压起动。

②采用 Y−△起动。

由于

$$I_{1stY} = \frac{1}{3}I_{1st} = \frac{1}{3} \times 6.0 \times I_{1N} = 2I_{1N} < 4.1I_{1N}$$

能够满足电源对起动电流的要求。

但是由于

$$T_{stY} = \frac{1}{3}T_{st} = \frac{1}{3} \times 1 \times T_N = 0.33T_N < 0.5T_N$$

起动转矩不能满足要求，所以也不能采用 Y−△起动。

③自耦变压器降压起动。

首先选择电压抽头为 64% 的一挡，其变比为

$$K = \frac{1}{0.64} = 1.56$$

则对应的起动电流为

$$I_{1stT} = \frac{1}{K^2}I_{1st} = \frac{1}{1.56^2} \times 6.0 \times I_N = 2.47I_N < 4.08I_N$$

能够满足电源对起动电流要求。下面再看起动转矩是否符合。

由于

$$T_{stT} = \frac{1}{K^2}T_{st} = \frac{1}{1.56^2} \times 1 \times T_N = 0.41T_N < 0.5T_N$$

因此起动转矩不能满足起动要求，64% 抽头的变比不能采用。

重新选择 73% 抽头的一挡，对应的变比为

$$K = \frac{1}{0.73} = 1.37$$

则有

$$I_{1stT} = \frac{1}{K^2}I_{st} = \frac{1}{1.37^2} \times 6.0 \times I_{1N} = 3.20I_{1N} < 4.1I_{1N}$$

满足电源对起动电流要求。

同时

$$T_{stT} = \frac{1}{K^2}T_{st} = \frac{1}{1.37^2} \times 1 \times T_N = 0.53T_N > 0.5T_N$$

能够满足起动转矩的要求，故选择电压抽头为 73％ 的自耦变压器降压起动是合适的，决定选择此种起动方法。

3.3.2 绕线式异步电动机的起动

绕线式异步电动机由于自身结构上的特点，转子绕组回路可以控制，所以绕线式异步电动机既可以在定子绕组回路串电阻或者电抗，也可以在转子绕组回路串对称电阻或者电抗，相应的，绕线式异步电动机有转子回路串电阻或电抗和转子回路串电阻或电抗两种起动方法。关于在定子绕组回路中串对称电阻或电抗降压起动，与鼠笼式异步电动机完全是一样的，上面我们已经讨论过，下面仅仅介绍在转子回路串电阻或电抗降压起动的问题。

3.3.2.1 转子电路串电阻起动

绕线式异步电动机在转子回路串入电阻，既可以限制起动电流，又可以加大起动转矩，尤其适用于重载起动的场合。

由前面已经讨论过转子回路串电阻的人为特性，类似直流电动机电枢回路串电阻的人为特性，绕线式异步电动机也可以采用逐段切除所串电阻的分级串电阻起动办法。起动时，通过装在转子上的滑环和固定的电刷接入起动电阻到转子回路中，然后根据电动机的转速情况，逐段切除所串电阻，直到切除全部电阻，待电动机转速稳定运行后，将滑环彻底短接，并抬起电刷以减少摩擦。

转子回路串电阻分为串对称电阻和串不对称电阻两种情况，前者同时切换对称电阻，以保持三相始终对称，后者则轮流切除各相的起动电阻，以较少的换接元件获得较多的加速级数。

当将绕线式异步电动机机械特性用简化后的实用描述式表示时，即

$$T = \frac{2T_m}{S_m}s = \frac{2T_m}{S_m} \cdot \frac{n_1 - n}{n_1}$$

$$n = n_1 - \frac{S_m n_1}{2T_m}T \tag{3-53}$$

式（3-53）说明，绕线式异步电动机的简化实用机械特性是一条过同步转速 n_1 并且斜率为 $\frac{S_m n_1}{2T_m}$ 的下倾直线。

必须注意，由于临界转差率 S_m 与转子电阻成正比，当转子回路串入电阻时，S_m 与转子电阻成比例增大，机械特性的斜率也与电阻成比例增大，而同步转速不变。因此，转子回路串对称电阻的异步电动机简化实用机械特性是一组过同步转速，斜率与转子电阻成比例增大的曲线簇，与直流电动机电枢电路串电阻的机械特性十分相似。所以，其起动过程和起动电阻的计算与直流电动机的情况完全一样，这里就不再重述。但是值得注意的是，对于绕线式异步电动机，起动转矩只与转子电流的有功分量成比例，而在起动过程中功率因数是变化的，因此，电流的有功分量计算比较麻烦，所以在计算起动电阻时，都采取以转矩作为最大值和切换值，而不是以电流有功分量的最大值和切

换值来计算，这一点是与直流电动机起动电阻的计算不同的。

一般情况下，最大转矩取为

$$T_1 \leqslant 0.85T_m \tag{3-54}$$

式中，0.85 是考虑电源电压降低对最大转矩的影响。

切换转矩 T_2 取为

$$T_2 \leqslant (1.1 \sim 1.2)T_L \tag{3-55}$$

转子回路串不对称电阻的计算是在对称起动电阻计算的基础上进行的，一般不常用，这里不再计算，需要了解的读者可以自己参考有关文献。

转子回路串电阻起动需要使用开关元件，而且电阻器较多，设备庞大，操作维修不方便，尤其是功率大时，转子电流大，切换电阻时转矩的变化也大，对机械及传动机构冲击较大，这是此种起动方法的缺点。因此，在现代电力拖动中，已经基本上不再使用转子回路串电阻起动。

3.3.2.2 转子回路串电抗起动

转子回路串电抗有转子回路串并联阻抗器和串频敏变阻器两种方法。

1）转子回路串并联阻抗器

在绕线式异步电动机的每相转子回路中串入并联的电抗器 x_{st} 和电阻 R_{st} 的接线如图 3-20（a）所示。图 3-20（b）是串并联电抗器 x_{st} 和电阻 R_{st} 时的一相等效电路原理图，其中 r_2、x_2 分别是转子绕组本身的电阻和电抗，r_{st} 和 x_{st} 是电抗器绕组本身的电阻和电抗，R_{st} 是与电抗器并联的外接电阻。

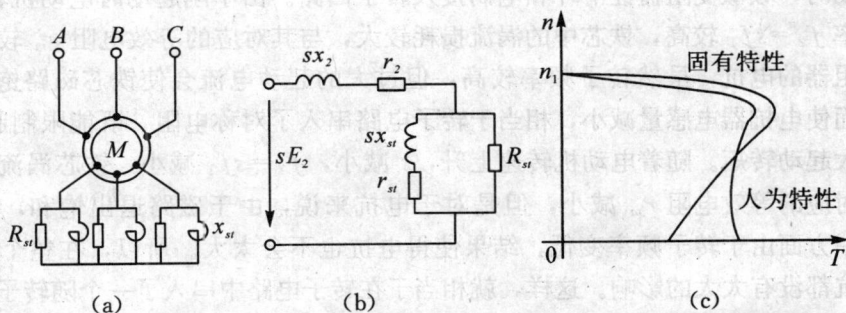

图 3-20 转子回路串并联阻抗器起动时的接线和一相原理图及机械特性

在电动机起动过程中，转子频率 $f_2 = sf_1$ 不断变化，使通过并联电阻 R_{st} 与电抗 x_{st} 上的电流比例不断变化。在刚起动时，电动机转速很低，s 很大，$f_2 = sf_1$ 接近定子频率，电抗器的电抗 $x_{st} = 2\pi f_2 L_{st}$ 比较大，转子电流大部分流过 R_{st}，相当于转子电路串入纯电阻，既限制了起动电流，又增大了起动转矩。随着电动机转速的不断升高，s 逐渐变小，$f_2 = sf_1$ 也逐渐变小，使 x_{st} 逐渐减小，转子电流中通过 x_{st} 的比例逐渐加大，直到起动结束，转子频率 f_2 变得非常小（一般只有 2 Hz～3 Hz），x_{st} 已经非常小，几乎全部转子电流都流过电抗器所在的支路，并联外接电阻 R_{st} 的支路相当于开路，即相当于将 R_{st} 切除了。如果并联阻抗的参数选得合适，就可以在电动机整个加速过程中，几乎获得恒定的转矩，这样就可以获得如图 3-20（c）所示的人为机械特性曲线。

根据实践经验，电抗器的参数取值为

$$x_{st} = (3 \sim 4)x_2$$

$$r_{st} = r_2$$

并联电阻 R_{st} 的取值为

$$R_{st} = 16r_2$$

2）转子电路串频敏变阻器起动

在实际应用中，转子电路中常串入一个铁损很大的三相电抗器，其结构如图 3—21（a）所示。

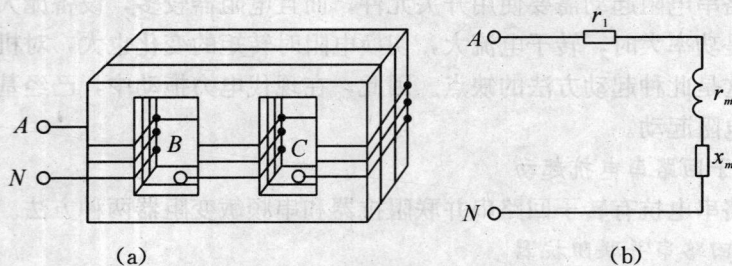

图 3—21 频敏变阻器结构图和等效电路原理图

其铁芯由较厚的（一般为 30 mm～50 mm）钢板或铁板叠成，以增大铁损。每个铁芯柱上只有一个绕组，三相绕组接成 Y 形，其一相等效电路如图 3—21（b）所示。

起动时，频敏变阻器经滑环和电刷接入转子回路。由于刚起动时电动机转速较低，转子频率 $f_2 = sf_1$ 较高，铁芯中的涡流损耗较大，与其对应的等效电阻 r_m 较大。对于频敏变阻器的电抗，虽然转子频率较高，但过大的起动电流会使铁芯磁路饱和，μ 减小，从而使电抗器电感量减小，相当于转子电路串入了对称电阻，既能限制起动电流，又能增大起动转矩。随着电动机转速上升，s 减小，$f_2 = sf_1$ 减小，铁芯涡流损耗也减小，使对应的等效电阻 r_m 减小，但是对于电抗来说，由于磁路退出饱和，电感量变大，另一方面由于转子频率变低，结果使得电抗也不会太大。所以，在整个起动过程中，电抗都没有太大的影响。这样，就相当于在转子电路中串入了一个随转子频率可变的变阻器，随着电动机转速升高，转子频率逐渐减小，变阻器电阻逐渐减小，使电动机平稳加速。起动结束后，将滑环短接，切除频敏变阻器，并抬起电刷。因其等效电阻能随转子频率自动变化，故称频敏变阻器。

频敏变阻器结构简单，运行可靠，使用维护方便，价格便宜，曾经在交流电力拖动系统中广泛使用。

上面介绍了异步电动机的起动方法，除了从起动方法上限制起动电流，改善起动性能外，还可以从电动机设计制造结构上改造电动机（特别是鼠笼式异步电动机）。充分利用高科技手段对电动机的设计参数进行分析，可以从根本上解决异步电动机的起动问题。20 世纪 80 年代就已经开发出了深槽式异步电动机和双鼠笼型异步电动机，这些电动机既改善了电动机的起动性能，又具有普通异步电动机的高效率。有关这方面的内容，属于电动机设计制造领域，本课程不再介绍，请参考相关的资料。

3.4　交流电动机的制动

与直流电动机一样，三相异步电动机也有电动和制动两种运行状态。两种状态的差别在于电磁转矩的方向与转速方向相同或者不同，电动状态时电磁转矩与转速方向相同，电磁转矩是驱动性质的；制动时电磁转矩与转速方向相反，电磁转矩是制动性质的或称阻转矩。当电动机处于电动状态时，从电源吸收电功率，输出机械功率，机械特性曲线位于 $n-T$ 坐标平面第 Ⅰ 或第 Ⅲ 象限；当电动机处于制动状态时，吸收拖动系统轴上的机械功率并转换成电功率送回电网或者消耗掉，机械特性曲线位于 $n-T$ 坐标平面第 Ⅱ 或第 Ⅳ 象限。

与直流电动机制动的方法一样，异步电动机的制动方法也可以采用能耗制动、反接制动和回馈制动，下面分别介绍。

3.4.1　能耗制动

3.4.1.1　制动原理

异步电动机的能耗制动除了像直流电动机那样切断电源，并在转子回路接入制动电阻外，还必须在定子绕组中通入直流电流励磁，如图 3-22（a）所示。这是由于异步电动机没有专门的励磁绕组，只有在定子绕组接上三相交流电源后，电机内部才能产生旋转磁场，一旦切断电源后，电动机内磁势全部消失，电磁效应完全结束，虽然转子在机械惯性作用下仍然在旋转，却不会产生电磁转矩。所以，必须向定子绕组内通入直流电流，以使在气隙中形成恒定的磁场，旋转的转子导体与此磁场相互作用，产生如图 3-22（b）所示的感应电势和电流，该电流反过来与恒定磁场作用，产生电磁转矩。由左手定则可以判断，该电磁转矩与转速方向相反，是制动性质的转矩，电动机在该转矩作用下转速迅速下降，处于制动状态。这种制动的实质是将拖动系统中储存的动能转换成电能消耗在电阻上，因而称为能耗制动。

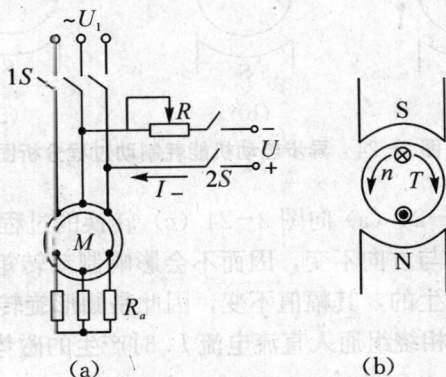

图 3-22　三相异步电动机的能耗制动

向定子绕组中通入直流电流产生恒定磁场有许多种办法，图 3-23（a）就是其中的一种。当从 A、B 两相绕组中通入直流电流 I_- 时，将在 A、B 两相绕组的轴线上，分别建立恒定的磁势 I_-W_1，如图 3-23（b）所示，它们再合成恒定的磁势 F_-，如图 3-23（c）所示，图中代号的下标表示直流。

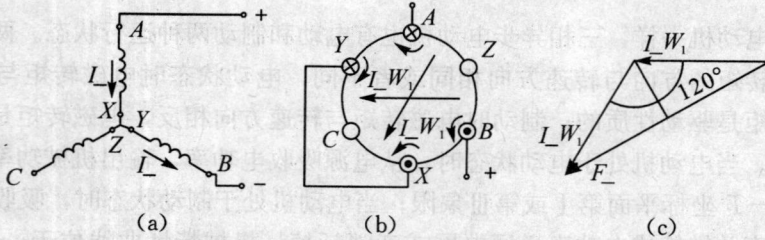

图 3-23　能耗制动时的一种恒定磁场示意图

3.4.1.2　制动时的机械特性

能耗制动时，由于机械惯性电动机的转子继续旋转，将与外加的直流电源所产生的恒定磁场发生相对运动而产生电磁转矩。该制动转矩的大小与方向仅仅由转子与定子恒定磁场相对运动的速度和方向决定，与该固定磁场和定子本身之间是否有相对运动无关。这样，便可借助于分析异步电动机电动运行的方法来分析能耗制动状态。

在能耗制动时，异步电动机仍以转速 n 按原转动方向旋转，电动机的气隙磁场是不动的，如图 3-24（a）所示。

如果我们把转子看成静止不动，那么，原来静止的恒定磁场便成为逆电动机旋转方向以转速 n 旋转，如图 3-24（b）所示。进而，我们将旋转的恒定磁场和静止的转子同时顺着磁场旋转的方向增加一个转速 $\Delta n = n_1 - n$，则旋转磁场的转速变成了 $n + \Delta n = n + n_1 - n = n_1$，即变成了以同步转速 n_1 反方向旋转的磁场，而转子则变成了以转速 Δn 反方向旋转，如图 3-24（c）所示。

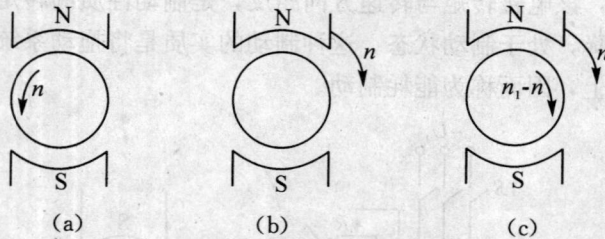

图 3-24　异步电动机能耗制动过程分析图

由于电动机在由图 3-24（a）向图 3-24（c）转换的过程中，我们始终保持转子与恒定磁场相对运动的速度与方向不变，因而不会影响制动转矩。以同步转速 n_1 旋转的恒定磁场是由直流电流产生的，其幅值不变，因此是圆形旋转磁场。以图 3-23 所示的恒定磁场为例，A、B 两相绕组通入直流电流 I_- 时产生的磁势为

$$F_A = F_B = \frac{4}{\pi} \cdot \frac{1}{2} W_1 k_{W_1} I_- \tag{3-56}$$

其合成磁势为

$$F_- = 2F_A\cos30° = \sqrt{3} \cdot \frac{4}{\pi} \cdot \frac{1}{2}W_1 k_{w_1} I_-　\quad (3-57)$$

为了能够应用异步电动机在电动运行状态时的分析方法，我们把这个本来由外加的直流电流所产生的幅值不变的旋转磁场再等效看成是由对称三相电流流入三相对称绕组所产生的旋转磁场，只要两者的幅值相等，就完全可以等效。如果每相电流的有效值为 I_1，则该三相对称电流所产生的旋转磁场的幅值为

$$F_\sim = \frac{3}{2} \cdot \frac{4}{\pi} \cdot \frac{\sqrt{2}}{2}W_1 k_{w_1} I_1　\quad (3-58)$$

令 $F_\sim = F_-$，得

$$I_1 = \sqrt{\frac{2}{3}}I_-　\quad (3-59)$$

此时，转子的转速为 $-\Delta n$，转差率为 $\frac{-n_1-(-\Delta n)}{-n_1} = \frac{-n_1+n_1-n}{-n_1} = \frac{n}{n_1}$。

为了区别于电动运行状态，能耗制动状态的转差率以 γ 表示，即

$$\gamma = \frac{n}{n_1}　\quad (3-59)$$

用电动状态分析，容易得到

$$\dot{E}_{2\gamma} = \gamma\dot{E}_2$$
$$f_2 = \gamma f_1$$

式中，$\dot{E}_2$ 为转子与 $F_\sim$ 的转速差为 n_1 即 $n=n_1$ 时转子的感应电势。

仿照异步电动机在电动运行时的等效电路，也可以得到在能耗制动状态时异步电动机等值电路，如图 3-25（a）所示，但是必须注意，图 3-25（a）中的各电量是由等效电流 I_1 所产生的旋转磁势作用的结果，与电动机在电动运行状态时的各量是有本质不同的。

异步电动机载能耗制动时，通入直流励磁电流，电机内产生的铁损很小，因此可以忽略代表等效损耗的电阻 r_m，即认为等效的励磁电流主要是用于磁化的电流。这样，就可以画出如图 3-25（b）所示的相量图。

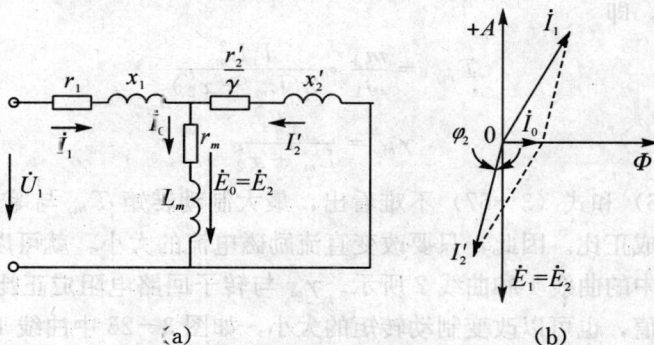

图 3-25　异步电动机能耗制动等效电路与相量图

127

由图 3-25（b）根据余弦，定理，有

$$I_1^2 = I_2'^2 + I_0^2 + 2I_2'I_0\cos(90° + \varphi_2) = I_2'^2 + I_0^2 + 2I_2'I_0\sin\varphi_2$$

即

$$I_1^2 = I_2'^2 + I_0^2 + 2I_2'I_0\sin\varphi_2 \tag{3-60}$$

由图 3-25（a），当忽略铁损（$r_m = 0$）时，有

$$I_0 = \frac{E_2'}{L_m} = \frac{I_2'\sqrt{\left(\dfrac{r_2'}{\gamma}\right)^2 + x_2'^2}}{L_m} \tag{3-61}$$

$$\sin\varphi_2 = \frac{x_2'}{\sqrt{\left(\dfrac{r_2'}{\gamma}\right)^2 + x_2'^2}} \tag{3-62}$$

将式（3-61）和式（3-62）代入式（3-60）中，经整理得

$$I_2'^2 = \frac{I_1^2 L_m^2}{\left(\dfrac{r_2'}{\gamma}\right)^2 + (L_m + x_2')^2} \tag{3-63}$$

所以，能耗制动时电动机吸收的功率为

$$P = m_1 I_2'^2 \frac{r_2'}{\gamma} = m_1 \frac{I_1^2 L_m^2}{\left(\dfrac{r_2'}{\gamma}\right)^2 + (L_m + x_2')^2} \frac{r_2'}{\gamma}$$

即

$$P = m_1 \frac{I_1^2 L_m^2}{\left(\dfrac{r_2'}{\gamma}\right)^2 + (L_m + x_2')^2} \frac{r_2'}{\gamma} \tag{3-64}$$

$$T = \frac{P}{\omega_1} = \frac{m_1}{\omega_1} \cdot \frac{I_1^2 L_m^2 \cdot \dfrac{r_2'}{\gamma}}{\left(\dfrac{r_2'}{\gamma}\right)^2 + (L_m + x_2')^2} \tag{3-65}$$

式（3-65）即为异步电动机能耗制动时的机械特性表达式。

将式（3-65）两边对 γ 求导，并令 $\dfrac{\mathrm{d}T}{\mathrm{d}\gamma} = 0$，可得到能耗制动时的最大制动转矩及其对应的转差率，即

$$T_{m\gamma} = \frac{m_1}{\omega_1} \cdot \frac{I_1^2 L_m^2}{2(L_m + x_2')} \tag{3-66}$$

$$\gamma_m = \frac{r_2'}{L_m + x_2'} \tag{3-67}$$

由式（3-66）和式（3-67）不难看出，最大制动转矩 $T_{m\gamma}$ 与等效电流 I_1 或直流励磁电流的平方成正比。因此，只要改变直流励磁电流的大小，就可以改变最大制动转矩，如图 3-26 中的曲线 1 和曲线 2 所示。γ_m 与转子回路电阻成正比，改变转子回路中所串入的电阻值，也可以改变制动转矩的大小，如图 3-26 中曲线 1 和曲线 3 所示。

将式（3-66）除以式（3-67），整理后得到异步电动机能耗制动时机械特性的实用描述表达式，即

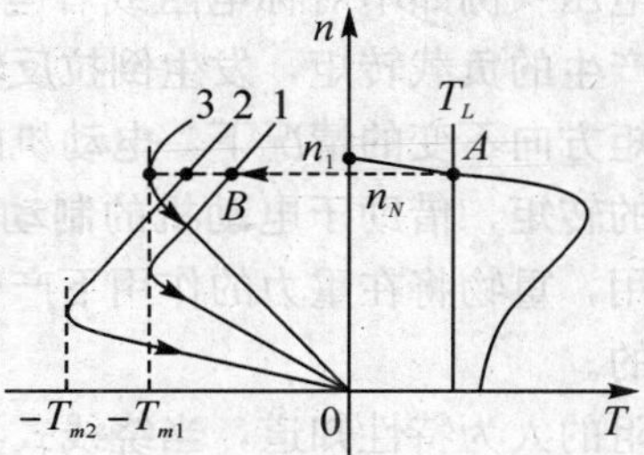

图 3-26　异步电动机能耗制动机械特性

$$T = \frac{2T_{m\gamma}}{\dfrac{\gamma}{\gamma_m'} + \dfrac{\gamma_m}{\gamma}} \tag{3-68}$$

当采用能耗制动时，既要有较大的制动转矩，又不致使电动机的定、转子电流过大。根据经验，对于图 3-22 (a) 所示的接线，如果被制动的电动机是鼠笼式异步电动机，由于转子回路中不能串入电阻，只能依靠转子回路自身的电阻来消耗系统的能量，这个电阻是比较小的，所以要注意控制制动电流，直流励磁电流一般取为

$$I_- = (4 \sim 5)I_0$$

如果被制动的电动机是绕线式异步电动机，则直流励磁电流和转子所串入的电阻一般取为

$$I_- = (2 \sim 3)I_0$$

$$R_{CT} = (0.2 \sim 0.4)\frac{E_{2N}}{\sqrt{3}\,I_{2N}} - r_2$$

式中，I_0 为异步电动机的空载电流，一般 $I_0 = (0.2 \sim 0.5)I_{1N}$；

E_{2N} 为当定子绕组加上额定电压、转子处于静止状态时的转子感应电势，可由产品目录查得；

I_{2N} 为转子额定电流，由产品目录查得；

r_2 为转子每相电阻，由式（3-38）估算。

这时，最大制动转矩 $T_m = (1.25 \sim 2.2)T_N$。

和直流电动机能耗制动一样，对于反抗型负载，能耗制动可实现准确停车；对于位能型负载，如果制动的目的是停车，就必须在 $n = 0$ 时刻，采用机械刹车抱闸，否则，电机将在位能型负载的作用下，开始反向起动并加速，直到电磁转矩与负载转矩相等时，获得稳定的下放速度。这时，其机械特性是能耗制动时的机械特性向第 IV 象限的延伸部分。

3.4.2　反接制动

异步电动机有转速反向反接制动和两相电源交换反接制动两种反接制动方式。

3.4.2.1　转速反向反接制动

这种制动只适用于位能型负载。制动时，电源电压不变，只是加大负载或者减小加在电动机定子绕组上的有效电压（例如串对称电阻或者电抗器），使电动机所产生的电磁转矩不足以克服由负载所产生的负载转矩，发生倒拉反转的情况。它是在保持旋转磁场旋转方向不变因而电磁转矩方向不变的情况下，电动机的转速反向，使电磁转矩成为阻止电动机旋转的制动性质的转矩，借助于电动机的制动作用，获得稳定的下放速度。如果没有电动机这种制动作用，重物将在重力的作用下产生自由落体运动，那是非常危险的，而且也是根本不允许的。

由异步电动机转子串电阻的人为特性知道，当绕线式异步电动机转子回路电阻增加时，最大转矩 T_m 不变，临界转差率 S_m 与转子电阻成比例变化。对于位能型负载 T_L，当转子串入较大电阻时，若起动转矩 $T_{stR} < T_L$，电磁转矩已无力使电动机正向旋转，相反，在位能负载作用下，倒拉电动机反转，直到 $T = T_L$，重物稳定下降。这时，旋转磁场的旋转方向并未改变，电动机的转差率为

$$s = \frac{n_1 - (-n)}{n_1} = \frac{n_1 + n}{n_1} > 1$$

由 $I_2 = \dfrac{s\dot{E}_2}{r_2 + jsx_2}$ 可知，转子电流方向未变，所以，电磁转矩 T 的方向也不变，T 与 n 方向相反，电动机处于制动状态。转速反向反接制动的电气原理如图 3-27（a）所示，机械特性如图 3-27（b）所示。显然，如果改变转子所串电阻值，则可以获得不同的转速反向反接制动的机械特性。

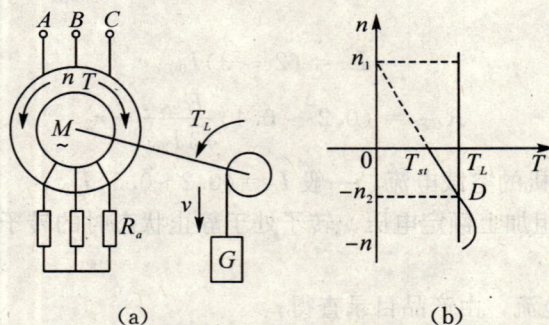

图 3-27　异步电动机转速反向反接制动原理与机械特性

由于转速反向反接制动时 $s > 1$，电动机轴上总的机械功率为

$$P_m = m_1 I'^2_2 \frac{1-s}{s}(r'_2 + R'_{CT}) < 0$$

这说明电动机轴上总的机械功率 P_m 不再是输出功率，而变成了输入功率。这时，电动机从电网吸收的电磁功率为

$$P_E = m_1 I'^2_2 \frac{r'_2 + R'_{CT}}{s} > 0$$

当忽略定子损耗时，可认为 $P_1 \approx P_E$，P_1 为电网输入给电动机的总的电功率，上式说明电动机仍然从电源吸收电功率。

转子电路总电阻的铜耗为

$$P_{Cu2} = m_1 I_2'^2 (r_2' + R_{CT}') = m_1 I_2'^2 \frac{r_2' + R_{CT}'}{s} - m_1 I_2'^2 \frac{1-s}{s}(r_2' + R_{CT}') = P_1 + P_m$$

即

$$P_{Cu2} = P_1 + P_m \tag{3-69}$$

式（3-69）说明，异步电动机在转速反向反接制动时，由电源输入的电功率和由位能负载提供的机械功率全部消耗在转子回路的电阻中。其中一部分消耗在转子本身的电阻上，另一部分消耗在外串制动电阻上。

3.4.2.2　定子两相反接的反接制动

如果异步电动机拖动系统在电动运行状态下稳定运行，如图 3-28（b）中的 D 点所示，现需要使其停止或者反转，可将定子三相电源中的任意两相对调（注意不可以三相都同时变更，这样可能转向不确定），如图 3-28（a）所示。这时，由于加在定子绕组上的电源电压相序反了，它们所产生的旋转磁场的旋转方向也要立即改变，向变反的方向旋转，其转速为 $-n_1$。

在电源相序变换旋转磁场已经改变的时刻，由于电机在系统机械惯性作用下不可能马上反转，仍然以电源改变前时刻的转速旋转，其转差率为

$$s = \frac{-n_1 - n}{-n_1} = \frac{n_1 + n}{n_1} > 1$$

这时，转子绕组切割磁场的方向与原来相反，故 $E\dot{E}_2$ 改变方向，使 $sE\dot{E}_2$、$I\dot{I}_2$、T 都改变方向。因此，T 与 n 方向相反，电动机处于制动状态。

在改变两相接线的瞬间，由于系统的机械惯性、转速不能突变，从图 3-28（b）所示机械特性曲线上的 D 点跳变到 E 点，在制动转矩作用下，电动机转速下降。如果制动的目的是为了停车，必须在转速接近零如图 3-28（b）中的 F 点时，切断电源，否则电动机可能在反向电压的作用下开始反向起动，继续反转。如果电动机所拖动的是反抗型负载，则电动机能否反转取决于电机制动到 $n = 0$ 时刻的反向起动转矩，若反向起动转矩的绝对值大于负载转矩，电动机将反向起动并加速，直至 $T = T_L$ 时，电动机稳定工作在某一转速上，例如图 3-28（b）中 G 点，这时电动机工作在反向电动状态；如果反向起动转矩的绝对值小于负载转矩，电动机只能堵转运行，使电动机发热厉害。

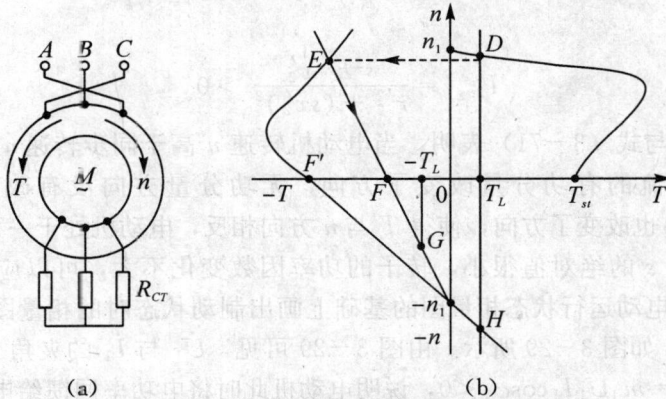

图 3-28　异步电动机两相电源反接的反接制动

如果电动机所拖动的是位能型负载,电动机在位能型负载的作用下,反向起动并加速,直到 $T = T_L$ 时,电动机稳定运行,这时转速已高于由加在电动机定子绕组上的有效反向电源电压所决定的反向同步转速(注意这时由于在定子绕组回路中串入了电阻,反向同步转速可能与正向电动时的同步转速绝对数值不同),如图 3-28(b)特性曲线中的 H 点,这时,电动机已工作在 $n-T$ 坐标平面第Ⅳ象限。从上面的分析可以得出,异步电动机采用两相反接的反接制动,其机械特性实际上是电动机反向电动机械特性位于第Ⅱ象限的部分,如图 3-28(b)中 EF、EF' 段。

改变转子回路中电阻的大小,可以获得不同的制动转矩。在电压反接的反接制动中,$s > 1$,其能量关系与转速反向反接制动相同,即由系统输入电动机转子的机械功率和电动机定子绕组从电源吸收的电功率都消耗在转子回路的电阻上。

这种制动方法具有非常强烈的制动效果,但损耗较大,停车时需采用自动转速控制和切除电源装置。

3.4.3 回馈制动

当异步电动机由于某种原因,如位能型负载的作用,使电动机的实际转速 n 高于由电枢即定子绕组上所施加的电源电压决定的同步转速 n_1,即出现 $n > n_1$ 时,电动机定子绕组中的感应电动势 E_1 大于外加电源电压,电动机实际已经工作在发电机状态,定子绕组中的电流由感应电动势决定,电流方向反向,电动机这时的转差率 $s = \dfrac{n_1 - n}{n_1}$ < 0,同时使 $s\dot{E}_2$ 也反向,转子电流有功分量为

$$I'_{2yg} = I'_2 \cos\varphi'_2 = \frac{sE'_2}{\sqrt{r'^2_2 + (sx'_2)^2}} \cdot \frac{r'_2}{\sqrt{r'^2_2 + (sx'_2)^2}} = \frac{sE'_2 r'_2}{r'^2_2 + (sx'_2)^2} < 0$$

即

$$I'_{2yg} = \frac{sE'_2 r'_2}{r'^2_2 + (sx'_2)^2} < 0 \tag{3-70}$$

转子电流的无功分量为

$$I'_{2wg} = I'_2 \sin\varphi'_2 = \frac{sE_2}{\sqrt{r'^2_2 + (sx'_2)^2}} \cdot \frac{sx'_2}{\sqrt{r'^2_2 + (sx'_2)^2}} = \frac{s^2 E_2 x'_2}{r'^2_2 + (sx'_2)^2} > 0$$

即

$$I'_{2wg} = \frac{s^2 E_2 x'_2}{r'^2_2 + (sx'_2)^2} > 0 \tag{3-71}$$

式(3-70)与式(3-71)表明,当电动机转速 n 高于同步转速 n_1,转差率 s 变负以后,转子电流的有功分量改变了方向,无功分量方向没有改变,电磁转矩 $T = C_T \Phi_m I'_2 \cos\varphi_2$ 也改变了方向,使得 T 与 n 方向相反,电动机处于一种制动状态。

一般情况下,s 的绝对值很小,转子的功率因数变化不大,可以应用式(3-70)和式(3-71)在电动运行状态相量图的基础上画出制动状态时的相量图,这只需将有功分量反向即可,如图 3-29 所示。由图 3-29 可见,$\dot{U}_1$ 与 $\dot{I}_1$ 的夹角 $\varphi_1 > 90°$,电源输入的电功率 $P_1 = m_1 U_1 I_1 \cos\varphi_1 < 0$,说明电动机此时将电功率回馈给电源。因此,这种制动称为回馈制动。

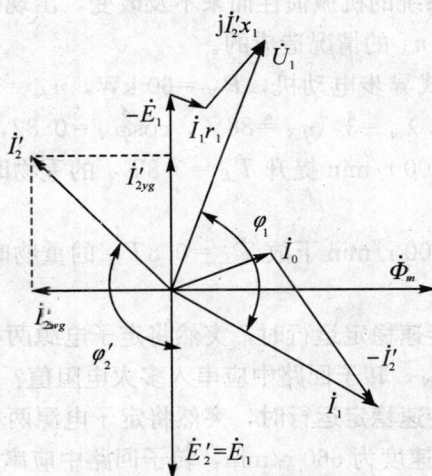

图 3-29　异步电动机回馈制动时的相量图

在回馈制动中，因电磁转矩为负，轴上总机械功率 $P_m = T\omega$ 也为负，说明将拖动系统储存的机械功率变为电功率，并将其反馈给电网。但是，转子电流的无功分量不变，仍然从电源吸收无功功率，以建立旋转磁场。

回馈制动的机械特性是正向电动运行状态或者反向电动运行状态下的机械特性向第 Ⅱ 象限或第 Ⅳ 象限的延伸部分，如图 3-30 所示，其中图 3-30（a）为回馈制动时的原理图，图 3-30（b）为回馈制动时的机械特性曲线。在转子回路中串入不同阻值的电阻，可以得到不同的回馈制动机械特性。

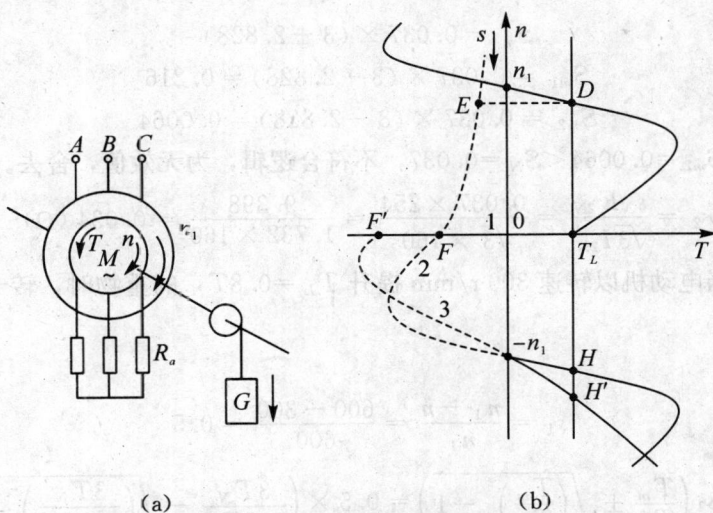

（a）　　　　　　　　　　　（b）

图 3-30　异步电动机回馈制动时的原理图与机械特性

异步电动机回馈制动状态发生在如下情况：下放重物时，在变极调速并且极对数增多时，在变频调速中频率突然降低时。但是无论哪种情况，都是由于同步转速突然变化，而电动机的转速因为系统的机械惯性而来不及改变，出现电动机的实际转速高于变化后的同步转速，出现 $n > n_1$ 的情况造成的。

例3-4 有一台绕线式异步电动机，$P_N = 60$ kW，$n_N = 578$ r/min，$I_{1N} = 135$ A，$I_{2N} = 160$ A，$E_{2N} = 254$ V，$\lambda_m = 3$，$\eta_N = 88\%$，$\cos\varphi_N = 0.82$，求：

(1) 当电动机以转速 300 r/min 提升 $T_L = 0.8T_N$ 的重物时，转子回路中应串入多大电阻值？

(2) 当电动机以转速 300 r/min 下放 $T_L = 0.8T_N$ 的重物时，转子回路中应串入多大电阻值？

(3) 当电动机以额定转速稳定运行时，突然将定子电源两相反接，要求在反接的瞬间最大制动转矩不超过 $2T_N$，转子回路中应串入多大电阻值？

(4) 当电动机以额定转速稳定运行时，突然将定子电源两相反接制动下放重物，负载转矩 $T_L = 0.8T_N$，下放速度为 660 r/min，转子回路中应串入多大电阻值？

要求画出对应以上各种情况的机械特性曲线。

解： 这是一道比较复杂的综合性题目，必须理清思路，逐个解决。首先要根据题中告诉的额定参数，计算出额定转矩 T_N、额定转差率 S_N、临界转差率 S_m 和电动机转子电阻 r_2 这些基础数据，以备在后续的各种计算中使用。

$$T_N = 9550 \frac{P_N}{n_N} = 9550 \times \frac{60}{578} = 991.35 \ (\text{N} \cdot \text{m})$$

$$S_N = \frac{n_1 - n_N}{n_1} = \frac{600 - 578}{600} = 0.037$$

$$S_m = S_N(\lambda_m \pm \sqrt{\lambda_m^2 - 1}) = 0.037 \times (3 \pm \sqrt{3^2 - 1}) = 0.037 \times (3 \pm 2.828)$$

即

$$S_m = 0.037 \times (3 \pm 2.828)$$

$$S_{m1} = 0.037 \times (3 + 2.828) = 0.216$$

$$S_{m2} = 0.037 \times (3 - 2.828) = 0.0064$$

显然由于 $S_{m2} = 0.0064 < S_N = 0.037$，不符合逻辑，为无效值，舍去。

$$r_2 = \frac{s_N E_{2N}}{\sqrt{3} I_{2N}} = \frac{0.037 \times 254}{\sqrt{3} \times 160} = \frac{9.398}{1.732 \times 160} = 0.034 \ (\Omega)$$

(1) 计算当电动机以转速 300 r/min 提升 $T_L = 0.8T_N$ 的重物时，转子回路中应串入的电阻值。

由于

$$s_1 = \frac{n_1 - n}{n_1} = \frac{600 - 300}{600} = 0.5$$

$$S_{m1} = s_1\left(\frac{T_m}{T_L} \pm \sqrt{\left(\frac{T_m}{T_L}\right)^2 - 1}\right) = 0.5 \times \left(\frac{3T_N}{0.8T_N} \pm \sqrt{\left(\frac{3T_N}{0.8T_N}\right)^2 - 1}\right)$$

即 $S_{m1} = 0.5 \times (3.75 \pm \sqrt{3.75^2 - 1}) = 0.5 \times (3.75 \pm 3.614)$，得

$$S_{m11} = 0.5 \times (3.75 + 3.614) = 3.682$$

$$S_{m12} = 0.5 \times (3.75 - 3.614) = 0.068$$

由于 $S_{m12}=0.068<S_N=0.216$，不符合逻辑，故为无效值，舍去。

在转子电路串入的电阻值为

$$R_c = \left(\frac{S_{m1}}{S_m}-1\right)r_2 = \left(\frac{3.682}{0.216}-1\right)\times 0.034 = 0.546\,(\Omega)$$

故应该向转子回路中串入 $R_c=0.546\,\Omega$ 阻值的电阻即可。

（2）求当电动机以转速 300 r/min 下放 $T_L=0.8T_N$ 的重物时，转子回路中应串入的电阻值。

由于

$$s_2 = \frac{n_1-n}{n_1} = \frac{600-(-300)}{600} = 1.5$$

$$S_{m2} = s_2\left(\frac{T_m}{T_L}\pm\sqrt{\left(\frac{T_m}{T_L}\right)^2-1}\right) = 1.5\times\left(\frac{3T_N}{0.8T_N}\pm\sqrt{\left(\frac{3T_N}{0.8T_N}\right)^2-1}\right)$$

即

$$S_{m2} = 1.5\times(3.75\pm\sqrt{3.75^2-1}) = 1.5\times(3.75\pm 3.614)$$

$$S_{m21} = 1.5\times(3.75+3.614) = 11.046$$

$$S_{m22} = 1.5\times(3.75-3.614) = 0.204$$

显然 $S_{m2}=0.204<S_N=0.216$，不符合逻辑（实际上这时转速已经为负值，临界转差率应该大于 1），为无效值，舍去。

由此可计算出这时在转子回路中应该串入的电阻值为

$$R_{cT} = \left(\frac{S_{m2}}{S_m}-1\right)r_2 = \left(\frac{11.046}{0.216}-1\right)\times 0.034 = 1.705\,(\Omega)$$

所以只要在转子回路中串入 $R_{cT}=1.705\,\Omega$ 阻值的电阻即可。

（3）计算当电动机以额定转速稳定运行时，突然将定子电源两相反接，要求在反接的瞬间最大制动转矩不超过 $2T_N$，转子回路中应串入的电阻值。

注意这时电源电压的大小并没有变，只是相序相反，所以同步转速应该为负，而且大小不变，制动开始时的转速大小不变，为额定值，则

$$s_3 = \frac{-n_1-n}{-n_1} = \frac{-600-578}{-600} = 1.963$$

在反接的瞬间，根据题意要求制动转矩不超过 $2T_N$ 时，对应的临界转差率为

$$S_{m3} = s_3\left(\frac{T_m}{T_L}\pm\sqrt{\left(\frac{T_m}{T_L}\right)^2-1}\right) = 1.963\times\left(\frac{3T_N}{2T_N}\pm\sqrt{\left(\frac{3T_N}{2T_N}\right)^2-1}\right)$$

即

$$S_{m3} = 1.963\times(1.5\pm\sqrt{1.5^2-1}) = 1.963\times(1.5\pm 1.118)$$

$$S_{m31} = 1.963\times(1.5+1.118) = 5.139$$

或

$$S_{m32} = 1.963\times(1.5-1.118) = 0.750$$

这里要注意的是，$S_{m3}=5.139>S_N=0.216$ 和 $S_{m3}=0.750>S_N=0.216$，所以都是有效值，不能舍去。

由此求得在转子回路中应该串入的电阻值为

$$R_{cT1} = \left(\frac{S_{m31}}{S_m} - 1\right)r_2 = \left(\frac{5.139}{0.216} - 1\right) \times 0.034 = 0.775\,(\Omega)$$

$$R_{cT2} = \left(\frac{S_{m32}}{S_m} - 1\right)r_2 = \left(\frac{0.750}{0.216} - 1\right) \times 0.034 = 0.084\,(\Omega)$$

所以，只要在转子回路中串入阻值为 $R_{cT1} = 0.775\,\Omega$ 或者 $R_{cT2} = 0.084\,\Omega$ 的电阻即可。

（4）求当电动机以额定转速稳定运行时，突然将定子电源两相反接制动下放重物，负载转矩 $T_L = 0.8T_N$，下放速度为 660 r/min，转子回路中应串入的电阻值。

由于

$$s_4 = \frac{n_1 - n}{n_1} = \frac{-600 - (-660)}{-600} = -0.1$$

$$S_{m4} = s_4\left(\frac{T_m}{T_L} \pm \sqrt{\left(\frac{T_m}{T_L}\right)^2 - 1}\right) = -0.1 \times \left(\frac{3T_N}{0.8T_N} \pm \sqrt{\left(\frac{3T_N}{0.8T_N}\right)^2 - 1}\right)$$

即

$$S_{m4} = -0.1 \times (3.75 \pm \sqrt{3.75^2 - 1}) = -0.1 \times (3.75 \pm 3.614)$$

$$S_{m41} = -0.1 \times (3.75 + 3.614) = -0.736$$

$$S_{m42} = -0.1 \times (3.75 - 3.614) = -0.014$$

由于 $S_{m42} = -0.014$ 不符合逻辑，为无效值，舍去。

由此可求得在转子绕组回路中应该串入的电阻值为

$$R_{cT4} = \left(\frac{S_{m4}}{S_m} - 1\right)r_2 = \left(\frac{0.736}{0.216} - 1\right) \times 0.034 = 0.082\,(\Omega)$$

注意，在上式计算中，S_{m4} 应取其绝对值。

对应以上各种情况的机械特性如图 3-31 所示。

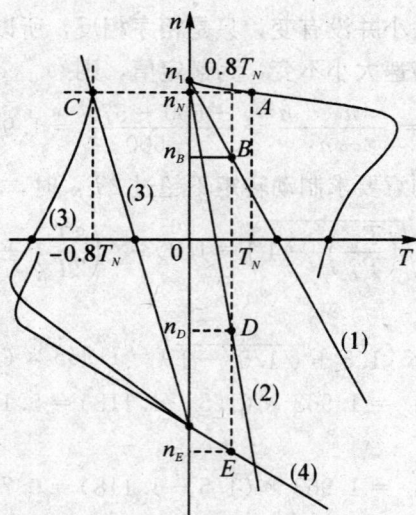

图 3-31 采用各种制动方法情况下的机械特性

3.5 交流电动机的一般性调速

在 20 世纪 80 年代以前，由于交流电动机调速困难，限制了它的应用，并常常作为交流电动机的一个缺点提出。随着电力电子器件和计算机技术的快速发展，交流电动机的调速问题已经彻底解决，同时由于其调速技术性能不断提高，成为现代电力拖动的主流。所以，交流电动机调速问题已经成为现代电力拖动的重点，也是本课程的重点核心内容。

3.5.1 调速原理与调速方法

异步电动机的转速表达式为

$$n = n_1(1-s) = \frac{60 f_1}{p}(1-s)$$

由此可见，异步电动机有以下三种方法可以调节转速：

(1) 改变定子极对数 p 调速——变极调速。

(2) 改变定子电源频率 f_1 调速——变频调速。

(3) 改变电动机转差率 s 调速——改变滑差调速。

改变电动机转差率又可以通过改变定子电压大小、转子绕组回路串对称电阻或者电抗、电磁离合器和串级调速等途径实现。

自从变频调速以其优越的性能和成熟的技术被大量采用以后，交流电动机的其他调速方法就逐步地被冷落甚至被直接淘汰。但是在一些要求不高的场合，作为一般性调速，变极调速和改变滑差调速仍然被采用，同时作为原理了解，我们对变极调速和改变滑差这些传统的一般性调速方法，还是作一些简单介绍，而对变频调速将在下一节专门进行重点讨论。

3.5.2 变极调速

由 $n_1 = \frac{60 f_1}{p}$ 可知，如果改变定子极对数 p，可以改变异步电动机的同步转速，从而也就改变了电动机在某一负载下的转速，达到了调速的目的。

由电机学知道，只有当电动机的定、转子极对数相同时，定子磁势和转子磁势才能在空间相互作用产生电磁转矩，实现能量转换。因此，变极调速要求定子、转子的磁极对数必须同步改变。这一点对绕线式异步电动机是十分困难的，而鼠笼式异步电动机的转子能够自动地适应定子磁极的变化，使定子、转子极对数保持相同，所以变极调速只适用于鼠笼式异步电动机。

3.5.2.1 变极原理

异步电动机极对数的改变是靠改变定子绕组的接线方式实现的。以一相绕组为例，若每相绕组由两个半绕组 1 和 2 组成，当将两个半绕组首尾顺次相接，即两个半绕组顺次串联，再通入电流，如图 3-32 （a）所示，由右手定则判断，将得到 $2p = 4$ 极的磁场分布；

如果将两个半绕组的尾尾相接，即将其反向串联再通入电流，如图3-32（b）所示，将产生 $2p=2$ 极的磁场分布；如果将两个半绕组首尾两两相接，即两个半绕组反向并联再通入电流，如图3-32（c）所示，也产生 $2p=2$ 的磁场分布。由此可知，改变定子绕线的接法，即可成倍地改变定子极对数，同步转速也将成倍改变，达到了调速的目的。

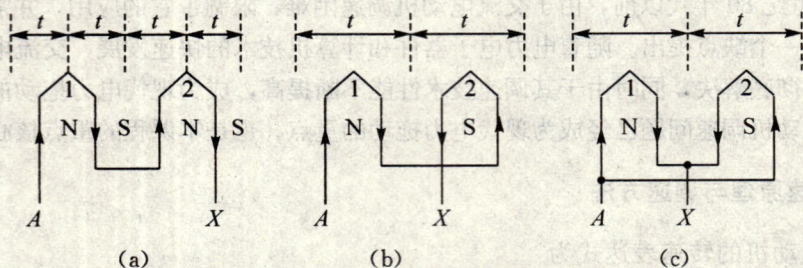

（a）　　　　　　　　（b）　　　　　　　　（c）

图3-32　通过定子绕组改接改变极对数示意图

将上述一相绕组的改接推广到三相绕组，即得到异步电动机变极调速的方法。常用的变极方法有三种：单星接变双星接（Y-YY），如图3-33（a）所示；三角形接变双星接（△-YY），如图3-33（b）所示；单星接变反串单星接，如图3-33（c）所示。从一相绕组的改接分析可知，这几种改接法均使极对数从 $2p \to p$，从而使电动机转速提高一倍。

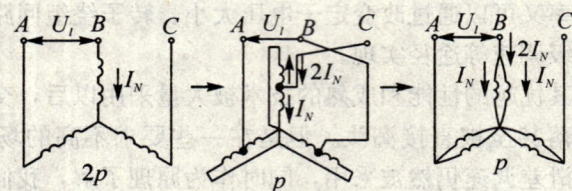

（a）Y-YY，M（电磁转矩）=常数

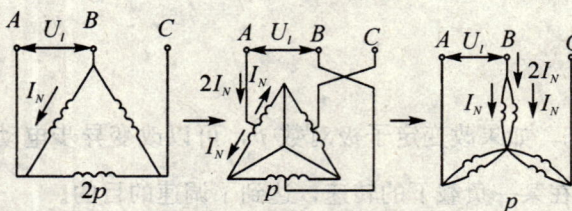

（b）△-YY，P（电磁功率）=常数

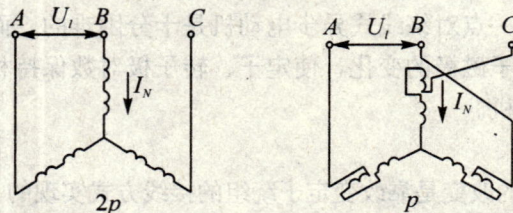

（c）顺串 Y → 反串 Y，P（电磁功率）=常数

图3-33　变极调速接线方式

3.5.2.2　输出功率

对电动机调速时的一项基本要求是在各种转速下电动机的输出能力都能得到充分利用。所谓充分利用，是指在各种转速下电动机都能够流入额定电流，保持带负载的能力。下面根据这一原则分析上述三种接法变极调速的功率输出。

1）Y－YY 调速

设电源电压 U_l 不变，变极前后电动机的功率因数和效率都不变，Y 接法时电动机的输出功率和输出转矩分别为

$$P_{2Y} = \sqrt{3} U_l I_{1N} \cos\varphi_Y \cdot \eta_Y \tag{3-72}$$

$$T_{2Y} = 9550 \frac{P_{2Y}}{n_{NY}} \tag{3-73}$$

如果变极后定、转子每个绕组仍然通以额定电流，则 YY 接电动机的输出功率与输出转矩分别为

$$P_{2YY} = \sqrt{3} U_l (2I_{1N}) \cos\varphi_{YY} \cdot \eta_{YY} \tag{3-74}$$

$$T_{2YY} = 9550 \frac{P_{2YY}}{n_{NYY}} \tag{3-75}$$

在上面各式中：

U_l、I_l 分别为定子绕组的线电压和线电流；

$\cos\varphi_Y$、$\cos\varphi_{YY}$ 分别为 Y 接与 YY 接时电动机功率因数；

η_Y、η_{YY} 分别为 Y 接与 YY 接时电动机的效率。

其中的下标 2 表示电动机轴上的输出。

由假设条件知：

$$\cos\varphi_Y = \cos\varphi_{YY}$$

$$\eta_Y = \eta_{YY}$$

当由 Y→YY 时，$2p→p$，因电动机转差率 s 很小，可以认为 $n_{NYY} = 2n_{NY}$，因此有

$$P_{2YY} = 2P_{2Y} \tag{3-76}$$

$$T_{2YY} = T_{2Y} \tag{3-77}$$

这说明，当 Y→YY 时，极对数由 $2p→p$，同步转速提高一倍，输出功率亦增加一倍，输出转矩不变。

因此，Y→YY 的调速属于转矩不变型调速。

2）△－YY 调速

对△接法的电动机，其输出功率及输出转矩分别为

$$P_{2\triangle} = \sqrt{3} U_l I_{1N} \cos\varphi_\triangle \cdot \eta_\triangle \tag{3-78}$$

$$T_{2\triangle} = 9550 \frac{P_{2\triangle}}{n_{N\triangle}} \tag{3-79}$$

对 YY 接法的电动机，它的输出功率、输出转矩仍然如式（3-74）和式（3-75）所示。由假设条件 $\cos\varphi_\triangle = \cos\varphi_{YY}$，$\eta_\triangle = \eta_{YY}$，并考虑到△接法时每相绕组均通入额定电流 $I_{1N\varphi}$ 时，线电流为 $\sqrt{3} I_{1N\varphi}$，则△接法时的输出功率也可以写成

$$P_{2\triangle} = 3 U_l I_{1N\varphi} \cos\varphi_\triangle \cdot \eta_\triangle \tag{3-80}$$

因此有

$$\frac{P_{2\triangle}}{P_{2YY}} = \frac{3U_l I_{1N\varphi}\cos\varphi_{\triangle} \cdot \eta_{\triangle}}{\sqrt{3}U_l (2I_{1N\varphi})\cos\varphi_{YY} \cdot \eta_{YY}} = \frac{\sqrt{3}}{2}$$

注意，上式下标中的 l 表示线值，φ 表示相值。又因当 $\triangle \rightarrow YY$ 时，$2p \rightarrow p$，在 s 很小时，可以认为 $n_{N\triangle} = 2n_{NYY}$，因此有

$$P_{2\triangle} = \frac{\sqrt{3}}{2}P_{2YY} \approx 0.866P_{2YY} \qquad (3-81)$$

$$T_{2\triangle} = \sqrt{3}T_{2YY} \approx 1.732T_{2YY} \qquad (3-82)$$

这说明，当 $\triangle \rightarrow YY$ 时，极对数由 $2p \rightarrow p$，同步转速提高一倍，输出功率变化不大，可以近似认为保持不变（误差率 13.4%），输出转矩是原来的 $\frac{1}{\sqrt{3}} \approx 0.58$ 倍。因此，$\triangle \rightarrow YY$ 调速方法可以近似地认为是功率不变型调速。

3）顺串 Y—反串 Y

由于这种改接只是改变了半个绕组中电流的方向，通过定子绕组的电流大小不变，因此，两种接法的输出功率不变。但是，极对数却从 $2p \rightarrow p$，同步转速提高一倍，使输出转矩降为原来的一半。因此，顺串 Y→反串 Y 调速也属于功率不变型调速。

3.5.2.3 机械特性

在讨论机械特性时，同样只讨论几个特殊点。已知异步电动机的最大转矩 T_m、临界转差率 S_m 和起动转矩 T_{st} 分别为

$$T_m = \frac{m_1 p}{2\pi f_1} \cdot \frac{U_l^2}{2[r_1^2 + (x_1 + x_2')^2]} \qquad (3-83)$$

$$S_m = \frac{r_2'}{\sqrt{r_1^2 + (x_1 + x_2')^2}} \qquad (3-84)$$

$$T_{st} = \frac{m_1 p}{2\pi f_1} \cdot \frac{U_l^2 r_2'}{(r_1 + r_2')^2 + (x_1 + x_2')^2} \qquad (3-85)$$

1）Y→YY 调速的机械特性

当 Y→YY 时，每相的两个半绕组并联，定、转子的阻抗分别是原来的 $\frac{1}{4}$，极对数由 $2p \rightarrow p$，相电压 U_l 不变，将它们代入到式（3-83）~式（3-85）中得

$$T_{mYY} = \frac{m_1 \cdot \dfrac{p}{2}}{2\pi f_1} \cdot \frac{U_l^2}{2\left[\dfrac{r_1}{4} + \sqrt{\left(\dfrac{r_1}{4}\right)^2 + \left(\dfrac{x_1}{4} + \dfrac{x_2'}{4}\right)^2}\right]} = 2T_{mY} \qquad (3-86)$$

$$S_{mYY} = \frac{\dfrac{r_2'}{4}}{\sqrt{\left(\dfrac{r_1}{4}\right)^2 + \left(\dfrac{x_1}{4} + \dfrac{x_2'}{4}\right)^2}} = S_{mY} \qquad (3-87)$$

$$T_{stYY} = \frac{m_1 \cdot \dfrac{p}{2}}{2\pi f_1} \cdot \frac{U_l^2 \cdot \dfrac{r_2'}{4}}{\left(\dfrac{r_1}{4} + \dfrac{r_2'}{4}\right)^2 + \left(\dfrac{x_1}{4} + \dfrac{x_2'}{4}\right)^2} = 2T_{stY} \qquad (3-88)$$

式（3-86）～式（3-88）说明，Y→YY 调速时，$2p \rightarrow p$，$n_1 \rightarrow 2n_1$，临界转差率 S_m 不变，最大转矩 T_m 与起动转矩 T_{st} 都增加一倍，过载能力与起动能力提高了一倍，其机械特性如图 3-34（a）所示。

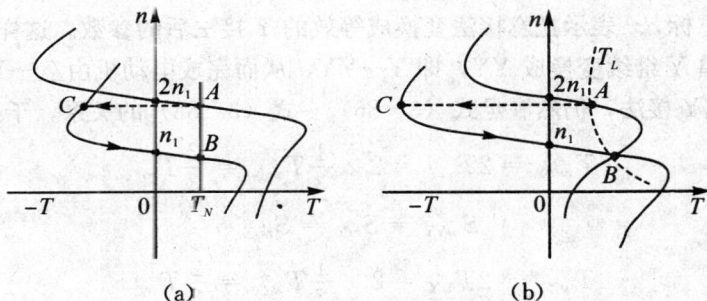

（a）　　　　　　　　（b）

图 3-34　变极调速时的机械特性

2）△→YY 调速的机械特性

由于式（3-83）～式（3-85）给出的公式是在异步电动机的一相等值电路基础上得到的。对于△接法的电动机，必须首先将△接法变换成为 Y 接法，得到一相等值电路后，才能应用式（3-83）～式（3-85）。

由△-Y 变换知，采用△-Y 变换后的 Y 等效电路的每相阻抗是△接法时每相阻抗的 $\frac{1}{3}$，每相电压为 $\frac{U_l}{\sqrt{3}}$，极对数仍为 $2p$，将它们的数量关系直接代入式（3-83）～式（3-85）中，可以得到由△→Y 后的机械特性典型数据关系为

$$T_{m\triangle} = T_{Ydx} = \frac{m_1 p}{2\pi f_1} \cdot \frac{\left(\frac{U_l}{\sqrt{3}}\right)^2}{2\left[\frac{r_1}{3} + \sqrt{\left(\frac{r_1}{3}\right)^2 + \left(\frac{x_1}{3} + \frac{x_2'}{3}\right)^2}\right]}$$

即

$$T_{m\triangle} = \frac{m_1 p}{2\pi f_1} \cdot \frac{\left(\frac{U_l}{\sqrt{3}}\right)^2}{2\left[r_1 + \sqrt{r_1^2 + (x_1 + x_2')^2}\right]} \times 3 = 3T_{mY} \qquad (3-89)$$

$$S_{m\triangle} = S_{Ydx} = \frac{\frac{r_2'}{3}}{\sqrt{\left(\frac{r_1}{3}\right)^2 + \left(\frac{x_1}{3} + \frac{x_2'}{3}\right)^2}} = \frac{r_2'}{\sqrt{r_1^2 + (x_1 + x_2')^2}}$$

即

$$S_{m\triangle} = \frac{r_2'}{\sqrt{r_1^2 + (x_1 + x_2')^2}} = S_{mY} \qquad (3-90)$$

$$T_{st\triangle} = T_{stdx} = \frac{m_1 p}{2\pi f_1} \cdot \frac{\left(\frac{U_l}{\sqrt{3}}\right)^2 \frac{r_2'}{3}}{\left(\frac{r_1}{3} + \frac{r_2'}{3}\right)^2 + \left(\frac{x_1}{3} + \frac{x_2'}{3}\right)^2}$$

即

$$T_{st\triangle} = \frac{m_1 p}{2\pi f_1} \cdot \frac{\left(\frac{U_l}{\sqrt{3}}\right)^2 r_2' \times 3}{(r_1 + r_2')^2 + (x_1 + x_2')^2} = 3T_{stY} \qquad (3-91)$$

注意式中下标 dx 表示把△接法变换成等效的 Y 接法后的参数。这样，我们就可以把△→Y 后的单 Y 继续变换成 YY，即 Y→YY，从而完成电动机由△→YY 的变换。

对于 Y→YY 接法，仍然满足式（3−86）～式（3−88）的关系，于是可得

$$T_{mYY} = 2T_{mY} = 2 \times \frac{1}{3}T_{m\triangle} = \frac{2}{3}T_{m\triangle} \qquad (3-92)$$

$$S_{mYY} = S_{mY} = S_{m\triangle} \qquad (3-93)$$

$$T_{stYY} = 2T_{stY} = 2 \times \frac{1}{3}T_{st\triangle} = \frac{2}{3}T_{st\triangle} \qquad (3-94)$$

式（3−92）～式（3−94）说明，△→YY 调速时，$2p \rightarrow p$，$n_1 \rightarrow 2n_1$，即同步转速提高一倍，临界转差率 S_m 不变，最大转矩 T_m 和起动转矩 T_{st} 都只是原来的 $\frac{2}{3}$，过载能力和起动能力都下降了，其机械特性如图 3−34（b）所示。

变极调速具有操作简便、效率高、机械特性硬等优点，但它是有级调速，调速范围不大。除上述改变定子绕组接线变极外，还有在定子上装上两套或三套极对数不同的定子绕组，即所谓多速异步电动机。这种电动机结构复杂、成本高，现在已经淘汰。

3.5.3 改变转差率调速

改变转差率调速只适用于绕线式异步电动机，在调速过程中将产生大量的转差功率并消耗在转子回路电阻上使转子发热，除串级调速外，调速的经济性都比较差。常用的改变转差率调速的方法有转子回路串电阻、改变定子电压、滑差离合器和串级调速。

3.5.3.1 转子电路串电阻调速

由前面的介绍我们知道，转子回路串电阻的人为特性是一组经过同步转速 n_1，最大转矩 T_m 不变，临界转差率 S_m 与转子电阻成比例增大的曲线簇。显然，对转矩不变型负载，当转子回路电阻不同时，电动机将运行在不同的转速点，而且转子回路电阻值越大，电动机的转速就越低。因此，改变转子回路的电阻值，就可以实现调速的目的，如图 3−35 所示。

根据所需的系统转速，很容易求出转子回路应该串入的电阻值。如果希望电动机转速为 n_x，对应的转差率为 $s_x = \frac{n_1 - n_x}{n_1}$，由式（3−36）可求出 S_{mx}，则转子回路中所串入的电阻值可由式（3−37）求出，即

$$R_c = \left(\frac{S_{mx}}{S_m} - 1\right) r_2$$

式中，转子电阻 r_2 由式（3−38）估算。

从图 3−35 可见，转子回路串电阻调速有如下特点：

（1）调速为有级调速，而且级数不可能太多。

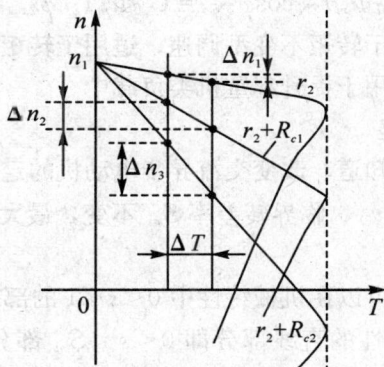

图 3−35 转子回路串电阻调速的机械特性

(2) 调速范围小。由于随着转子回路电阻增大，机械特性变软，难以满足静差率的要求，所以调速范围不大，一般仅为 2～3，而且其调速范围随负载大小而改变。负载愈小，调速范围愈小。

(3) 效率低。随着转子电阻增加，转差功率 sP_E 增加。当忽略机械损耗时，有

$$P_2 = (1-s)P_E$$

$$P_1 = P_2 + \Delta P = (1-s)P_E + sP_E = P_E$$

式中，P_E 为电动机的电磁功率。

所以

$$\eta = \frac{P_2}{P_1} = \frac{(1-s)P_E}{P_E} = 1-s \qquad (3-95)$$

这说明，随着 s 增加，η 下降。当 $n = \frac{1}{2}n_1$ 时，$\eta = 0.5$，效率极低。

(4) 调速属于转矩不变型调速。在调速过程中，定子电压 U_1 不变，说明气隙磁通 Φ_m 近似不变，而当转子电流保持为额定值时，电动机得到充分利用。因此，调速时转子电流必须满足

$$I_2' = \frac{E_2'}{\sqrt{\left(\dfrac{r_2'}{S_N}\right)^2 + x_2'^2}} = \frac{E_2'}{\sqrt{\left(\dfrac{r_2' + R_c'}{s_x}\right)^2 + x_2'^2}}$$

必然有

$$\frac{r_2'}{s_N} = \frac{r_2' + R_c'}{s_x} \qquad (3-96)$$

转子串电阻后转子功率因数为

$$\cos\varphi_{2x} = \frac{\dfrac{r_2' + R_c}{s_x}}{\sqrt{\left(\dfrac{r_2' + R_c}{s_x}\right)^2 + x_2'^2}} = \frac{\dfrac{r_2'}{S_N}}{\sqrt{\left(\dfrac{r_2'}{S_N}\right)^2 + x_2'^2}} = \cos\varphi_{2N}$$

$$\cos\varphi_{2x} = \cos\varphi_{2N} \qquad (3-97)$$

所以

$$T = C_T \varPhi_m I_{2N} \cos\varphi_{2N} = C_T \varPhi_m I_{2N} \varphi_{2x} = 常数$$

故在转子回路串电阻调速属于转矩不变型调速，适用于转矩不变型负载。转子串电阻调速方法简单，初投资少，常用于提升起重机类负载中。

3.5.3.2 改变定子电压调速

由前面的介绍我们已经知道，改变交流异步电动机的定子电压时，交流电动机的人为特性是一组经过同步转速 n_1，临界转差率 S_m 不变，最大转矩 T_m 与电源电压的平方成比例变化的曲线簇。

对于风机水泵类负载，可以在机械特性中 $0 < s < 1$ 的部分调节转速。而对于转矩不变型负载，则只能在机械特性的直线部分即 $0 < s < S_m$ 部分调节转速，如图 3-36 所示。在图 3-36 中，一旦转速低于临界转速 n_m，电动机将不能稳定运行。所以，这种调速方法调速范围很小，根本满足不了电动机调速的要求。

过去，为了扩大异步电动机在拖动转矩不变型负载时的调速范围，也采用在改变定子电压的同时，在转子回路中再串入较大的电阻的方法，这种情况下的机械特性如图 3-37 所示。此时，虽然扩大了调速范围，但是机械特性太软，很难满足系统静差率的要求，而且在低压时过载能力差，运行稳定性差。所以这种调速方法并不实用。

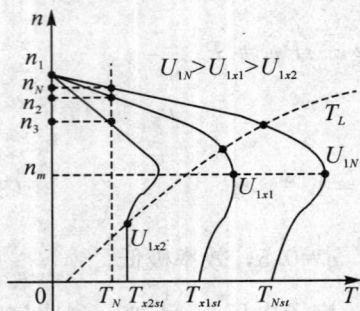

图 3-36　降低定子电压调速的机械特性　　图 3-37　转子串电阻和改变电压时的调速特性

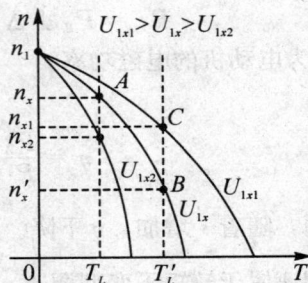

在改变电压的方法上，过去普遍采用在定子绕组回路串电阻或者调压器进行。但随着电力电子技术和控制技术的迅速发展和应用，这些方法已经不再使用了。而采用电力电子调压技术，可以很方便地平滑连续改变电压，不仅调整范围宽，而且性能好，可靠性非常高。它的调压原理是交流斩波技术，如图 3-38 所示。其中图 3-38（a）是负载 Y 连接时的原理图，图 3-38（b）是负载△连接时的原理图，图 3-38（c）表示采用电力电子调压器调速时系统的电气结构图。

为了克服硬度低和过载能力差的不足，可采用如图 3-39 所示的闭环调速系统。图中的调压装置为电力电子调压装置，U_n^* 为设定转速的给定信号，U_n 为代表电动机实际转速的反馈信号，它来自与电动机同轴的直流或者交流测速发电机的输出电压；ASR 为速度调节器，它的输入为速度偏差信号 $\Delta U = U_n^* - U_n$，输出控制信号 U_c；GT 为触发器，在控制信号 U_c 的作用下，触发器改变触发角，通过电力电子调压器将加在电动机上的电压由 U_1 变成 U_{1x}。

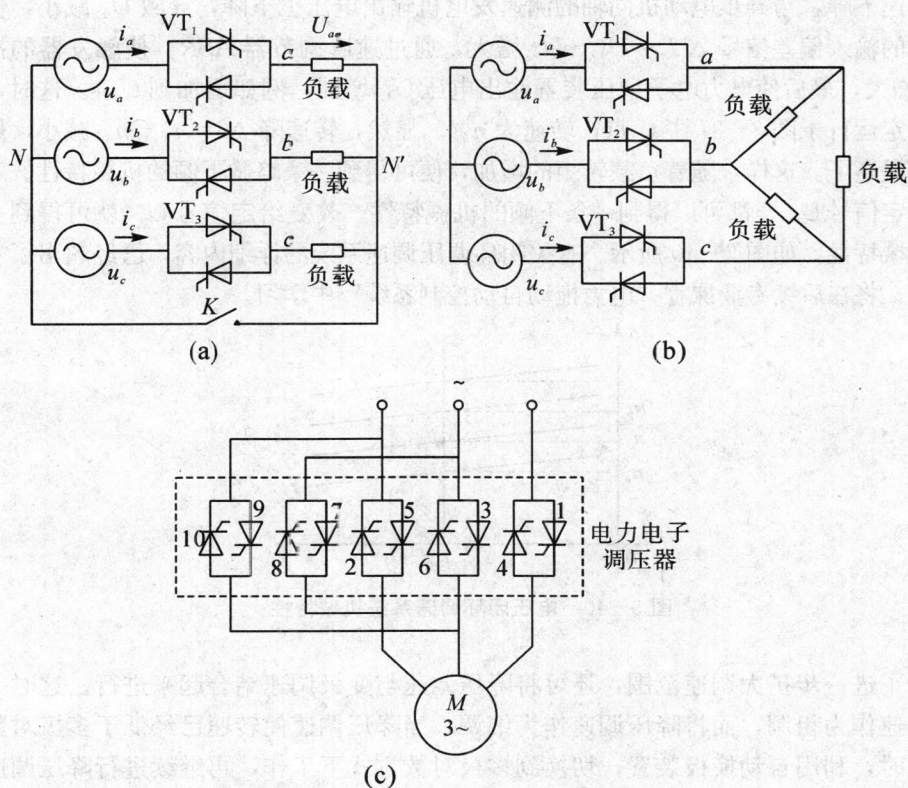

(a)

(b)

(c)

图 3-38 采用电力电子调压的异步电动机调压调速原理图

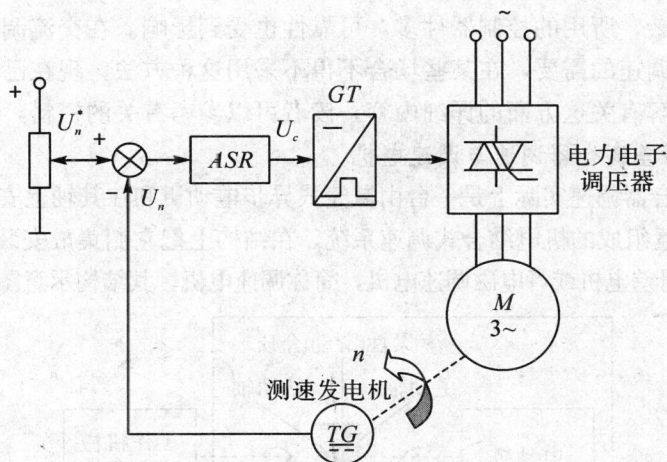

图 3-39 闭环控制的调压调速系统结构图

对于某一负载 T_L，电机稳定运行于图 3-37 中的 A 点，转速为 n_x。当由于某种原因，使负载转矩由 T_L 增加到 T'_L 时，如果没有闭环控制，电动机转速将下降，最后稳定运行于图 3-37 中的 B 点，转速为 n'_x。显然，转速变化比较大。但采用闭环控制之后，

145

由于转速下降，与异步电动机同轴的测速发电机输出电压也下降，导致 U_n 减小，使速度调节器的输入偏差信号 $\Delta U_n = U_n^* - U_n$ 增大，通过速度调节器 ASR，使触发器的控制信号 U_c 增大，最后使电力电子调压装置输出电压 U_{1x} 增加，例如增加到 U_{1x1}。这时，电动机将稳定运行于图 3−37 中 C 点，转速为 n_{x1}。显然，转速降 $\Delta n = n_x - n_{x1}$ 减小，即特性的硬度提高了。这样，随着负载转矩的增加，便可得到一条略微下倾的机械特性。对于每一个给定信号 U_n^*，都可以得到一条下倾的机械特性。改变给定信号 U_n^* 就可得到一组平行的机械特性，如图 3−40 所示。有关闭环调压调速系统的详细内容，已经超出了本教材的范畴，将在后续专业课程"电力拖动自动控制系统"中学习。

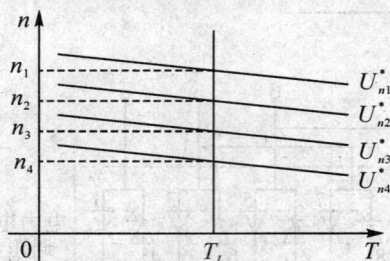

图 3−40　电压闭环调速系统机械特性

为了进一步扩大调速范围，还可将降压调速与变极调速结合起来进行。这时，可将变极调速作为粗调，而将降压调速作为细调。当降压调速使转速已经低于多极对数的同步转速时，利用自动换极装置，切换到多极对数方式下工作，再继续进行降压调速。这样，既可获得连续平滑调速，又可扩大调速范围；并且，由于降低了同步转速，相应地降低了转差率，使转子损耗减少，从而提高了运行效率。这种方法的缺点是控制装置与定子接线非常复杂，所用的控制器件多，可靠性也受到影响。在交流调速技术没有发展起来以前，为了调速的需要，在某些场合不得不采用这种方法，现在已经基本不再使用了，如果需要了解有关这方面的详细内容，读者可以参考有关的资料，这里不再介绍。

3.5.3.3　电磁滑差离合器调速与调速电机

电磁滑差离合器调速实际上是一台由鼠笼式异步电动机和在其轴上安装的电磁滑差离合器及其控制装置组成的机电结合式调速系统，在结构上把它们集成安装组合在一起作为一个整体，称为滑差电机或者电磁调速电机，简称调速电机，其结构示意图如图3−41所示。

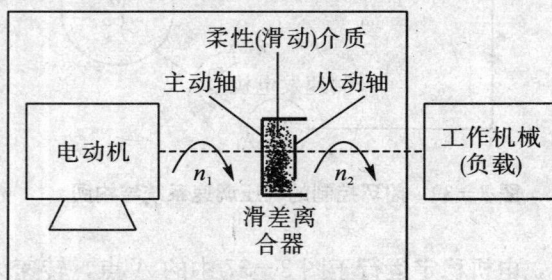

图 3−41　电磁调速电动机结构原理示意图

电磁调速电机在 20 世纪 80 年代以前，曾经作为交流电动机调速的一个突破口，大量应用，国内出现了专门的调速电机生产厂（如 20 世纪 80 年代以前的南京调速电机厂）。但是随着交流调速技术主要是变频调速技术的迅速发展和应用，过去所谓的调速电机已经成为历史，基本上已经很少使用了，目前在一些老的机械设备上可能还会看到，这里我们只是简单介绍一下它的工作原理，以便了解电力拖动技术的发展过程。

电磁调速电动机的调速是靠滑差离合器的丢转来实现的，电动机与工作机械不是刚性连接，而是通过滑差离合器柔性连接，又称软连接。工作时，交流异步电动机加上额定电压，以额定转速恒速运行，电动机轴与滑差离合器的主动轴（又称电枢）刚性连接，转速为 n_1，它就是电动机的额定转速 n_N。工作机械与滑差离合器的从动轴（又称磁极）也是刚性连接，但是滑差离合器的主动轴与从动轴之间没有直接的刚性相连，而是通过柔性滑动介质接触，主动轴的转速必须通过柔性介质才能传递给从动轴，即工作机械。在传递过程中，必然会发生打滑丢转的现象，介质与主动轴和从动轴之间接触越紧密，则丢转越少，传递的转速越多；接触越松散，则丢转越多，传递到从动轴的转速越少。工作机械的转速 n_2 理论上最高可以达到电动机的额定转速 n_N，最低转速为 $n_2 = 0$，所以我们只要人为地控制电磁滑差离合器主动轴与从动轴之间的连接疏紧度，就可以平滑地调节工作机械的转速，也就是调速电机的转速。理论上，调速电机可以在 $0 \sim n_N$ 之间连续平滑调速，调速范围宽，调速性能好。也正是由于这些优点，它在交流变频调速技术未广泛应用之前，曾经成为交流电动机调速最佳而且最受欢迎的调速方法，得到大量应用。

关于调速电机和其核心机构——电磁滑差离合器的详细内容，这里不再介绍，需要深入了解的读者可以自己参考相关方面的资料与文献。

3.5.3.4　串级调速

上面介绍的几种改变转差率调速，都伴随有转差功率 sP_E 产生，并将其消耗掉，而且转速愈低，损耗愈大。对转子串电阻调速或改变定子电压调速，这部分损耗除消耗在转子本身的电阻上以外，大部分消耗在外串电阻上。于是就有人设想：能否在转子回路中不串入电阻，而是串入一个附加的电动势，让这个电动势与转子的感应电动势相互作用，也能够起到增强或者削弱转子有效电势，改变转子电流，达到增大或者减小电磁转矩，改变电动机转速的目的呢？如果这样，由于附加电动势不会消耗能量，甚至能够将电动机的机械能转换为电能反馈到电源中去，这样既能够调速，又节约了电能，这就是异步电动机串极调速思想的提出依据和初衷。研究和实践证明，这种方法完全可行。

因此，定义串极调速，就是在转子回路中串入一个与转子感应电动势频率相同、相位可相同也可相反的外接附加电动势，以增强或者削弱转子回路中的电动势的代数和，增大或者削弱转子电流，吸收转差功率，达到既可以调速，又不消耗能量的目的。

1）串级调速的一般原理

当转子电路引入与转子感应电动势同频率的附加电势 $\dot{E}_f$ 时，转子电路的等效电路如图 3－42 所示，图中 $\dot{E}_f$ 为外接附加电势。下面讨论附加电势相位对电动机转速的影响。

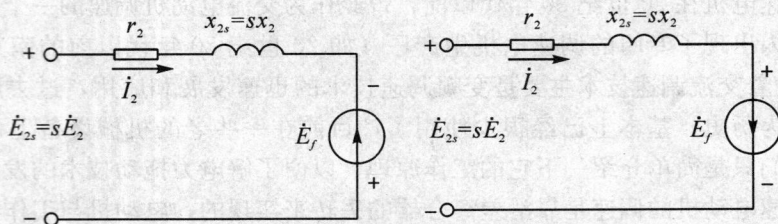

图 3-42　转子回路串入附加电势时的等效电路

（1）$\dot{E}_f$ 与 $\dot{E}_2$ 同相位。在这种情况下，$\dot{E}_f$ 与 $\dot{E}_2$ 可以直接进行代数相加。在未引入附加电势 $\dot{E}_f$ 前，转子电流为

$$I_2 = \frac{sE_2}{\sqrt{r_2^2 + (sx_2)^2}} \qquad (3-98)$$

引入附加电势后，转子电流为

$$I_{2f} = \frac{sE_2 + E_f}{\sqrt{r_2^2 + (sx_2)^2}} \qquad (3-99)$$

由于 $\dot{E}_f$ 与 $s\dot{E}_2$ 同相位，所以直接可以进行代数相加，比较式（3-98）和式（3-99）可知，必然有

$$I_{2f} \geqslant I_2$$
$$T_f = C_T \Phi_m I'_{2f} \cos\varphi_2 \geqslant T = C_T \Phi_m I'_2 \cos\varphi_2$$

也就是说，串入 $\dot{E}_f$ 后，I'_2 增加，T 增大。由于负载转矩 T_L 不变，出现 $T>T_L$，电动机加速，n 升高，s 减小，产生 $sE_2\downarrow \to I_2\downarrow \to T\downarrow$ 过程，最终达到 $T=T_L$，进入新的平衡状态。这时，电动机已稳定运行于比原来转速高的转速 n' 上。设此时的转差率为 s'，根据在调速时必须充分利用电动机负载能力的要求，使电动机电流保持额定值，有

$$\frac{sE_2}{\sqrt{r_2^2 + (sx_2)^2}} = \frac{s'E_2 + E_f}{\sqrt{r_2^2 + (s'x_2)^2}}$$

由于 s、s' 都很小，sx_2、$s'x_2$ 比 r_2 小很多，可以近似认为

$$\sqrt{r_2^2 + (sx_2)^2} \approx \sqrt{r_2^2 + (s'x_2)^2}$$

则有 $sE_2 = s'E_2 + E_f$，得

$$s' = \frac{sE_2 - E_f}{E_2} = s - \frac{E_f}{E_2} \qquad (3-100)$$

由式（3-100）可知，在 E_2 不变的情况下，当 E_f 增加时，s' 将减小；当 $E_f = sE_2$ 时，$s'=0$，电动机的转速将达到同步转速；当 $E_f > sE_2$ 时，$s'<0$，电动机转速将超过同步转速。因此，$\dot{E}_f$ 与 $s\dot{E}_2$ 同相的调速称为超同步串级调速。这时，电动机除了从定子绕组输入电能外，还从转子输入电能，因此，也称为双馈运行。

（2）$\dot{E}_f$ 与 $\dot{E}_2$ 反相（$\theta=180°$）。在这种情况下，$\dot{E}_f$ 与 $\dot{E}_2$ 可以直接进行代数相减。引入反相附加电势 $\dot{E}_f$ 时的转子电流为

$$I_{2f} = \frac{s'E_2 - E_f}{\sqrt{r_2^2 + (sx_2')^2}} \qquad (3-101)$$

按照与上面相同的分析方法可得

$$sE_2 = s'E_2 - E_f$$

$$s' = s + \frac{E_f}{E_2} \qquad (3-102)$$

显然，当附加电势 $\dot{E}_f$ 与转子电势 $\dot{E}_2$ 反相时，s' 将增大，使电动机在低于原来的转速下运行。改变附加电势的大小，就可以在同步转速以下调速，称为亚同步调速或次同步调速。

(3) $\dot{E}_f$ 超前于 $\dot{E}_2$ 90°。在图 3−43（b）中给出了附加电势 $\dot{E}_f$ 超前于转子感应电动势 $s\dot{E}_2$ 相位 90°时的相量图。可以看出，引入附加电势 $\dot{E}_f$ 以后，使转子的合成电势 $\dot{E}$ 超前于 $\dot{E}_2$，由于转子功率因数近似不变，导致定子电流也相应超前了，从而使定子功率因数提高了，起到了改善电动机功率因数的作用。

实际上，这时 $\dot{E}_f$ 向电动机提供了部分无功电流，从而减小了定子从电源吸收的无功电流，因而提高了功率因数。

(4) $\dot{E}_f$ 超前 $\dot{E}_2$ 任一角度 θ。当 $\dot{E}_f$ 超前于 $\dot{E}_2$ 某一角度 θ，且 $0 < \theta < 90°$ 时，我们可以将 $\dot{E}_f$ 分解成两个分量：$\dot{E}_f \cos\theta$ 和 $\dot{E}_f \sin\theta$，如图 3−43（c）所示。$\dot{E}_f \cos\theta$ 与 $\dot{E}_2$ 同相，起调速作用；$\dot{E}_f \sin\theta$ 超前 $\dot{E}_2$ 90°，起改善功率因数的作用。必须注意的是，只有当 $\dot{E}_f \sin\theta$ 与 Φ_m 同相，即起加强磁场作用时，才能减少定子从电源吸收的无功电流，所以，$\dot{E}_f$ 一定要超前于 $\dot{E}_2$，也就是说，θ 不能为负值。

2）串级调速的机械特性

以一般情况考虑，即 $\dot{E}_f$ 超前于 $\dot{E}_2$，超前相位为 θ。当选择 $\dot{E}_2$ 作为参考相量时，转子电流为

$$\dot{I}_2' = \frac{s\dot{E}_2' + \dot{E}_f}{r_2' + js x_2'} = \frac{(s\dot{E}_2 + \dot{E}_f \cos\theta + j\dot{E}_f \sin\theta)(r_2' - js x_2')}{r_2'^2 + (sx_2')^2}$$

即

$$\dot{I}_2' = \frac{s\dot{E}_2' r_2' + \dot{E}_f' r_2' \cos\theta + s\dot{E}_f' x_2' \sin\theta}{r_2'^2 + (sx_2')^2} - j\frac{s^2 \dot{E}_2' x_2' + s\dot{E}_f' x_2' \cos\theta - \dot{E}_f' r_2' \sin\theta}{r_2'^2 + (sx_2')^2}$$

其中，转子电流的有功分量为

$$I_{2yg}' = \frac{sE_2' r_2'}{r_2'^2 + (sx_2')^2}\left(1 + \frac{E_f'}{sE_2'}\cos\theta + \frac{E_f' x_2'}{E_2' r_2'}\sin\theta\right)$$

根据 $T = C_T \Phi_m I_2' \cos\varphi_2 = C_T \Phi_m I_{2yg}'$，得

$$T = C_T \Phi_m \frac{sE_2' r_2'}{r_2'^2 + (sx_2')^2}\left(1 + \frac{E_f'}{sE_2'}\cos\theta + \frac{E_f' x_2'}{E_2' r_2'}\sin\theta\right)$$

即

$$T = T_E\left(1 + \frac{E_f'}{sE_2'}\cos\theta + \frac{E_f' x_2'}{E_2' r_2'}\sin\theta\right) \qquad (3-103)$$

式中，$T_E = C_T \Phi_m \dfrac{sE_2' r_2'}{r_2'^2 + (sx_2')^2}$，为 $E_f' = 0$ 时异步电动机的电磁转矩。

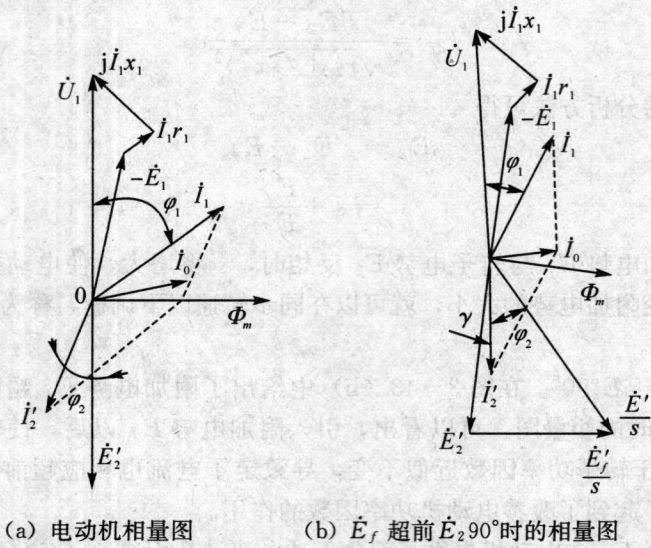

（a）电动机相量图　　　（b）$\dot{E}_f$ 超前 $\dot{E}_2$ 90°时的相量图

（c）E_f 超前于 E_2 某一角度 θ 时转子电路相量图

图 3-43　串级调速时异步电动机的相量图

由异步电动机机械特性的实用表达式知

$$T_E = \frac{2T_{mE}}{\dfrac{s}{S_{mE}} + \dfrac{S_{mE}}{s}}$$

则式（3-103）也可以表示成

$$T = T_E\left(1 + \frac{\dot{E}_f}{sE_2'}\cos\theta + \frac{\dot{E}_f x_2'}{E_2' r_2'}\sin\theta\right) \qquad (3-104)$$

考虑以下两种特殊情况：

（1）$\theta = 90°$。此时，$\cos\theta = 0$，$\sin\theta = 1$，式（3-104）变为

$$T = \frac{2T_{mE}}{\dfrac{s}{S_{mE}} + \dfrac{S_{mE}}{s}}\left(1 + \frac{\dot{E}_f x_2'}{E_2' r_2'}\right) \qquad (3-105)$$

式（3－105）说明，引入超前于 $\dot{E}_2$ 相位 90° 的附加电势后，使最大转矩增大了 $\left(1 + \dfrac{\dot{E}_f x_2'}{E_2' r_2'}\right)$ 倍，S_{mE} 没有变化，对转速影响不大。

（2）$\theta = 0$ 或 $\theta = 180°$。此时，$\sin\theta = 0$，$\cos\theta = \pm 1$，式（3－104）变为

$$T = \frac{2T_{mE}}{\dfrac{s}{S_{mE}} + \dfrac{s_{mE}}{s}}\left(1 \pm \frac{E_f'}{sE_2'}\right)$$

即

$$T = \frac{2T_{mE}}{\dfrac{s}{s_{mE}} + \dfrac{s_{mE}}{s}} \pm \frac{2T_{mE}}{\dfrac{s}{s_{mE}} + \dfrac{s_{mE}}{s}} \cdot \frac{E_f'}{sE_2'} = T_1 \pm T_2 \qquad (3-106)$$

式（3－106）说明，引入与 $\dot{E}_2$ 同相或反相的附加电动势以后，电磁转矩由两部分组成：T_1 为 $s'E_2'$ 产生的那一部分转子电流与旋转磁场作用形成的电磁转矩。如图3－44（a）所示，即在未引入 $\dot{E}_f$ 时异步电动机的电磁转矩，它与转速的关系就是普通异步电动机的机械特性；T_2 为附加转矩，是由附加电势 $\dot{E}_f$ 所产生的那一部分转子电流与旋转磁场作用形成的电磁转矩。考虑到

$$T_2 = \frac{2T_{mE}S_{mE}}{s^2 + sS_{mE}^2} \cdot \frac{E_f'}{E_2'} \qquad (3-107)$$

说明 T_2 是 s 的二次函数，在 $s = 0$ 处有最大值，即

$$T_{2m} = \frac{2T_{mE}}{S_{mE}} \cdot \frac{E_f'}{E_2'} \qquad (3-108)$$

而当 $s = 1$ 时，有

$$T_2 = \frac{2T_{mE}S_{mE}}{1 + S_{mE}^2} \cdot \frac{E_f'}{E_2'} \qquad (3-109)$$

可见，$T_2 = f(s)$ 是一条对称于 $s = 0$ 的双曲线，如图 3－44（b）所示。

将 $n = f(T_1)$ 和 $n = f(T_2)$ 对应相加，即得串级调速的异步电动机的机械特性，如图3－44（c）所示。从图可见，若 $E_f > 0$，串级调速机械特性上移，可向上调速；若 $E_f < 0$，串级调速机械特性下移，可向下调速。这样，改变 $\dot{E}_f$ 的方向和大小，就可以在同步转速以上或以下进行平滑调速。

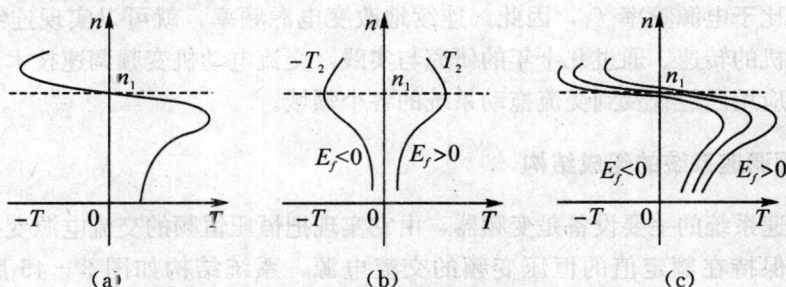

图 3－44　串级调速异步电动机的机械特性

从图 3−44 还可以看出，在调速过程中，理想空载转速 n_0 不断变化，且

$$n_0 = n_1(1 - S_0)$$

式中，S_0 为对应于理想空载转速 n_0 的转差率。

由式（3−106）可知，$T = 0$ 时，有 $1 \pm \dfrac{E_f'}{sE_2'} = 0$，则

$$S_0 = \mp \frac{E_f'}{E_2'} \qquad\qquad (3-110)$$

或

$$n_0 = n_1\left(1 \mp \frac{E_f'}{E_2'}\right) \qquad\qquad (3-111)$$

式中，当 $E_f > 0$，取 ＋号；当 $E_f < 0$，取 −号。

在使用中必须注意，$E_f < 0$ 时，最大转矩降低，当 $|E_f|$ 较大时，最大转矩降低较多，过载能力下降比较严重，起动转矩也相应下降。

串级调速调速范围宽、平滑性好、效率高，特别对大功率电动机调速尤为适用，节约能源效果明显，是一种比较好的调速方法，在能源严重缺乏的今天，更具有积极意义。在交流电动机变频调速技术没有取得突破之前，串级调速曾经作为交流调速的重点研究推广技术，受到过高度关注。但是，随着交流变频调速技术的发展和普遍应用，加之串级调速本身需要一套比较复杂的产生附加电势 $\dot{E}_f$ 的设备，控制技术比较复杂，设备成本高，现在已逐步被淘汰，只在很少的大容量电动机可以见到。关于串级调速的详细内容和技术问题请读者参考有关专业文献。

3.6　交流电动机的变频调速

交流电动机的变频调速是现代电力拖动的重要内容，在电力拖动领域起着举足轻重的标志性作用，是本课程的重点，也是从事现代电力拖动自动控制系统研究的工程技术人员必须掌握的关键技术。

由异步电动机的转速 $n = \dfrac{60f_1}{p}(1-s)$，当电动机的转差率 s 变化不大时，电动机的转速基本正比于电源频率 f_1，因此，连续地改变电源频率，就可以实现连续平滑地改变异步电动机的转速。通过几十年的研究与实践，交流电动机变频调速技术目前已经非常成熟，其应用已经普及到交流拖动系统的各个领域。

3.6.1　变频调速系统的组成结构

变频调速系统的主要设备是变频器，由它实现把恒压恒频的交流电源变换成变压变频或者电压保持在额定值的恒压变频的交流电源，系统结构如图 3−45 所示，图中 CPD 为变频器。图 3−46 是数字控制通用变频器−异步电动机调速系统硬件原理图，

从图中看，电路好像很复杂，但是除了电动机以外，其余部分都集成在变频器中。变频器的控制采用计算机技术，使用微型处理器，控制程序已经固化在处理器中，对外只有电源输入和输出端子，只要把工频交流电源接入输入端，电动机电枢绕组即定子接入输出端即可。操作控制在变频器的控制面板上进行，非常简单方便，图 3－47 是一种国产变频器的外形图和控制面板图。

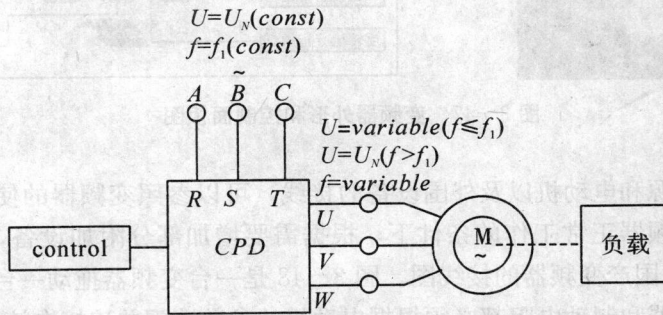

$$U=U_N(const)$$
$$f=f_1(const)$$

$$U=variable(f\leqslant f_1)$$
$$U=U_N(f>f_1)$$
$$f=variable$$

图 3－45　交流变频调速系统组成结构示意图

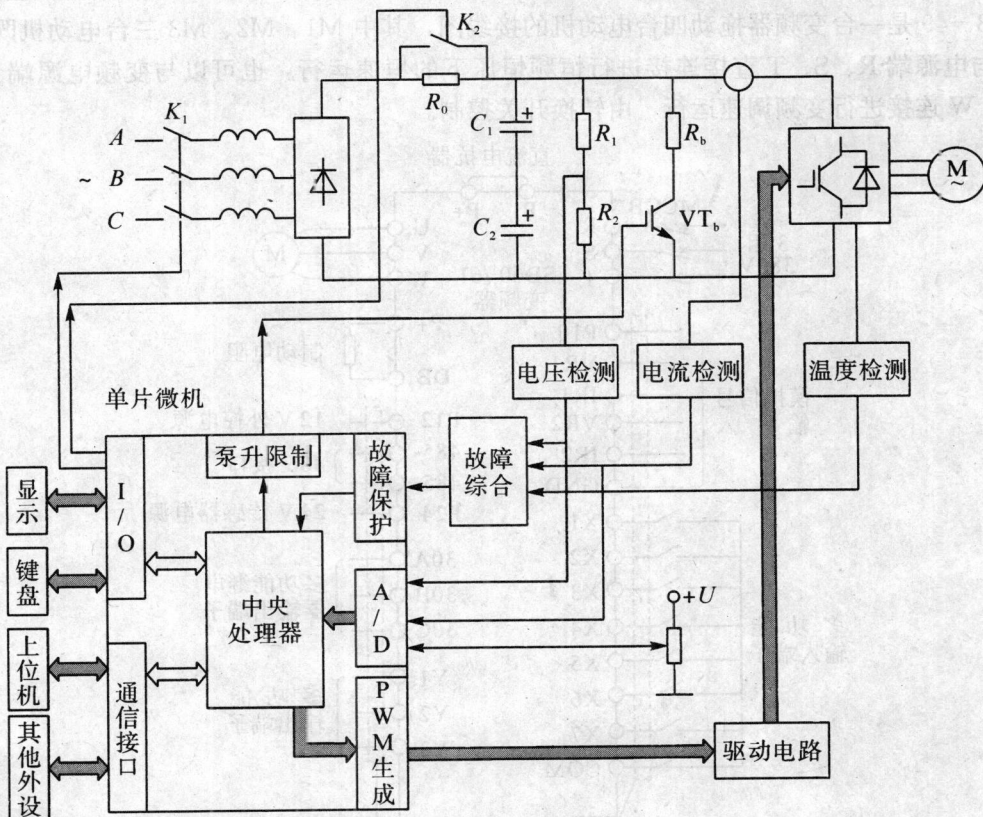

图 3－46　数字控制通用变频器－异步电动机调速系统硬件原理图

153

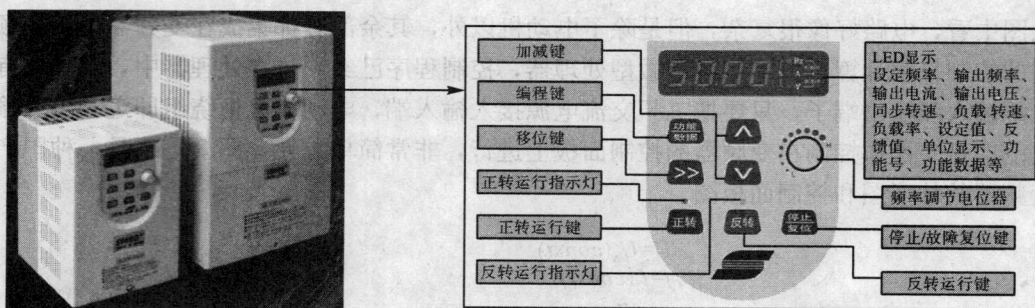

图 3-47　变频器外形和控制面板图

　　变频器与电源和电动机以及外围设备的接线，可以参照变频器的使用说明书进行，也可以在保证变频器正常工作的条件下，根据需要增加部分附加设备，图 3-48 和图 3-49分别是两种国产变频器的接线图。图 3-48 是一台变频器拖动一台电动机的情况，图中的直流电抗器和制动电阻都必须根据电动机的参数选配并连接在该端子处。而模拟信号输入、多功能输入端子、12 V 外控电源、485 接口、24 V 传感器电源、多功能继电器输出端子、多功能输出端子等都是作为功能扩展用的，使用者可以根据需要使用。图 3-49 是一台变频器拖动四台电动机的接线图，其中 M1、M2、M3 三台电动机既可以与电源端 R、S、T 直接连接进行恒频恒压下的恒速运行，也可以与变频电源端 U、V、W 连接进行变频调速运行，由转换开关控制。

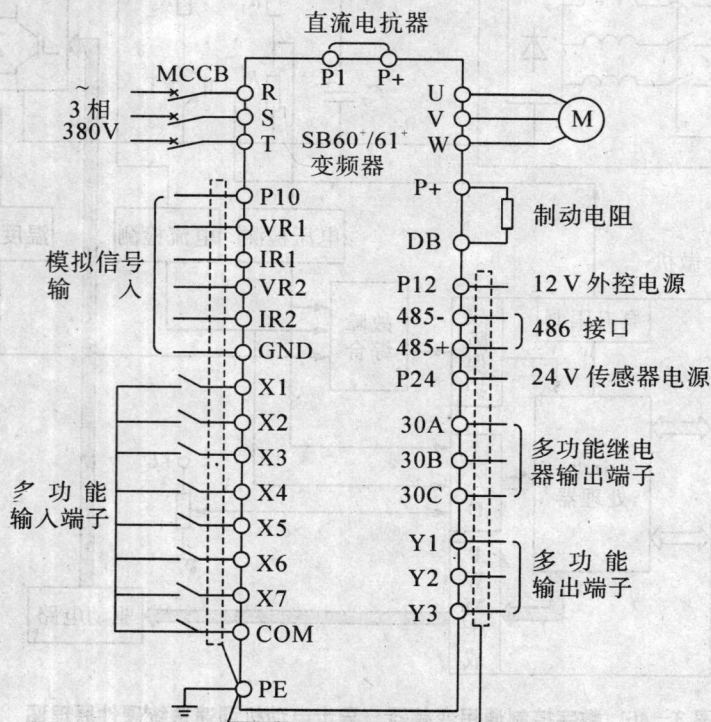

图 3-48　一台变频器拖动一台电动机（一拖一）时的接线图

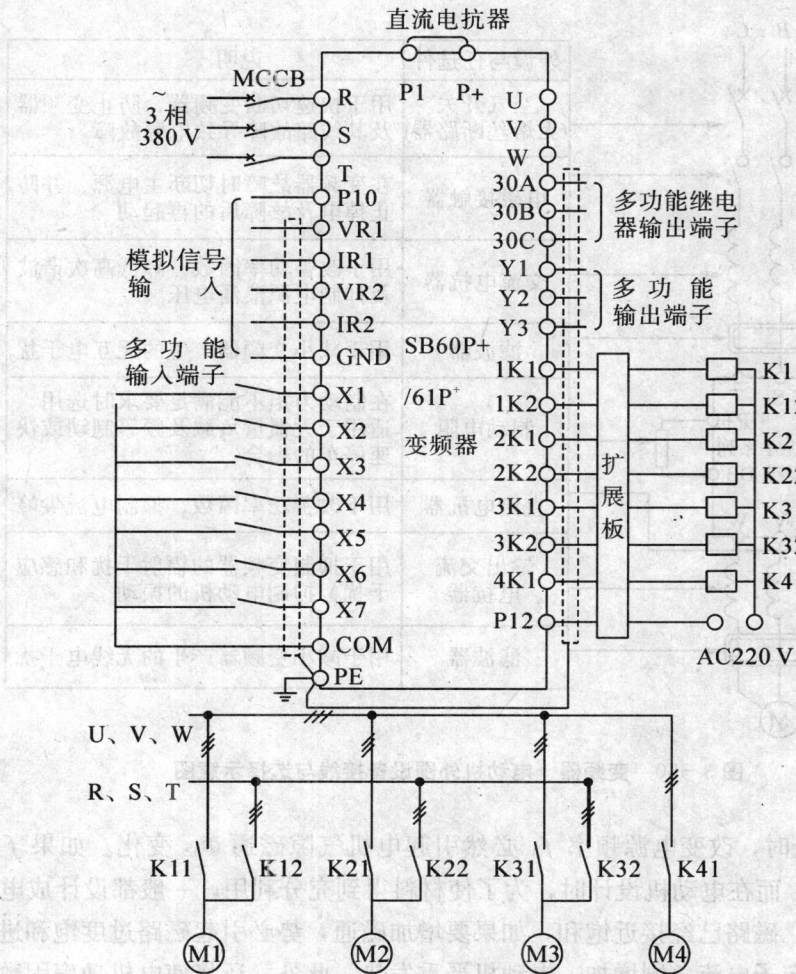

图 3-49 一台变频器拖动四台电动机（一拖四）时的接线图

变频器在与电动机连接时，根据需要还需要安装和选择部分外围设备，这些外围设备主要是自动空气开关或者空气断路器、电磁接触器、输入端交流电抗器、滤波器、制动电阻器、直流电抗器、输出端交流电抗器、输出端滤波器等，没有统一的规定，完全根据调速性能和安全的要求选配。图 3-50 表示出了这些常见外围设备的功能和选择情况。

3.6.2 变频调速的基本控制规律

根据电机学我们知道，当忽略定子绕组的漏抗压降时，加在定子绕组上的电源电压与主磁通 Φ_m 的关系为

$$U_1 \approx E_1 = 4.44 f_1 W_1 k_{w1} \Phi_m \qquad (3-112)$$

由式（3-112）可以看出，对于已经选定的电动机，$W_1 k_{w1}$ 是一个常数，当外加定

外设与任选件	说明
空气开关 (无熔丝断路器)	用于快速切断变频器，防止变频器 及其线路故障导致电源故障
电磁接触器	在变频器故障时切断主电源，并防 止掉电及故障后的再起动
交流电抗器	用于改善功率因数，降低高次谐波 及抑制电源浪涌电压
滤波器	用于减小变频器产生的无互电干扰
制动电阻	在制动力矩不能满足要求时选用， 适用于大惯量负载及频繁制动或快 速停车的场合
直流电抗器	用于改善功率因数，抑制电流尖峰
输出交流 电抗器	用于抑制变频器的辐射干扰和感应 干扰，抑制电动机的振动
滤波器	用于减小变频器产生的无线电干扰

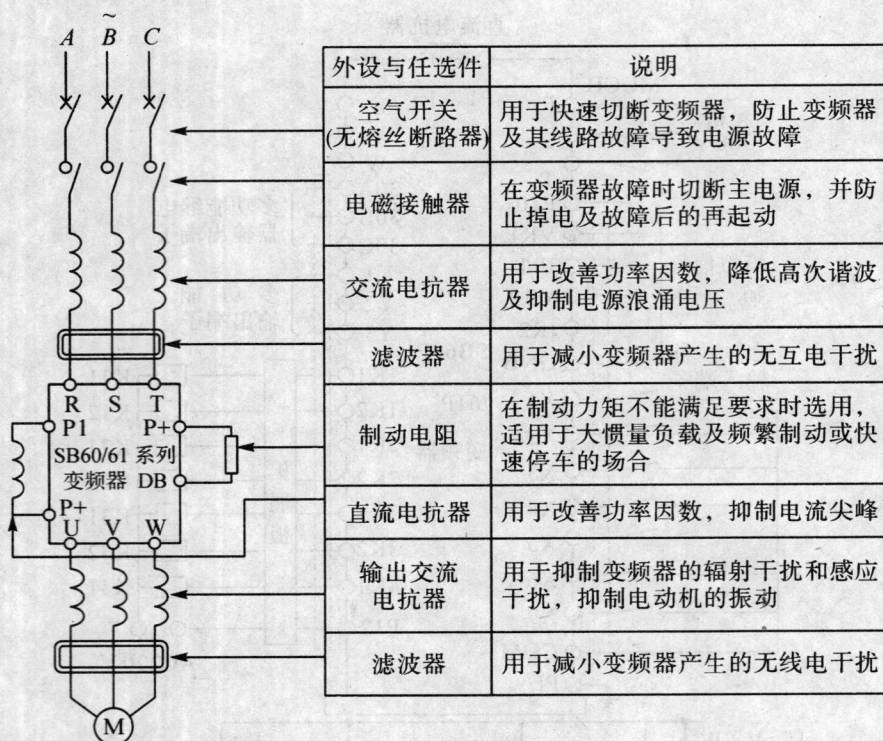

图 3-50　变频器-电动机外围设备接线与选择示意图

子电压 U_1 不变时，改变电源频率 f_1 必然引起电机气隙磁通 Φ_m 变化。如果 f_1 变低，将使 Φ_m 升高。而在电动机设计时，为了使材料得到充分利用，一般都设计成电动机工作在额定状态，磁路已经接近饱和，如果要增加磁通，势必引起磁路过度饱和进入非线性，这将导致定子电流急剧增加，电动机严重发热，此外，还将使电机功率因数大大降低。即使如此，磁通的增加也会有一定的限度，因此，在变频调速中不允许增加磁通。此外，当 f_1 增加时，也必然使 Φ_m 减小，这又导致电磁转矩下降，电动机得不到充分利用。因此，在变频调速时，一般都尽可能地保持气隙磁通 Φ_m 不变。这就要求电源电压 U_1 必须跟电源频率 f_1 一起改变。那么，电源电压 U_1 如何随电源频率 f_1 一起变化呢？这种规律不仅决定于对调速性能的要求，而且决定于负载的性质。同时，一般要求在变频调速时，除了使气隙磁通保持不变外，还要使电机过载倍数也不改变。如果用 T_m、T_N 分别表示电动机在额定频率 f_{1N} 时的最大转矩和额定转矩，T_{mx}、T_x 表示电动机在频率为 f_{1x} 时的最大转矩和额定转矩，则必然有

$$\lambda_m = \frac{T_m}{T_N} = \frac{T_{mx}}{T_x} \tag{3-113}$$

根据前面的介绍，已知

$$T_m = \frac{m_1 p}{2\pi f_1} \frac{U_1^2}{2\left[r_1 + \sqrt{r_1^2 + (x_1 + x_2')^2}\right]}$$

为了使分析简化，当 f_1 较高时，$x_1 + x_2' \gg r_1$，所以有

$$T_m = \frac{m_1 p}{2\pi f_1} \cdot \frac{U_1^2}{2(x_{1x} + x_{2x}')^2} = \frac{m_1 p U_1^2}{8\pi^2 f_1^2 (L_1 + L_2')} = C\left(\frac{U_1}{f_1}\right)^2$$

式中，$C = \dfrac{m_1 p}{8\pi^2 (L_1 + L_2')}$ 为一常数；L_1，L_2' 分别为定子绕组的自感系数和转子绕组自感系数的折算值，其他参数的物理意义已经在前面多次介绍过。

由式（3—113）有

$$\frac{T_x}{T_N} = \frac{T_{mx}}{T_m} = \frac{\left(\dfrac{U_{1x}}{f_{1x}}\right)^2}{\left(\dfrac{U_{1N}}{f_{1N}}\right)^2} = \left(\frac{U_{1x}}{U_{1N}}\right)^2\left(\frac{f_{1N}}{f_{1x}}\right)^2 \tag{3—114}$$

或

$$\frac{U_{1x}}{f_{1x}} = \frac{U_{1N}}{f_{1N}}\sqrt{\frac{T_x}{T_N}} \tag{3—115}$$

式（3—115）说明，变频调速时，电源电压 U_1 随频率 f_1 变化的规律，还与对电动机电磁转矩的要求，即负载转矩的性质有关。

3.6.2.1　转矩不变型负载

对转矩不变型负载，由于在调速过程中始终有 $T_x = T_N = $ 常数，式（3—115）变为

$$\frac{U_{1x}}{f_{1x}} = \frac{U_{1N}}{f_{1N}} = K \tag{3—116}$$

式中，K 为一常数。这说明，对于转矩不变型负载，只要使电源电压与频率成比例调节，即保持它们的比值不变，就能使电机在调速过程中始终保持气隙磁通 Φ_m 和过载倍数 λ_m 不变，采用这种方式控制时，称为恒压频比控制。

3.6.2.2　功率不变型负载

对于功率不变型负载，在调速过程中要求输出功率不变，即

$$P_2 = \frac{T_N n_N}{9550} = \frac{T_x n_x}{9550} = K \tag{3—117}$$

由于异步电动机的转速与电源频率成正比，式（3—114）可变为

$$\frac{T_x}{T_N} = \frac{n_N}{n_x} = \frac{f_{1N}}{f_{1x}} \tag{3—118}$$

将式（3—118）代入式（3—115），得

$$\frac{U_{1x}}{f_{1x}} = \frac{U_{1N}}{f_{1N}}\sqrt{\frac{f_{1N}}{f_{1x}}}$$

整理得

$$\frac{U_{1x}}{\sqrt{f_{1x}}} = \frac{U_{1N}}{\sqrt{f_{1N}}} = K \tag{3—119}$$

式中，K 为一常数。式（3—119）说明，对于功率不变型负载，在变频调速过程中，只要保持电源电压与对应频率的平方根的比值不变，就能使电动机在整个调速过程中保

持气隙磁通 Φ_m 和过载倍数 λ_m 不变。

需要指出的是，无论采用哪种控制方式，电源电压和频率的调节范围都要受到约束与限制。由于受到电动机绝缘的限制，电动机的电压调节（变化）范围为

$$0 \leqslant U_{1x} \leqslant U_{1N}$$

电源频率的调节（变化）范围，在理论上为

$$0 \leqslant f_{1x} \leqslant \infty$$

但是实际上，频率变化范围越宽，对变频器中的电力电子器件要求越高，同时频率太高，对电动机的性能也会产生一系列的新问题，目前变频调速的频率调节一般范围为

$$0 \leqslant f_{1x} \leqslant 1.0 \times 10^3$$

同时，一般要求当电源电压为额定值时，对应的电源频率也为额定值，即

$$f_{1x} = f_{1N} \big|_{U_{1x}=U_{1N}}$$

式中，额定频率 f_{1N} 称为基频，在我国，$f_{1N} = 50\ \text{Hz}$。

3.6.3 变频调速的分类

变频调速以额定频率 f_{1N} 为基频，分为基频以下调速和基频以上调速两种控制方式，分别介绍如下。

3.6.3.1 基频以下调速

频率调整范围：$0 \leqslant f_{1x} \leqslant f_{1N}$。

电压可调范围：$0 \leqslant U_{1x} \leqslant U_{1N}$。

对恒转矩负载，由于要保持 Φ_m 不变，可采用两种方法实现。

1）按照 $\dfrac{U_{1x}}{f_{1x}} = K$ 的方式

这时，$\Phi_{mx} \approx \Phi_{mN}$，电动机的最大转矩为

$$T_{mx} = \frac{m_1 p}{2\pi f_{1x}} \frac{U_{1x}^2}{2\left[r_1 + \sqrt{r_1^2 + (x_{1x} + x_{2x}')^2}\right]}$$

当忽略 r_1 的影响时，有

$$T_{mx} \approx \frac{m_1 p}{2\pi f_{1x}} \cdot \frac{U_{1x}^2}{2(x_{1x} + x_{2x}')^2} = \frac{m_1 p U_{1x}^2}{8\pi^2 f_{1x}^2 (L_1 + L_2')} = C\left(\frac{U_{1x}}{f_{1x}}\right)^2$$

即

$$T_{mx} \approx C\left(\frac{U_{1x}}{f_{1x}}\right)^2 \qquad\qquad (3-120)$$

式中，$C = \dfrac{m_1 p}{8\pi^2 (L_1 + L_2')}$，为常数。

由式（3-120）可以看出，由于要求在调速过程中保持 $\dfrac{U_{1x}}{f_{1x}} = K$，所以在调速过程中 T_m 保持不变，同步转速 $n_1 = \dfrac{60 f_{1x}}{p}$ 随着 f_1 的降低而降低，机械特性直线部分的斜率基本保持不变。

但是，当 f_1 较小时，$(x_1 + x_2')$ 较小，r_1 不能忽略，电动机的最大转矩应为

$$T_{mx} = \frac{m_1 p}{2\pi f_{1x}} \frac{U_{1x}^2}{2\left[r_1 + \sqrt{r_1^2 - (x_{1x} + x_{2x}')^2}\right]} = \frac{3p U_{1x}^2}{4\pi f_{1x}\left[r_1 + \sqrt{r_1^2 + (x_{1x} + x_{2x}')^2}\right]}$$

这时不仅 T_{mx} 随 f_{1x} 的降低而减小，而且机械特性斜率也会变大。

按照 $\dfrac{U_{1x}}{f_{1x}} = K$（$K$ 为由电动机结构参数决定的常数）控制的人为机械特性曲线如图 3-51所示。保持 $\dfrac{U_1}{f_1} = K$ 的这种调速方法一般只适用于调速范围不大或转矩随着转速下降而减小的负载（如通风机类负载）；对于调速范围大的恒转矩负载，则一般需要电动机的最大电磁转矩 T_m 在整个调速范围内都保持不变。

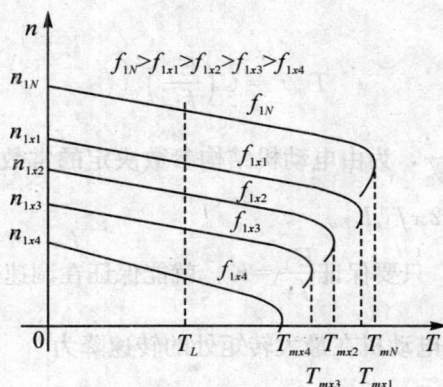

图 3-51　按照 $\dfrac{U_{1x}}{f_{1x}} = K$ 控制的人为机械特性

2）按照 $\dfrac{E_1}{f_1} = K$ 的方式

在调速过程中要使最大电磁转矩 T_m 保持不变，就必须严格保持磁通 Φ_m 恒定不变，由于实际上 $E_1 \neq U_1$，电源电压在定子绕组上是有压降的，这是造成在低频下最大电磁转矩 T_m 下降的原因。要保持 T_m 不变，就必须保持 $\dfrac{E_1}{f_1} = K$，这样磁通 Φ_m 才能更加近似地保持恒定。采用这种控制方式时，电动机最大的电磁转矩为

$$T_{mx} = \frac{P_E}{\omega_1} = \frac{3 I_2'^2 \frac{r_2'}{s_x}}{\frac{2\pi n_{1x}}{60}} = \frac{3p}{2\pi f_{1x}} \left[\frac{E_2'}{\sqrt{\left(\frac{r_2'}{s_x}\right)^2 + x_{2x}'^2}}\right]^2 \frac{r_2'}{s_x}$$

即

$$T_{mx} = \frac{3p f_{1x}}{2\pi}\left(\frac{E_1}{f_{1x}}\right)^2 \frac{\frac{r_2'}{s_x}}{\left(\frac{r_2'}{s_x}\right)^2 + x_{2x}'^2} = \frac{3p f_{1x}}{2\pi}\left(\frac{E_1}{f_{1x}}\right)^2 \frac{1}{\frac{r_2'}{s_x} + \frac{s_x x_{2x}'^2}{r_2'}}$$

或

159

$$T_{mx} = \frac{3pf_{1x}}{2\pi} \left(\frac{E_1}{f_{1x}}\right)^2 \frac{1}{\frac{r_2'}{s_x} + \frac{s_x x_{2x}'^2}{r_2'}} \qquad (3-121)$$

令 $\dfrac{\mathrm{d}T_{mx}}{\mathrm{d}s_x} = 0$，可得

$$S_{mx} = \frac{r_2'}{x_{2x}'^2} \qquad (3-122)$$

将式（3-122）代入式（3-121）中，得

$$T_{mx} = \frac{3p}{4\pi} \left(\frac{E_1}{f_{1x}}\right)^2 \frac{f_{1x}}{x_{2x}'^2} = \frac{3p}{4\pi} \left(\frac{E_1}{f_{1x}}\right)^2 \frac{1}{2\pi L_2'} = C \left(\frac{E_1}{f_{1x}}\right)^2$$

即

$$T_{mx} = C \left(\frac{E_1}{f_{1x}}\right)^2 \qquad (3-123)$$

式中，$C = \dfrac{3p}{4\pi} \dfrac{1}{2\pi L_2'} = \dfrac{3p}{8\pi^2 L_2'}$，为由电动机结构参数决定的常数；$L_2'$ 为转子静止时一相电感系数的折算值，$x_{2x}' = 2\pi f_{1x} L_2'$。

由式（3-123）可见，只要保证 $\dfrac{E_1}{f_1} = K$，就能保证在调速过程中 T_{mx} 不变。

采用 $\dfrac{E_1}{f_1} = K$ 控制时，电动机在最大转矩处的转速降为

$$\Delta n_{mx} = s_{mx} n_{1x} = \frac{r_2'}{x_{2x}'} \cdot \frac{60 f_{1x}}{p} = \frac{r_2'}{2\pi f_{1x} L_2'} \cdot \frac{60 f_{1x}}{p} = \frac{r_2'}{2\pi L_2'} \cdot \frac{60}{p}$$

在这种控制方式下的机械特性曲线如图 3-52 所示。从图 3-52 可见，当异步电机采用 $\dfrac{E_1}{f_1} = K$ 控制方式时，具有以下特点：

（1）最大转矩 T_{mx} 为常数，并且在最大转矩时对应的转速降落 Δn_{mx} 相等，当频率连续调节时，可以连续平滑地调节电动机的转速。

（2）采用 $\dfrac{E_1}{f_1} = K$ 控制时的交流电机机械特性与直流电动机调压调速的机械特性相似，属于较硬的机械特性，当静差率一定时，调速范围宽，稳定性好。

（3）电机正常运行时转差率 s 较小，因此转差功率也较小，效率较高。

由于异步电动机的感应电动势 E_1 一般比较难以检测和控制，所以实际调速过程中仍然采用 $\dfrac{U_{1x}}{f_{1x}} = K$ 控制方式，但在控制回路中加一个函数发生器，以补偿低频时由定子电阻 r_1 引起的电压降落对转矩的影响，从而模拟 $\dfrac{E_1}{f_1} = K$ 控制方式。实践证明，这种补偿特性效果良好，可以获得恒定的最大转矩 T_{mx}，达到了 $\dfrac{E_1}{f_1} = K$ 控制方式的效果。

除了以上两种控制方式外，现代交流调速技术还可以直接采用转子感应电动势 E_{2x} 与电源频率 f_{1x} 的比值为常数（$\dfrac{E_{2x}}{f_{1x}} = K$）的控制方式，即所谓的以转子磁链定向的矢

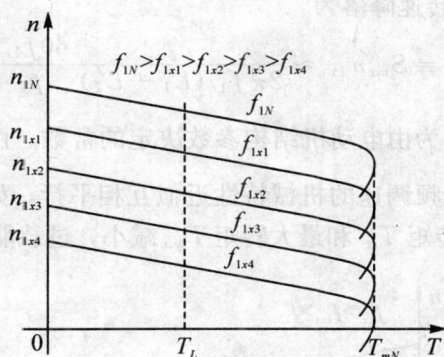

图 3-52　采用 $\dfrac{E_1}{f_1}=K$ 控制方式时的机械特性

量控制，使电动机的调速性能更好。有关这方面的内容将在后续专业课程"电力拖动自动控制系统"中详细介绍。

对于功率不变型负载，只需按照式（3-119）即 $\dfrac{U_{1x}}{\sqrt{f_{1x}}}=K$ 方式控制即可，详细的分析留给读者，这里不再赘述。

3.6.3.2　基频以上调速

频率调整范围：$f_{1N}<f_{1x}\leqslant f_{1\beta}$。

电压可调范围：$U_{1x}=U_{1N}$。

$f_{1\beta}$ 为系统在变频过程中能够达到的最高频率，目前一般在几百赫兹。

当电源频率 f_{1x} 高于基频 f_{1N} 向上调时，由于 $U_{1x}=U_{1N}$，电压恒定不能再调整，根据 $U_{1N}\approx E_1=4.44f_1N_1k_{\omega1}\Phi_{m}$，随着 f_{1x} 的升高，气隙磁通 Φ_{mx} 减弱，类似于直流电机的弱磁升速，其转矩方程为

$$T_{mx}=\frac{3pU_{1N}^2}{2\pi}\frac{\dfrac{r_2'}{s_x}}{f_1\left[\left(r_1+\dfrac{r_2'}{s_x}\right)^2+(x_{1x}+x_{2x}')^2\right]}\qquad(3-124)$$

令 $\dfrac{\mathrm{d}T_{mx}}{\mathrm{d}s_x}=0$，考虑到 f_{1x} 较高，r_1 比 x_{1x}、x_{2x}' 和 r_2'/s 都小得多，经过简化后，T_{mx} 和 S_{mx} 分别为

$$S_{mx}=\frac{r_2'}{\sqrt{r_1^2+(x_{1x}+x_{2x}')^2}}\approx\frac{r_2'}{2\pi f_{1x}(L_1+L_2')}\propto\frac{1}{f_{1x}}\qquad(3-125)$$

$$T_{mx}=\frac{3pU_{1N}^2}{4\pi}\frac{1}{f_{1x}\left[r_1+\sqrt{r_1^2+4\pi^2f_{1x}^2(L_1+L_2')^2}\right]}$$

忽略 r_1 后，有

$$T_{mx}\approx\frac{3pU_{1N}^2}{4\pi f_{1x}}\frac{1}{2\pi f_{1x}(L_1+L_2')}\propto\frac{1}{f_1^2}\qquad(3-126)$$

由式（3-126）可以看出，T_{mx} 随着 f_{1x} 的升高而迅速减小。

在最大转矩处对应的转速降落为

$$\Delta n_{mx} = S_{mx} n_{1x} \approx \frac{r_2'}{2\pi f_{1x}(L_1 + L_2')} \frac{60 f_{1x}}{p} = C \qquad (3-127)$$

式中，$C = \dfrac{30 r_2'}{\pi (L_1 + L_2') \; p}$，为由电动机结构参数决定的常数。由式（3-127）可见，在 $U_{1x} = U_{1N}$，$f_{1x} > f_{1N}$ 时变频调速的机械特性近似互相平行，如图 3-53 所示。由于随着转速 n_x 的上升，电磁转矩 T_x 和最大转矩 T_{mx} 减小，过载能力 K_T 减小。

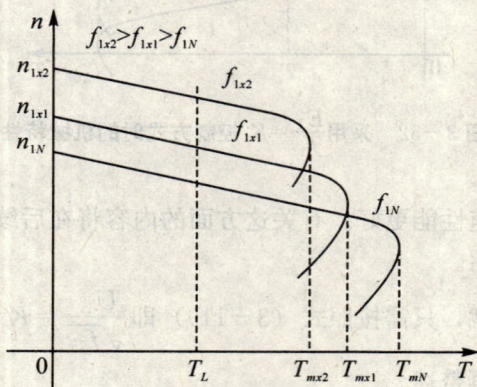

图 3-53 $U_{1x} = U_{1N}$，$f_{1x} > f_{1N}$ 时的机械特性

由异步电动机电磁功率公式，得

$$P_E = T_x \omega_1 = \frac{3p U_{1x}^2}{2\pi f_{1x}} \frac{\dfrac{r_2'}{s_x}}{\left(r_1 + \dfrac{r_2'}{s_x}\right)^2 + (x_{1x} + x_{2x}')^2} \frac{2\pi f_{1x}}{p}$$

由于在正常运行时，s_x 很小，有 $\dfrac{r_2'}{s_x} \gg r_1$ 和 $\dfrac{r_2'}{s_x} \gg (x_{1x} + x_{2x}')$，电磁功率可以近似为

$$P_E \approx \frac{3p U_{1x}^2}{2\pi f_{1x}} \frac{\dfrac{r_2'}{s_x}}{\left(\dfrac{r_2'}{s_x}\right)^2} \frac{2\pi f_{1x}}{p} = \frac{3 U_{1x}^2}{r_2'} s_x \qquad (3-128)$$

在正常运行时，s_x 的变化范围很小，可以认为基本不变，从式（3-128）可以看出 $P_E \approx K$ 为一不变值，所以近似属于功率不变型调速。

3.6.4　变频调速时电动机的机械特性

已知三相异步电动机的同步转速为

$$n_1 = \frac{60 f_1}{p} \propto f_1 \qquad (3-129)$$

当忽略 r_1 时，临界转差率为

$$S_m = \frac{r_2'}{x_1 + x_2'} = \frac{r_2'}{2\pi f_1 (L_1 + L_2')} \propto \frac{1}{f_1} \qquad (3-130)$$

对应于 S_m 的转速降落 Δn_m 为

$$\Delta n_m = S_m n_1 = \frac{r_2'}{2\pi f_1(L_1 + L_2')} \cdot \frac{60 f_1}{p} = C \qquad (3-131)$$

最大转矩 T_m 为

$$T_m \approx \frac{m_1 p}{2\pi f_1} \cdot \frac{U_1^2}{2(x_1 + x_2')} = \frac{m_1 p U_1^2}{8\pi^2 f_1^2 (L_1 + L_2')} \qquad (3-132)$$

当按照 $\dfrac{U_1}{f_1} = K$ 的规律进行变频调速时，T_m 是常数。

由此可得，对于转矩不变型负载，当按照 $\dfrac{U_1}{f_1} = K$ 的规律进行变频调速时，同步转速与频率成比例变化，最大转矩 T_m 及其对应的转速降落 Δn_m 均不变。因此，其机械特性是一组同步转速随频率成正比变化而且相互平行的曲线簇，如图 3-54 所示。这种机械特性与直流电动机改变电压调速时的人为特性十分相似。

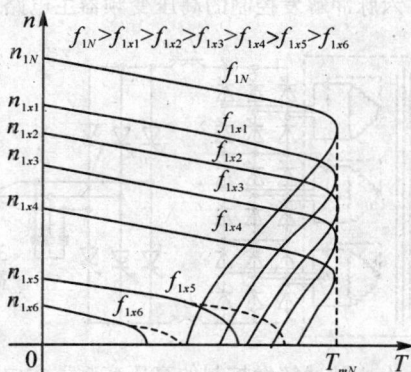

图 3-54　异步电动机变频调速时的机械性能

应当注意，上述机械特性是在忽略 r_1 的情况下得出的，当 f_1 较高时，$x_1 + x_2' \gg r_1$ 的条件一般能够成立，忽略 r_1 不会有大的误差。但是当 f_1 较低时，$x_1 + x_2'$ 减小了许多，r_1 的影响就不能忽略。此时即使保持 $\dfrac{U_1}{f_1} = K$，也会因为 r_1 的影响，使 T_m 减小，f_1 越低，r_1 影响越大，T_m 降低就越多，使电动机在低频时的过载能力变差。为弥补这一不足，必须在频率很低时，适当提高定子电压，以增大最大转矩，如图 3-54 中虚线所示。

从图 3-54 的机械特性可见，对于转矩不变型负载，只要按照 $\dfrac{U_1}{f_1} = K$ 的规律进行控制，连续地改变电源的频率即可得到连续平滑的调速，且调速范围较宽。

对于功率不变型负载，需要按照 $\dfrac{U_1}{\sqrt{f_1}} = K$ 的规律进行控制，控制的难度要复杂一些，其对应的机械特性也可以按照上述方法讨论。

在实际工作中，转矩不变型负载占拖动负载的绝大部分，所以在交流异步电动机变频调速中，大多采用 $\dfrac{U_1}{f_1}=K$ 方式控制。

变频调速需要能够使电源电压与频率成比例变化的专用装置，即变频器。目前高压变频器、低压变频器、通用变频器、专用变频器都有系列产品，容量从几百瓦到数千千瓦，使用非常方便，主要的著名品牌有 ABB、西门子、欧姆龙、三菱等，国内也有许多生产商，其产品和技术都比较成熟。对于普通的交流异步电动机变频调速，只要选用合适的变频器，按照要求连接就可进行调速，如图 3-55 所示。

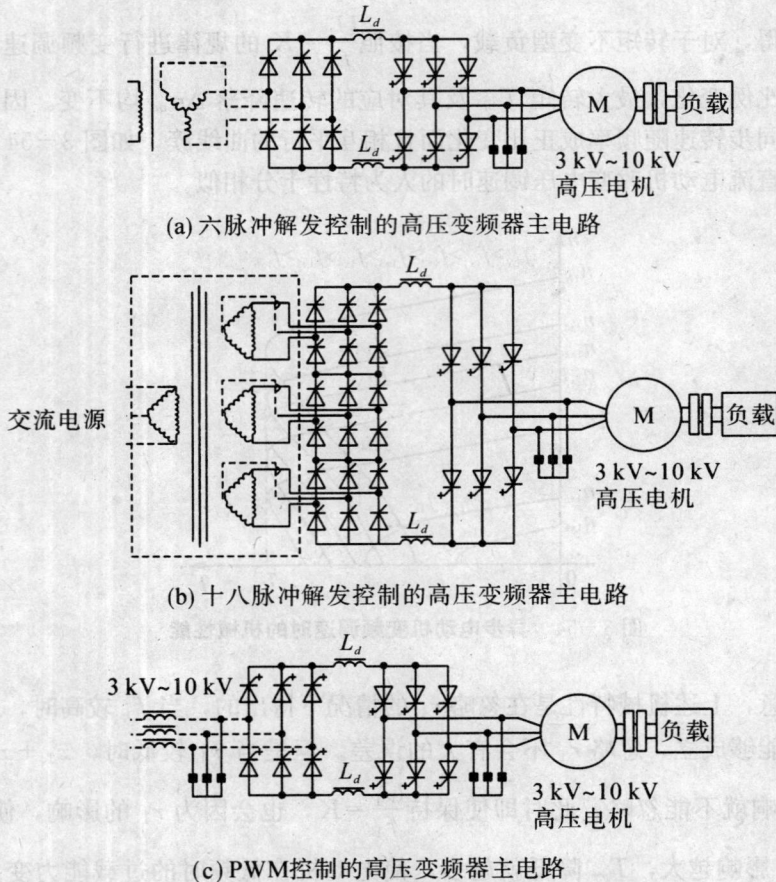

(a) 六脉冲解发控制的高压变频器主电路

(b) 十八脉冲解发控制的高压变频器主电路

(c) PWM 控制的高压变频器主电路

图 3-55　几种国产变频器的主电路示意图

必须注意的是：变频器的输入交流电源可以是三相，也可以是单相；输出的交流电源同样可以是三相，也可以是单相。变频器的输入交流电的频率一般为自然的工频电源频率，输出频率可以在 $0\sim10^3$ Hz 内连续变化。关于变频器的工作原理已经在先前课程"电力电子技术"中介绍过，有关变频调速电力拖动自动控制系统的更多内容将在后续专业课程"电力拖动自动控制系统"中讲述。

3.6.5　变频调速的未来发展趋势

3.6.5.1　高度智能化

目前，变频器已能实现远程控制和网络控制，随着技术的不断进步，将来变频器的调速性能会更好，智能化程度会更高，将会具有更多更完善的控制功能，操作更加方便。

3.6.5.2　大容量高电压

随着建设资源节约型、环境友好型国家战略的实施，国家超高压电网的建设，工业电力拖动系统采用高压电动机越来越多，这是因为，电动机的容量为

$$P_s = \sqrt{3}U_l I_l = 3U_\varphi I_\varphi$$

在容量 P_s 一定的情况下，只要绝缘条件允许，电压 U 越高，电流 I 就越小，电动机绕组的线径就越小，不仅节约有色金属，而且电动机的体积减小，同时电流减小，使线路损耗减少。

同时随着自动化程度的提高，拖动设备的功率也越来越大。所以，将来对大容量高电压的变频器用量将会越来越多，在这一方面，我国已经取得了突破性的进展，容量在 1000 kVA 以上、电压为 3 kV~10 kV 的变频器已经大量使用，图 3−55 就是几种国产变频器的主电路示意图。

3.6.5.3　电动机与变频器集成化

采用机电融合设计技术，把交流电动机与变频器设计组合在一起，成为新型的交流调速电机，这样不仅可以节约材料，而且可靠性提高，使用方便，目前这一技术已经在国内得到了应用。

3.7　交流电力拖动系统中的过渡过程

与直流电力拖动系统一样。交流电力拖动系统也存在机械惯性和电磁惯性，在起动、制动、反转及调速过程中，都存在过渡过程。由于机械惯性比电磁惯性大得多，我们仅研究由机械惯性引起的机械过渡过程。

已知电力拖动系统的动态方程式为

$$T - T_L = \frac{GD^2}{375}\frac{\mathrm{d}n}{\mathrm{d}t} \tag{3-133}$$

一般情况下，T、T_L 都是转速 n 的函数，只要知道电动机机械特性和负载转矩特性，便可求解式（3−133）。由于交流电动机的机械特性比较复杂，负载转矩特性又各不相同，采用解析方法求解式（3−133）比较困难。考虑到绕线式电动机机械特性与鼠笼式电动机有不同的形式，这里我们仅选择几种比较简单的情况，分别说明交流电力拖动系统机械过渡过程的一般分析方法。

3.7.1 绕线式电动机拖动恒转矩负载时的过渡过程

从前面介绍的异步电动机起动、制动、调速等内容知道，凡是绕线式异步电动机都采用在转子回路中串入电阻的方法进行。由于异步电动机的临界转差率 S_m 与转子电阻的阻值成正比，一般都能够满足 $s \ll S_m$ 的条件，因此，其机械特性的实用描述表达式变为

$$T = \frac{2T_m}{S_m} s = \frac{2T_m}{S_m} \cdot \frac{n_1 - n}{n_1} = \frac{2T_m}{S_m} - \frac{2T_m}{S_m n_1} n \qquad (3-134)$$

式（3-134）说明，绕线式异步电动机的机械特性可以近似地看成是一条下倾的直线。当 $n=0$ 时，$s=1$，代入式（3-134）中得

$$T = \frac{2T_m}{S_m} = T_{st} \qquad (3-135)$$

由此知，式（3-134）中第一项是起动转矩 T_{st}，第二项的系数为该直线的斜率，记作

$$\beta = \frac{2T_m}{S_m n_1} = \frac{T_{st}}{n_1} \qquad (3-136)$$

这样，式（3-134）变成

$$T = T_{st} - \beta n \qquad (3-137)$$

当 $T = T_L$ 时，电动机稳定运行于转速 n_s，即过渡过程结束的转速，代入式（3-137）中，则有

$$T_L = T_{st} - \beta n_s \qquad (3-138)$$

将式（3-138）和式（3-137）代入式（3-133），整理后得

$$\frac{GD^2}{375\beta} \frac{dn}{dt} + n = n_s \qquad (3-139)$$

记 $T_M = \frac{GD^2}{375\beta}$，称为绕线式异步电动机的机电时间常数，式（3-139）变为

$$T_M \frac{dn}{dt} + n = n_s \qquad (3-140)$$

式（3-140）与式（2-43）有相同的形式，其解类似式（2-45），即

$$n = n_s + (n_b - n_s) e^{-\frac{t}{T_M}} \qquad (3-141)$$

式中，n_b 为过渡过程开始时的转速。

将式（3-141）代入式（3-137）中，并由式（3-138）得

$$T = T_{st} - \beta[n_s + (n_b - n_s) e^{-\frac{t}{T_M}}] = T_L + \beta n_s - \beta n_s - \beta(n_b - n_s) e^{-\frac{t}{T_M}}$$

即

$$T = T_L - \beta(n_b - n_s) e^{-\frac{t}{T_M}} \qquad (3-142)$$

根据式（3-136），从图 3-56 可见

$$\beta n_b = \frac{T_{st}}{n_1} \cdot n_b = T_{st} - T_b$$

$$\beta n_s = T_{st} - T_L$$

所以，式（3-142）可以写成

$$T = T_L + (T_b - T_L)e^{-\frac{t}{T_M}} \qquad (3-143)$$

这样，就可以根据式（3-141）和式（3-143）求出 $n = f(t)$ 和 $T = f(t)$。

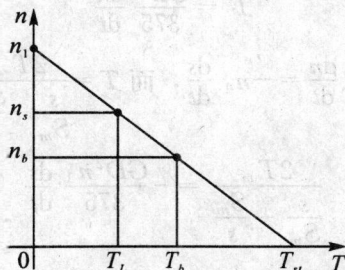

图 3-56　绕线式异步电动机的机械特性

这里需要说明，$T_M = \dfrac{GD^2}{375\beta} = \dfrac{GD^2 \cdot n_1 \cdot S_m}{375 \times 2T_m} = \dfrac{GD^2 n_1}{375 T_{st}}$，表明绕线式异步电动机的机电时间常数除了与电动机的飞轮矩有关外，还与同步转速 n_1 和临界转差率 S_m 的乘积成正比，与最大转矩 T_m 成反比，或者说与起动转矩 T_{st} 成反比。同时，要特别注意表示电动机的时间常数的 T_M 与表示电动机转矩的 T、T_m、T_{st} 等物理意义上的差别。

从式（3-141）和式（3-142）可求出从初始转速 n_b 达到某一转速 n_x 或者从初始转矩 T_b 达到某一转矩 T_x 时所用的时间，即

$$t_x = T_M \ln \frac{n_b - n_s}{n_x - n_s} \qquad (3-144)$$

或

$$t_x = T_M \ln \frac{T_b - T_L}{T_x - T_L} \qquad (3-145)$$

而从某一转速 n_t 或者某一转矩 T_b 到过渡过程结束时所用的时间为

$$t_x = (3 \sim 4)T_M \qquad (3-146)$$

式（3-146）中的系数根据系统要求的精度而定，当达到 95%n_s 即认为过渡过程结束时，系数取 3；当达到 98%n_s 即认为过渡过程结束时，系数取 4。

3.7.2　鼠笼式异步电动机拖动系统的过渡过程

鼠笼式异步电动机的机械特性是一条不规则的二次曲线，其过渡过程的研究没有直流电机和绕线式异步电动机那样简单，尤其是生产机械不是恒定的转矩特性时，更增添了采用解析法分析过渡过程的难度。通常研究鼠笼式异步电动机的过渡过程采用的方法有图解法和解析法两种，虽然图解法作图比较繁琐，但是过去一般采用图解法的较多。随着计算机技术的迅速发展和普及应用，各种计算方法也随之出现，采用计算机分析处理数据非常容易，现在已经基本不再使用图解法了。下面简单介绍一下求解鼠笼式异步电动机过渡过程的解析法。

当鼠笼式异步电动机的负载为转矩不变型负载时，为了分析简化，我们分析异步电

动机在空载即 $T_L = 0$ 起动时的过渡过程，虽然它是一种特殊情况，但是对于其他情况下的过渡过程分析，具有参考作用。

此时由于 $T_L = 0$，拖动系统的动态方程式为

$$T = \frac{GD^2}{375}\frac{dn}{dt} \tag{3-147}$$

已知 $n = n_1(1-s)$，所以 $\frac{dn}{dt} = -n_1\frac{ds}{dt}$，而 $T = \dfrac{2T_m}{\dfrac{s}{S_m} + \dfrac{S_m}{s}}$，则上式变为

$$\frac{2T_m}{\dfrac{s}{S_m} + \dfrac{S_m}{s}} = -\frac{GD^2 n_1}{375}\frac{ds}{dt}$$

或

$$dt = -\frac{GD^2 n_1}{375 T_m} \cdot \frac{1}{2}\left(\frac{s}{S_m} + \frac{S_m}{s}\right)ds \tag{3-148}$$

记 $T_M = \dfrac{GD^2 n_1 S_m}{375 T_m}$ 为鼠笼式异步电动机拖动系统的时间常数。式（3-148）可简化为

$$dt = -\frac{1}{2}T_M\left(\frac{s}{S_m^2} + \frac{1}{s}\right)ds \tag{3-149}$$

对式（3-149）两边同时积分，得异步电动机空载起动时的过渡过程时间，即

$$t = \int_0^t dt = -\frac{T_M}{2}\int_{s_b}^{s_s}\left(\frac{s}{S_m^2} + \frac{1}{s}\right)ds$$

$$t_s = \frac{T_M}{2}\left(\frac{s_b^2 - s_s^2}{2S_m^2} + \ln\frac{s_b}{s_s}\right) \tag{3-150}$$

式中，s_b、s_s 分别为过渡过程开始与结束时的转差率。

从式（3-150）可知，过渡过程时间与时间常数 T_M 和临界转差率 S_m 有关，而且 T_M 中还包含了临界转差率 S_m，所以，S_m 对过渡过程影响非常大。当空载起动时，$s_b = 1$，并且认为在 $s_s = 0.05$ 时起动已经结束，由式（3-150）可求得起动的过渡过程时间为

$$t_{st} = \frac{T_M}{2}\left(\frac{1^2 - 0.05^2}{2S_m^2} + \ln\frac{1}{0.05}\right) = T_M\left(\frac{1}{4S_m^2} + 1.5\right) \tag{3-151}$$

这说明鼠笼式异步电动机空载起动时间 t_{st} 是 S_m 的二次函数。那么，一定存在一个临界转差率 S_{m0} 使空载起动过渡过程最短。将式（3-150）对 S_m 求导，且令 $\dfrac{dt_{st}}{dS_m} = 0$，可以求得使空载起动过渡过程时间最短的临界转差率为

$$S_{m0} = \sqrt{\frac{s_b^2 - s_s^2}{2\ln\dfrac{s_b}{s_s}}} \tag{3-152}$$

也可将式（3-151）对 S_m 求导，且令 $\dfrac{dt_{st}}{dS_m} = 0$，求得空载起动时间最短的转差率为

$$S_{m0st} \approx 0.407$$

将 $S_{m0st} \approx 0.407$ 代回到式（3-151），可得异步电动机空载起动的最短时间为

$$t_{st0} = T_M \left(\frac{1}{4 \times 0.407^2} + 1.5 \right) = 3T_M$$

对普通鼠笼式异步电动机，$S_m = 0.1 \sim 0.15$ 不能获得最短起动时间。若想获得最短起动时间，必须采用转子电阻较大的高转差率鼠笼式异步电动机。对于绕线式异步电动机，则可采用转子串电阻的方法提高临界转差率，以获得最小的起动时间。

式（3-150）虽然是针对鼠笼式异步电动机空载起动时得出的，但也适用于鼠笼式异步电动机的其他过渡过程，如空载状态下两相反接的反接制动和反转过渡过程，此时，$s_b = 2$，$s_s = 1$，代入式（3-150），得两相反接制动的过渡过程时间为

$$t_T = \frac{T_M}{2} \left(\frac{2^2 - 1^2}{2S_m^2} + \ln \frac{2}{1} \right) = T_M \left(\frac{0.75}{S_m^2} + 0.346 \right) \tag{3-153}$$

将式（3-153）对 S_m 求导，且令 $\dfrac{\mathrm{d}t_T}{\mathrm{d}S_m} = 0$，得两相反接制动时间最短的临界转差率为

$$S_{m0T} \approx 1.47$$

当电源两相反接制动然后再反转，并最终稳定运行于反向电动状态时，$s_b = 2$，$s_s = 0.05$，代入式（3-150）得

$$t_{TS} = \frac{T_M}{2} \left(\frac{2^2 - 0.05^2}{2S_m^2} + \ln \frac{2}{0.05} \right) = T_M \left(\frac{1}{S_m^2} + 1.844 \right) \tag{3-154}$$

采用与上面同样的方法，也可以求得电源反接制动并最后反转的过渡过程时间最短的临界转差率为

$$S_{m0T} \approx 0.736$$

将上述几种情况的过渡过程所需时间和 S_m 的关系画成曲线，如图 3-57 所示。

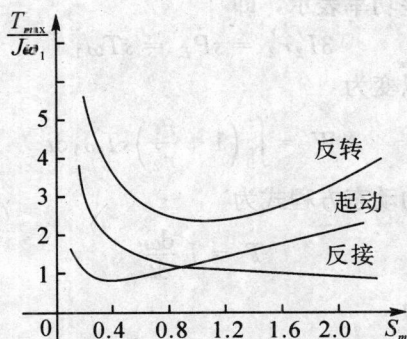

图 3-57　鼠笼式异步电动机过渡过程时间与 S_m 的关系

对于能耗制动，可令电动机转速 n 与同步转速 n_1 之比为 γ，即

$$\gamma = \frac{n}{n_1} \tag{3-155}$$

设能耗制动过渡过程开始与结束时的转速比 γ 分别为 γ_b 与 γ_s，并用 γ_b、γ_s 代替

式（3-150）中的 s_b、s_s，即得能耗制动时的过渡过程时间为

$$t_T = \frac{T_M}{2}\left(\frac{\gamma_b^2 - \gamma_s^2}{2S_m^2} - \ln\frac{\gamma_b}{\gamma_s}\right) \tag{3-156}$$

式中，$T_M = \dfrac{GD^2 n_1 S_m}{375 T_m}$。当从空载转速 $n \approx n_1$ 开始停车时，$\gamma_b = 1$，$\gamma_s = 0.05$，代入式（3-156）得

$$t_T = T_M\left(\frac{1}{4S_m^2} + 1.5\right) \tag{3-157}$$

空载时从 n_{bm} 能耗制动到 n_{sm} 的过渡过程时间最短的临界转差率为

$$S_{m0T} = \sqrt{\frac{\gamma_b^2 - \gamma_s^2}{2\ln\dfrac{\gamma_b}{\gamma_s}}} \tag{3-158}$$

将 $\gamma_b = 1$，$\gamma_s = 0.05$ 代入式（3-158）中得

$$S_{m0T} \approx 0.407$$

3.7.3 交流拖动系统过渡过程中的能量损耗

异步电动机在过渡过程中的电流都比较大，电动机定子和转子绕组的铜损比正常运行时大得多。为使分析简化，我们忽略铁损与机械损耗，只考虑在空载起动和制动等状态时的定子与转子的铜损情况。

在过渡过程中，电动机的铜损为

$$\Delta W = 3\int_0^t I_1^2 r_1 \mathrm{d}t + 3\int_0^t I_2'^2 r_2' \mathrm{d}t \tag{3-159}$$

由于 I_2' 比 I_m 大得多，当忽略 I_m 的影响时，可以认为 $I_1 \approx I_2'$，这样上式可以写成

$$\Delta W = 3\int_0^t I_2'^2 r_2'\left(1 + \frac{r_1}{r_2'}\right)\mathrm{d}t \tag{3-160}$$

由于转子铜损可用转差功率表示，即

$$3I_2'^2 r_2' = sP_E = sT\omega_1 \tag{3-161}$$

这样，式（3-160）又可以变为

$$\Delta W = \int_0^t \left(1 + \frac{r_1}{r_2'}\right)sT\omega_1 \mathrm{d}t \tag{3-162}$$

空载时电力拖动系统的动态方程式为

$$T = J\frac{\mathrm{d}\omega}{\mathrm{d}t}$$

而 $\omega = \omega_1(1-s)$，上式变为

$$T = -J\omega_1\frac{\mathrm{d}s}{\mathrm{d}t}$$

或者表示成

$$T\mathrm{d}t = -J\omega_1 \mathrm{d}s \tag{3-163}$$

代入式（3-162）得

$$\Delta W = -\int_{s_b}^{s_s} J\omega_1^2\left(1 + \frac{r_1}{r_2'}\right)s\,\mathrm{d}s \tag{3-164}$$

对式（3—164）完成右边积分，得

$$\Delta W = \frac{1}{2} J \omega_1^2 \left(1 + \frac{r_1}{r_2}\right)(s_b^2 - s_s^2) \tag{3—165}$$

式（3—165）就是异步电动机在忽略铁损与机械损耗的情况下，转速从 n_b 到 n_s 的过渡过程中能量损耗的一般表达式。

（1）空载起动时过渡过程的能量损耗。

此时，$s_b = 1$，$s_s = 0$，代入式（3—165）得

$$\Delta W_{st} = \frac{1}{2} J \omega_1^2 \left(1 + \frac{r_1}{r_2}\right) \tag{3—166}$$

（2）空载两相反接制动时过渡过程的能量损耗。

此时，$s_b = 2$，$s_s = 1$，代入式（3—165）得

$$\Delta W_{st} = \frac{1}{2} J \omega_1^2 \left(1 + \frac{r_1}{r_2}\right)(2^2 - 1) = \frac{3}{2} J \omega_1^2 \left(1 + \frac{r_1}{r_2}\right) \tag{3—167}$$

（3）在空载情况下进行能耗制动的过渡过程能量损耗。

在空载情况下进行能耗制动的过渡过程能量损耗为

$$\Delta W_T = \frac{1}{2} J \omega_1^2 \left(1 + \frac{r_1}{r_2}\right) \tag{3—168}$$

由式（3—166）～式（3—168）可知，异步电动机过渡过程的能量损耗都与系统运动部分的转动惯量和异步电动机同步转速有关，即与系统所储存的动能有关。这一点与直流电动机过渡过程的能量损耗是一样的，所不同的是异步电动机的转子铜损与转子电阻无关，定子铜损与定子电阻 r_1 和转子电阻 r_2' 的比值有关，当 r_2' 较大时，定子铜损较小。因此，绕线式异步电动机转子回路串电阻时，不仅能使定子铜损减少，也使相当一部分转子的铜损发生在外串电阻上，从而减少电机内部的发热。对于鼠笼式异步电动机，由于 r_1、r_2' 是固定的，因此，定子和转子过渡过程中的铜损都比较大，所以电机发热比较严重。

3.7.4 减少过渡过程能量损耗的方法

由于异步电动机过渡过程损耗与直流电动机相似，因此，可采用与直流电动机相似的办法减少异步电动机过渡过程中的能量损耗，一般可以考虑以下措施：

（1）减少系统所储存的动能。

对于需要经常起动和制动的电动机，可以采用细长转子的异步电动机，或采用双电动机共同拖动，以减小拖动系统的转动惯量，适当地选择电动机的额定转速，即选择合适的转速比也是有效的办法。

（2）合理地选择起动和制动方式。

采用改变同步转速 n_1 的起动方法可以减少起动过渡过程中的能量损耗，如采用改变极对数起动时由多极对数向少极对数改变，或采用变频起动，都能减少起动过程的能量损耗。

尽量采用能耗制动，尤其对频繁起动和制动的电动机，采用反接制动将使电动机发热严重，甚至会损坏电动机。

（3）合理地选择电动机的额定参数。

增大转子电阻可以使定子损耗降低，对鼠笼式异步电动机，可以选择转子电阻较大，即高转差率的异步电动机；对绕线式异步电动机，可以在转子回路中外串适当的电阻，既可增加电磁转矩，缩短过渡过程时间，又可减少能量损耗。

小　结

本章主要讲述了交流电力拖动系统，内容包括现代电力拖动与交流电动机、三相异步电动机机械特性、起动、制动与调速，由于单相交流电动机的特殊性，本章没有作为讲述内容。三相异步电动机机械特性有三种描述形式，它们从不同的角度描述了异步电动机的外在特性，物理描述反映了电动机内电磁相互作用的物理本质，适用于电动机运行的定性分析；参数描述是在物理描述的基础上，通过近似等效电路得到的，适用于分析各种参数对电动机运行的影响；实用描述式则根据机械特性的特征，经过合理简化得到，适用于实际工程计算。异步电动机的机械特性是分析和计算异步电动机电力拖动系统各种运行状态的有力工具。

三相异步电动机机械特性不像直流电动机机械特性那样简单，其转速也常用转差率 $s = \frac{n_1 - n}{n_1}$ 来表示，应该重点掌握机械特性的几个特殊点，即同步点、额定点、临界点和起动点的参数，尤其是 n_1、T_m、S_m 和 T_{st} 等与电动机额定参数间的关系，特别要注意电源电压和转子回路电阻变化对异步电动机机械特性的影响。

三相异步电动机具有起动电流较大而起动转矩较小的特点，但是生产机械一般都要求起动转矩较大，电网又希望起动电流较小，从而构成了异步电动机起动的矛盾。过去曾经一度把直接起动的电动机容量限制在 10 kW 以下，但是在进入 21 世纪以后，我国电力工业快速发展，随着电网容量的增大，目前一般 100 kW 以下的小容量电动机都可以采用直接起动；对于 100 kW 以上的异步电动机，则要采取限制起动电流的措施，但是必须满足起动转矩的要求。对不同的负载特性要选择不同的起动方法，鼠笼式异步电动机主要采用降压起动，而绕线式异步电动机多采用转子电路串电阻起动。

三相异步电动机也有能耗制动、反接制动和回馈制动，其共同特点是电磁转矩与转速方向相反。应着重掌握三相异步电动机各种制动产生的条件、机械特性、功率关系及制动电阻的计算，要注意与直流电动机制动的情况比较，尤其要注意异步电动机进行能耗制动时必须外加直流励磁电源的道理和方法。

长期以来，一直认为异步电动机调速困难，因此，许多人长期从事这方面的研究，由 $n = \frac{60 f_1}{p}(1-s)$ 知，改变 p、f_1 和 s 都可改变电动机的转速，要掌握三相异步电动机各种调速方法的原理、机械特性、允许输出、调速特点及适用场合，特别是要重点掌握异步电动机的变频调速技术，掌握变频调速系统的组成结构和变频调速的原理与特点，了解变频器的主要品牌，了解变频调速技术的未来发展趋势。

电力拖动系统的动力学方程是分析交流电力拖动系统过渡过程的基本依据，只是由于三相异步电动机机械特性的复杂性，使解析分析在过去比较困难，但现在由于计算机技术的发展应用，完全可以根据不同的负载、不同的电动机类型采用不同的分析方法，在分析过程中可以与直流电动机进行对比。

习题 3

3-1 三相异步电动机机械特性有哪三种描述形式？各适用于什么场合？什么是固有机械特性和人为机械特性？

3-2 三相鼠笼式异步电动机的起动电流一般为额定电流的 $4\sim7$ 倍，为什么起动转矩只有额定转矩的 $0.9\sim1.3$ 倍？

3-3 异步电动机的最大转矩 T_m 和临界转差率 S_m 与哪些参数有关？受哪些参数影响最大？

3-4 三相异步电动机电磁转矩与电源电压大小是什么关系？如果电源电压比额定电压下降 30%，电动机的最大转矩 T_m 和起动转矩 T_s 将为多大？若电动机拖动的负载转矩不变，当电压下降后，其转速 n、定子电流 I_1、转子电流 I_2、主磁通 Φ_m、定子功率因数 $\cos\varphi_1$ 和转子功率因数 $\cos\varphi_2$ 如何变化？

3-5 三相鼠笼式异步电动机有哪几种起动方法？各有什么特点？

3-6 三相绕线式异步电动机有哪几种起动方法？各有什么特点？

3-7 是不是绕线式异步电动机转子回路串入电阻就能减少起动电流、增大起动转矩？若转子回路串入电抗，是否也能增加起动转矩？

3-8 如何从转差率 s 的数值区分异步电动机的运行状态？

3-9 异步电动机有哪几种制动方式？各种制动的条件是什么？

3-10 为使异步电动机快速停车，可采用哪种方法制动？制动电阻如何计算？

3-11 在什么情况下异步电动机进入回馈制动状态？

3-12 变频调速的一般控制规律是什么？

3-13 有一台绕线式异步电动机，$P_N = 75$ kW，$n_N = 700$ r/min，$I_{1N} = 148$ A，$\eta_N = 91\%$，$\cos\varphi_{1N} = 0.85$，$\lambda_m = 2.4$，$E_{2N} = 215$ V，$I_{2N} = 220$ A，求：

(1) 临界转差率 S_m 和最大转矩 T_m；

(2) 用实用表达式计算并绘制固有机械特性。

3-14 有一台鼠笼式异步电动机，铭牌数据为：$U_{1N} = 380$ V，$I_{1N} = 20$ A，$n_N = 1400$ r/min，$K_I = \dfrac{I_{1st}}{I_{1N}} = 8$，$K_m = \dfrac{T_{st}}{T_N} = 1.5$，$\lambda_m = 2$，求：

(1) 若要保证满载起动，电网电压不得低于多少伏？

(2) 用 Y-△ 起动时起动电流是多少？能否带半载起动？

（3）用自耦变压器在半载下起动，起动电流是多少？

3−15　一台绕线式异步电动机，$U_{1N}=380$ V，$n_N=1000$ r/min，$f_1=50$ Hz，定子和转子绕组均为 Y 接法，$r_1=2\ \Omega$，$x_1=3\ \Omega$，$r_2'=1.5\ \Omega$，$x_2'=4\ \Omega$，求：

（1）转子回路串电阻起动，为使起动转矩最大，转子每相应串入多大电阻？

（2）若使负载转矩为额定时的转速为 600 r/min，转子每相应串入多大电阻？

3−16　有一台鼠笼式异步电动机，$P_N=7.5$ kW，$U_{1N}=380$ V，$I_{1N}=15.4$ A，$n_N=1400$ r/min，$\lambda_m=2.8$，该电动机拖动一正反转生产机械。设电网电压为额定值，正转时带额定负载运行，如果采用定子两相反接制动，然后进入反转，反转时电动机负载转矩为 $0.5T_N$，利用机械特性计算：

（1）反接制动瞬间的制动转矩；

（2）电动机能否反转？反转后的稳定转速是多少？

（3）作出正、反转时的机械特性及负载特性，标出工作点的变化过程。

第 4 章　电动机的选择

4.1　电动机选择的一般原则

在设计电力拖动系统时，电动机的选择是一项非常重要的内容，它包括电动机的类型、额定电压、额定转速及容量等的选择。

电动机选择的依据，首先要按照生产机械对电力拖动提出的具体要求和工作情况来确定应该选择何种类型的电动机，然后根据生产机械的实际负载确定所需要的电动机的容量，所以，选择电动机可归纳为以下两个方面。

4.1.1　电动机种类、型式、电压和转速的选择

4.1.1.1　电动机种类的选择

所谓电动机种类，是针对电动机适用电源而言的，即是指选直流电动机还是选交流电动机。

直流电动机又分为他励、并励、串励和复励。交流电动机则分为鼠笼式异步电动机、绕线式异步电动机和同步电动机。电动机种类的选择主要从生产机械对调速的要求，如调速范围、调速平滑性、静差率、低速性能和工作效率等方面来考虑。一般遵循如下准则：

（1）凡不需调速的电力拖动系统，首先考虑选择交流电动机，尤其是选用价格比较便宜、维修方便的鼠笼式异步电动机。但对于长期工作、容量较大又不需要调速的电力拖动系统，如空压机、大型风机、加压泵、球磨机等，可选同步电动机，以改善电源功率因数。

（2）对某些起动转矩要求较大，又不需调速的电力拖动系统，如纺织机械、皮带运输机等，可选择高起动转矩的鼠笼式异步电动机；要求起动转矩大，又需要小范围调速的电力拖动系统，如起重机、矿井提升机等，可选用绕线式异步电动机。

（3）对于要求平滑调速，但调速范围不大的电力拖动系统，如精密纺织、造纸等机械，可选用电磁滑差离合器调速电机及采用串级调速、变频调速的异步电动机。

（4）对调速范围要求宽、平滑性要求高，但拖动容量不太大的电力拖动系统，应选用直流电动机。

（5）对于调速范围要求宽、平滑性要求高且拖动容量大的电力拖动系统，则选择交流电动机，采用变频调速技术。

实际上，随着计算机技术、电力电子技术和电力电子器件的发展，交流电机变频调速已经完全达到甚至超过了直流电机调速，无论拖动系统的容量大小，都可以完全代替直流电力拖动系统。

4.1.1.2 电动机型式的选择

所谓电动机型式，是指电动机的工作制、电动机的结构型式和电动机的防护型式。选择的依据应该包括以下三个方面：

（1）按照所拖动的负载工作性质来确定选择电动机的工作制。分别选择连续工作制、短时工作制和周期连续工作制的电动机。

（2）根据电动机的安装位置和与工作机械的配合情况选择电动机的结构型式。电动机的结构分卧式和立式两种，一般选择卧式；只有在要求简化传动装置又必须垂直运转时，如立式深井泵等，才选择立式电动机。还要根据拖带负载情况，选择单方向轴伸出或双方向轴伸出。

（3）依据电动机的工作环境选择电动机的防护型式。为了防止周围环境中的粉尘、盐雾、水气等损坏电机，或者因为电机运行及内部故障时影响周围环境，甚至造成人身和财产安全，应分别选择防护式、封闭式和防爆式电动机；如果安装运行环境没有任何特殊要求，可以选择开启式电动机，它的散热情况比较好。

4.1.1.3 电动机额定电压的选择

电动机额定电压的选择主要由电动机安装工作点的电源条件决定。我国标准规定：工厂和车间用低压电网，交流电压为 380 V，直流电压为 220 V。中小型异步电动机的额定电压为 220 V/380 V（△/Y 接法）或 380 V/660 V（△/Y 接法），只有功率较大时，车间电网供电电压为 6 kV 或 10 kV 时才选用 3 kV、6 kV，甚至 10 kV 的高压电机。直流电动机额定电压一般为 220 V 或 110 V，大功率直流电动机电压可以提高到 600 V～800 V，甚至可达 1000 V；当直流电动机由电力电子变流装置电源供电时，也可选用专门为其配套设计的直流电动机。现代工业设备，由于驱动力矩较大，同时为了减小电动机的体积，节约有色金属，降低制造成本和电动机价格，采用大容量高电压电动机的越来越多，例如在石油行业中的各个油田大量使用的大型注水站的水泵电机，电动机容量一般都在 1000 kW 以上，额定电压在 1 kV 以上。

4.1.1.4 电动机额定转速的选择

电动机额定转速的选择关系到电力拖动系统的经济性和运行效率。应从以下两个方面来考虑：

（1）初投资。额定转速越高，电机本身的体积、重量和成本越小，占地面积也小。但是生产机械的转速是一定的，电动机转速高，为了与生产机械匹配，就必须安装减速机构，而且电动机的转速越高，减速级数就越多，减速机构就越庞大，传动机构越复杂，不仅会使这个设备的体积增大，而且传递效率降低，能量损耗增大。因此，电动机额定转速的选择必须兼顾电机与机械两个方面的因素，统筹考虑。

（2）运行费用。电动机理想空载转速的高低关系到电机过渡过程的能量损耗，因此，额定转速的选择直接影响运行的经济性和运行效率。

在选择额定转速时，要对上述两方面进行论证，以确定适合的方案。一般来说，应遵循以下原则：

（1）对于连续工作，很少进行起、制动或反转的电力拖动系统，主要从初期投资、占地面积及维护费用等方面考虑。

（2）对于一些虽然经常起动、制动或反转，但过渡过程时间对生产效率影响不大的电力拖动系统，可以综合考虑初期投资和过渡过程损耗最小两方面因素。

（3）对于经常起动、制动或反转运行，而且过渡过程时间对生产效率有明显影响的电力拖动系统，主要从过渡过程能量损耗最小考虑。

4.1.2　电动机容量的选择

容量的选择是电动机选择的核心内容。合理地选择电动机容量是电力拖动系统工作可靠运行和经济运行的保证。如果电动机容量选得过大，不仅使初期投资高，占地面积大，而且电动机经常处于欠负载运行，效率低。对于异步电动机，还会带来功率因数低、运行费用高、经济性差等问题。而电动机容量选小了，电动机在正常工作时就可能处于过负载状态，使电动机发热恶劣，不仅影响电动机的使用寿命，而且容易损坏电动机。所以，经济、合理地选择电动机容量，对电力拖动系统有十分重要的意义。

选择电动机容量时，主要考虑电机发热、过载能力与起动能力三方面因素，其中以发热最为重要。但是在实际工作中，一般并不需要去进行严格地计算，更多的是凭经验，从可靠性和安全运行考虑，充分考虑余量，适当选择比负载大一些的电动机即可。

4.1.2.1　电动机的发热

电动机的发热是在实现电能与机械能的转换过程中，电动机内部产生损耗所引起的。发热使电动机温度升高，这就使电动机内部各元件承受较高的温度。电动机主要是由铁、铜、绝缘材料三大类材料构成的，其中以绝缘材料耐热性最差。因此，绝缘材料的耐热程度就成为确定电机容量的决定性因素。

由于电动机工作的环境温度各不相同，为了统一，我国电工标准规定空气温度或冷却介质温度不应超过 $40℃$，因此在电机的设计和使用当中使用了温升的概念，即电动机温度高出标准冷却介质温度 $40℃$ 的差值。显然，使用不同的绝缘材料的电动机，其最高允许温升是不同的。电动机铭牌上所标的温升是指所用绝缘材料的最高允许温度与 $40℃$ 之差，或称为额定温升。列如，国产 Z2—72 型直流电动机用的是 E 级绝缘，其最高允许温度是 $120℃$，所以其铭牌上标的温升是 $80℃$。我国按最高允许工作温度不同，将绝缘材料分为 5 个等级，常用的绝缘材料耐热情况见表 4—1。

表 4—1　常用绝缘材料等级及耐热情况

等级	绝缘材料	最高允许温度（℃）	最高允许温升（℃）
A	经过浸渍处理的棉、丝、纸及沥青、酚醛、油溶性漆包线等	105	65

等级	绝缘材料	最高允许温度（℃）	最高允许温升（℃）
E	环氧树脂漆、聚酯薄膜、青壳纸以及高强度的漆包线等	120	80
B	含有胶合物的石棉、云母、玻璃纤维制成材料	130	90
F	用耐热优良的环氧树脂粘合或侵蚀过的云母、石棉和玻璃纤维组合物等	155	115
H	硅有机漆、硅橡胶及硅有机树脂浸渍过的云母、石棉和玻璃纤维的组合物等	180	140

当电动机工作温度不超过所用绝缘材料的最高允许温度时，绝缘材料的寿命较长，可达 20 年以上；反之，如果工作温度长期超过上述最高允许温度，则绝缘材料就会加速老化、变脆，缩短电动机的寿命，严重时，绝缘材料将碳化、变质、失去绝缘性能，从而导致电动机烧毁。如以 A 级绝缘材料为例，其实际温度超过最高允许温度每上升 8℃，绝缘材料的寿命将缩短一半。因此，为了保证电动机长期安全运行，其最高工作温度 t_w 不得超过所用绝缘材料的最高允许温度 t_m，即

$$t_w \leqslant t_m \tag{4-1}$$

在研究电动机发热时，通常只考虑电动机实际温升，也就是电机实际温度 t_w 与环境温度 t_0 之差，即

$$\tau = t_w - t_0 \tag{4-2}$$

式中，我国标准规定，环境温度 $t_0 = 40℃$。

而电动机所用绝缘材料的最高允许温度 t_m 与规定的标准环境温度 t_0 的差值就是电动机的最高允许温升 τ_m，即

$$\tau_m = t_m - t_0 \tag{4-3}$$

这样，式（4-1）又可以表示为

$$\tau \leqslant \tau_m \tag{4-4}$$

从上面分析可知，绝缘材料的最高允许温度（温升）是一台电动机带负载能力的限度，电动机的额定功率就代表了这种限度。我国标准规定，电动机的铭牌所标的额定功率是指在环境温度（或冷却介质）为 40℃，电动机带额定负载长期连续工作，稳定温度达到绝缘材料最高允许温度时的输出功率。

目前，电机已经广泛采用最高允许温度较高的 F、H 级绝缘材料。显然，这样可以在一定的输出功率下使电动机的重量和体积大为降低。

4.1.2.2　电动机的过载能力

选择电动机容量时，除考虑发热外，还需要考虑电动机的过载能力是否足够。各种电动机承受短时大负载能力都是有限的，这种短时大负载一般不会对电动机发热造成较大的影响，但危及电动机稳定运行。因此，要校验电动机的过载能力。

直流电动机的过载能力主要受换向条件的限制，允许的过载电流一般为 $(1.5 \sim 2.0)I_N$。因此，过载电流倍数一般取 $K_I = 1.5 \sim 2.0$。对于专用的起重机和轧钢

机电动机，取 $K_I = 2.5 \sim 3.0$。

异步电动机的过载能力主要受最大转矩的限制，考虑到电网电压降低时最大转矩要随电压的平方成比例下降，一般取过载倍数 λ 为

$$\lambda = (0.8 \sim 0.85)\lambda_T \qquad (4-5)$$

式中，$\lambda_T = \dfrac{T_M}{T_N}$。一般情况下，$\lambda_T = 1.6 \sim 2.2$。

对于同步电动机，$\lambda_T = 2.5 \sim 3.0$。

当电动机的过载能力不能满足要求时，必须选择过载能力较大或容量较大的电动机，以满足过载能力的要求。

4.1.2.3 电动机的起动能力

对于鼠笼型异步电动机，有时还必须进行起动能力的校验。如果该电动机的起动转矩 T_{st} 较小，在起动时低于负载转矩 T_L，则不能满足生产机械的要求，此时必须改选起动转矩较大的异步电动机或选功率较大的电动机。对于直流电动机和绕线式异步电动机，由于起动转矩是可调的，因此不存在对起动能力的校验问题。

4.2　电动机的发热与冷却

电动机在工作时要产生一定的损耗。这些损耗大多以热能的形式释放出来，除了一部分热量散到周围环境中去之外，余下的部分使电动机本身的温度升高。而当电动机停止工作时，电动机的温度也要随之降低。由于电动机所用绝缘材料的最高允许温度是电动机负载能力的限度，因此，研究电动机发热与冷却过程的基本规律是选择电动机容量的基础，十分重要。

4.2.1　电动机的发热过程

由于电动机是一个多种材料构成的复杂物体，要精确分析它的发热情况是较困难的。为计算简便且又符合工程实际情况，现作如下假设：

（1）电动机可看做是一个均匀体。

（2）电动机为热导率无穷大的物体，各部分的温升相同。

（3）电动机散发到周围介质的热量与温升成正比。

下面我们首先研究电动机在连续工作、负载不变时的发热情况。

设电动机在工作时由于内部损耗而在单位时间内产生的热量为 Q，则在 dt 时间内产生的热量为 Qdt，其中一部分热量散发到周围介质中去，其余热量则被电动机吸收，使其本身温度升高。若电动机原来的温升为 τ，经过 dt 时间温度升高 $d\tau$ 时，其热平衡方程式为

$$Qdt = Cd\tau + A\tau dt \qquad (4-6)$$

式中，C 为电动机热容量，表示电动机温度每升高 1℃所需的热量，单位是 J/℃；

A 为电动机的散热系数，表示电动机与介质温度相差 1℃时，单位时间内电动机向周围介质散发出的热量，单位是 J/(s·℃)，它与电动机表面积及表面散热系数有关。

将电动机的热平衡方程式（4—6）两端同除以 $A\mathrm{d}t$，经整理后得

$$\frac{C}{A}\frac{\mathrm{d}\tau}{\mathrm{d}t} + \tau = \frac{Q}{A} \tag{4-7}$$

令 $T = \dfrac{C}{A}$，这是电动机发热时间常数，单位是 s；$\tau_s = \dfrac{Q}{A}$ 单位是电动机稳定温升，单位是℃，则式（4-7）可改写为

$$T\frac{\mathrm{d}\tau}{\mathrm{d}t} + \tau = \tau_s \tag{4-8}$$

其解为

$$\tau = \tau_s(1 - \mathrm{e}^{-\frac{t}{T}}) + \tau_b\mathrm{e}^{-\frac{t}{T}} \tag{4-9}$$

式中，τ_b 为电动机的初始温升。

若电动机发热过程从周围环境温度开始，即 $\tau_b = 0$，式（4—9）变为

$$\tau = \tau_s(1 - \mathrm{e}^{-\frac{t}{T}}) \tag{4-10}$$

从式（4—9）、式（4—10）可知，电动机的温升是按指数规律变化的，其温升曲线如图 4—1 所示。

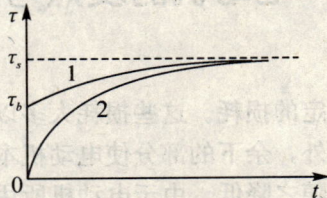

曲线1：$\tau_b \neq 0$；曲线2：$\tau_b = 0$

图 4—1　电动机发热过程温升曲线

对某些电动机，当负载一定时，其温升曲线决定于两个关键的物理量：一是发热时间常数 T，它表示电动机的热惯性，反映电动机温升变化的快慢程度，对小容量电动机，$T \approx 20 \text{ min} \sim 30 \text{ min}$，对大容量电动机，$T = 2\text{ h} \sim 3\text{ h}$；另一重要参数是稳定温升 τ_s，它表示电动机发热过程结束时，温度不再升高，即 $\mathrm{d}\tau = 0$，则式（4—6）可变为

$$Q\mathrm{d}t = A\tau_s\mathrm{d}t \tag{4-11}$$

显然，此时电动机在 $\mathrm{d}t$ 时间内发出的热量全部向周围介质散发掉，电动机不再吸收热量，其温度也自然不再升高了。若稳定温升 τ_s 小于或等于绝缘材料的允许温升，就能保证电动机连续运行而不会过热。因此有

$$\tau_m = \tau_{s\max} = \frac{Q_N}{A} = \frac{\Delta P_N}{A} \tag{4-12}$$

式中，ΔP_N、Q_N 分别表示电动机在额定功率下运行时的功率损耗和所产生的热量。

由电动机效率，可得到

$$\Delta P_N = P_N\left(\frac{1}{\eta_N} - 1\right) \tag{4-13}$$

将式（4-13）代入式（4-12）中，则有

$$P_N = \frac{\tau_m A \eta_N}{1 - \eta_N} \qquad (4-14)$$

由上式可知，对于同样尺寸的电动机，欲使其额定功率 P_N 提高，可从以下几个方面入手：

（1）提高电动机的额定效率 η_N，即采取措施降低电动机的损耗。

（2）提高散热系数 A。加大空气流通速度与散热表面积可使散热加快，因此电动机中广泛采用风扇（自带风扇的自扇冷式或另配通风机的他扇冷式）和带散热筋的机壳。在结构形式上，同样尺寸的开启式电动机，其额定功率比封闭式的大，因为前者的散热条件较好，其散热系数比后者的大。

（3）提高绝缘材料的允许温升 τ_m，即采用较高等级的绝缘材料。

4.2.2　电动机的冷却过程

当电动机负载减小、损耗减小或电动机断电停止工作时，电动机发热减少或停止，其温升开始下降，就发生电动机的冷却过程。冷却时的热平衡方程式形式上仍然如式（4-6），不过某些物理量的意义与式（4-6）中有所不同，即有

$$Q\mathrm{d}t = C\mathrm{d}\tau + A'\tau\mathrm{d}t \qquad (4-15)$$

式中，Q 表示单位时间内电动机向周围介质散出的热量；散热系数也因电机转速变低，所自带的风扇通风量减少，停转时甚至没有通风，使散热条件变差而有所降低，通常以 A' 表示电动机冷却过程的散热系数。冷却过程的温升变化与电动机发热时的温升变化有相同的规律，即

$$\tau = \tau_s(1 - \mathrm{e}^{-\frac{t}{T}}) + \tau_b \mathrm{e}^{-\frac{t}{T}} \qquad (4-16)$$

式中，τ_b 为冷却过程开始时的温升；

τ_s 为冷却过程结束时的温升；

$T' = \dfrac{C}{A'}$，为冷却时间常数，对自带风扇冷却的电动机，一般取 $T' = (2 \sim 3)T$；对外加强迫通风的电动机，取 $T' = T$。

当电机停止工作时，电动机最后冷却到环境温度，即 $\tau_s = 0$，式（4-16）变为

$$\tau = \tau_b \mathrm{e}^{-\frac{t}{T}} \qquad (4-17)$$

电动机的冷却曲线如图 4-2 所示。

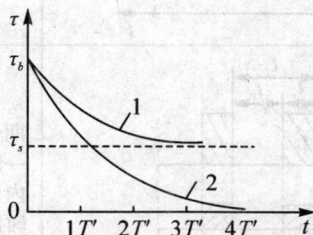

曲线 1：负载减小时；曲线 2：电机停止时

图 4-2　电动机冷却曲线

4.2.3 电动机的工作制

在选择电动机容量时，首先要知道生产机械在生产过程中负载对时间的变化关系，即 $I_L = f(t)$、$T_L = \varphi(t)$ 和 $P_L = \psi(t)$。按照此关系绘制的曲线称为生产机械的负载图。然后根据负载图，在产品目录上预选一台与其相适应的工作制和容量的电动机，再用此电动机的数据和生产机械的负载图求出电动机的负载图，即电动机在生产过程中的电流、转矩和功率对时间的关系曲线 $I_d = f(t)$、$T_d = \varphi(t)$ 和 $P_d = \psi(t)$。最后按照电动机的负载图对预选电动机进行发热校验，同时进行过载能力和起动能力的验算。如果校验和验算不合格，就必须重选一台电动机，直至合格为止。

尽管电动机的负载是各式各样的，工作情况也千差万别，电动机发热与冷却的情况也各不相同，但是，从其发热与冷却的规律看，还是有相似之处。人们根据负载持续时间的长短，将电动机分成不同的工作方式，以便在使用中合理地选择电动机的容量。按照国际电工委员会（IEC）34－1 号文件规定，电动机的工作方式分为 8 类，即 $s_1 \sim s_8$，如表 4－2 所示。

表 4－2 电动机工作制分类

工作方式	负载与温度	特　　点
s_1 连续工作制		在恒定负载下连续工作。在 t_w 工作时间内，温度已达到稳定值
s_2 短时工作制		在恒定负载下工作，时间 t_w 很短，温度 t 达不到稳定值，停止断电时间 t_0 很长，温度降到与周围介质温度之差在 2℃ 以内
s_3 断续周期性工作制		一系列相同的工作周期，每一周期包括一段恒定负载工作时间 t_w 和一段断电时间 t_0，在任何一个周期内，温度都达不到稳定值，停止断电时间也降不到周围介质温度，负载持续率为：$FC\% = \dfrac{t_w}{t_w + t_0} \times 100\%$

工作方式	负载与温度	特 　　点
s_4 包含起动在内的断续周期工作制		一系列相同的工作周期，每一周期包括一段有影响的起动时间 t_{st}、一段恒定负载工作时间 t_w 和一段停止断电时间 t_0，负载持续率为：$FC\% = \dfrac{t_w + t_{st}}{t_w + t_{st} + t_0} \times 100\%$
s_5 包括电制动的断续周期工作制		一系列相同的工作周期，每一周期包括一段起动时间 t_{st}、一段恒定负载工作时间 t_w、一段电气制动时间 t_b 和一段停止断电时间 t_0，负载持续率为：$FC\% = \dfrac{t_w + t_{st} + t_b}{t_w + t_{st} + t_b + t_0} \times 100\%$
s_6 连续周期工作制		一系列相同的工作周期，每一周期由一段恒定负载工作时间 t_w 和一段空载运行时间 t_{w0} 组成，负载持续率为：$FC\% = \dfrac{t_w}{t_w + t_{w0}} \times 100\%$

工作方式	负载与温度	特　　点
s_7 包括电制动的连续周期工作制		一系列相同的工作周期，每一周期由一段起动时间 t_{st}、一段恒定负载工作时间 t_w 和一段电气制动时间 t_b 组成，没有停止断电时间，负载持续率为：$FC\% = 1$
s_8 包括负载与转速相应变化的连续周期工作制		一系列相同的工作周期，每一周期由一段按预定转速恒定负载工作时间和一个或几个按另一转速（如变频调速）的恒定负载工作时间组成，没有停电时间

　　为了使用上的方便，根据我国的实际情况，把电动机分成三种工作制：连续工作制、短时工作制和断续周期性工作制。

4.2.3.1　连续工作制

　　连续工作制是指电动机持续工作时间很长，一般指持续工作时间 $t_w > (3\sim4)T$，即电动机工作时能够达到稳定温升 t_s，这种工作制也称为长期工作制。电动机铭牌上无特殊标注的均属于连续工作制电动机，如通风机、纺织机、水泵等，它的负载图与温升曲线如图 4－3（a）所示。

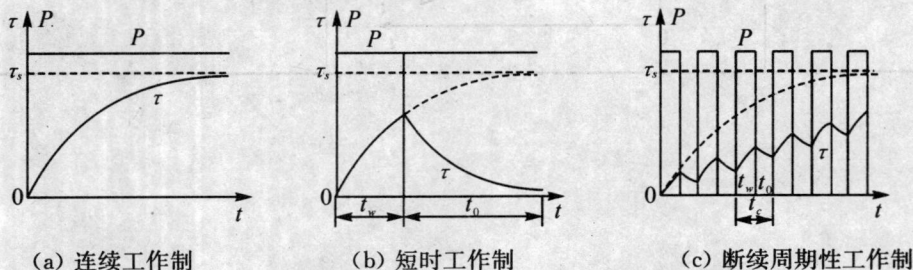

（a）连续工作制　　　　（b）短时工作制　　　　（c）断续周期性工作制

图 4－3　电动机在三种工作制下的功率与温升变化曲线

4.2.3.2　短时工作制

短时工作制是指电动机的工作时间 $t_w < (3\sim4)T$，而停歇时间 $t_0 > (3\sim4)T'$，因而工作时温升达不到稳定值. 而在停歇时，温度降到环境温度，即温升为零。机床夹紧装置、闸门、吊桥等就属于这类负载。其典型负载图及温升曲线如图 4-3（b）所示。我国短时工作制电动机的标准工作时间有 15 min、30 min、60 min 和 90 min 四种。

4.2.3.3　断续周期性工作制

断续周期性工作制指电动机工作与停歇交替进行，时间都较短，即 $t_w < (3\sim4)T$，$t_0 < (3\sim4)T'$。工作时温升达不到稳定值，停歇时温升也降不到零，但每经过一个工作循环，温升都有所提高，经过一段时间，温升在某一范围内波动。按我国标准规定，这种工作制每个工作周期 $t_c = t_w + t_0 \leqslant 10$ min，也称为重复短时工作制，其典型负载图及温升曲线如图 4-3（c）所示。

每个周期内工作时间所占的百分数称为负载持续率，也称暂载率，用 $FC\%$ 表示，即

$$FC\% = \frac{t_w}{t_w + t_0} \times 100\% \qquad (4-18)$$

我国规定的标准负载持续率有 15%、25%、40%、60% 四种。断续周期性工作制电动机的过载能力大，飞轮矩 GD^2 值小，机械强度好，适宜于频繁起动、制动，如电梯、起重机、自动机床等属于此类负载。

电动机容量的具体选择方法及其运转属于哪一类工作制，下面各节将分别介绍。

4.3　连续工作制下电动机容量的选择

连续工作制下电动机负载分为恒值负载和变化负载两类。恒值负载在工作时负载大小基本不变，如水泵、凤机等。变化负载在运行中负载变化较大，但大多数情况下具有周期性变化规律，如刨床、轧钢机等。对于这两类负载有不同的选择电动机容量的方法。

4.3.1　恒值负载下电动机容量的选择

对于恒值负载，只要使负载转矩 T_L 或负载功率 P_L 满足下式即可：

$$\frac{T_L n_N}{9550} \leqslant P_N \qquad (4-19)$$

或

$$P_L \leqslant P_N \qquad (4-20)$$

式中，P_N 为电动机额定功率，单位是 kW；

n_N 为电动机额定转速，单位是 r/min。

电动机额定功率是指在海拔高度不超过 1000 m，环境温度为 40℃，带动额定负载

长期工作时的输出功率。当环境温度与标准环境温度 40℃ 相差较大时，为了安全和充分利用电动机，在环境温度低于 40℃ 时电动机可以提高功率使用；而在环境温度高于 40℃ 时，对电动机输出功率可按如下两种方法进行修正。

4.3.1.1 计算法

设在 $t=40℃$ 时，电动机的稳定温升为 τ_{sN}，发热量为 Q_N，额定功率为 P_N；而在实际环境温度为 t_0 时，稳定温升为 τ_s，发热量为 Q，允许输出功率为 P。为了充分利用电动机，电动机在不同的环境温度下，都应达到绝缘材料的最高允许温度 t_m，即

$$\tau_{sN} + 40 = \tau_s + t_0 = t_m \tag{4-21}$$

由上式可知

$$\tau_{sN} = t_m - 40 = \frac{Q_N}{A} = \frac{\Delta P_N}{A} \tag{4-22}$$

$$\tau_s = t_m - t_0 = \frac{Q}{A} = \frac{\Delta P}{A} \tag{4-23}$$

式（4-23）除以式（4-22），可得到

$$\frac{t_m - t_0}{t_m - 40} = \frac{\Delta P}{\Delta P_N} \tag{4-24}$$

由电机学理论，我们可以得到

$$\begin{cases} \Delta P = p_0 + p_{Cu} = p_{CuN}\left(k + \dfrac{p_{Cu}}{p_{CuN}}\right) = p_{CuN}\left(k + \dfrac{I^2}{I_N^2}\right) \\ \Delta P_N = p_0 + p_{Cu} = p_{CuN}(k+1) \end{cases} \tag{4-25}$$

式中，P_{CuN} 为额定负载时的铜损（可变损耗）。

$k = \dfrac{P_0}{P_{CuN}}$ 为不变损耗（空载损耗）与额定负载下的可变损耗（铜耗）之比，其大小决定于电动机的结构与转速。对直流电动机，$k = 1.0 \sim 1.5$；对鼠笼式异步电动机，$k = 0.5 \sim 0.7$。

如果电动机的磁通保持不变（异步电动机还需要使 $\cos\varphi_2$ 也近似不变），可以认为电磁转矩与电流成正比，即

$$\frac{T}{T_N} = \frac{I}{I_N} \tag{4-26}$$

如果电动机转速不变，由 $P = T_N/9550$ 可知，电动机功率与电磁转矩成正比，即

$$\frac{P}{P_N} = \frac{T}{T_N} \tag{4-27}$$

联立式（4-24）～式（4-27），经整理化简后，可得到电动机在实际环境温度 t_0 时允许输出功率 P 的修正公式为

$$P = P_N\sqrt{\frac{t_m - t_0}{t_m - 40}(k+1) - k} \tag{4-28}$$

由式（4-28）可知，当 $t_0 > 40℃$ 时，$P < P_N$；当 $t_0 < 40℃$ 时，$P > P_N$。需要注意的是，国产电动机在规定额定功率时已考虑到季节间的温度变化，因此，只有环境温度**常年偏离** 40℃ 时，才需要对电动机允许的输出功率进行修正。

4.3.1.2　查表法

在工程实际中，当环境温度偏离 40℃时，也可按表 4-3 对电动机的输出功率进行修正。

表 4-3　不同环境温度下电动机功率的修正

环境温度（℃）	30	35	40	45	50	55
电动机功率增减百分数	+8%	+5%	0	-5%	-12.5%	-25%

环境温度低于 30℃，电动机功率一般也只增加 8%。

此外，还需注意电动机工作地区的海拔高度对电动机温升的影响。电动机用于海拔高度 1000 m 以内时，其功率不必修正，但当电动机用于海拔高度 1000 m 以上地点时，由于空气稀薄，散热条件变差，其输出功率也需作适当的修正。

例 4-1　有一台与电动机直接连接的国产 6SH-9A 型离心泵，其额定流量为 $Q=144\ m^3/h$，扬程 40 m，$n=2900\ r/min$，$\eta_p=75\%$，如果作为淡水泵使用，请选择电动机功率。

解：泵类生产机械的功率计算公式为

$$P_L = \frac{Q\rho H}{\eta_P \eta_j}$$

式中，Q 为泵的流量，单位是 m^3/s；

ρ 为液体密度，单位是 N/m^3，水的密度 $\rho=9800\ N/m^2$；

H 为扬程，或称水头，单位是 m；

η_P 为泵效率，低压离心泵的 $\eta_P=0.3\sim0.6$；高压离心泵的 $\eta_P=0.6\sim0.8$，活塞式离心泵的 $\eta_P=0.8\sim0.9$；

η_j 为传动装置效率，电动机与水泵直接相连时，$\eta_j=0.9\sim0.98$。

将已知数据代入上式，取 $\eta_j=0.96$，得

$$P_L = \frac{\frac{144}{3600} \times 9800 \times 40}{0.75 \times 0.96} = 21.78\ (kW)$$

选 $P_N \geqslant P_L$，电动机的额定转速与水泵对应的转速必须配合，因为两者直接连接，故电动机的 n_N 亦应为 $n=2900\ r/min$ 左右。于是，选择 Y-71-2 型三相异步电动机，其额定数据为 $P_N=22\ kW$，$U_N=380\ V$，$n_N=2940\ r/min$，为连续工作制。

4.3.2　变化负载下电动机容量的选择

4.3.2.1　变化负载下电动机容量选择的一般方法

电动机在变化负载下运行的特点是：输出功率不断地变化，因而电动机的损耗及温升也在不断变化，但经过一段时间后，电动机的温升达到一种稳定波动状态。

电动机工作实际情况属此类较多，例如自动车床在加工各道工序时，主轴电动机负载是变化的，显然按最大负载功率来选择电动机容量，电动机就不能充分利用；按最小负载功率来选择，电动机就要过载，会引起电动机温升过高。因此，电动机容量应介于

两者之间。在工程上常采用先预选电动机，然后进行校验的方法选择电动机容量。

变化负载下电动机功率选择的一般步骤如下：

（1）计算并绘制生产机械的负载图 $P_L = f(t)$ 或 $T_L = f(t)$。

（2）计算负载图的平均功率或平均转矩如下：

$$P_{Lav} = \frac{P_1\Delta t_1 + P_2\Delta t_2 + \cdots + P_n\Delta t_n}{\Delta t_1 + \Delta t_2 + \cdots + \Delta t_n} = \frac{\sum_{i=1}^{n} P_i\Delta t_i}{\sum_{i=1}^{n} \Delta t_i} \qquad (4-29)$$

$$T_{Lav} = \frac{T_1\Delta t_1 + T_2\Delta t_2 + \cdots + T_n\Delta t_n}{\Delta t_1 + \Delta t_2 + \cdots + \Delta t_n} = \frac{\sum_{i=1}^{n} T_i\Delta t_i}{\sum_{i=1}^{n} \Delta t_i} \qquad (4-30)$$

式中，P_i、T_i 分别表示负载图中第 i 时间段的负载功率和负载转矩。

（3）预选电动机功率，使电动机额定功率 P_N 满足下式：

$$P_N \geqslant (1.1 \sim 1.6)P_{Lav} \qquad (4-31)$$

或

$$P_N \geqslant (1.1 \sim 1.6)\frac{T_{Lav}n_N}{9550} \qquad (4-32)$$

式（4-31）、（4-32）中，系数（1.1~1.6）中数值较大者为过渡过程时间在整个工作过程所占比例较大者。查电动机产品样本，选择电动机。

（4）按所选电动机，进行电力拖动系统的动态和静态分析，并画出该电动机的负载图 $P = f(t)$ 和 $T = f(t)$。

（5）根据电动机负载图进行发热、过载及必要时的起动能力校验。

如果校验通过，而且电动机功率选择适当，则预选电动机成功；如果有一项校验未通过，需要重复进行上述步骤，直到满足条件为止。一般情况下，只要预选 1~2 次即可把电动机功率确定。在有些情况下，上述步骤可以合并或简化。

下面着重介绍校验发热的方法。

4.3.2.2 电动机的热校验

预选的电动机在拖动断续周期性负载时，确定其温升是否超过它的允许值，只要先求出电动机的温升曲线，电动机的最大稳定温升小于其允许温升即可满足发热要求。在已知电动机损耗曲线 $\Delta P = f(t)$、电机散热系数 A 和发热、散热时间常数的情况下，即可按照式（4-10）和式（4-16）计算各时间段的温升，最后画出温升曲线 $\tau = f(t)$。这种方法称为温升曲线法。但是，在进行上述计算时，A、A'、C 等参数难于准确确定，温升曲线计算比较困难，其选择的方法，工程上常采用平均损耗法和等效法进行热校验。

1）平均损耗法

当电动机带动断续周期性负载工作时，其稳定温升将在一定范围内波动。当工作时间 $t_w < 10$ min 而发热时间常数较大时，即 $T \gg t_w$ 时，其稳定温升的波动范围是不大的。这时可用平均温升 τ_{av} 代替上下波动的温升。对热平衡方程式（4-6）两边同时求积分，得

$$\int_0^{t_c} Q \, \mathrm{d}t = \int_0^{t_c} \Delta P \, \mathrm{d}t = \int_0^{t_c} C \, \mathrm{d}\tau + \int_0^{t_c} A\tau \, \mathrm{d}t \qquad (4-33)$$

式中，t_c 为单个工作周期。在电动机处于稳定循环时，循环开始的温升 τ_{sb} 与循环终了的温升 τ_{ss} 是相等的，于是有

$$C \int_{\tau_{sb}}^{\tau_{ss}} \mathrm{d}\tau = 0$$

式（4-33）变为

$$\int_0^{t_c} Q \, \mathrm{d}t = \int_0^{t_c} \Delta P \, \mathrm{d}t = \int_0^{t_c} A\tau \, \mathrm{d}t \qquad (4-34)$$

因此，稳定循环的平均温升为

$$\tau_{av} = \frac{\int_0^{t_c} \tau \, \mathrm{d}t}{t_c} = \frac{\int_0^{t_c} \Delta P \, \mathrm{d}t}{A t_c} = \frac{Q_{av}}{A} \qquad (4-35)$$

上式说明，平均损耗 ΔP_{av} 所对应的稳定温升 Q_{av}/A 正好等于变化负载稳态循环的平均温升 τ_{av}。这样，我们可以用平均损耗功率 ΔP_{av} 来校验电动机的发热。

如果给出的功率负载图为 $P = f(t)$，则应改为 $\Delta P = f(t)$，ΔP 与 P 之间的关系为

$$\Delta P_i = \frac{P_i}{\eta_i} - P_i \qquad (4-36)$$

式中，ΔP_i 为第 i 段的损耗功率；P_i 为第 i 段的输出功率；η_i 为输出功率为 P_i 时的效率，其值可由电动机的效率曲线查到。

这样，变化负载下的平均损耗为

$$\Delta P_{av} = \frac{\sum_n P_i t_i}{\sum_n t_i} \qquad (4-37)$$

当

$$\Delta P_{av} \leqslant \Delta P_N = \left(\frac{1}{\eta_N} - 1\right) P_N \qquad (4-38)$$

时，说明平均温升低于电动机允许温升，发热校验通过。

如果 $\Delta P_{av} > \Delta P_N$，说明预选电动机功率太小，发热校验通不过，需要重新选择功率较大的电动机，再进行发热校验。

如果 $\Delta P_{av} \ll \Delta P_N$，说明预选电动机功率太大，电动机得不到充分利用，需改选功率较小的电动机，重新进行发热校验。

基于平均温升 $t_{av} \leqslant \tau_N$ 的平均损耗法，原则上可以用于各种电动机的发热校验。但这种方法必须要先知道电动机的效率曲线，而且计算非常复杂，工作量大。因此，工程上常采用更为方便、实用的等效法。

2）等效法

所谓等效法就是在平均损耗法的基础上，通过合理简化，得出更为简单、实用的热校验方法。等效法有等效电流法、等效转矩法和等效功率法。

（1）等效电流法。

由上述可知，对任一负载段，电动机的损耗为

$$\Delta P_i = P_0 + P_{Cui} \tag{4-39}$$

式中，P_0 为不变损耗；

P_{Cui} 为可变损耗。一般认为 P_{Cui} 与电流的平方成正比，即 $P_{Cui} = I_i^2 r$。

这时，式（4-39）变为

$$\Delta P_i = P_0 + I_i^2 r \tag{4-40}$$

将式（4-40）代入式（4-37），并假设电动机在各种负载下不变损耗 P_0 和电阻 r 不变时，有

$$\Delta P_{av} = \frac{\sum\limits_n (P_0 + I_i^2 r) t_i}{\sum\limits_n t_i} = P_0 + \frac{r \sum\limits_n I_i^2 t_i}{\sum\limits_n t_i} \tag{4-41}$$

化简，得

$$I_{eq} = \sqrt{\frac{\sum\limits_n I_i^2 t_i}{\sum\limits_n t_i}} \tag{4-42}$$

式中，I_{eq} 为等效电流。实际上这是按照损耗相等的原则，用一个不变的等效电流代替变化的负载电流 $I = f(t)$ 得出的。当 $I_{eq} \leqslant I_N$ 时，满足发热要求。

应当注意，等效电流法是在平均损耗法的基础上，假定各种负载下的不变损耗和电动机主电路电阻 r 不变的情况下得到的。若不满足这两个条件，例如深槽式和双鼠笼式异步电动机，在起动、制动时转子电阻及铁损均在变化，就不宜采用等效电流法，而只能利用平均损耗法。

（2）等效转矩法。

有时已知的不是负载电流图，而是转矩图。如果电动机的气隙磁通 Φ 保持不变（对于异步电动机，还要保持 $\cos\varphi_2$ 不变），电磁转矩 T 与负载电流成正比，这样，便可用等效转矩 T_{eq} 代替等效电流 I_{eq}。

如令 $T_i = KI_i$，将式（4-42）两边同乘以 K，得

$$KI_{eq} = \sqrt{\frac{\sum\limits_n (KI)_i^2 t_i}{\sum\limits_n t_i}} = \sqrt{\frac{\sum\limits_n T_i^2 t_i}{\sum\limits_n t_i}} = T_{eq} \tag{4-43}$$

如果预选电动机的额定转矩 $T_N \geqslant T_{eq}$，则发热校验通过。T_N 可由预选电动机的额定功率 P_N 及额定转速 n_N 算出，即

$$T_N = 9550 \frac{P_N}{n_N} \tag{4-44}$$

由于等效转矩法由等效电流法推导得出，因此上述对后者应用条件的限制同样适用于前者，而且还要附加 T 与 I 成正比的条件限制。如果 T 与 I 不成正比（如在直流电动机工作周期中包括减弱励磁阶段，或异步电动机轻载且励磁电流较大时），则不能直接应用等效转矩法，而应将 $T = f(t)$ 改绘成 $I = f(t)$，而后利用等效电流法进行热校验；或者对 T 与 I 不成正比的负载段（如第 i 段）的转矩 T_i 进行修正，再将修正后能

反映电动机发热的转矩代入式（4-43）进行热校验。

下面首先以直流电动机弱磁调速为例来讨论电磁转矩的修正方法。

当负载转矩一定时，直流电动机的电枢电流必然与气隙磁通成反比，即

$$I' = \frac{\Phi_N}{\Phi'} I_N \tag{4-45}$$

式中，Φ'、I' 分别为弱磁调速时的磁通和电枢电流。

如果直流电动机弱磁调速时电枢电压不变，当忽略电枢电阻压降时，有

$$U_a \approx C_e \Phi_N n_N = C_e \Phi' n'$$

$$\frac{\Phi_N}{\Phi'} = \frac{n'}{n_N} \tag{4-46}$$

于是有

$$T' = T_N \frac{n'}{n_N} \tag{4-47}$$

式中，n' 为磁通减弱时的转速，n_N 为额定转速（额定磁通时）。

必须指出，式（4-47）仅适用于因 Φ 减弱而使 $n > n_N$ 的情况；而不适用于降压调速而使 $n < n_N$ 的区段，此时因 $\Phi = \Phi_N$，所以转矩不用修正。有了修正转矩 T' 之后，重新按式（4-43）计算等效转矩后再进行热校验。

对于交流异步电动机，特别是有些电动机的空载电流较大，当负载极小接近空载时，转矩 T 与转子电流的折算值虽成正比，但与定子电流极不成比例，此时必须对 T 进行修正。修正的方法是：如果有电动机的定子电流 I_1（一般是 I_1/I_{1N}）对转矩 T（一般是 T/T_N）的特性曲线，则可按此曲线查出对应于 T_i/T_N 的 I_{1i}/I_{1N} 的数值，而后将 T_i 修正为 $T_i' = T_i(I_{1i}/I_{1N})$；如果没有上述曲线，则当负载极小，接近空载时，可设置 $T_i' = T_i(I_0/I_{1N})$，其中 I_0 为空载电流。

（3）等效功率法。

当电动机在各种负载下的转速不变时，电机功率与转矩成正比，由式（4-43）可得

$$\frac{T_{eq} n}{9550} = \sqrt{\frac{\sum\limits_n T_i^2 n^2 t_i}{9550^2 \sum\limits_n t_i}} = \sqrt{\frac{\sum\limits_n P_i^2 t_i}{\sum\limits_n t_i}} = P_{eq} \tag{4-48}$$

上式即为等效功率。如果已知功率负载图 $P = f(t)$，即可按式（4-48）计算出等效功率。当 $P_{eq} \leqslant P_N$ 时，预选的电动机满足发热要求。

应当注意，只有在各种负载下电动机转速不变时，才能应用等效功率法。如果功率图中转速有变化（如电动机起动、制动或调速），应对功率进行修正，用修正后的功率进行电动机发热校验。考虑 $n < n_N$ 的负载段，其功率为 P_i，如果使转速从 n 提高到 n_N，必然会增加电磁转矩，电机功率也增加，且有

$$P_i' = \frac{n_N}{n} P_i \tag{4-49}$$

式中，P_i' 为转速变化时修正到额定转速下的功率。

式（4-49）不适合直流电动机因弱磁调速引起的转速变化对功率的修正，其原因

是 Φ 下降时，n 上升，由于

$$P = \frac{Tn}{9550} = \frac{C_m \Phi I_a n}{9550}$$

而电枢电压 $U \approx C_e \Phi n =$ 常数，说明功率不因转速变化而变化，不必进行修正。

上述三种等效法均是由平均损耗法且在一定前提下导出的，用等效法校验发热，其依据都是平均温升 $\tau_{av} \leqslant \tau_m$，在实际使用时一定要注意使用条件。

电动机满足发热条件后，还要进行过载能力和起动能力的校验。

3）有起动、制动及停歇过程时校验发热公式的修正

一个周期内的负载变化常包括起动、制动、停歇等过程，其负载示意图如图 4-4 所示。当电动机采用自带风扇冷却时，在起动、制动及停歇过程中，散热条件将变差，电动机实际温升将升高。这时，应将平均损耗或等效电流、等效转矩和等效功率提高一些，以反映散热条件变差的影响。为此，在式（4-37）、式（4-42）、式（4-43）和式（4-48）中的分母上，将对应于起动、制动的时间乘以系数 α，将对应于停歇的时间乘以系数 α_0。α 和 α_0 均为小于 1 的系数，对于直流电动机，$\alpha = 0.75$，$\alpha_0 = 0.5$；对于异步电动机，$\alpha = 0.5$，$\alpha_0 = 0.25$。

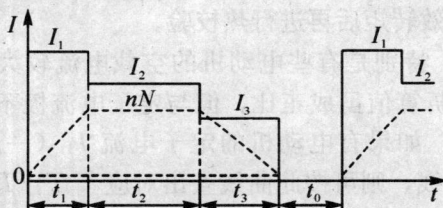

图 4-4 有起动、制动及停歇过程的负载图

以图 4-4 的等效电流计算为例，考虑起动、制动及停歇过程散热变差影响的计算式为

$$I_{eq} = \sqrt{\frac{I_1^2 t_1 + I_2^2 t_2 + I_3^2 t_3}{\alpha(t_1 + t_3) + t_2 + \alpha_0 t_4}} \tag{4-50}$$

4）等效法在非恒定变化负载下的应用

非恒值变化负载电流图如图 4-5 所示。如果已知电流随时间变化的函数，则可用求积分的方法求其等效值。设负载电流函数为 $i(t)$，则等效电流为

$$I_{eq} = \sqrt{\frac{\int_0^t i^2(t) \mathrm{d}t}{t}} \tag{4-51}$$

如果负载电流难于用数学表达式描述或数学表达式十分复杂，也可用直线逐段逼近负载曲线。这样，就把一个曲线下的面积变成了若干个三角形、矩形、梯形面积的总和，如图 4-5 中的虚线所示。

对于每一个矩形，可直接应用前面介绍的方法计算它的等效值；对于三角形和梯形的等效值计算方法，还需要作进一步讨论。

图 4-5 中的第一段为三角形负载图，虚线电流按直线规律变化，即

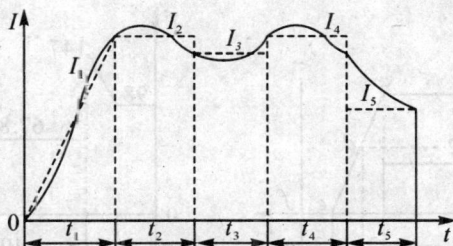

图 4-5　用直线代替曲线变化的负载图

$$i(t) = \frac{I_1}{t_1} t \qquad (4-52)$$

将上式代入式（4-51）中，得三角形负载的等效值，即

$$I_{1eq} = \sqrt{\frac{\int_0^{t_1} \left(\frac{I_1}{t_1} t \right)^2 \mathrm{d}t}{t_1}} = \frac{I_1}{\sqrt{3}} \qquad (4-53)$$

用类似方法可以求出第五段（梯形负载）的等效值为

$$I_{5eq} = \sqrt{\frac{\int_0^{t_5} \left(I_4 - \frac{I_4 - I_5}{t_5} t \right)^2 \mathrm{d}t}{t_5}} = \sqrt{\frac{I_4^2 + I_4 I_5 + I_5^2}{3}} \qquad (4-54)$$

这样，便可应用式（4-42）计算图 4-5 的等效电流。

显然，上述以等效电流法为例导出的三角形及梯形线段变化的等效值，同样适用于等效转矩及等效功率法。

例 4-2　一台他励直流电动机，$P_N = 7.5 \mathrm{kW}$，$n_N = 1000 \mathrm{r/min}$，电动机采用 A 级绝缘，其不变损耗与额定可变损耗各占总损耗的一半，在环境温度 40℃下运行，其一个周期的转矩负载图如图 4-6 所示。试求：

(1) 自扇冷却时进行热校验；

(2) 他扇冷却时进行热校验；

(3) 若发热通不过，在多少环境温度下电动机才能连续运行？

解：从图 4-6（a）所示的转速曲线可见，可以把电动机在一个周期内的运行分为 6 个阶段：$0a$ 为起动阶段；ab 为弱磁加速阶段；bc 为高速稳定运行阶段；cd 为增磁降速阶段；de 为制动停车阶段；ef 为停歇阶段。其中，$abcd$ 段的转速均高于额定转速，因此，必须对转矩进行修正，修正后的转矩负载图如图 4-6（b）所示。由于 ab 和 cd 两段的转速是变化的，修正后的转矩曲线是梯形。应该按修正后的转矩负载图进行热校验。

直流电动机的额定转矩为

$$T_N = 9550 \frac{P_N}{n_N} = 9550 \frac{7.5}{1000} = 71.6 (\mathrm{N \cdot m})$$

(1) 当自扇冷却时，有

$$T_{eq} = \sqrt{\frac{T_{0a}^2 t_1 + T_{ab}^2 t_2 + T_{bc}^2 t_3 + T_{cd}^2 t_4 + T_{de}^2 t_5}{\alpha_1 (t_1 + t_5) + t_2 + t_3 + t_4 + \alpha_0 t_b}}$$

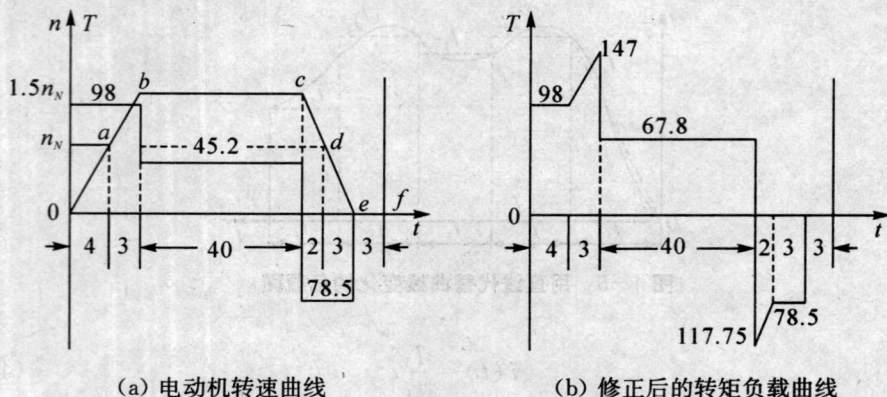

（a）电动机转速曲线　　　　（b）修正后的转矩负载曲线

图 4-6　直流电动机转矩负载图

其中

$$T_{0a}^2 t_1 = 98^2 \times 4 = 38416$$

$$T_{ab}^2 t_2 = \frac{98^2 + 98 \times (98 \times 1.5) + (98 \times 1.5)^2}{3} \times 3 = 45619$$

$$T_{bc}^2 t_3 = (45.2 \times 1.5)^2 \times 40 = 183873.6$$

$$T_{cd}^2 t_4 = \frac{(78.5 \times 1.5)^2 + (78.5 \times 1.5) \times 78.5 + 78.5^2}{3} \times 2 = 19513.8$$

$$T_{de}^2 t_5 = 78.5^2 \times 3 = 18486.8$$

$$T_{eq} = \sqrt{\frac{38416 + 45619 + 183873.6 + 19513.8 + 18486.8}{0.75(4+3) + 3 + 40 + 2 + 0.5 \times 3}} = 76.9$$

因 $T_{eq} > T_N$，不满足发热要求。

（2）当他扇冷却时，有

$$T_{eq} = \sqrt{\frac{38416 + 45619 + 183873.6 + 19513.8 + 18486.8}{4 + 3 + 40 + 2 + 3 + 3}} = 74.6$$

又因 $T_{eq} > T_N$，亦不能满足发热要求。

（3）A 级绝缘最高允许温度为 105℃，根据

$$T_{eq} = T_N \sqrt{\frac{t_m - t_0}{t_m - 40}(k+1) - 1}$$

自扇冷却时，有

$$t_0 = t_m - \left(\frac{T_{eq}^2}{T_N^2} + 1\right)\frac{t_m - 40}{k+1} = 105 - \left[\left(\frac{76.9}{71.6}\right)^2 + 1\right]\frac{105 - 40}{1 + 1} = 35℃$$

他扇冷却时，有

$$t_0 = 105 - \left[\left(\frac{74.6}{71.6}\right)^2 + 1\right]\frac{105 - 40}{1 + 1} = 37.2℃$$

4.4　短时工作制下电动机容量的选择

对短时工作制的工作机械，既可选用为连续工作制而设计的电动机，又可选用专为短时工作制而设计的电动机。

4.4.1　选择连续工作制电动机

设工作机械的短时工作功率为 P_w，其负载图和温升曲线如图 4-7 所示。如果按 $P_w \leqslant P_N$ 选择连续工作制电动机，显然在 $t = t_w$ 时，温升按曲线 1 只能达到 τ'_w，而达不到 τ_m，即 $\tau_w \leqslant \tau_m$。由发热观点，电动机不能得到充分利用。为此，选择连续工作制电动机，$P_N < P_w$，在工作时间 t_w 内电动机过载运行，温升按曲线 2 上升，在 $t = t_w$ 时达到 τ_w，使 τ_w 与稳定温升 τ_s 相等，亦即与绝缘材料允许的最高温升 τ_m 相等，这样，电动机在发热上得到了充分利用。

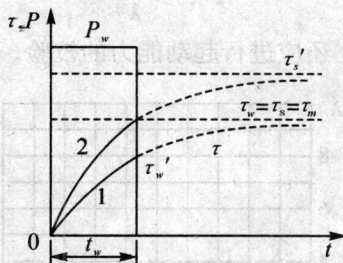

图 4-7　短时工作制功率负载图和温升曲线

根据 $\tau_w = \tau_s = \tau_m$ 来选择电动机的额定功率 P_N，则

$$\tau_u = \frac{\Delta P_w}{A}(1 - e^{-\frac{t_w}{T}}) = \tau_m = \frac{\Delta P_N}{A} \tag{4-55}$$

式中，ΔP_w、ΔP_N 分别相当于功率为 P_w、P_N 时的损耗功率。

短时工作时电动机的损耗为

$$\Delta P_w = P_{CuN}\left[k + \left(\frac{I_w}{I_N}\right)^2\right] = P_{CuN}\left[k + \left(\frac{P_w}{P_N}\right)^2\right] \tag{4-56}$$

而电动机的额定损耗为

$$\Delta P_N = P_{CuN}(k + 1) \tag{4-57}$$

将式（4-56）和式（4-57）代入式（4-55），可得

$$\left[k - \left(\frac{P_w}{P_N}\right)^2\right](1 - e^{-\frac{t_w}{T}}) = k + 1 \tag{4-58}$$

经化简整理，得

$$P_N = P_w\sqrt{\frac{1 - e^{-t_w/T}}{1 + ke^{-t_w/T}}} \tag{4-59}$$

按式（4-59）即可为短时工作制选择连续工作制电动机的功率。对小容量电动机，通常发热时间常数 $T = 20$ min。

式（4-59）说明，对短时工作制负载，可以按将额定功率 P_N 提高 $\sqrt{\dfrac{1+k\mathrm{e}^{-t_w/T}}{1-\mathrm{e}^{-t_w/T}}}$ 倍来选择电动机。对电动机来说，相当于过载运行，过载倍数 λ_Q 可表示为

$$\lambda_Q = \frac{P_w}{P_N} = \sqrt{\frac{1+k\mathrm{e}^{-t_w/T}}{1-\mathrm{e}^{-t_w/T}}} \tag{4-60}$$

但是，电动机是否具有这样大的过载能力还需要进行校验。当 $\lambda_Q > \lambda_T$ 时，电动机过载能力不能满足要求；当 $\lambda_Q \leqslant \lambda_T$ 时，电动机能够满足过载能力要求。当不满足过载能力要求时，需要按照过载能力选择电动机。

当 $k = 1$（不变损耗与额定可变损耗相等）时，λ_Q 与 $\dfrac{t_w}{T}$ 的关系曲线如图 4-8 所示。从图中曲线可见，$\dfrac{t_w}{T} \leqslant 0.3$ 时，$\lambda_Q > 2.5$，已超过电动机过载能力，不能再按式（4-59）选择电动机功率，而应按电动机转矩过载倍数 λ_T 选择电动机功率，即

$$P_N \geqslant \frac{P_w}{\lambda_T} \tag{4-61}$$

对于鼠笼式异步电动机，还应进行起动能力的校验。

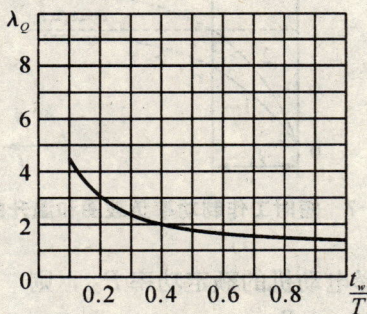

图 4-8 当 $k=1$ 时的 $\lambda_Q = f\left(\dfrac{t_w}{T}\right)$ 曲线

当短时工作期间负载功率变化时，如按发热观点选择电动机，应把工作期间的等效功率求出来。在式（4-59）中用等效功率代替式中的 P_w。此时，还必须用最大负载功率来校验电动机的过载能力。一台电动机的最大允许输出是固定值，连续工作时电动机输出功率小，允许过载倍数较大；短时工作时输出功率大，允许过载倍数将下降。如果电动机功率按允许过载倍数决定，则在式（4-61）中的 P_w 即为最大负载功率（当负载功率变化时），因此不必进行过载能力的校验。某些电动机（如鼠笼异步电动机）的起动转矩是一定的，无论按发热还是按允许过载能力决定的电动机功率，在短时过载运行时，都必须校验起动能力。

例 4-3 某大型车床刀架快速移动机构，其拖动电动机为短时工作制，移动部件重 $G = 5300$ N，移动速度 $v = 15$ m/min，最大移动距离 $L_m = 10$ m，传动效率 $\eta = 0.1$，

动摩擦系数 $\mu = 0.1$，静摩擦系数 $\mu_0 = 0.2$，传动比为 100，试选择电动机。

解：刀架移动时，电动机的负载功率为

$$P_L = \frac{\mu G v}{\eta} = \frac{0.1 \times 5300 \times 15/60}{0.1} = 1.325 \, (\text{kW})$$

最长工作时间为

$$t_w = \frac{L_m}{v} = \frac{10}{15} = 0.667 \, (\text{min})$$

当发热时间常数 $T = 20 \, \text{min}$ 时，有

$$\frac{t_w}{T} = \frac{0.667}{20} = 0.033 < 0.3$$

可见，应按过载能力选择电动机。如果考虑电网波动 10% 对过载能力的影响，$\lambda = 0.9^2 \lambda_T$，对如表 4-4 所示的 Y 系列异步电动机，$\lambda_T = 2.2$，则

$$P_N \geqslant \frac{P_L}{\lambda} = \frac{1.325}{0.81 \times 2.2} = 0.744 \, (\text{kW})$$

由于该电机不需调速，电动机的转速为

$$n = jv = 100 \times 15 = 1500 \, (\text{r/min})$$

查电机目录（见表 4-4），可选 Y802-4 型异步电动机，$P_N = 0.75 \, \text{kW}$，$n_N = 1390 \, \text{r/min}$。

表 4-4　Y 系列鼠笼式异步电动机技术数据

型　号	P_N (kW)	U_N (V)	I_N (A)	n_N (r/min)	K_I	K_T	λ_T
Y802-4	0.75	380	2.1	1390	6.5	2.2	2.2
Y90L-4	1.1	380	2.7	1400	6.5	2.2	2.2
Y90S-4	1.5	380	3.7	1400	6.5	2.2	2.2

校验起动能力：该电机在静摩擦力情况下带负载起动，起动时负载转矩为

$$T_{Lst} = 9.55 \frac{\mu_0 G v}{n \eta} = 9.55 \times \frac{0.2 \times 5300 \times 15/60}{1500 \times 0.1} = 16.87 \, (\text{N} \cdot \text{m})$$

电动机的起动转矩为

$$T_{st} = K_T \times 9.55 \times \frac{P_N}{n_N} = 2.2 \times 9.55 \frac{750}{1390} = 11.34 \, (\text{N} \cdot \text{m})$$

由于 $T_{st} < T_{Lst}$，不能满足起动能力要求，因此，另选 Y90L-4 型异步电动机，$P_N = 1.1 \, \text{kW}$，其起动转矩为

$$T_{st} = 2.2 \times 9.55 \times \frac{1100}{1400} = 16.51 \, (\text{N} \cdot \text{m})$$

若起动转矩仍不能满足要求，再选择 Y90S-4 型异步电动机，$P_N = 1.5 \, \text{kW}$，$n_N = 1400 \, \text{r/min}$，其起动转矩为

$$T_{st} = 2.2 \times 9.55 \times \frac{1500}{1400} = 22.51 \, (\text{N} \cdot \text{m})$$

考虑到电源电压降低 10% 时，起动转矩变为

$$T'_{st} = 0.9^2 \times 22.51 = 18.23 \, (\text{N} \cdot \text{m})$$

能满足起动要求，所以选择 Y90S-4 型异步电动机。

4.4.2 选择短时工作制电动机

我国有专门为短时工作制设计的电动机，其工作时间为 15 min、30 min、60 min 和 90 min 四种。对于某一电动机，对应不同的工作时间，其功率是不同的，其关系为 $P_{15} > P_{30} > P_{60} > P_{90}$。显然，其过载倍数也是不同的，关系为 $\lambda_{15} > \lambda_{30} > \lambda_{60} > \lambda_{90}$。一般这种电动机铭牌上标的小时功率即为 P_{60}。选择这种电动机，当实际工作时间接近上述标准时间时很方便，只要按对应的工作时间、功率和转速，由产品目录上直接选用即可。对于功率是变化的短时负载，只要工作时间接近上述标准时间，可先求出等效功率，再按等效功率从产品目录中选择合适的电动机。同时还应进行过载能力和起动能力（对鼠笼异步电动机）的校验。专为短时工作制设计的电动机，一般有较大的过载倍数与起动转矩。

当电动机实际工作时间 t_x 与标准值 t_{wN} 不同时，应把 t_x 下的功率 P_x 换算到 t_{wN} 下的功率 P_w，再按 P_w 来进行电动机功率的选择或发热校验。功率换算的原则是 t_x 和 t_{wN} 两种工作时间下的损耗相等，即发热情况相同。假设 t_x 和 t_{wN} 下的损耗分别为 ΔP_x 和 ΔP_{wN}，它们均可分为不变损耗 P_0 和可变损耗 P_{CuN} 两部分，而且在 t_{wN} 下的不变损耗 P_0 与可变损耗 P_{CuN} 之比为 k，即

$$k = \frac{P_0}{P_{CuN}}$$

这样，可写出下式

$$\Delta P_{wN} t_{wN} = (P_0 + P_{CuN}) t_{wN} = P_{CuN}(k+1) t_{wN} \tag{4-62}$$

$$\Delta P_x t_x = (P_0 + P_{Cux}) t_x = P_{CuN}\left(k + \frac{P_{Cux}}{P_{CuN}}\right) t_x = P_{CuN}\left[k + \left(\frac{P_x}{P_{wN}}\right)^2\right] t_x \tag{4-63}$$

根据 $\Delta P_x t_x = \Delta P_{wN} t_{wN}$，则有

$$(k+1) t_{wN} = \left[k + \left(\frac{P_x}{P_{wN}}\right)^2\right] t_x$$

解出 P_{wN} 与 P_x 的关系为

$$P_{wN} = \frac{P_x}{\sqrt{\dfrac{t_{wN}}{t_x} + k\left(\dfrac{t_{wN}}{t_x} - 1\right)}} \tag{4-64}$$

当实际工作时间 t_x 与标准时间 t_{wN} 相差不大，即 $\dfrac{t_{wN}}{t_x} \approx 1$ 时，得

$$P_{wN} = P_x \sqrt{\frac{t_x}{t_{wN}}} \tag{4-65}$$

上式表示将非标准时间所需的功率换算到标准时间的功率。换算时，应将最接近 t_x 的标准时间 t_{wN} 代入式（4-65）中。

4.4.3　选择断续周期工作制电动机

如果选不到合适的短时工作制电动机，也可选择专为断续周期工作制设计的电动机，其对应关系可近似地认为：若 $t_{wN}=30$ min，则相当于负载持续率 $FC\%=15\%$；若 $t_{wN}=60$ min，则相当于 $FC\%=25\%$；若 $t_{wN}=90$ min，则相当于 $FC\%=40\%$。

4.5　断续周期工作制下电动机容量的选择

与 4.4 节所介绍的短时工作制相似，断续周期工作制也可选用普通的连续工作制电动机。由于生产机械的拖动电动机在断续周期工作制下工作的很多，我国标准规定，断续周期工作制每个周期不超过 10 min。在每个周期内电动机要经历起动、运行、制动和停歇等几个阶段。普通的电动机难以承受这样频繁的起动、制动，因此为此工作制设计了专门的电动机。这类电动机的共同特点是机械惯性小（飞轮力矩小）、机械强度高、绝缘材料的等级高，有较大的过载与起动能力，能适应频繁的起动、制动。

对一台具体的电动机而言，不同负载持续率 $FC\%$ 时，其额定输出功率不同。以国产的一台起重机用绕线式异步电动机为例，其型号及数据见表 4-5。

表 4-5　断续周期工作制绕线式异步电动机的型号与数据

型号	负载持续率 $FC\%$	电动机功率（kW）	过载能力
JZR-11-6	15%	2.7	—
	25%	2.2	$\dfrac{T_m}{T_N}=2.3$
	40%	1.8	—
	60%	1.5	—
	100%	1.1	—

表 4-5 中，在过载能力一项中仅给出 $FC\%=25\%$ 时临界转矩 T_m 与额定转矩 T_N 的比值。这是由于这台电动机的 T_m 是一个固定值，而 T_N 则随 $FC\%$ 的改变而变化，$FC\%$ 越小，P_N 与 T_N 越大，则过载能力越低。

我国标准规定负载持续率 $FC\%$ 为 15%、25%、40% 和 60%。断续周期工作制电动机容量的选择方法与连续工作制中变化负载下的电动机容量选择方法相似，所不同之处有以下几点：

（1）如果在工作时间内负载是变化的，在计算负载平均功率或采用平均损耗法、等效法进行热校验时，由于负载持续率 $FC\%$ 中已考虑了停歇时间 t_0，不应再把 t_0 计算在总时间之内。

（2）对于自扇式冷却的电动机，考虑起动、制动时散热条件变差的影响，既可在计算等效值的各式中考虑，也可在负载持续率计算中考虑，即

$$FC\% = \frac{t_1 + t_2 + t_3}{\alpha t_1 + t_2 + \alpha t_3 + t_0} \qquad (4-66)$$

式中，t_1、t_3 分别为起动、制动时间；t_0 为停歇时间；α 表示考虑起动、制动散热条件变差的系数，对直流电动机 $\alpha = 0.75$，对异步电动机 $\alpha = 0.5$。

必须指出，上式中 t_0 不再乘以 α_0，因为其影响已在电机设计时考虑过。

（3）如果在不同的工作循环周期中，工作时间与停歇时间是变化的，应取其平均值计算 $FC\%$，即

$$FC\% = \frac{\sum t_w}{\sum t_w + \sum t_0} \times 100\%$$

（4）当电动机的实际负载持续率 $FC_x\%$ 与标准负载持续率 $FC\%$ 不同时，应把实际所需的功率 P_x 换成相近的标准负载持续率下的功率，换算的原则和方法与非标准短时工作制功率换算相似，即

$$P_N = \frac{P_x}{\sqrt{\dfrac{FC\%}{FC_x\%} + k\left(\dfrac{FC\%}{FC_x\%} - 1\right)}} \qquad (4-67)$$

当 $FC_x\%$ 与 $FC\%$ 相差不多时，式（4-67）变为

$$P_N = P_x \sqrt{\frac{FC_x\%}{FC\%}} \qquad (4-68)$$

在应用式（4-68）时，应将接近 $FC_x\%$ 的 $FC\%$ 代入式中。

（5）如果实际负载持续率 $FC_x\% < 10\%$，可按短时工作制选择电动机；如果实际负载持续率 $FC\% > 70\%$，可按连续工作制选择电动机。

（6）对于同一台电动机，在不同负载持续率下的输出功率是不同的。负载持续率愈低，输出功率愈大，但过载能力愈低，因此，在进行功率换算时，一定要进行过载能力和起动能力的校验。

例 4-4 已知一台断续周期工作的电动机的负载功率曲线如图 4-9 所示。预选 YER180L 型绕线式异步电动机，$FC\% = 25\%$，$P_N = 13$ kW，$n_N = 700$ r/min，$\lambda_T = 2.3$，假定电动机为他扇式冷却，且各种输出功率下的功率因数不变，试校验该电机是否满足要求？

解：在 t_1 段，属三角形负载曲线，其等效功率与等效转速分别为

$$P_{eq} = \frac{25}{\sqrt{3}} = 14.43 \, (\text{kW})$$

$$n_{eq1} = \frac{n_N}{\sqrt{3}}$$

因为 $n_{eq1} < n_N$，必须对等效功率进行修正。修正后的功率为

$$P'_{eq} = \frac{n_N}{n_{eq1}} P_{eq} = \frac{n_N}{n_N/\sqrt{3}} \times 14.43 = 25 \, (\text{kW})$$

由于电动机为他扇式冷却，起动、制动及停歇时散热条件不变，故 $\alpha = \alpha_0 = 1$，而且不同输出功率下功率因数不变，电动机的等效功率为

$$P_{eq} = \sqrt{\frac{{P'_{eq}}^2 t_1 - P_2^2 t_2}{t_o}} = \sqrt{\frac{25^2 \times 5 + 12^2 \times 20}{5 + 20}} = 15.5 \,(\text{kW})$$

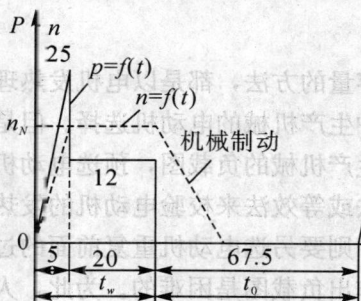

图 4-9 断续周期工作负载图

从负载图可见，系统采用的是机械制动，对电动机来说，已断开了电源，相当于不工作，因此，制动时间应计入停歇时间。这样，负载持续率为

$$FC_x\% = \frac{t_w}{t_w + t_o} \times 100\% = \frac{5 + 20}{5 + 20 + 67.5} \times 100\% = 27\%$$

换算到标准负载持续率为

$$FC\% = 25\%$$

$$P_{eqN} = P_{eq}\sqrt{\frac{FC_x\%}{FC\%}} = 15.5 \times \sqrt{\frac{27\%}{25\%}} = 16.1 \,(\text{kW})$$

$P_{eqN} > P_N$，YER180L 型异步电动机不能满足发热要求。另选 YER200L 型绕线式异步电动机，$FC\% = 25\%$，$P_N = 18.5 \text{ kW}$，$n_N = 700 \text{ r/min}$，因 $P_{eqN} < P_N$，能满足发热要求。但尚需进行过载能力校验。

从产品目录查得，YER200L 型绕线式异步电动机连续工作时的额定功率为 $P_N = 15 \text{ kW}$，$n_N = 720 \text{ r/min}$，$\lambda_T = 2.94$，则

$$T_m = \lambda_T T_N = 2.94 \times \frac{9550 \times 15}{720} = 591.5 \,(\text{N} \cdot \text{m})$$

负载持续率 $FC\% = 25\%$ 时，$P_N = 18.5 \text{ kW}$，$n_N = 700 \text{ r/min}$，则

$$\lambda'_T = \frac{T_m}{T_N} = \frac{591.5}{\frac{9550 \times 18.5}{700}} = 2.34$$

考虑到电源电压下降 10%，过载倍数变为

$$\lambda'_T = 0.9^2 \times 2.34 = 1.9$$

而实际电动机的过载倍数为

$$\lambda_Q = \frac{P_{\max}}{P_N} = \frac{25}{18} = 1.35 < \lambda'_T$$

过载能力满足要求，故选 YER200L 型绕线式异步电动机，既满足发热条件，又满足过载条件。

4.6 选择电动机容量的工程方法

前面所介绍的选择电动机容量的方法，都是以电机发热理论为基础的，是选择电动机功率的基本方法，适用于各种生产机械的电动机选择。但是这种方法的缺点是计算比较繁杂，它必须先计算并绘制生产机械的负载图，预选电动机，再算出并绘制电动机的负载图，然后才能用平均损耗法或等效法来校验电动机的发热，最后还要校验过载能力和起动能力。如果校验通不过，则要另选电动机重复前面的过程。特别是对于那些负载变化规律不定的生产机械，要作出负载图是困难的。为此，人们在工程实践中总结出了某些常见生产机械选择电动机容量的实用方法。这些方法比较简单，但具有一定的局限性。下面简要地介绍两种选择电动机容量的工程方法。

4.6.1 统计分析法

这种方法是对同类生产机械选用电动机容量和实际运行情况进行统计分析，找出电动机容量和该类生产机械主要参数之间的关系，再根据经验数据，得到选择电动机容量的经验公式。例如，我国的机械制造工业已经总结出不同类型机床主传动电动机容量选择的经验公式如下。

（1）车床：

$$P = 36.5D^{1.54} \text{ kW}$$

式中，D 为加工工件的最大直径，单位是 m。

（2）立式车床：

$$P = 20D^{0.88} \text{ kW}$$

式中，D 为加工工件的最大直径，单位是 m。

（3）摇臂钻床：

$$P = 0.0646D^{1.19} \text{ kW}$$

式中，D 为需要加工的最大钻孔直径，单位是 mm。

（4）外圆磨床：

$$P = 0.1KB \text{ kW}$$

式中，B 为砂轮宽度，单位是 mm；K 为轴承系数，采用滚动轴承时，$K = 0.8 \sim 1.1$；采用滑动轴承时，$K = 1.0 \sim 1.3$。

（5）卧式镗床：

$$P = 0.004D^{1.7} \text{ kW}$$

式中，D 为镗杆直径，单位是 mm。

（6）龙门刨床：

$$P = \frac{1}{166}B^{1.15} \text{ kW}$$

式中，B 为工作台宽度，单位是 mm。

例如，我国 C660 车床，它的加工工件的最大直径为 1250 mm，按上式计算，主轴拖动电动机功率为

$$P = 36.5\left(\frac{1250}{1000}\right)^{1.54} = 51.47\,(\text{kW})$$

实际选择的电动机容量为 60 kW，两者比较接近。

4.6.2　类比法

类比法是通过对同类生产机械的拖动电动机长期运行情况的调查，然后与需要选择配套电动机的生产机械进行工作情况比较，确定相应的电动机功率。这种方法实际上就是工程上常用的通过"对比"选择电动机的方法，是一种被广泛采用的方法。

小　结

在电动机的机电能量变换过程中必然要产生损耗，这些损耗将转换成热能，一部分为电动机吸收，使电动机各部分的温度升高；另一部分则向周围介质散发出去，随着温度的不断上升，散发的热量不断增加，当转化的热能全部散发出去而不再加热电动机本身时，温度达到稳定。电动机发热以温升表示，电动机的温升按指数规律变化，其发热时间常数一般为几十分钟至几小时。构成电动机的材料中耐热最差的是绝缘材料，电动机所能承受的最高温度受绝缘材料的限制。电动机带某一负载连续工作，只要其稳定温度接近并略低于绝缘材料所允许的最高温度，电动机就能得到充分利用并且不会过热，这样的负载称为电动机的额定负载，对应的功率即为电动机的额定功率。

电动机的额定功率是在连续运行时，在正常的冷却条件下，周围介质温度是标准值（40℃）时所能承担的最大负荷功率。电动机短时或断续工作时，负载可以超过额定值；如果采用他扇冷式以提高散热能力，可提高电动机带负载的能力；如周围介质温度不同于 40℃，需对额定功率进行校正。

电动机的选择包括电动机种类、型式、电压、转速及容量的选择。其中，前四项主要根据生产机械情况及对电动机的要求来确定；电动机容量则由电动机的允许发热、过载能力和起动能力确定。工程上根据设计工作的负载时间，把电动机分为连续、短时和断续周期三种工作制。它们有不同的选择电动机容量的方法。

在连续恒值负载情况下，按 $P_N \geqslant P_L$ 选择电动机容量，但应注意，当环境温度不是 40℃时，要对电动机功率进行修正；在连续变化负载情况下，应先根据负载图预选电动机，作出电动机负载图，然后用平均损耗法或等效法对电动机进行热校验。热校验通过后，还要进行过载能力的校验；对鼠笼式异步电动机还要进行起动能力的校验。等效法是在平均损耗法的基础上，经过简化得到的。等效法包括等效电流法、等效转矩法和等效功率法。它们分别要求不同的条件，当实际情况不符合这些条件时，既可以选用符合条件的其他等效法，也可对不符合的条件进行修正。

短时工作制负载既可选择连续工作制电动机，又可选用专为短时工作设计的短时工

作制电动机，也可选用专为断续周期工作而设计的电动机。

断续周期性负载选择断续周期工作的电动机。

短时工作或断续周期工作电动机的选择类似于连续变化负载时电动机容量的选择。当短时工作负载选择短时工作电动机，或断续周期性负载选择断续周期工作电动机时，如果负载时间或负载持续率与标准不同，还应注意对功率进行修正。

对某些生产机械，工程上常采用统计法和类比法。虽然这些方法有一定局限性，但却简单、实用，在实际工作中经常采用。

习题 4

4-1 电动机的选择应包括哪些内容？

4-2 选择电动机容量时要考虑哪些因素？

4-3 电动机的发热与冷却有什么规律？发热时间常数与冷却时间常数是否相同？

4-4 电动机的稳定温升取决于什么？电动机的负载能力又取决于什么？

4-5 电动机有哪几种工作制？各有什么特点？对电动机容量选择有什么影响？

4-6 等效法有几种？它们的使用条件是什么？

4-7 已知一台 6SH-9A 型离心泵的额定数据为：流量 $Q=144 \text{ m}^3/\text{h}$，扬程 $H=400 \text{ m}$，转速 $n=2900 \text{ r/min}$，效率 $\eta_p=75\%$，如果用做淡水泵，试选择电动机容量。

4-8 有一台电动机，$P_N=20 \text{ kW}$，$\tau_N=80℃$，不变损耗占总损耗的 40%，额定可变损耗占总损耗的 60%，求：(1) 环境温度为 $25℃$ 时电动机功率的修正值是多少？(2) 环境温度为 $45℃$ 时电动机功率的修正值是多少？

4-9 一台他励直流电动机，其额定数据为：$P_N=7.5 \text{ kW}$，$n_N=1500 \text{ r/min}$，$\lambda_T=2.0$，一个周期内负载转矩图如图 4-10 所示，试问：(1) 采用自扇冷式和他扇冷式两种情况校验电动机发热能否通过？(2) 若发热通不过，则在环境温度为多少摄氏度时能连续运行？设电动机额定温升为 $65℃$，$k=p_0/p_{CuN}=1$。

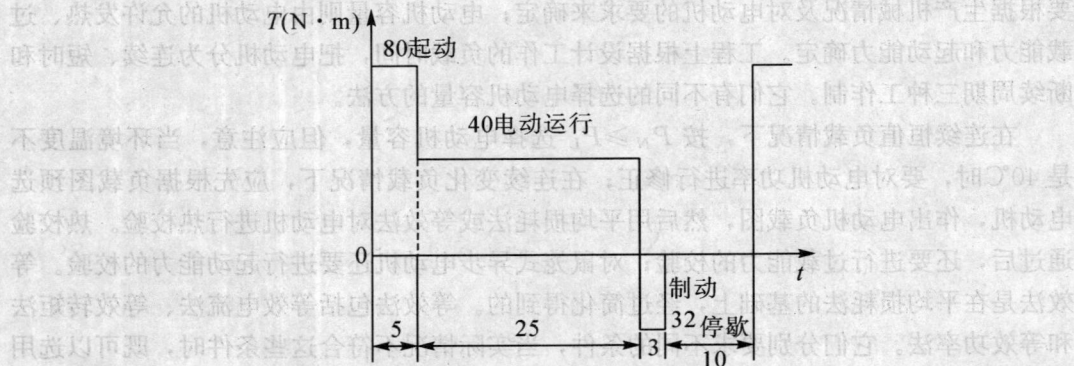

图 4-10 直流电动机负载转矩图

第 5 章 电力拖动基本控制线路

在电力拖动系统中，为了实现系统的起动、制动、调速、保护和生产过程的自动化，需要利用各种电力电子器件组成不同功能的电气控制系统。

目前，广泛应用于工业生产中的电气控制系统有两大类：一类是使用传统的接触器、继电器、按钮、开关等有触头器件组成电力拖动控制，称为继电－接触器控制系统或者有触点系统；另一类是利用计算机、可编程序控制器（Programmable Logic Controller，PLC）、变频器及新型电力电子设备，结合自动控制理论和算法，如 PID 控制、模糊控制、自适应控制等组成的软硬件结合的电力拖动自动控制系统。这两类系统互有优势，其中，继电－接触器控制虽然始于 20 世纪 20 年代，但由于其控制结构简单、造价低、安装维修方便、通断能力及抗干扰能力强，目前仍然广为使用。

本章从目前本、专科学生就业后的实际工作情况考虑，针对交流异步电动机，介绍一些在实际工作中常见的由继电－接触器组成的基本电气控制线路，包括电动机的起动、制动、调速等。掌握好这些基本控制线路，不仅对于进一步分析和设计复杂的电气控制线路具有基础性的作用，而且能够在常规性的技术工作中起到立竿见影的效果。

5.1 控制线路基础知识

5.1.1 常用低压电器

在介绍电力拖动基本控制线路之前，为了能够顺利学习和理解电气控制线路，必须具备对常用基本电器的了解。而在常见的电力拖动控制系统中，所用的电器主要是低压电器，所以我们首先介绍几种常用的低压电器设备。所谓低压电器，是指额定电压等级在交流 1200 V 及以下，直流 1500 V 及以下电路中的电器。在电力拖动控制中，低压电器主要用于对电动机进行控制、调节和保护作用，其种类繁多、功能各异，工作原理各不相同。这里仅简单介绍与继电器－接触器控制线路相关的常用低压电器，包括刀开关、熔断器、接触器、继电器、主令电器等，如需详细了解，可参考其他相关书籍和资料。

5.1.1.1 刀开关

刀开关又称刀闸开关或低压隔离开关，结构简单，是电气控制线路中应用最为广泛的一种手动操作电器。主要分为低压刀开关、熔断器式刀开关（同时具有熔断器功能）和组合开关三种，这里介绍的刀开关为低压刀开关。

刀开关的主要作用是在配电设备中隔离电源，在直接起动小容量的笼型异步电动机时分断负载。工作过程中，合上刀开关表示为控制线路接通电源；拉起刀开关表示将控制线路与电源有效隔开。刀开关的**实物图和在电路中的图形及文字符号**如图 5-1 所示。

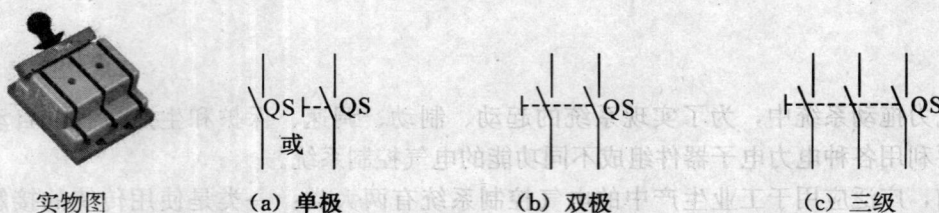

实物图　　　　　　（a）单极　　　　　（b）双极　　　　　（c）三级

图 5-1　刀开关实物和图形及文字符号

5.1.1.2　接触器

接触器用来频繁地接通和分断交直流主回路和大容量控制电路。主要控制对象是电动机，能实现远距离控制，并具有欠（零）电压保护。根据电源形式不同，分为交流接触器和直流接触器两大类。

接触器结构如图 5-2 所示，其工作原理是当电磁线圈通电时，将产生磁场使静衔铁吸合动衔铁，此时，接触器主触头闭合，常闭辅助触头断开，常开辅助触头闭合（常闭与常开是连动的），从而使相应位置的线路接通或断开；当线圈失电时，电磁力消失，衔铁在弹簧的作用下释放，使触头复原，即主触头断开，常开辅助触头断开，常闭辅助触头闭合。接触器实物和图形及文字符号如图 5-3 所示。

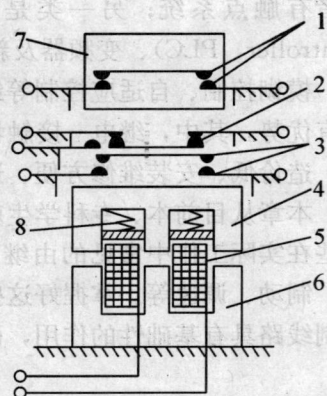

图 5-2　接触器结构图

1-主触头；2-常闭辅助触头；
3-常开辅助触头；4-动衔铁；
5-电磁线圈；6-静衔铁；
7-灭弧罩；8-弹簧

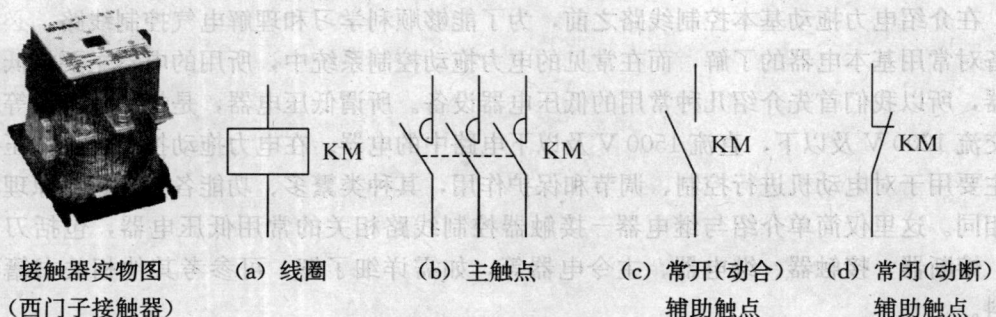

接触器实物图　　（a）线圈　　（b）主触点　　（c）常开（动合）　　（d）常闭（动断）
（西门子接触器）　　　　　　　　　　　　　　辅助触点　　　　　　辅助触点

图 5-3　接触器实物和图形及文字符号图

5.1.1.3 继电器

继电器是一种根据电气量（电压、电流等）或非电气量（温度、压力、转速、时间等）的变化接通或断开控制电路的电气元件。继电器的种类和形式很多，在电气控制线路中，常用的有中间继电器、电流继电器、电压继电器、时间继电器、速度继电器等。其中，中间继电器、电压和电流继电器属于电磁式继电器，结构、工作原理与接触器相似。

1) 中间继电器

中间继电器具有触头对数多、触头容量较大的特点，其作用是将一个输入信号变成多个输出信号或将信号放大（即增大触头容量），起到信号中转的作用。如图 5－4 所示为中间继电器的文字和图形符号。

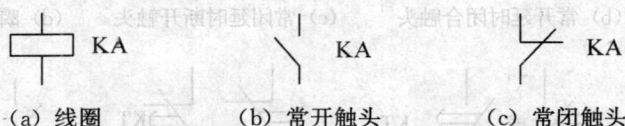

（a）线圈　　　　　（b）常开触头　　　　　（c）常闭触头

图 5－4　中间继电器的图形符号和文字符号

2) 电压、电流继电器

电流继电器串接在被测电路中，并根据输入（线圈）电流大小而动作，按用途可分为过电流继电器和欠电流继电器。过电流继电器的任务是当电路发生短路及过流时立即将电路切断，因此当通过电流继电器线圈的电流小于整定电流时，继电器不动作；只有超过整定电流时，继电器才动作。欠电流继电器的任务是当电路电流过低时立即将电路切断，当欠电流继电器线匝通过的电流大于或等于整定电流时，继电器吸合；只有当电流低于整定电流时，继电器才释放，欠电流继电器一般是自动复位的。电流继电器的图形符号和文字符号如图 5－5 所示。

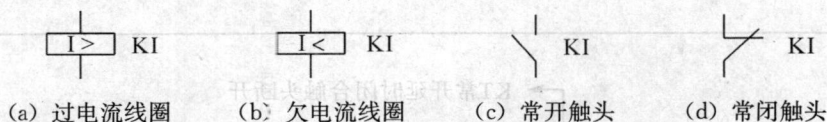

（a）过电流线圈　　（b）欠电流线圈　　（c）常开触头　　（d）常闭触头

图 5－5　过（欠）电流继电器的图形和文字符号

而电压继电器工作时并入己路中，因此用于反映电路中电压的变化。电压继电器是根据输入电压大小而动作的继己器。与电流继电器类似，电压继电器也分为过电压、欠电压继电器。如图 5－6 所示为电压继电器的图形及文字符号。

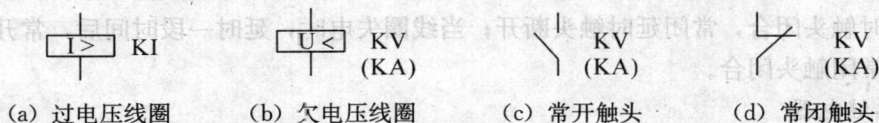

（a）过电压线圈　　（b）欠电压线圈　　（c）常开触头　　（d）常闭触头

图 5－6　过（欠）电压继电器的图形和文字符号

3）时间继电器

时间继电器是一种利用电磁原理或机械动作原理来实现触头延时接通或延时断开的自动控制电器。时间继电器是一种定时元件，在电路中用来实现延时控制，即时间继电器接受到输入信号以后，需经一段时间延时后才能输出信号来控制电路。时间继电器按其延时原理，可分为电磁式、空气阻尼式、同步电动机式和电子式时间继电器。按延时方式，可分为通电延时型和断电延时型两种时间继电器。时间继电器的图形和文字符号如图5-7所示。

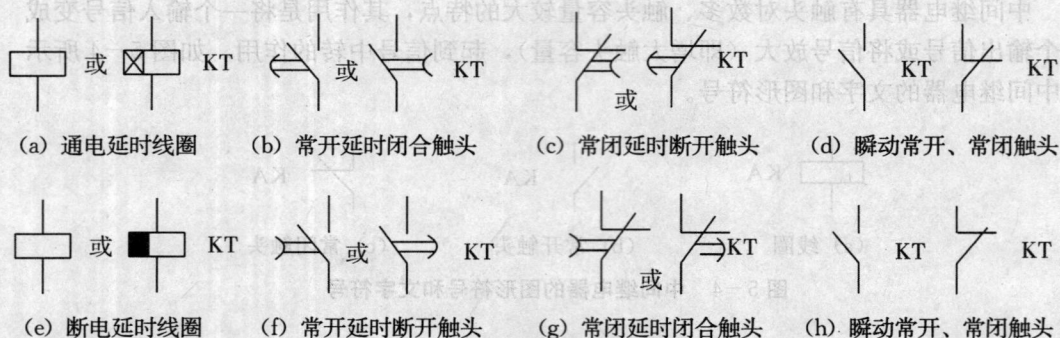

(a) 通电延时线圈　　(b) 常开延时闭合触头　(c) 常闭延时断开触头　(d) 瞬动常开、常闭触头

(e) 断电延时线圈　　(f) 常开延时断开触头　(g) 常闭延时闭合触头　(h) 瞬动常开、常闭触头

图5-7　时间继电器的图形和文字符号

通电延时时间继电器的工作过程分析如图5-8所示。

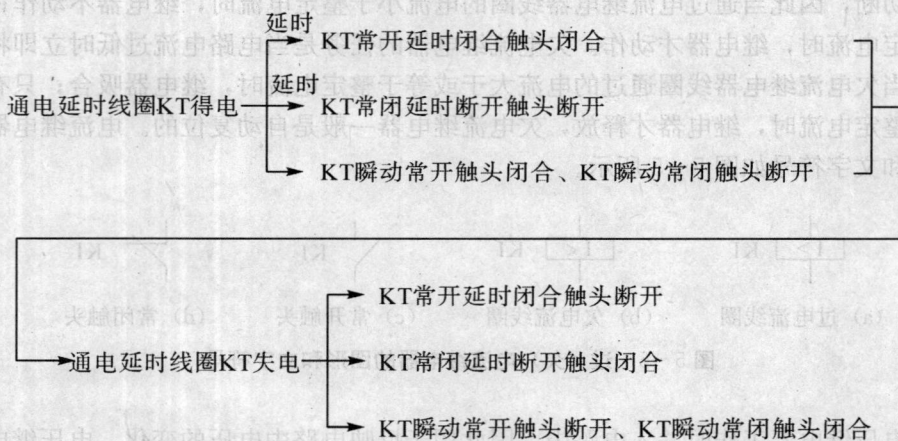

图5-8　工作过程分析

断电延时时间继电器的工作过程正好与通电延时相反，即当断电延时线圈通电时，其常开延时触头闭合，常闭延时触头断开；当线圈失电时，延时一段时间后，常开触头才断开，常闭触头闭合。

4）热继电器

热继电器是专门用来为连续运行的电动机进行过载及断相保护，以防止电动机过热而烧毁的一种保护电器。热继电器依据电流的热效应原理，主要由热元件、双金属片和触头三部分组成，其中热元件连接在主电路中，触头连接在控制电路中。当电动机过载时，热元件中流过的电流增大，使常闭触头断开，切断电动机的控制电路，从而切断电动机电源，使电动机得到保护。如图 5—9 所示为热继电器的图形和文字符号。

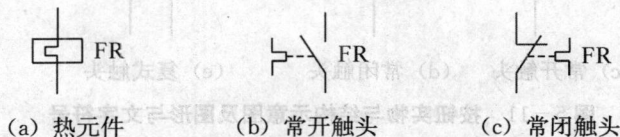

(a) 热元件　　　　　(b) 常开触头　　　　　(c) 常闭触头

图 5—9　热继电器的图形和文字符号

5）速度继电器

速度继电器是用来反映电机转速和转向变化的继电器，由转子、定子和触头三部分组成。速度继电器转子轴与电机转子同轴安装。速度继电器额定工作转速有 300 r/min～1000 r/min 与 1000 r/min～3000 r/min 两种。动作转速在 120 r/min 左右，即当速度大于120 r/min，常开触头闭合，常闭触头断开，复位转速小于 100 r/min 以下时，常开触头断开，常闭触头闭合。速度继电器有两组触头（各有一对常开触头和一对常闭触头），可分别控制电动机正、反转的反接制动。速度继电器的图形和文字符号如图 5—10 所示。

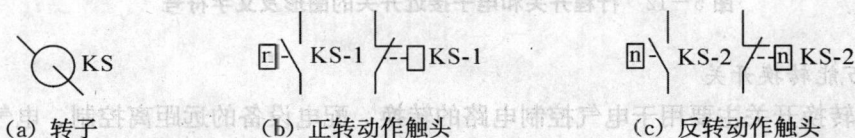

(a) 转子　　　　　(b) 正转动作触头　　　　　(c) 反转动作触头

图 5—10　速度继电器的图形和文字符号

5.1.1.4　主令电器

主令电器用于发布操作命令以接通和分断控制电路。常见类型有控制按钮、位置开关、万能转换开关和主令控制器等。

1）按钮

按钮是一种用人力操作、具有自动复位功能的开关电器。操作时，将按钮帽往下按，桥式动触头就向下运动，常闭触头分断，常开触头接通。一旦操作人员松开按钮帽，在复位弹簧的作用下，动触头向上运动，恢复初始位置。在复位过程中，先是常开触头分断，然后是常闭触头闭合。如图 5—11 所示是按钮的图形和文字符号。

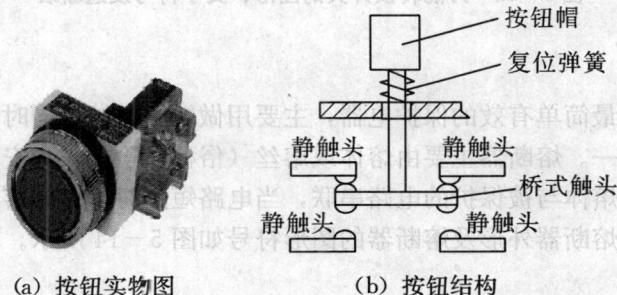

(a) 按钮实物图　　　　　(b) 按钮结构

(c) 常开触头   (d) 常闭触头   (e) 复式触头

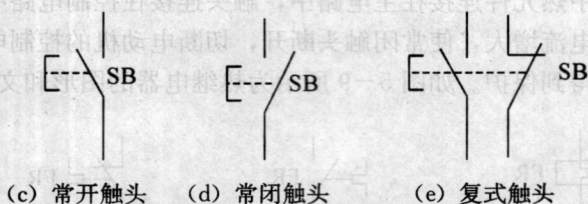

图 5-11 按钮实物与结构示意图及图形与文字符号

2）位置开关

位置开关主要用于将机械位移转变为电信号，以控制生产机械的动作。位置开关包括行程开关、微动开关、限位开关等。接近开关即无触头行程开关，内部为电子电路，按工作原理分为高频振荡型、电容型和永磁型三种。行程开关、电子接近开关的图形和文字符号如图 5-12 所示。

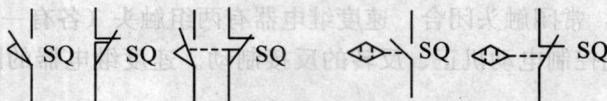

图 5-12 行程开关和电子接近开关的图形及文字符号

3）万能转换开关

万能转换开关主要用于电气控制电路的转换、配电设备的远距离控制、电气测量仪表的转换和微电机的控制，也可用于小功率笼型异步电动机的起动、换向和变速。由于它能控制多个回路，适应复杂线路的要求，故有"万能"转换开关之称。万能转换开关的图形和文字符号及通断表如图 5-13 所示。

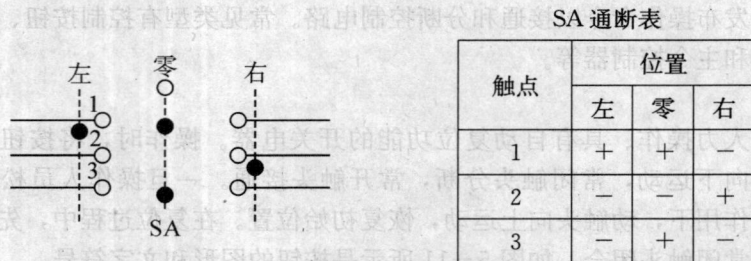

SA 通断表

触点	位置		
	左	零	右
1	+	+	−
2	−	−	+
3	−	+	−

图 5-13 万能转换开关的图形、文字符号及通断表

5.1.1.5 熔断器

熔断器是一种最简单有效的保护电器，主要用做短路保护，同时也是单台电气设备的重要保护元件之一。熔断器主要由熔体或熔丝（俗称保险丝）和安装熔体的熔管两部分组成。熔断器的熔体与被保护的电路串联，当电路短路时，熔体熔断，从而有效切断电路。几种常见的熔断器外形及熔断器的图形符号如图 5-14 所示。

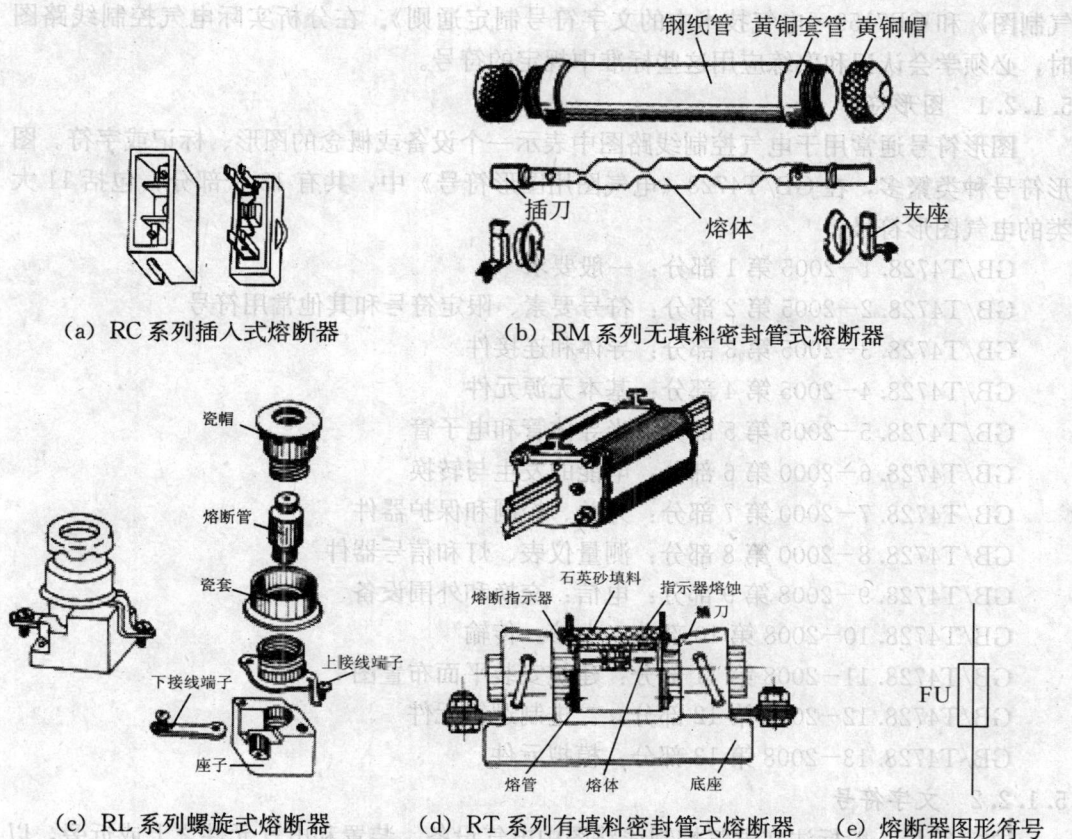

（a）RC 系列插入式熔断器　　　　（b）RM 系列无填料密封管式熔断器

（c）RL 系列螺旋式熔断器　　（d）RT 系列有填料密封管式熔断器　　（e）熔断器图形符号

图 5－14　几种常见的熔断器外形及图形符号

5.1.2　控制线路基本知识

　　电机拖动控制系统由电动机、各种控制电器组成。而控制系统中各电气元件连接的图形，称为电气控制系统图，也称电气控制线路图。电气控制线路图包括电气原理图、电气布置图、电气安装接线图，其中，电气原理图是根据控制线路的工作原理绘制的，具有结构简单、层次分明、便于研究和分析线路工作原理的特性。在电气原理图中只包括所有电气元件的导电部件和接线端点之间的相互关系，不按各电气元件的实际布置位置和实际接线情况来绘制，也不反映电气元件的大小。本章介绍的控制线路图均指的是电气原理图，关于电气布置图和电气安装接线图相关知识请参考其他书籍和资料。

　　电气控制线路图中的电气符号是电气控制线路图的主要组成部分，只有清楚电气符号的含义、构成和使用方法，才能正确分析和设计图。电气符号包括图形符号、文字符号、项目代号、回路标号等。各种电气控制线路图都是用这些电气符号表示线路的构成、功能、设备相互关系顺序、相互位置和工作原理的。而电气符号必须采用电气工程界的语言——国家统一颁布的图形符号和文字符号来表达。原国家标准局颁布了 GB/

T4728《电气图用图形符号》、GB5465.2-1996《电气设备用图形符号》及GB6988《电气制图》和GB7159《电气技术中的文字符号制定通则》。在分析实际电气控制线路图时，必须学会认识和熟练应用这些标准中规定的符号。

5.1.2.1　图形符号

图形符号通常用于电气控制线路图中表示一个设备或概念的图形、标记或字符。图形符号种类繁多，在GB/T4728《电气图用图形符号》中，共有13个部分，包括11大类的电气图形符号。

GB/T4728.1-2005 第1部分：一般要求

GB/T4728.2-2005 第2部分：符号要素、限定符号和其他常用符号

GB/T4728.3-2005 第3部分：导体和连接件

GB/T4728.4-2005 第4部分：基本无源元件

GB/T4728.5-2005 第5部分：半导体管和电子管

GB/T4728.6-2000 第6部分：电能的发生与转换

GB/T4728.7-2000 第7部分：开关、控制和保护器件

GB/T4728.8-2000 第8部分：测量仪表、灯和信号器件

GB/T4728.9-2008 第9部分：电信：交换和外围设备

GB/T4728.10-2008 第10部分：电信：传输

GB/T4728.11-2008 第11部分：建筑安装平面布置图

GB/T4728.12-2008 第12部分：二进制逻辑元件

GB/T4728.13-2008 第13部分：模拟元件

5.1.2.2　文字符号

文字符号一般标注在电气控制线路图中电气设备、装置和电气元件之上或近旁，以表明它们的名称、功能、状态或特征。文字符号是字符代码，分为基本文字符号和辅助文字符号。

基本文字符号又分为单字母符号和双字母符号。单字母符号用拉丁字母将各种电气设备、装置和元件分为23个大类，如"M"表示电动机类产品，"K"表示接触器、继电器类产品。而双字母符号更为详细和具体地表述电气设备、装置和元件的名称。双字母符号由一个表示种类的单字母符号（在前）与另一个表示器件某些特征的字母（在后）组成。如"KM"表示接触器，而"KA"为中间继电器。

辅助文字符号用来表示电气设备、装置和元件以及线路的功能、状态和特征。通常用表示功能、状态和特征的英文单词的前一二位字母构成，一般情况下，辅助文字符号放在基本文字符号单字母的后边，一般不会超过三位字母。比如"AC"表示交流，"MAN"表示手动。

还有一些特殊的文字符号，用以表示特定设备或表达特定的含义，例如"U、V、W"表示交流系统设备的三相电源。

5.1.2.3　电气原理图的分析方法

电气原理图一般按照工作顺序用图形符号从上至下、从左至右排列，详细表示线路、设备的组成和连接关系，能够反映电流的路径、控制电器和负载的相互关系，以及

电气动作原理。一般而言，电机拖动系统的电气原理图由主电路、辅助电路（包括控制电路和信号电路）组成。其中主电路用来完成主要功能的电气线路，如电动机及与它相连接的接触器主触头、熔断器、热继电器、热元件等组成的电路。辅助电路主要用来连接完成控制、检测、指令、保护、照明、显示等功能的电气线路。

分析电气原理图的方法可以按照以下步骤进行：

（1）划分电气图。将电气图中属于主电路、辅助电路的部分分别划分出来。

（2）分析各个电路的构成、元件关系和电路的控制关系。

（3）分析主电路。对于主电路，弄清各用电设备（电机），找到控制用电设备通断电的控制元件，分析线路的保护环节。

（4）分析控制电路。从电源开始，从上至下、从左至右逐一分析电气元件的工作情况，结合主电路，分析各个控制回路对主电路进行控制的控制方式和原理。

（5）分析其他辅助电路。其他辅助电路包括电源显示、照明、故障报警等。

5.1.2.4　电气原理图的绘制说明

（1）在绘制电气原理图时，应严格执行国家标准。包括元器件的图形符号、文字符号、连接线等。在不同图样或不同要求下，可以改变有关符号的尺寸（放大或缩小），改变符号的方位，但文字和指示方向不得倒置。

（2）原理图一般分主电路和辅助电路两部分画出。通常主电路用粗实线表示，画在电气原理图的左边或上部；而控制电路及辅助电路用细实线表示，画在电路图的右边或下部。一般而言，均采用竖直画法。图中的屏蔽线、机械连动线、不可见轮廓线等一般用虚线表示。

（3）各电器元件和部件在主电路或控制电路中的位置，同一电器元件的各部件根据需要可不画在一起，但各元件都要用同一文字符号和数字符号表示。如果电气图中需要用到同类型的电器，则在文字符号后面加上数字序号以示区别，如"KM_1"、"KM_2"、"KM_3"。

（4）所有电器的触头状态，都应按没有通电和没有外力作用时的初始开、关状态画出。例如继电器、接触器的触头按线圈不通电时的状态画，控制器按手柄处于零位时的状态画，按钮、行程开关触头按不受外力作用时的状态画出等等。触头符号一般画成"左开右闭"、"下开上闭"。

（5）直接联系的交叉导线的连接点，要用黑圆点表示，无直接联系的交叉导线，交叉处不能画黑圆点。

5.1.2.5　电气原理图举例说明

CW6132 型普通车床的电气原理图如图 5-15 所示。

由图 5-15 我们可看出：

（1）电气原理图根据电气元件和线路的位置，从左至右分了 7 个区域。这就是表示元器件与接线在图中的位置的电路编号法（电路编号用方框画在图中的底部）。图上方与电路编号对应的方框内的"电源开关"、"主轴"等文字表明其下方对应数字编号的元件或线路的功能，即图中 7 个区域分别代表 7 个支路（电路），1 区为电源开关；主电路为主轴电路、冷却泵电路，分别在 2 区、3 区；控制电路在 4 区、5 区；6 区为电源

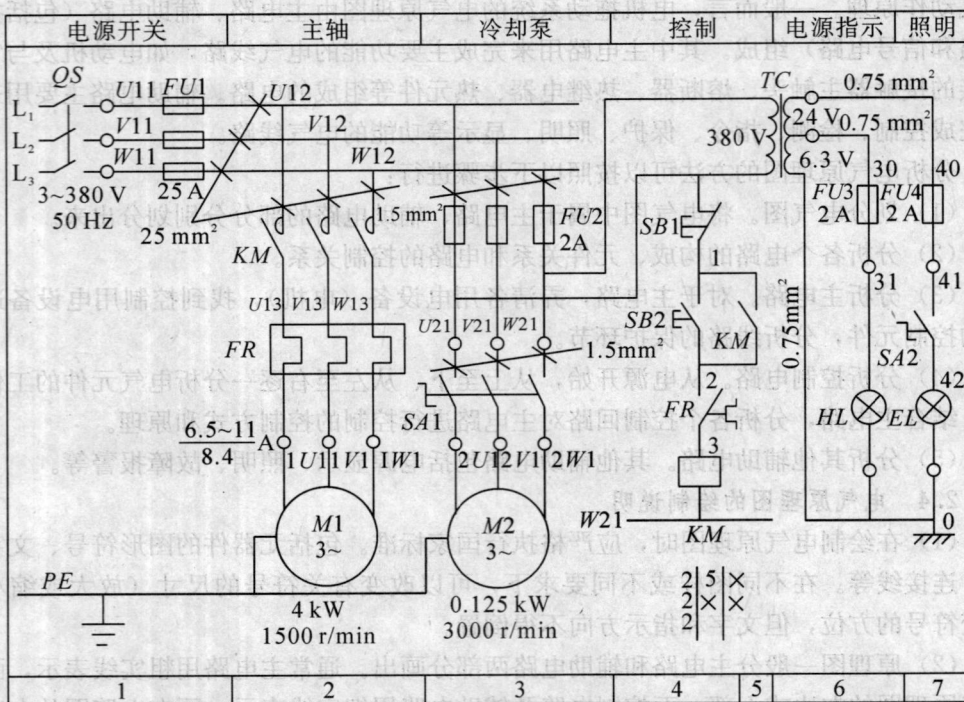

图 5-15　CW6132 型普通车床的电气原理图

指示电路；7 区为照明电路。

　　（2）电源开关进线画成水平线，相序"L_1、L_2、L_3"自上而下排列。电动机主轴、冷却电机回路、控制回路、电源指示、照明回路则垂直于电源电路画出。电源进线旁标示的数字表示电源为三相 380 V、50 Hz 的交流电；单相变压器 TC 标示的数字表示变压器原边电压值为 380 V，副边电压分别为 24 V 和 6.3 V 两个抽头。

　　（3）接触器线圈下方的位置采用附加图标的方式表示其触头的位置。此图标出了触头所在位置的数字编号，称为索引法。例如控制电路 KM 线圈下方第 1 列表示主触头，对应的 3 个数字"2"表示 KM 在电气原理图中 2 区域有 3 个常开主触头；而电路 KM 线圈下方第 2 列表示常开辅助触头，下面对应为"5"表示有一个常开辅助触头在区域 5，"×"表示另一个常开辅助触头没有使用。电路 KM 线圈下方第 3 列表示常闭辅助触头，"××"表示两对常闭辅助触头均未使用。

　　（4）电气原理图中在熔断器、单相变压器、电机旁边都标示有数字。这些数字符号分别代表熔断器的额定电流，电动机的额定功率和转速，热继电器动作电流范围和整定值等。

　　（5）电路图中的指引线加短斜线表示该处线路用导线的截面面积。

　　图 5-15 是单页的完整电气原理图，对于有些复杂的电机拖动电气控制系统，电气原理图必须分页绘制，而分页绘制必须说明本页图中电器元件和线路与其他页中电气之间的连接情况，这就必须在线路中断处采用"标记法"说明与其他页线路的连接情况，

在电器元件上采用"标注法"表明电器元件在其他页的位置。

本章中介绍的电气控制线路图，为了方便并没有画出完整的电气原理图，只给出了主电路图和控制电路图。请读者一定要注意，在实际绘制电气控制线路图时，必须要绘制出完整的图才算符合标准。

5.2　起动控制线路

由 3.3 节可知，对于交流异步电动机尤其是笼型（鼠笼式）电动机而言，起动性能较差，起动电流大，一般 $I_{1st} = (4\sim7)I_N$，某些笼型电动机甚至达到 $(8\sim10)I_N$。因此在起动交流异步电机时，要限制起动电流。同直流电动机一样，交流异步电机除小容量的电动机外，不允许直接起动。

5.2.1　直接起动

直接起动就是将额定电压直接加到定子绕组上，也称全压起动。这种起动方法简单，不需要任何起动设备，是应用最普遍的一种起动方法。由前面的内容可知，直接起动只适用于小功率或者满足直接起动条件的异步电动机。图 5－16 和图 5－17 均为交流异步电机单向直接起动控制线路。

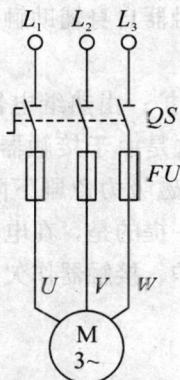

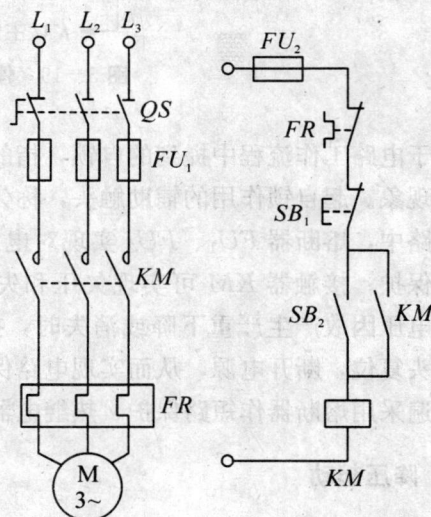

图 5－16　单向直接起动控制线路　　图 5－17　单向运行全压起动控制线路

如图 5－16 所示的交流异步电动机采用刀闸开关 QS 控制起动，属于手动控制方式。工作流程为：合上 QS 接通电路，电动机通电单向起动；断开 QS 切断电路，电动机失电停机。熔断器 FU 作为电路的保护装置，在电路发生短路、严重过载等情况时，熔断器熔体熔断切断电路，从而实现短路保护。图 5－16 所示的交流异步电动机起动电路控制方式简单，但仅用于小容量、起动不频繁的电动机起动控制，如三相电风扇、砂轮机等。同时由于该电路只有手动开关，没有控制电路，无法实现自动和远程控制。

如图 5-17 所示的起动电路利用接触器 KM 来控制电动机的起动，实现了自动和远程控制，电路由主电路、控制电路组成。

电路中，主电路由刀闸开关 QS、熔断器 FU_1、接触器 KM 主触头、热继电器 FR 的热元件、交流异步电动机组成。其中刀开关 QS 由于触头无灭弧装置，只能在电动机停机时操作。熔断器 FU_1 和热继电器 FR 的发热元件在主电路正常工作时处于短路状态。由此，接触器 KM 主触头直接控制电动机的起动和停止。控制电路由熔断器 FU_2、热继电器 FR 的常闭触头、停止按钮 SB_1、起动按钮 SB_2、接触器 KM 常闭辅助触头、接触器 KM 线圈组成。控制电路的设计可以使操作人员远程控制电动机的起动和停止。

电路的起动工作流程如图 5-18 所示。

合上 QS，按下 SB_2 ⟶ KM 线圈得电 ⟶ KM 常开辅助触头闭合 ⟶ KM 线圈电路自锁
⟶ KM 主触头闭合 ⟶ 电机 M 单向全压起动并运行

图 5-18　起动工作流程

电路的停止工作流程如图 5-19 所示。

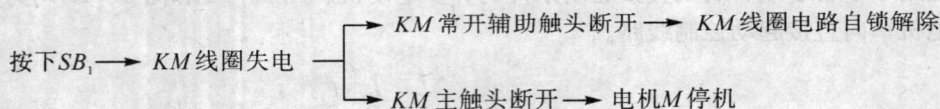

按下 SB_1 ⟶ KM 线圈失电 ⟶ KM 常开辅助触头断开 ⟶ KM 线圈电路自锁解除
⟶ KM 主触头断开 ⟶ 电机 M 停机

图 5-19　停止工作流程

关于电路工作流程中提到的自锁，指的是依靠接触器自身辅助触头而使其线圈保持通电的现象。起自锁作用的辅助触头，称为自锁触头。

电路中，熔断器 FU_1、FU_2 实现对电路的短路保护；由热继电器 FR 实现电动机的过载保护；接触器 KM 可实现欠压和失压保护，这是由于接触器本身是电磁机构，当电源电压因故产生严重下降或消失时，接触器的电磁吸力急剧下降或消失，衔铁释放、触头复位，断开电源，从而实现电路保护。值得一提的是，在电气控制电路的设计中，普遍采用熔断器作短路保护、热继电器作过载保护、接触器作欠压/失压保护。

5.2.2　降压起动

所谓降压起动，就是在电动机起动过程中，采取措施降低施加在电动机定子绕组上的有效电压，达到降低起动电流的起动方法。

1) 三相笼型异步电动机降压起动

由于笼型异步电动机的转子绕组回路已经固定，不能再外接电阻，为了限制起动电流，只能在定子绕组回路中采取措施。常用的降压起动方法有定子绕组串电阻起动、自耦变压器降压起动、Y-△降压起动、Y-△结合降压起动。

216

（1）定子绕组串电阻起动。

该方法是在笼型异步电动机的定子回路接入三相对称电阻。起动电流在串接的电阻上产生压降，降低了加在定子绕组上的有效电压，从而减小了起动电流。待电动机转速升高到一定值时，再切除已经串入的起动电阻，额定电压全部加到定子绕组上，直到达到某一稳定转速，起动过程结束。如图 5－20 所示电路即为笼型电机定子绕组串电阻起动电路图。

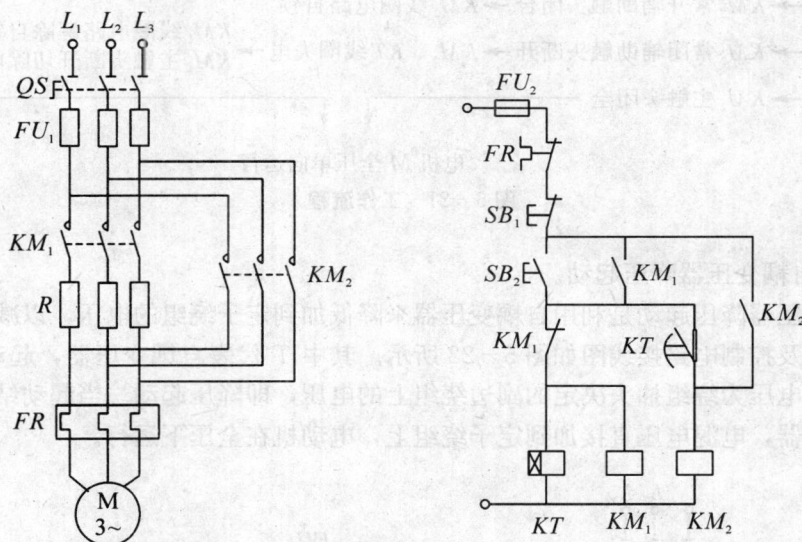

图 5－20　定子绕组串电阻起动控制线路

主电路分析：主电路由刀闸开关 QS、熔断器 FU_1、接触器 KM_1 主触头、接触器 KM_2 主触头、热继电器 FR 的热元件、交流笼型异步电动机组成。控制接触器 KM_1 主触头闭合，电动机将实现定子绕组串电阻起动；控制接触器 KM_2 主触头闭合，电动机将全压运行。

控制电路分析：控制电路由熔断器 FU_2、热继电器 FR 的常闭触头、停止按钮 SB_1、起动按钮 SB_2、接触器 KM_1 的常开辅助触头和线圈、接触器 KM_2 的线圈和常开常闭辅助触头、通电延时时间继电器 KT 的线圈及常开延时触头组成。按下起动按钮 SB_2，接触器 KM_1、通电延时时间继电器 KT 的线圈通电，则 KM_1 的主触头闭合，主电路将实现串电阻起动。延时时间到后，通电延时时间继电器 KT 的常开延时触头闭合，接触器 KM_2 的线圈通电，则主电路中 KM_1 主触头断开，KM_2 主触头闭合，电路由电动机定子绕组串电阻起动切换到电动机全压运行。

控制电路的起动工作流程如图图 5－21 所示。

控制电路的停止由按钮 SB_2 实现，其工作流程请读者自行分析。

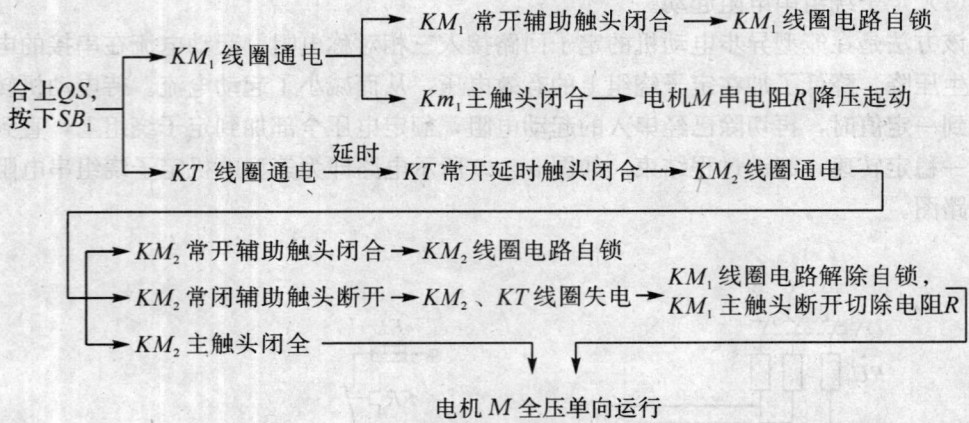

图 5—21　工作流程

（2）自耦变压器降压起动。

自耦变压器降压起动是利用自耦变压器来降低加到定子绕组的电压，以减小起动电流，主电路及控制电路接线图如图 5－22 所示。其中 T 代表自耦变压器，起动开始时，电动机定子电压为绕组抽头决定的副边绕组上的电压，即降压起动。当起动结束时，切除自耦变压器，电源电压直接加到定子绕组上，电动机在全压下运行。

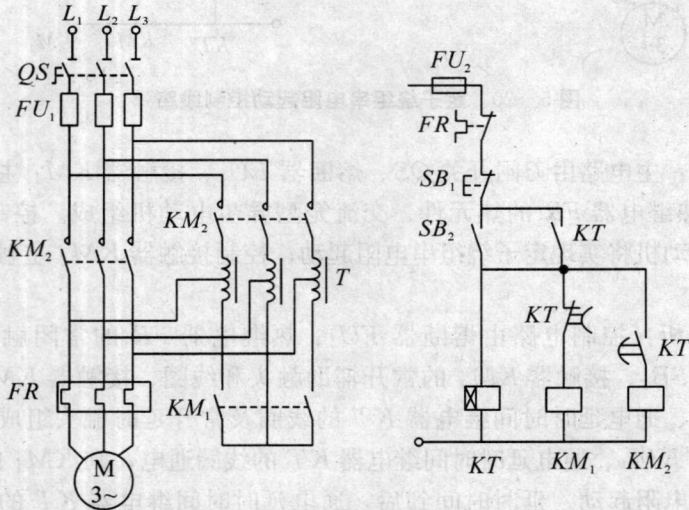

图 5－22　自耦变压器降压起动控制线路

主电路分析：主电路由刀闸开关 QS、熔断器 FU_1、接触器 KM_1 主触头、接触器 KM_2 主触头、热继电器 FR 的热元件、自耦变压器 T、交流笼型异步电动机组成。控制接触器 KM_1 主触头闭合、KM_2 主触头断开，电动机实现降压起动；控制接触器 KM_1 主触头断开、KM_2 主触头闭合，电动机将全压运行。

控制电路分析：控制电路由熔断器 FU_2、热继电器 FR 的常闭触头、停止按钮

SB_1、起动按钮 SB_2、接触器 KM_1 的线圈、接触器 KM_2 的线圈、通电延时时间继电器 KT 的线圈及常开/常闭延时触头组成。按下起动按钮 SB_2，接触器 KM_1、通电延时时间继电器 KT 的线圈通电，则 KM_1 的主触头闭合，主电路将实现自耦变压器降压起动。延时时间到后，通电延时时间继电器 KT 的常开延时触头闭合、常闭延时触头断开，则接触器 KM_1 的线圈失电、KM_2 的线圈通电，主电路中 KM_1 主触头断开，KM_2 主触头闭合，电路由自耦变压器降压起动切换到电动机全压运行状态。

控制电路的起动工作流程如图 5－23 所示。

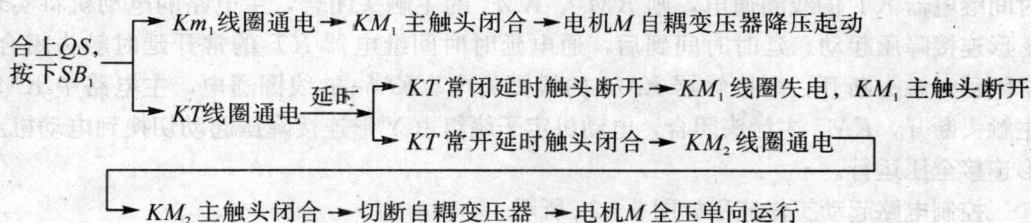

图 5－23　工作流程

（3）Y－△降压起动。

采用 Y－△降压起动，是在电机起动时将定子绕组接成 Y 形连接，这时，每相定子绕组的电压等于 $1/\sqrt{3}$ 电源的线电压，待电动机起动完成后，将定子绕组改接成△形连接，每相定子绕组接入电源的线电压，电机全压运行。Y－△起动只适用于在正常工作时定子绕组为△接法而且有 6 个出线端的三相交流异步电动机。图 5－24 为 Y－△降压起动控制线路。

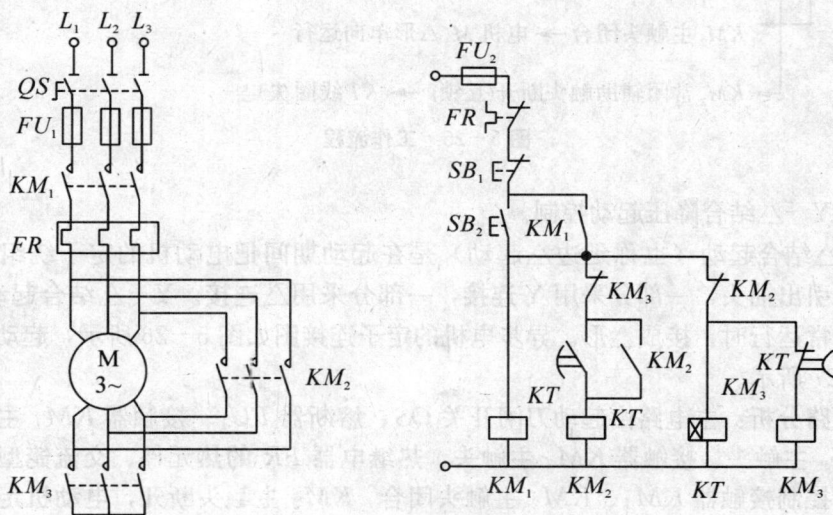

图 5－24　Y－△降压起动控制线路

主电路分析：主电路由刀闸开关 QS、熔断器 FU_1、接触器 KM_1 主触头、接触器 KM_2 主触头、接触器 KM_3 主触头、热继电器 FR 的热元件、交流笼型异步电动机组成。控制接触器 KM_1、KM_3 主触头闭合，KM_2 主触头断开，电动机定子绕组实现 Y 形连接降压起动；控制接触器 KM_1、KM_2 主触头闭合，KM_3 主触头断开，电动机定子绕组将实现△形连接全压运行。

控制电路分析：控制电路由熔断器 FU_2、热继电器 FR 的常闭触头、停止按钮 SB_1、起动按钮 SB_2、接触器 KM_1 的线圈及常开辅助触头、接触器 KM_2 的线圈及常闭/常开辅助触头、接触器 KM_3 的线圈及常闭辅助触头、通电延时时间继电器 KT 的线圈及常开/常闭延时触头组成。按下起动按钮 SB_2，接触器 KM_1 及 KM_3、通电延时时间继电器 KT 的线圈通电，则 KM_1、KM_3 的主触头闭合，主电路的电动机将实现 Y 形连接降压起动。延时时间到后，通电延时时间继电器 KT 的常开延时触头闭合、常闭延时触头断开，则接触器 KM_3 的线圈失电、KM_2 的线圈通电，主电路中 KM_3 主触头断开，KM_2 主触头闭合，电动机定子绕组由 Y 形连接降压起动切换到电动机△形连接全压运行。

控制电路起动工作流程如图 5-25 所示。

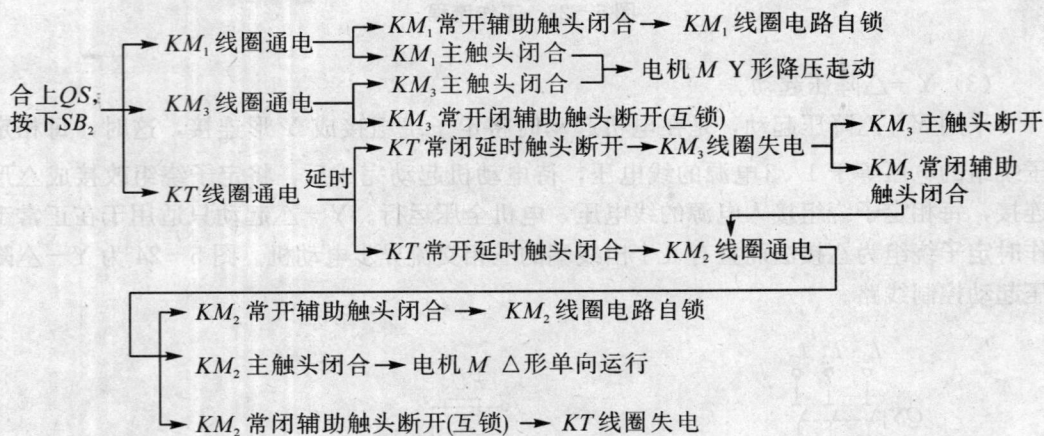

图 5-25 工作流程

（4）Y-△结合降压起动控制。

Y-△结合起动（也称延边△起动）是在起动期间把电动机的定子绕组分成两部分，中间引出抽头，一部分采用 Y 连接，一部分采用△连接。Y-△结合起动结束后，电动机正常运行时，接成△形。异步电机的定子连接图如图 5-26 所示，起动控制线路如图 5-27 所示。

主电路分析：主电路由起动刀闸开关 QS、熔断器 FU_1、接触器 KM_1 主触头、接触器 KM_2 主触头、接触器 KM_3 主触头、热继电器 FR 的热元件、交流笼型异步电动机组成。控制接触器 KM_1、KM_2 主触头闭合，KM_3 主触头断开，电动机定子绕组实现 Y-△结合连接降压起动；控制接触器 KM_2、KM_3 主触头闭合，KM_1 主触头断开，电动机定子绕组将实现△形连接全压运行。

控制电路分析：Y-△结合降压起动控制与 Y-△降压起动控制电路类似，均是利用时间继电器来控制起动。按下起动按钮 SB_2，接触器 KM_1 及 KM_2、通电延时时间

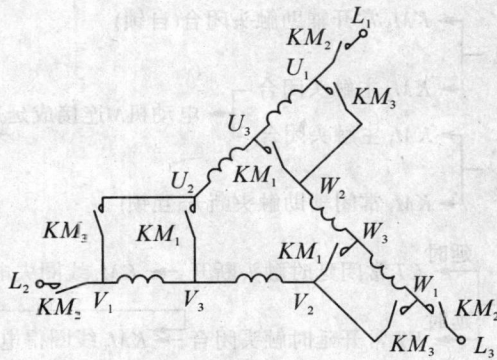

图 5-26 Y-△结合起动定子连接图

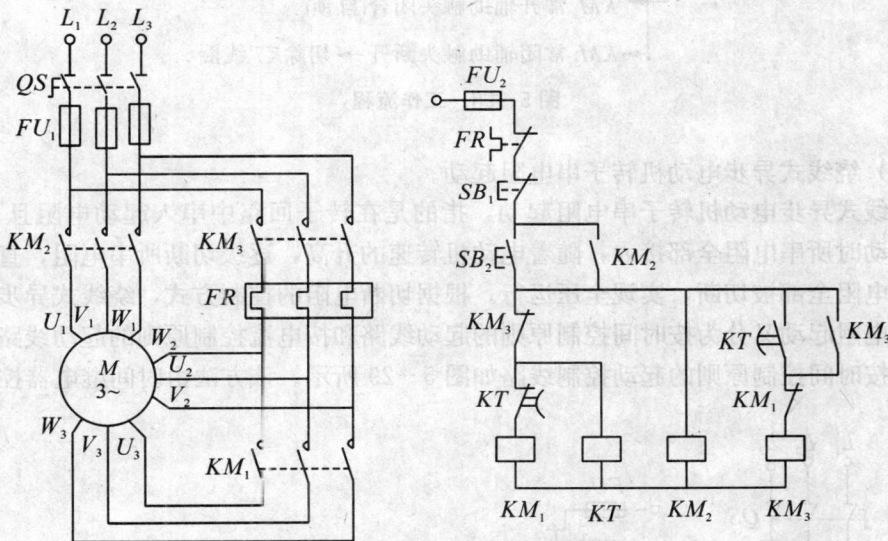

图 5-27 Y-△结合降压起动控制线路

继电器 KT 的线圈通电，则 KM_1、KM_2 的主触头闭合，主电路的电动机将实现 Y-△结合降压起动。延时时间到后，通电延时时间继电器 KT 的常开延时触头闭合、常闭延时触头断开，则接触器 KM_1 的线圈失电，KM_3 线圈通电，主电路中 KM_1 主触头断开，KM_3 主触头闭合，电路的电动机定子绕组由 Y-△结合降压起动切换到电动机△形连接全压运行。

控制电路起动工作流程如图 5-28 所示。

2）绕线式异步电动机降压起动

以上介绍的四种起动方法均针对三相笼型交流异步电动机。对于绕线式交流异步电动机，由于其结构与笼型电机不同，可以在转子绕组回路串对称电阻或者电抗，以获得较好的起动性能。因此，绕线式异步电动机大部分采用在转子回路串电阻的方法起动电机。绕线式异步电动机串电阻起动有两种方法：绕线式异步电动机转子串电阻起动和绕线转子式异步电动机转子串频敏变阻器起动。

KM_2线圈得电 → KM_2常开辅助触头闭合(自锁)
KM_2主触头闭合 → 电动机M连接成延边三角形降压起动

合上QS,
按下SB_2 → KM_1线圈得电 → KM_1主触头闭合
KM_1常闭辅助触头断开(互锁)

KT线圈得电 → 延时 → KT常闭延时触头断开 → KM_1线圈失电 KM_1常闭辅助触头闭合
延时 → KT常开延时触头闭合 → KM_3线圈得电

KM_3主触头闭合 → 电动机M三角形连接正常运行
KM_3常开辅助触头闭合(自锁)
KM_3常闭辅助触头断开 → 切除KT线圈

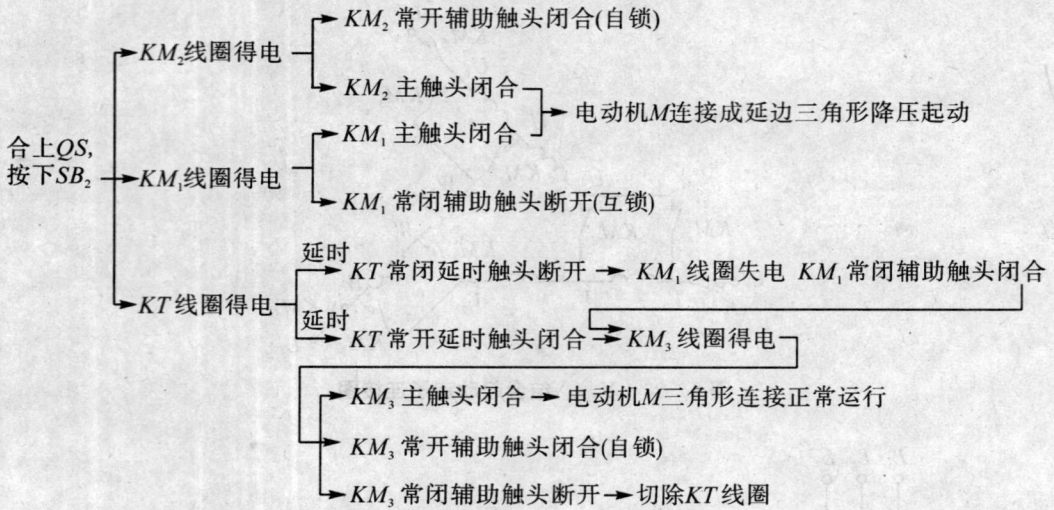

图 5-28 工作流程

(1) 绕线式异步电动机转子串电阻起动。

绕线式异步电动机转子串电阻起动,指的是在转子回路中串入起动电阻且 Y 形连接,起动时所串电阻全部接入,随着电动机转速的升高,逐级切断所串电阻,直到起动完毕,电阻全部被切断,实现全压运行。根据切断电阻的控制方式,绕线式异步电动机转子串电阻起动又分为按时间控制原则的起动线路和按电流控制原则的起动线路。

①按时间控制原则的起动控制线路如图 5-29 所示。该方法由时间继电器控制顺序

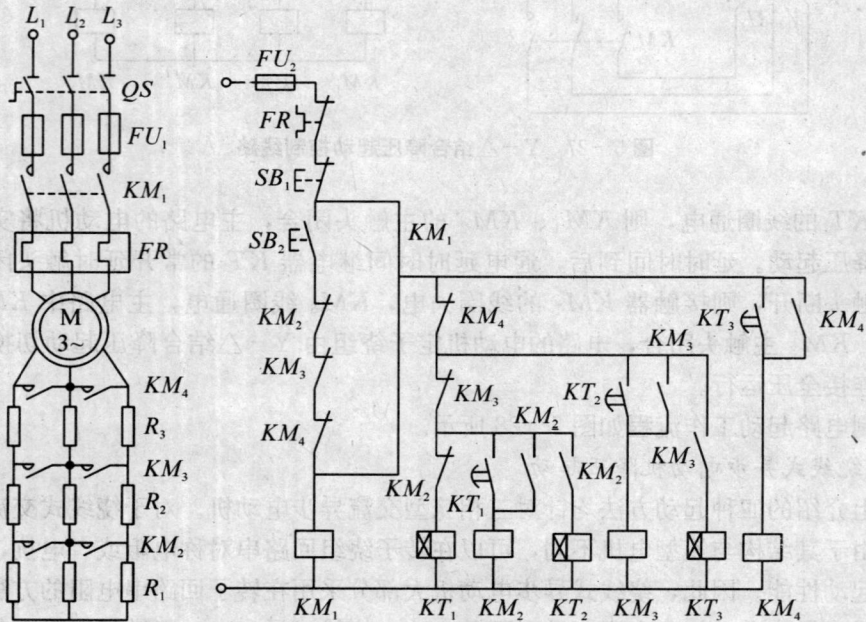

图 5-29 绕线式异步电动机转子串电阻起动控制线路

切断起动电阻。

主电路分析：主电路由起动刀闸开关 QS，熔断器 FU_1，接触器 KM_1、KM_2、KM_3、KM_4 主触头，热继电器 FR 的热元件，交流绕线式异步电动机组成。起动开始时，控制接触器 KM_1 主触头闭合，其他接触器主触头断开，电动机转子绕组串入 3 级电阻降压起动；随着电动机转速的升高，按时间原则控制接触器 KM_2、KM_3、KM_4 主触头顺序闭合，逐级切断各级电阻，最终实现电动机全压运行。

控制电路分析：电路利用时间继电器顺序控制各级电阻的切断。按下起动按钮 SB_2，接触器 KM_1 及通电延时时间继电器 KT_1 的线圈通电，则 KM_1 的主触头闭合，常开辅助触头闭合形成自锁，主电路的电动机将实现电动机转子串 3 级电阻降压起动。延时时间到后，通电延时时间继电器 KT_1 的常开延时触头闭合，则接触器 KM_2 及时间继电器 KT_2 线圈通电，主电路中 KM_2 主触头闭合，切断所串电阻 R_1；控制回路中 KM_2 的辅助常开触头闭合形成自锁，KM_2 常闭辅助触头断开使 KT_1 线圈失电，使其常开触头复位。依次时间继电器 KT_2、KT_3 延时到，相应元件动作，KM_3、KM_4 主触头依次闭合，从而按时间切除所串电阻 R_2 及 R_3。

电路起动控制工作流程如图 5−30 所示。

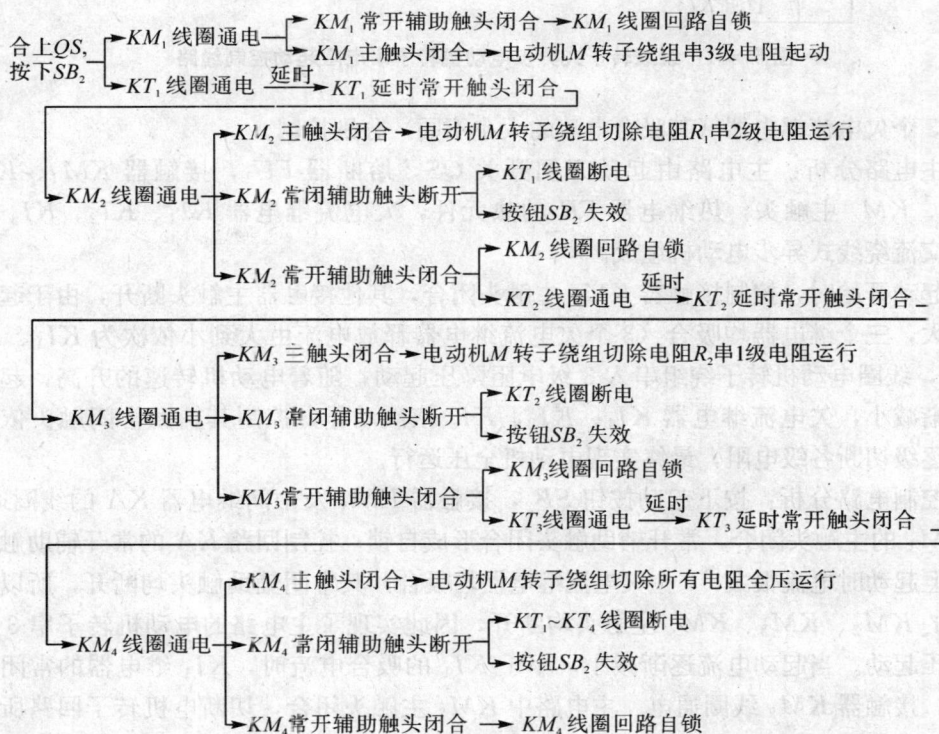

图 5−30　工作流程

②按电流控制原则的起动控制线路如图 5−31 所示。

该方法与按时间控制原则的不同之处在于，切断各级起动电阻的顺序由串在转子回

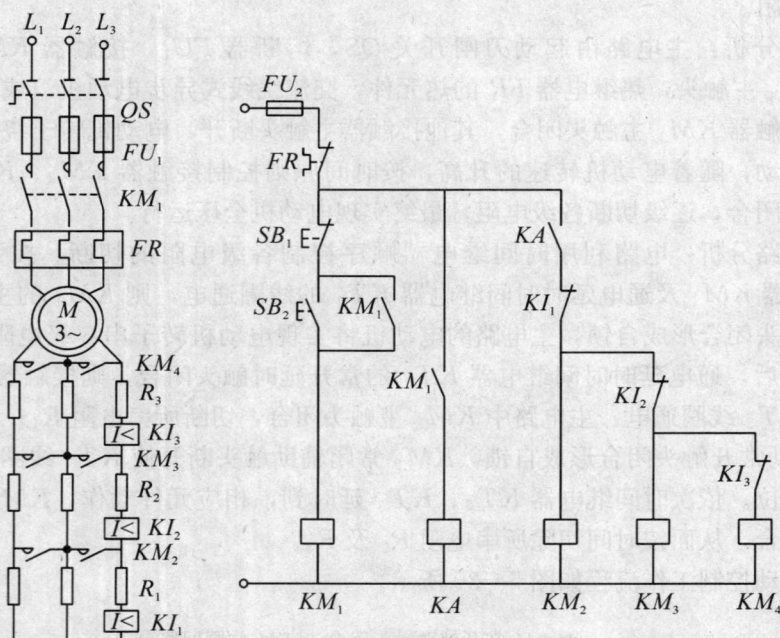

图 5-31　绕线转子式异步电动机转子串电阻起动控制线路

路的 3 个欠电流继电器（其吸合电流的大小不同）分别控制。

主电路分析：主电路由起动刀闸开关 QS，熔断器 FU_1，接触器 KM_1、KM_2、KM_3、KM_4 主触头，热继电器 FR 的热元件，欠电流继电器 KI_1、KI_2、KI_3 的线圈，交流绕线式异步电动机组成。

起动开始时，控制接触器 KM_1 主触头闭合，其他接触器主触头断开，由于起动电流很大，三个继电器均吸合（3 个欠电流继电器释放电流由大到小依次为 KI_1、KI_2、KI_3），线圈电动机转子绕组串入 3 级电阻降压起动；随着电动机转速的升高，起动电流逐渐减小，欠电流继电器 KI_1、KI_2、KI_3 依次动作，控制其辅助常闭触头依次断开，逐级切断各级电阻，最终实现电动机全压运行。

控制电路分析：按下起动按钮 SB_2，接触器 KM_1 及中间继电器 KA 的线圈通电，则 KM_1 的主触头闭合，常开辅助触头闭合形成自锁；控制回路 KA 的常开辅助触头闭合，但起动时电流很大，3 个欠电流继电器均吸合，其常闭辅助触头均断开，所以主电路中的 KM_2、KM_3、KM_4 主触头均断开，因此实现了主电路的电动机转子串 3 级电阻降压起动。当起动电流逐渐减小，小于 KI_1 的吸合电流时，KI_1 继电器的常闭触头闭合，接触器 KM_2 线圈通电，主电路中 KM_2 主触头闭合，切断电机转子回路所串电阻 R_1；当起动电流依次小于 KI_2、KI_3 的吸合电流时，KI_2、KI_3 继电器的常闭触头依次闭合，主电路中 KM_3、KM_4 主触头依次闭合，从而按电流由大到小逐级切断所串电阻 R_2 及 R_3。

电路起动控制工作流程如图 5-32 所示。

合上QS，按下SB₂ → KM_1 线圈通电
- → KM_1 常开辅助触头闭合
  - → KM_1 线圈回路自锁，KA 常开触头闭合
  - → KA 线圈通电 → 为 $KM_2 \sim KM_4$ 通电准备
- → KM_1 主触头闭合 → 电动机M转子绕组串3级电阻起动

→ 电机起动电流大，$KI_1 \sim KI_3$ 常闭触头断开 → 电机转速升高，起动电流减小 → 起动电流小于 KI_1 设定值 → KI_1 常闭触头闭合

→ KM_2 线圈通电 → KM_2 主触头闭合 → 电动机M转子绕组切除电阻 R_1 串2级电阻运行 → 起动电流小于 KI_2 设定值

→ KI_2 常闭触头闭合 → KM_3 线圈通电 → KM_3 主触头闭合 → 电动机M转子绕组切除电阻 R_2 串1级电阻运行

→ 起动电流小于 KI_3 设定值 → KM_4 线圈通电 → KM_4 主触头闭合 → 电动机M转子绕组切除电阻 R_3 全压运行

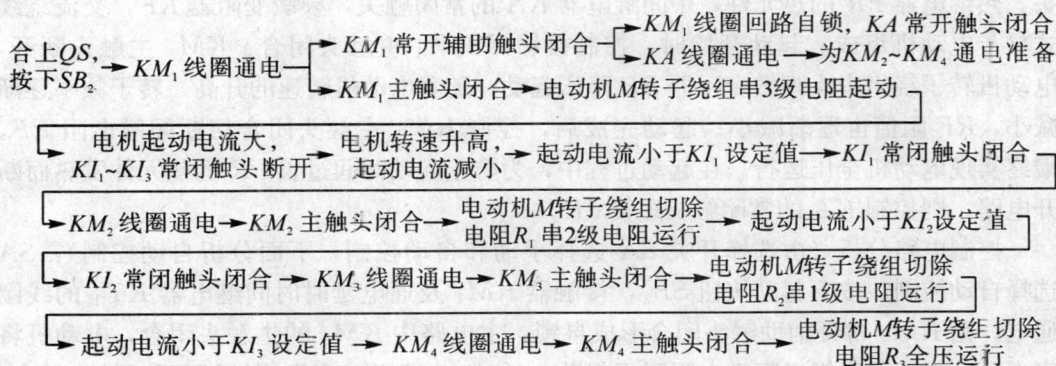

图 5-32　工作流程

（2）绕线式异步电动机转子串频敏变阻器起动。

频敏变阻器在 3.2 节已经介绍，它是一种电阻值与电流频率成正比变化的特殊电阻。电动机在起动过程中，转子的转速由零逐渐升高，转子电动势频率 f_2、电流频率也逐渐减小，因此，串接在绕线式异步电动机转子回路中的频敏变阻器的阻值也由大变小，实现了起动过程中串电阻限流的作用，且电阻阻值随着起动电流的减小而减小，保证了电机在起动过程中转矩基本不变。起动完成后，再切断频敏变阻器，电动机全压运行。如图 5-33 所示为绕线式异步电动机转子串频敏变阻器的降压起动控制线路图。

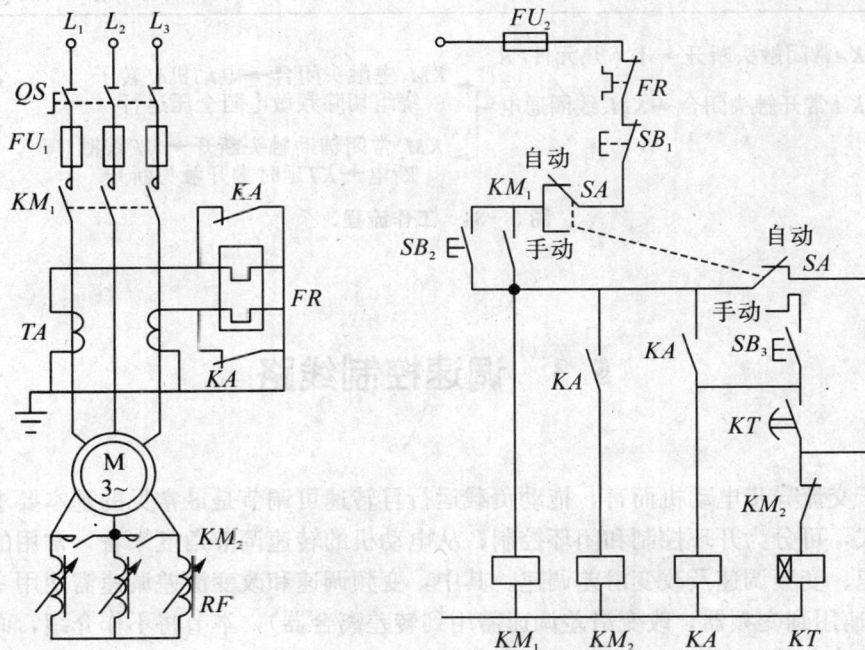

图 5-33　绕线式异步电动机转子串频敏变阻器的降压起动控制线路

主电路分析：主电路由起动刀闸开关 QS，熔断器 FU_1，接触器 KM_1、KM_2 主触

头，热继电器 FR 的热元件，中间继电器 KA 的常闭触头，频敏变阻器 RF，交流绕线式异步电动机组成。起动开始时，控制接触器 KM_1 主触头闭合、KM_2 主触头断开，电动机转子绕组串入频敏变阻器 RF 降压起动；随着电动机转速的升高，转子频率逐渐减小，RF 阻值也逐渐减小；起动完成后，控制 KM_2 主触头闭合切断频敏电阻 RF，最终实现电动机全压运行。在起动过程中，为防止起动时间过长 FR 的热元件发热而断开电路，则控制 KA 的常闭触头短接 FR。

控制电路分析（由选择开关 SA 选择手动和自动控制，下面分析自动控制）：SA 选择自动控制，按下起动按钮 SB_2，接触器 KM_1 及通电延时时间继电器 KT_1 的线圈通电，则 KM_1 常开辅助触头闭合形成自锁，主电路中 KM_1 的主触头闭合，电动机将实现电动机转子绕组串频敏电阻降压起动。延时时间到后，KT_1 的常开延时触头闭合，则中间继电器 KA 及接触器 KM_2 线圈通电，主电路中 KM_2 主触头闭合切断频敏电阻 RF，KA 常闭触头断开使主电路串入热继电器 FR 的热元件；控制回路中 KA 的常开触头闭合形成自锁。

关于手动控制，请读者自行分析。

自动控制方式的工作流程如图 5－34 所示。

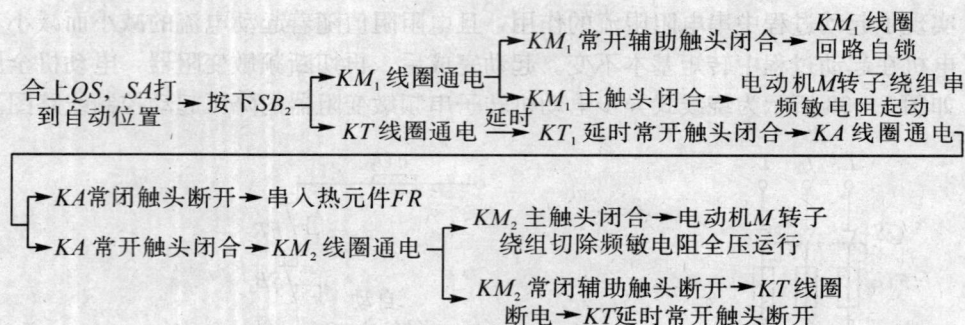

图 5－34　工作流程

5.3　调速控制线路

对于交流异步电动机而言，拖动负载运行且转速可调节是最常见的基本要求。根据控制方式，可分为开环控制和闭环控制；从电动机的转速调节角度来看，常用的方法有变极调速、变频调速及改变滑差调速。其中，变频调速和改变滑差调速需使用专用设备（变频调速用到变频器，改变滑差调速需用到转差离合器），本节将不作介绍，而仅就三相笼型异步电动机变极对数调速的电气控制线路作详细介绍。

如图 5－35 所示为常用的鼠笼式交流异步双速电动机极对数由 4 极变为 2 极的三相定子绕组接线图。

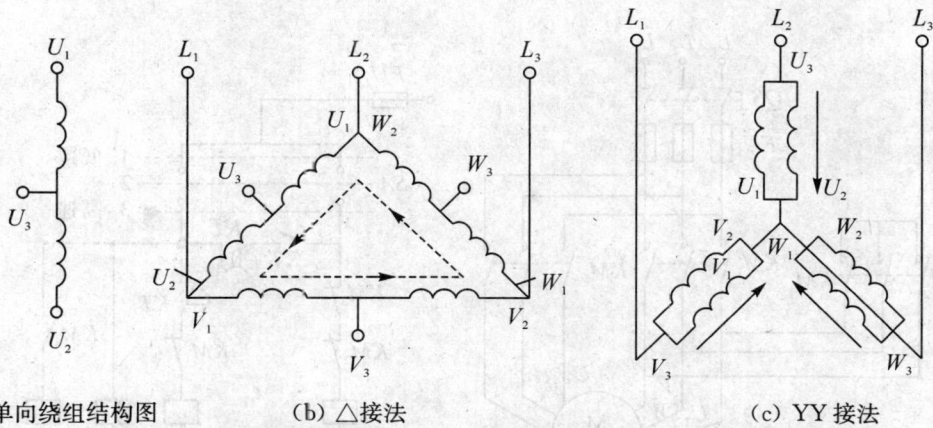

(a) 单向绕组结构图　　　（b）△接法　　　　　　　　　（c）YY 接法

图 5-35　4 极变 2 极双速电动机三相定子绕组接线图

　　双速电动机每相定子绕组均有三个接线端，如图 5-35（a）所示，因此电动机的三相定子绕组可以连接成如图 5-35（b）所示的△（三角形）接法，即 U_1-W_2、U_2-V_1、V_2-W_1，此时电源线与三个绕组的三个接线端 U_1、V_1、W_1 连接，每相绕组中点引出的接线端悬空，电动机的极对数为 4。如电动机的三相定子绕组连接为图 5-35（c）所示的 YY（双星形）接法，即 $U_1-U_2-V_1-V_2-W_1-W_2$，此时将电源线与三个绕组中点的引出接线端 U_3、V_3、W_3 相连接，电动机的极对数为 2。

　　由交流异步电动机的转速表达式 $n=n_1(1-s)=\dfrac{60f_1}{p}(1-s)$ 可知，上述双速电动机由△接法改为 YY 接法，电动机的极对数由 4 变为 2，电动机转速将升高为原来的 2 倍，即由低速运行变为高速运行。

　　如图 5-36 和图 5-37 所示分别为双速电动机变极调速的两种控制线路。两个电路的主电路相同，由刀闸开关 QS，熔断器 FU_1，接触器 KM_1、KM_2、KM_3 主触头，

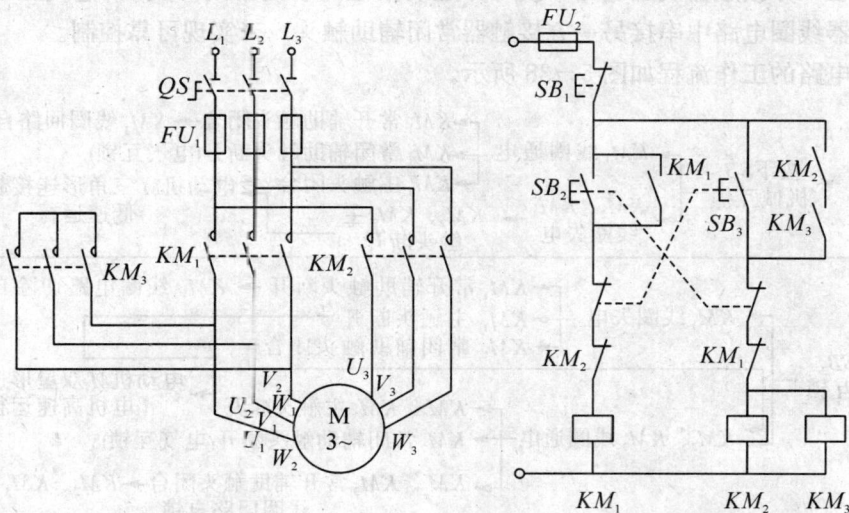

图 5-36　双速电动机变速控制线路图

227

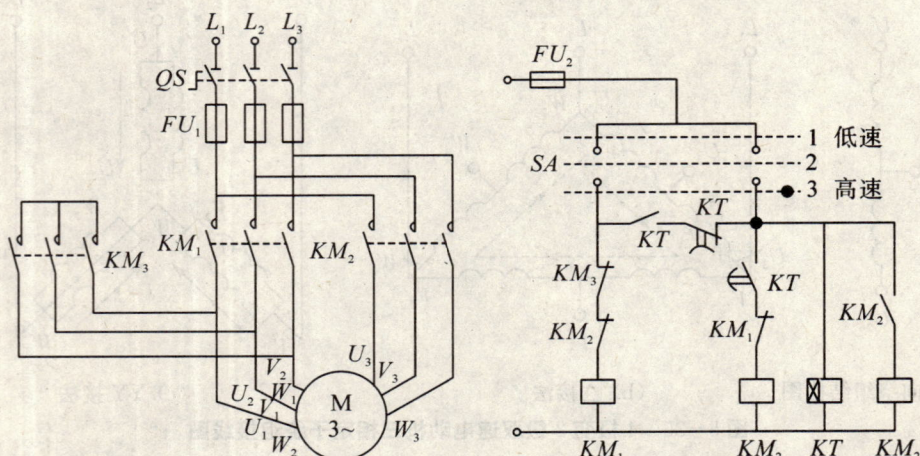

图 5-37　时间继电器控制的双速电动机变速控制线路图

热继电器 FR 的热元件，交流笼型双速异步电动机组成。当接触器 KM_1 主触头闭合，KM_2、KM_3 主触头断开时，电机定子绕组△连接低速运行；当接触器 KM_2、KM_3 主触头闭合，KM_1 主触头断开时，电机定子绕组 YY 连接高速运行。

图 5-36 控制电路分析：按下低速起动按钮 SB_2，接触器 KM_1 线圈通电，则 KM_1 常开辅助触头闭合形成自锁，主电路中 KM_1 的主触头闭合，电动机将实现定子绕组△连接（极对数为 4）起动并低速运行。按下高速起动按钮 SB_3，KM_2、KM_3 线圈通电，KM_1 线圈失电，则 KM_2、KM_3 常开辅助触头闭合形成自锁，主电路中 KM_2、KM_3 主触头闭合，KM_1 的主触头断开，电动机将实现定子绕组 YY 连接（极对数为 2）起动并高速运行。如要停止运行，按下停止按钮 SB_1。电路利用按钮形成机械互锁（在一方接触器线圈电路串接对方起动按钮的联动常闭开关）、电气互锁（在一方的接触器线圈电路中串接另一方接触器常闭辅助触头）来实现可靠控制。

控制电路的工作流程如图 5-38 所示。

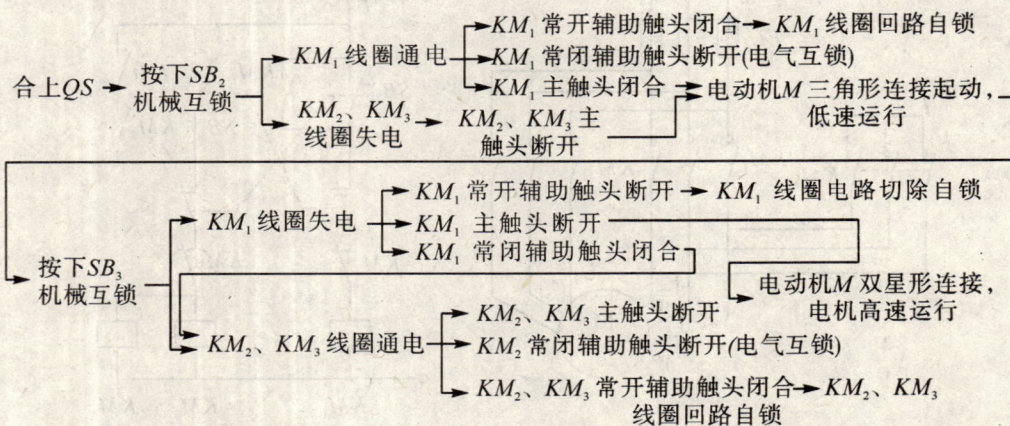

图 5-38　工作流程

228

图 5-37 控制电路分析：SA 打到"1"选择低速运行，接触器 KM_1 线圈通电，则主电路中 KM_1 的主触头闭合，电动机将实现定子绕组△连接（极对数为 4）起动并低速运行。SA 打到"3"选择高速运行，通电延时时间继电器 KT 线圈通电，其瞬动常开触头闭合，接触器 KM_1 线圈通电，则主电路中 KM_1 的主触头闭合，电动机将实现定子绕组△连接（极对数为 4）起动；定时时间到，KT 的延时常开触头闭合、延时常闭触头断开，则 KM_1 线圈失电，KM_2、KM_3 线圈通电，主电路中 KM_1 的主触头断开，KM_2、KM_3 主触头闭合，电动机将实现定子绕组 YY 连接（极对数为 2）高速运行。如要停止运行，SA 打到"2"选择停机，KM_1、KM_2、KM_3 均失电。

以上介绍的是交流电机调速控制线路，仅能实现 2 级调速，调速范围不大，只适用于笼型双速异步电动机。对于交流电动机的调速，目前常采用变频调速方法，利用变频器、速度传感器构成闭环控制系统，通过先进的控制技术，如模糊控制、PID 控制、矢量控制、直接转矩控制、解耦控制等；或者直接采用无速度传感器的矢量控制变频器、直接转矩控制变频器等，使交流电动机调速的动、静态性能得到了很大提高。关于交流电机调速系统的内容请参考《电力拖动自动控制系统》，这里不再赘述。

5.4　制动控制线路

三相异步电动机在制动运行状态时，电磁转矩与转速方向相反，电动机吸收拖动系统轴上的机械功率并转换成电功率送回电网或者消耗掉，机械特性曲线位于 $n-T$ 坐标平面第 Ⅱ 或第 Ⅳ 象限。异步电动机的电气制动方法可以采用能耗制动、反接制动和回馈制动。本节介绍能耗制动与反接制动的基本控制线路。

5.4.1　能耗制动

异步电动机的能耗制动是在转子回路接入制动电阻，切断定子三相电源，但在定子绕组中通入直流电流励磁，形成恒定的磁场，产生制动性质的电磁转矩，使电动机转速迅速下降，实现电动机制动。对于反抗型负载，能耗制动可实现准确停车；对于位能型负载，如果制动的目的是停车，就必须在 $n=0$ 时刻，采用机械刹车抱闸，否则电动机将在位能型负载的作用下，开始反向起动并加速，直到电磁转矩与负载转矩相等时，获得稳定的下放速度。

如图 5-39 所示为异步电动机单向能耗制动控制线路图。该控制线路的直流励磁电源由三相电源通过单相变压器 TC、桥式整流电路 VC 得到。

主电路分析：主电路由起动刀闸开关 QS，熔断器 FU_1、FU_2，接触器 KM_1、KM_2 主触头，热继电器 FR 的热元件，单相变压器 TC，桥式整流电路 VC，制动电阻 R，交流异步电动机组成。起动时，接触器 KM_1 主触头闭合、KM_2 主触头断开；制动时，控制接触器 KM_1 主触头断开切断电机定子三相电源，KM_2 主触头闭合，由 TC、VC 提供电动机定子直流励磁电源。

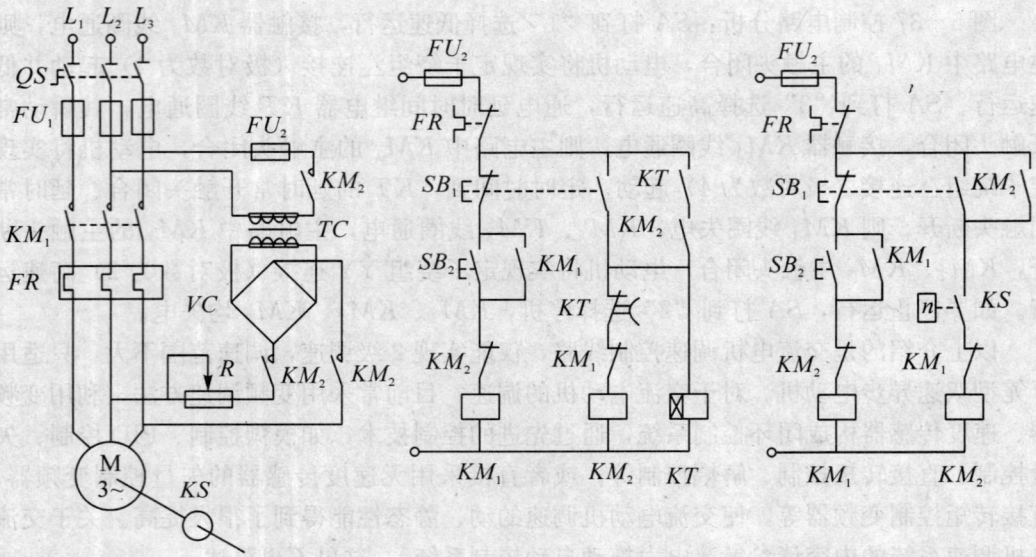

（a）制动方式Ⅰ   （b）制动方式Ⅱ

图 5-39　单向能耗制动控制线路

控制电路分析：图 5-39（a）、（b）为两种不同的控制电路，图 5-39（a）所示的制动方式Ⅰ是利用时间继电器 KT 控制电动机能耗制动时间，制动时，按下制动按钮 SB_1，接触器 KM_1 线圈失电，主电路中 KM_1 的主触头断开，从而切断电机定子三相电源；KM_2 及 KT 的线圈通电，主电路中 KM_2 主触头闭合，电机定子接入直流电源，KT 定时时间到，KT 的常闭触头断开，KM_2 的线圈失电切断加入的电机定子直流电源，制动过程结束。

制动方式Ⅰ的工作流程如图 5-40 所示。

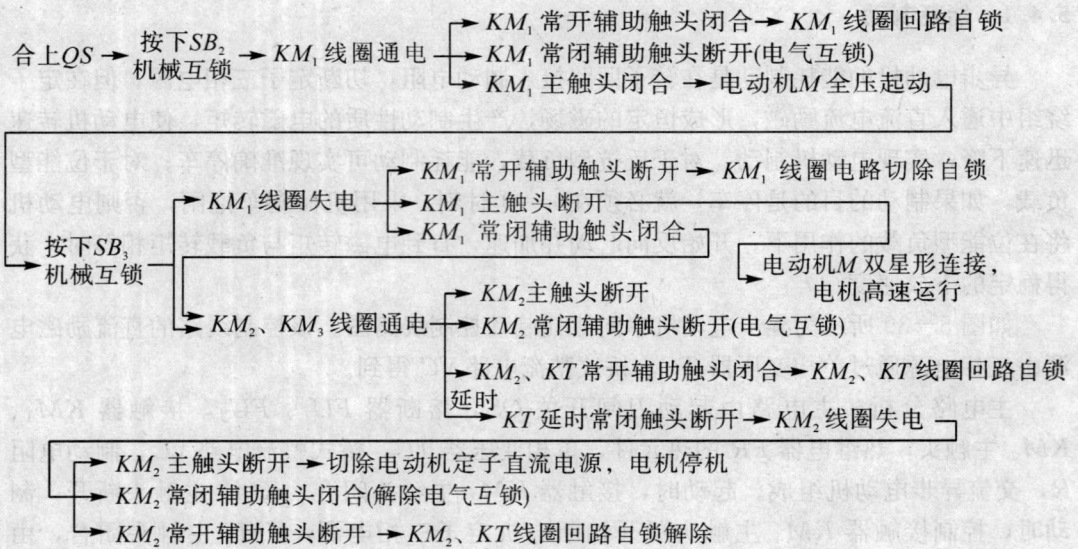

图 5-40　工作流程

图 5-39（b）所示的制动方式Ⅱ是利用速度继电器控制电动机能耗制动时间，电动机起动后，速度继电器 KS 的常开触头在电动机转速 $n>120$ r/min 时已闭合；制动时，按下制动按钮 SB_1，接触器 KM_1 线圈失电，主电路中 KM_1 的主触头断开，从而切断电动机定子三相电源；KM_2 线圈通电，主电路中 KM_2 主触头闭合，电动机定子接入直流电源，电动机开始制动运行，转速降低，当电动机转速 $n<100$ r/min 的，KS 的常开触头断开，KM_2 的线圈失电从而切断加入的电机定子直流电源，制动过程结束。

制动方式Ⅱ的工作流程如图 5-41 所示。

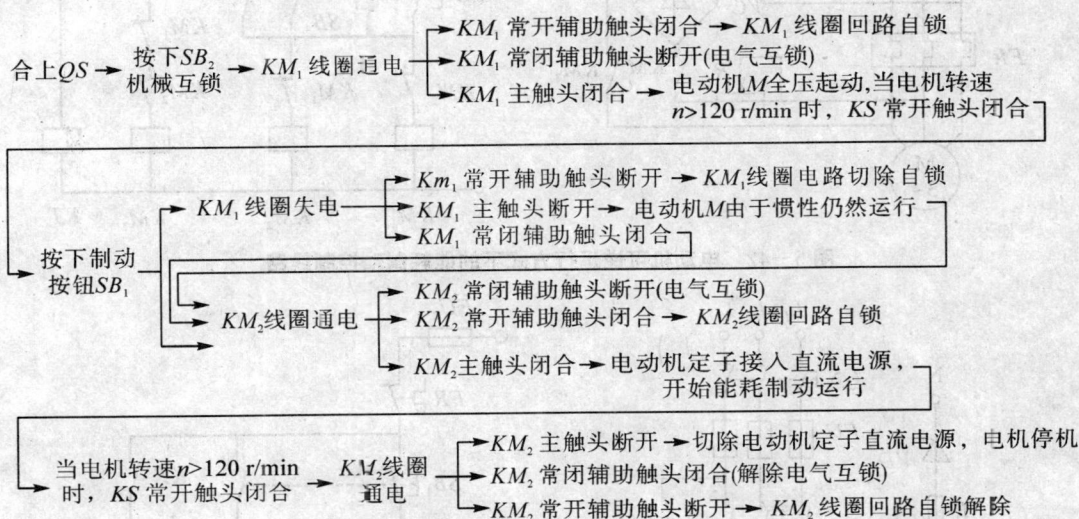

图 5-41 工作流程

以上介绍的是电动机单向运行时能耗制动的两种制动方式，对于电动机可正反运行的能耗制动，图 5-42 给出了基于时间继电器控制的异步电动机可逆运行方式下的能耗制动控制线路。与图 5-39 所示的控制方式比较，图 5-42 中的主电路和控制电路中均增加了电机反转控制，其他部分不变。但该控制线路不管是正转还是反转，均可实现由时间继电器控制制动时间的能耗制动，其制动的工作流程类似电动机单向运行时能耗制动方式Ⅰ。

如图 5-43 所示的是一种无变压器二极管半波整流能耗制动控制线路。对比图 5-39 和图 5-42 的主电路，电动机的定子绕组直流电源不是由变压器 TC、桥式整流电路 VC 提供，而是由单向直流电源经二极管 VD 半波整流后提供，其他与图 5-39 的主电路相同。图 5-43 的控制电路与图 5-39（a）能耗制动方式Ⅰ相同，控制电路的工作流程也相同。

总的来说，电动机能耗制动时，制动转矩随电动机的惯性转速下降而减小，故制动平稳且能量消耗小，但是制动力较弱，特别是低速时尤为突出；另外，控制线路需附加直流电源装置。因此，能耗制动一般用于制动要求平稳准确、电动机容量大、起动和制动频繁的场合（如磨床、龙门刨床及组合机床的主轴定位等）。在本节介绍的 3 种常见

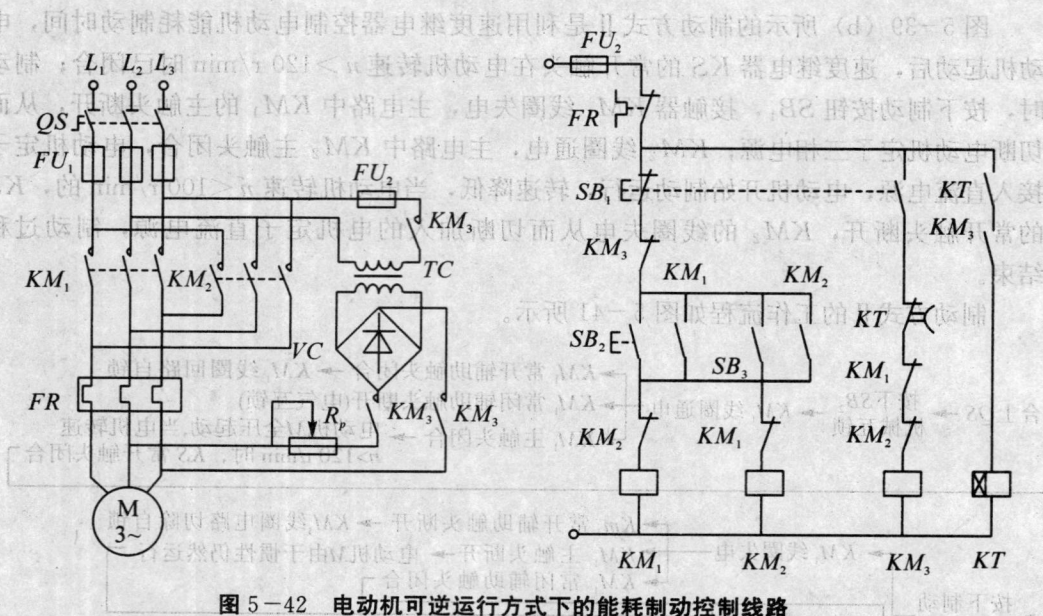

图 5—42　电动机可逆运行方式下的能耗制动控制线路

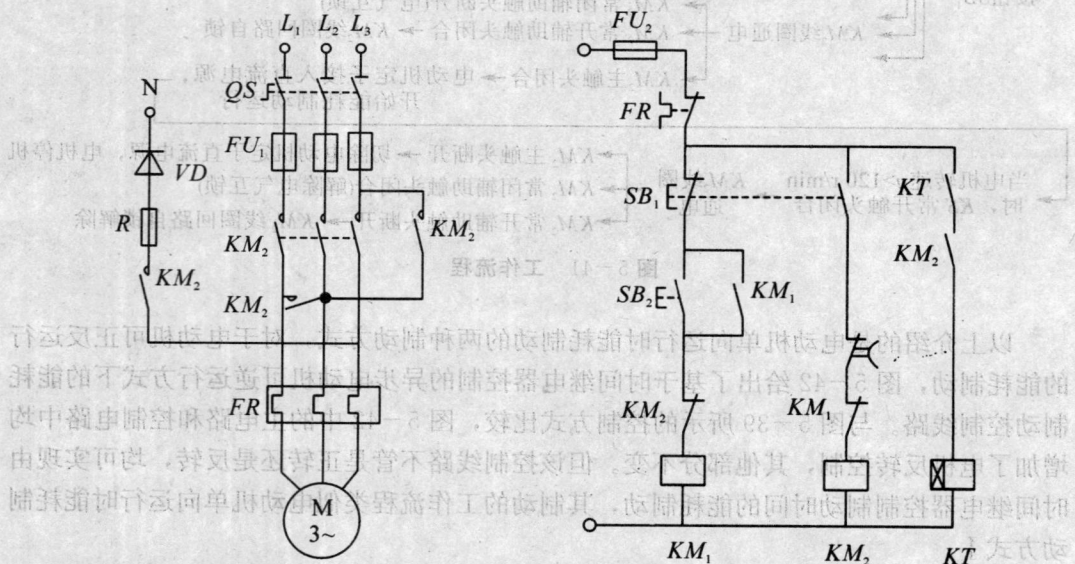

图 5—43　无变压器二极管半波整流能耗制动控制线路

能耗制动控制线路中，由变压器 TC、桥式整流电路 VC 提供的直流电源的能耗制动控制线路适用于功率较大的异步电动机；在一些小功率电动机（小于 $10\,kW$）、制动要求不高的场合，可采用控制线路简单的二极管半波整流能耗制动控制线路。

5.4.2　反接制动

异步电动机的反接制动有两种方式：转速反向反接制动和两相电源交换反接制动。由 3.3 节内容可知，异步电动机转速反向反接制动只适用于位能型负载，制动时使电动机的转速反向，使电磁转矩成为阻止电动机旋转的制动性质的转矩，借助于电动机的制动作用，获得稳定的下放速度。而两相电源交换反接制动是指将异步电动机定子三相电源中的任意两相对调（三相不能都同时变更），使电机旋转磁场的旋转方向变反产生制动转矩，从而使电动机停止转动进而反向运转。

这里仅介绍两相电源相序交换的反接制动控制线路。由前面知识可知，交流异步电动机的两相电源交换反接制动开始时，转矩反向，而电动机转速由于系统的机械惯性不能突变，电动机将工作在机械特性曲线 $n-T$ 坐标平面第 II 象限；随着电动机转速的降低近于零，需要采取切断电源的措施，否则电动机将可能反向起动并反向运转，电动机工作将在机械特性曲线 $n-T$ 坐标平面第 III 象限。因此，异步电动机两相电源交换反接制动的控制线路设计基本均遵循这样的控制原则：根据电动机的转速大小，控制反接制动触头及时切断电源，从而实现异步电动机的准确停机。另外，由于电动机转子与突然反向的旋转磁场的相对速度是同步转速的 2 倍，将产生 2 倍约为电动机全压直接起动电流的反接制动电流，因此为了限制该电流，通常的做法是在电动机主电路定子绕组中串接制动电阻。

本节介绍三种异步电动机两相电源反接制动的基本控制线路：单向反接制动控制线路、可逆运行方式下的反接制动控制线路和具有限流电阻的可逆方式下的反接制动控制线路。这三种控制线路都能利用速度继电器控制电动机在制动过程中准确停机。

1）电动机单向运行反接制动控制线路

如图 5-44 所示为一种交流异步电动机的单向运行反接制动控制线路。

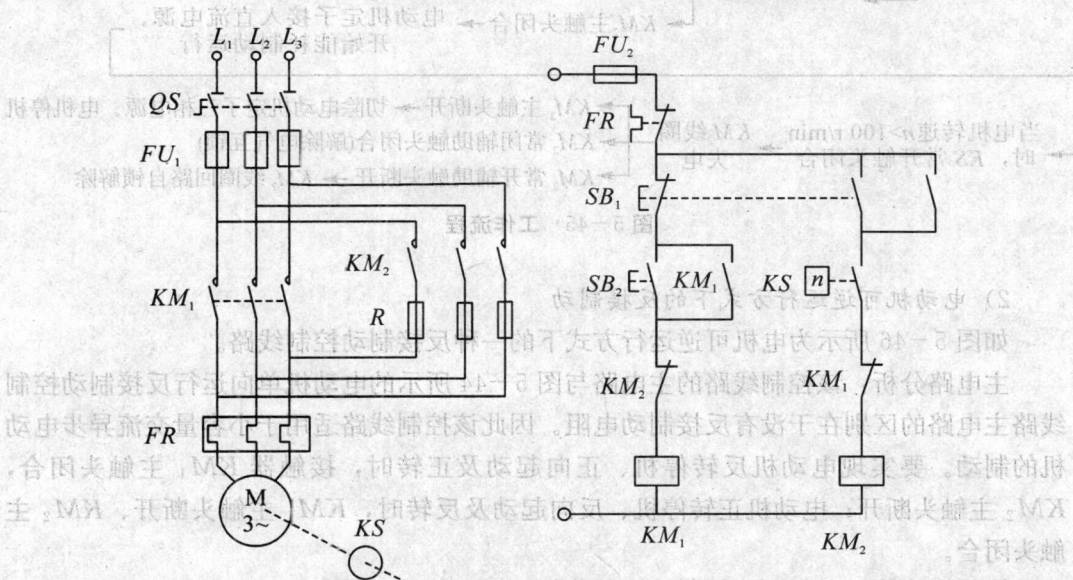

图 5-44　电动机单向运行反接制动控制线路

主电路分析：主电路由刀闸开关 QS，熔断器 FU_1、FU_2，接触器 KM_1、KM_2 主触头，热继电器 FR 的热元件，制动电阻 R，交流异步电动机和速度继电器组成。起动时，接触器 KM_1 主触头闭合、KM_2 主触头断开；制动时，控制接触器 KM_1 主触头断开、KM_2 主触头闭合将三相电压中的两相对调，从而实现反接制动。

控制电路分析：电动机起动后，速度继电器 KS 的常开触头在电动机转速 $n > 120$ r/min 时已闭合；制动时，按下制动按钮 SB_1，接触器 KM_1 线圈失电，主电路中 KM_1 的主触头断开，从而切断电机定子三相电源；KM_2 线圈通电，主电路中 KM_2 主触头闭合，电动机定子接入直流电源，电机开始制动运行，转速降低，当电动机转速 $n < 100$ r/min 时，KS 的常开触头断开，KM_2 的线圈失电切断加入的电机定子直流电源，电动机停机，制动过程结束。在该控制电路中将一方接触器的常闭触头串接在对方接触器线圈电路中的连接方式称为电气互锁，能可靠实现一方接通，另一方不会接通。

制动过程工作流程如图 5－45 所示。

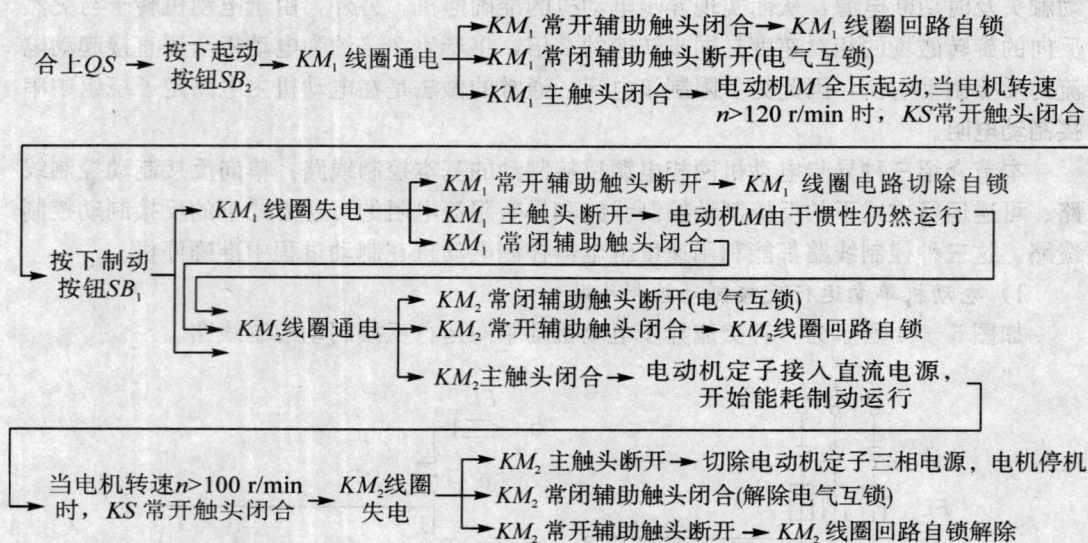

图 5－45　工作流程

2）电动机可逆运行方式下的反接制动

如图 5－46 所示为电机可逆运行方式下的一种反接制动控制线路。

主电路分析：该控制线路的主电路与图 5－44 所示的电动机单向运行反接制动控制线路主电路的区别在于没有反接制动电阻。因此该控制线路适用于小容量交流异步电动机的制动。要实现电动机反转停机、正向起动及正转时，接触器 KM_1 主触头闭合，KM_2 主触头断开；电动机正转停机、反向起动及反转时，KM_1 主触头断开、KM_2 主触头闭合。

控制电路分析（正向运行制动控制分析）：电动机正向起动后，速度继电器 KS 的正向常开触头 $KS-1$ 在电动机转速 $n > 120$ r/min 时已闭合，正向常闭触头 $KS-1$ 已断开；制动时，按下制动按钮 SB_1，接触器 KM_1 线圈失电，主电路中 KM_1 的主触头断开，从而切断电机正向运行三相电源，KM_1 的常开辅助触头断开，常闭辅助触头闭合；由于 KS 的正向常开触头 $KS-1$ 闭合，KM_1 的常闭辅助触头闭合，KM_2 线圈通

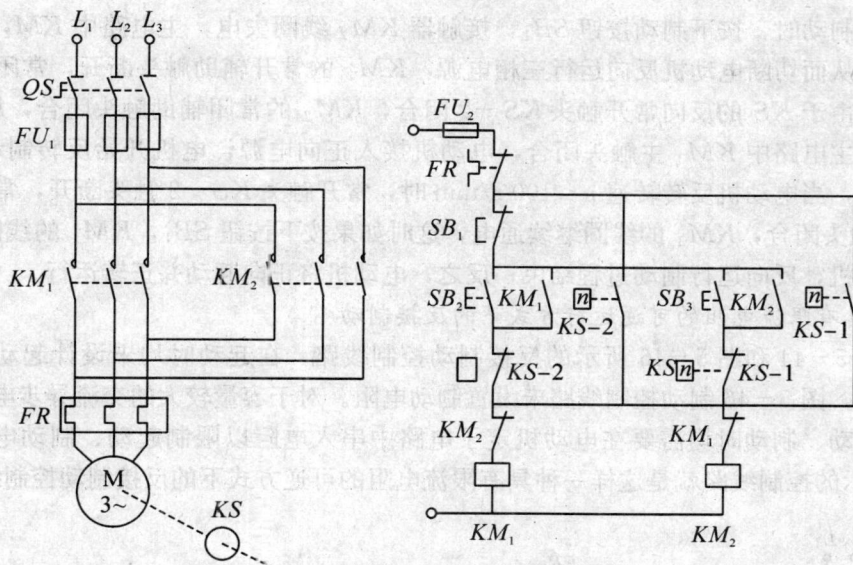

图 5—46　电动机可逆运行方式下的反接制动控制线路

电，主电路中 KM_2 主触头闭合，电机接入反向电源，电机开始制动运行，转速降低，当电动机转速 $n<100$ r/min 时，常开触头 $KS-1$ 触头断开，常闭触头 $KS-1$ 触头闭合，KM_2 的线圈继续通电，这时如果按下按钮 SB_1，KM_2 的线圈失电，电动机停机，正向运行制动过程结束；反之，电动机将反向起动并反转运行。

正向运行制动工作流程如图 5—47 所示。

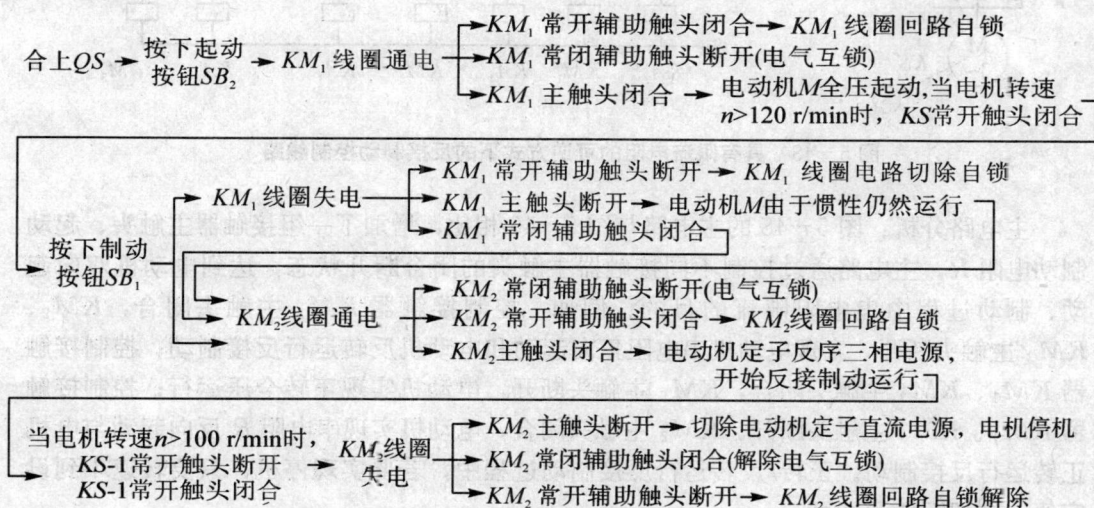

图 5—47　工作流程

·控制电路分析（反向运行制动控制分析）：电动机反向起动后，速度继电器 KS 的反向常开触头 $KS-2$ 在电动机反转转速 $n>120$ r/min 时已闭合，反向常闭触头 $KS-1$

已断开；制动时，按下制动按钮 SB_1，接触器 KM_2 线圈失电，主电路中 KM_2 的主触头断开，从而切断电动机反向运行三相电源，KM_2 的常开辅助触头断开，常闭辅助触头闭合；由于 KS 的反向常开触头 $KS-2$ 闭合，KM_2 的常闭辅助触头闭合，KM_1 线圈通电，主电路中 KM_1 主触头闭合，电动机接入正向电源，电机开始反转制动运行，转速降低，当电动机反转转速 $n < 100$ r/min 时，常开触头 $KS-2$ 触头断开，常闭触头 $KS-2$ 触头闭合，KM_1 的线圈继续通电，这时如果按下按钮 SB_1，KM_1 的线圈失电，电动机停机，反向运行制动过程结束；反之，电动机将正向起动并正转运行。

　　3）具有限流电阻的可逆运行方式下的反接制动

　　如图 5-44 和图 5-46 所示的反接制动控制线路，在起动时均未设计起动限流电阻；此外，图 5-46 制动控制线路未设置制动电阻。对于容量较大的交流异步电动机而言，在起动、制动时均需要在电动机定子电路中串入电阻以限制起动、制动电流，图 5-48 所示的控制线路就是这样一种具有限流电阻的可逆方式下的反接制动控制线路。

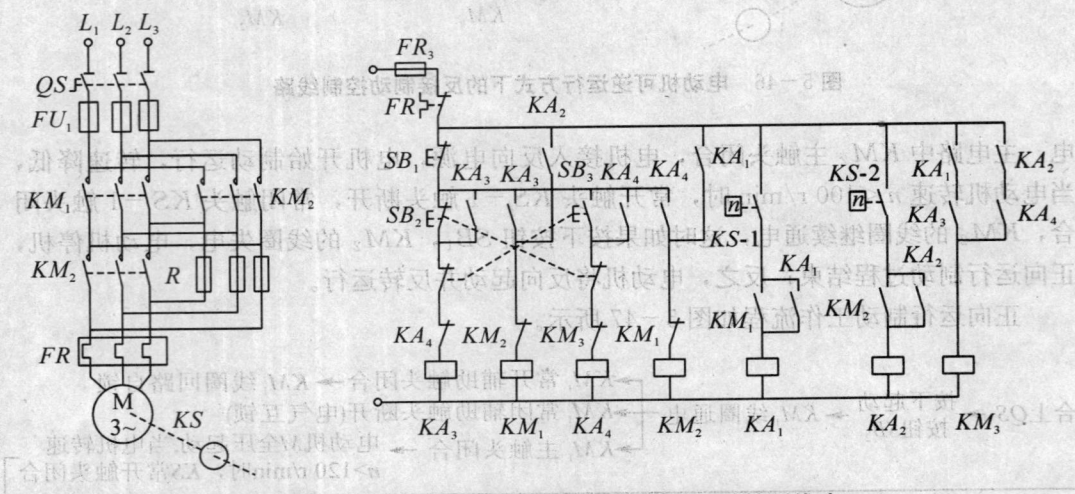

图 5-48　具有限流电阻的可逆方式下的反接制动控制线路

　　主电路分析：图 5-48 的主电路与图 5-46 相比，增加了一组接触器主触头、起动制动电阻 R。主电路通过控制不同接触器主触头的闭合断开状态，达到电动机双向起动、制动过程中串电阻限流的目的。例如：控制接触器 KM_1 主触头闭合，KM_2、KM_3 主触头断开，实现电动机串电阻正向起动和电动机反转运行反接制动；控制接触器 KM_1、KM_3 主触头闭合，KM_2 主触头断开，电动机实现正转全压运行；控制接触器 KM_1、KM_3 主触头断开、KM_2 主触头闭合，电动机实现串电阻 R 反向起动与电机正转运行反接制动。正转/反转运行反接制动过程中，若要实现停机，只要转速小到设定值，则切断电源即可。

　　控制电路分析（正向运行制动控制分析）：电动机正向起动后，速度继电器 KS 的正向常开触头 $KS-1$ 在电动机转速 $n > 120$ r/min 时已闭合；制动时，按下制动按钮 SB_1，中间继电器 KA_3 失电，接触器 KM_1、KM_3 线圈失电，主电路中 KM_1、KM_3 的主触头断开，从而切断电机正向运行三相电源；由于 KS 的正向常开触头 $KS-1$ 闭合，KA_1 的常开辅助触头闭合，KM_1 的常闭辅助触头闭合，KM_2 线圈通电，主电路中 KM_2 主触头闭合，电动机串电阻 R 接入反向电源，电机开始正向运行反接制动，转速降低，当电动机转速 $n<100$ r/min 时，常开触头 $KS-1$ 触头断开，KA_1 线圈失电导致 KM_2 的线圈失电，主电路中 KM_2 主触头断开，电动机停机，正向运行制动过程结束。

　　正向运行制动工作流程如图 5-49 所示。

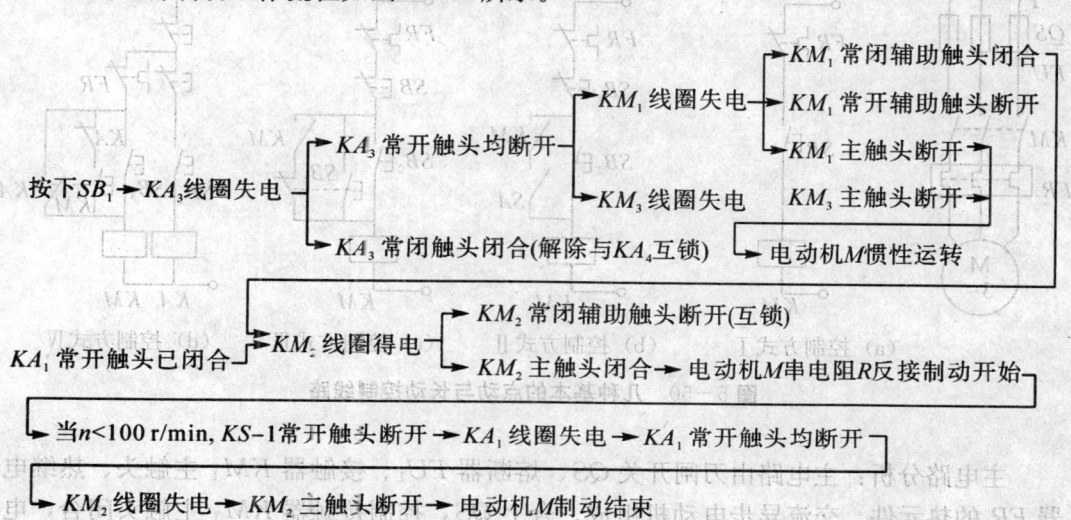

图 5-49　工作流程

　　控制电路的反向运行制动控制请读者自行分析。

5.5　生产机械基本电气控制线路

　　电气控制系统是各种生产机械的重要组成部分，其中由继电器—接触器控制系统构成的电气控制系统，不仅可以实现对生产机械的起动、制动、调速等控制，而且由于其具有结构简单、维护方便、价格低廉等优点，目前仍广泛应用于各类生产机械。

　　对于任何一个生产机械，不管其电气控制线路多么复杂，总可以分解为多个简单的基本电气控制线路，因此，本节围绕各类生产机械实现的基本功能，介绍生产机械的基本电气控制线路。

5.5.1　点动与长动控制线路

　　所谓点动，即按下按钮时生产机械的电动机转动工作，手松开（自动复位）按钮时电动机停转。点动控制多用于机床刀架、横梁、立柱等快速移动和机床对刀等场合。

　　所谓长动，即按下按钮时生产机械的电动机转动工作，手松开（自动复位）按钮时电动机仍能连续运转。长动控制用于生产机械电机的连续运动，如车床的主运动（工件连续旋转运动）、油泵、油气田应用的各种加注泵、电机等。

如图 5-50 所示给出了几种基本的点动、长动控制线路。

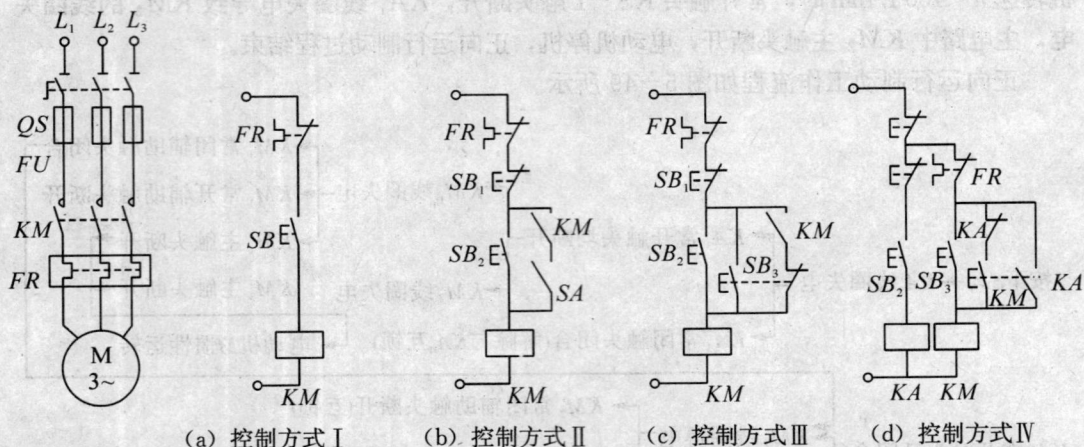

(a) 控制方式 I   (b) 控制方式 II   (c) 控制方式 III   (d) 控制方式 IV

图 5-50　几种基本的点动与长动控制线路

主电路分析：主电路由刀闸开关 QS、熔断器 FU、接触器 KM_1 主触头、热继电器 FR 的热元件、交流异步电动机组成。合上 QS，控制接触器 KM_1 主触头闭合，电机实现直接起动并全压运行。

控制方式 I 分析：该控制线路结构简单，能实现电动机的点动功能。按下按钮 SB_1，接触器 KM 的线圈通电，主电路中接触器 KM 的主触头闭合，电动机起动并运转；松开 SB_1，KM 的线圈失电，主电路中 KM 的主触头断开，电动机停止运转。

控制方式 II 分析：该控制线路能实现点动、长动控制功能。控制线路中 SA 为选择点动、长动的手动开关；SB_2 为起动按钮，SB_1 为停止按钮。当合上 SA，按下按钮 SB_2 时，接触器 KM 的线圈通电，KM_1 的辅助常开触头闭合形成自锁（SB_2 按下还是松开不影响 KM 的线圈通电），主电路中 KM_1 的主触头闭合，电动机起动并运转，即实现了电动机的长动控制；当断开 SA，按下按钮 SB_2 时，KM 的线圈通电，KM_1 的辅助常开触头闭合，但由于 SA 断开不能形成自锁，主电路中 KM_1 的主触头闭合，电动机起动并运转，此时如松开 SB_2，则导致 KM 的线圈失电，主电路中 KM_1 的主触头断开，电动机停机，即实现了点动控制。

控制方式 III 分析：该控制线路也能实现电机的点动、长动控制，但采用两个按钮分别控制，SB_2 为长动控制按钮，SB_3 为点动控制按钮。按下 SB_2，KM 线圈通电，主电路中 KM 主触头闭合，控制回路中 KM 辅助常开触头闭合形成自锁，电动机连续运转，即实现了长动控制；按下 SB_3，KM 线圈通电，但由于 SB_3 的联动常闭开关断开，所以控制电路不会形成自锁，因此一旦松开按钮 SB_3，KM 线圈失电，主电路中 KM 主触头断开，电动机停止运转，即实现了点动控制。但该电路的点动控制存在一个容易忽视的问题，即当松开按钮 SB_3 时，由于 SB_3 的联动常闭开关已闭合，而 KM 辅助常开触头仍未闭合，则接触器 KM 线圈继续通电，形成自锁回路。为了有效解决这个问题，可采用控制方式Ⅳ所示的控制线路。

控制方式Ⅳ分析：该控制方式在控制方式Ⅲ的基础上，引入中间继电器 KA，有效实现了点动与长动的控制。点动控制运行时，按下按钮 SB_2，KA 线圈通电，KA 辅助常闭断开（有效断开自锁回路），KA 辅助常开闭合，KM 线圈通电，KM 主触头闭合，电动机运行；松开 SB_2 时，KA 线圈失电，KA 辅助常开断开，KA 辅助常闭闭合，KM 线圈失电，KM 主触头断开，电动机停转。长动控制运行时，按下按钮 SB_3，KM 线圈通电，KM 主触头、辅助常开触头闭合，由于 KA 辅助常闭开关闭合，则形成自锁回路，电动机连续运转，如要停机，按下按钮 SB_1 即可。

由以上四种点动、长动控制线路的分析可知，如要有效实现生产机械电动机的长动控制，控制电路中需要自锁回路；而要实现生产机械电动机的点动控制，控制回路中就不能存在自锁回路。

5.5.2　顺序控制线路

对于生产机械而言，一般都不止安装一台电动机，且各个电动机所起的作用均不一样，在实际生产中，有可能根据操作的要求，需要各个电动机按照一定的顺序起动、停止。例如普通车床要求润滑用的油泵先起动、主轴电动机后起动；停止时要求主轴电动机先停机，油泵后停。油田中常用的钻井液固控系统，也需要钻井液振动筛先起动，而钻井液循环设备后起动。那么针对这种按照先后顺序动作的电动机电气控制线路，分为顺序起动同时停止、顺序起动顺序停止、顺序起动逆序停止等。

如图 5-51 所示为最为基本的顺序起动、同时停止的电气控制线路。

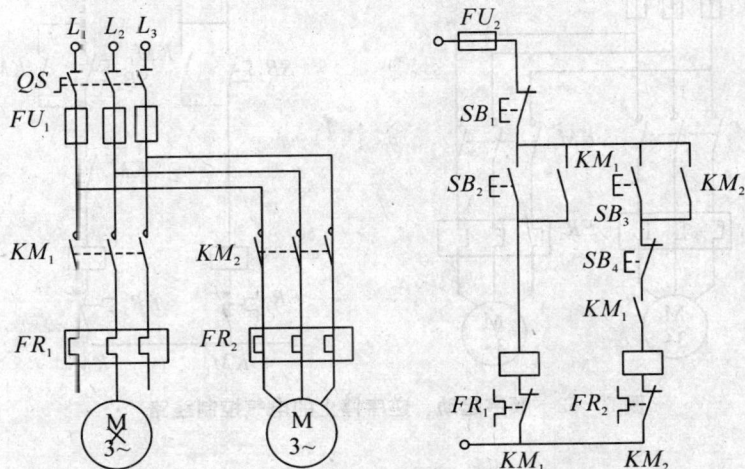

图 5-51　顺序起动、同时停止的电气控制线路

主电路分析：主电路由两个接触器 KM_1、KM_2 控制两台电动机的起动和停止。

控制电路分析：起动时，按下起动按钮 SB_2，接触器 KM_1 线圈通电，则 KM_1 常开辅助触头闭合，形成自锁，KM_1 的主触头闭合，电动机 M_1 全压起动，待 M_1 起动完成后，按下按钮 SB_3，KM_2 的线圈通电，则 KM_2 常开辅助触头闭合形成自锁，主

电路中 KM_2 主触头闭合，电动机 M_2 全压起动。停止时，只需按下 SB_1，接触器 KM_1、KM_2 线圈同时失电，主电路中 KM_1、KM_2 主触头断开，电动机均停车。

控制电路的起动工作流程如图 5-52 所示。

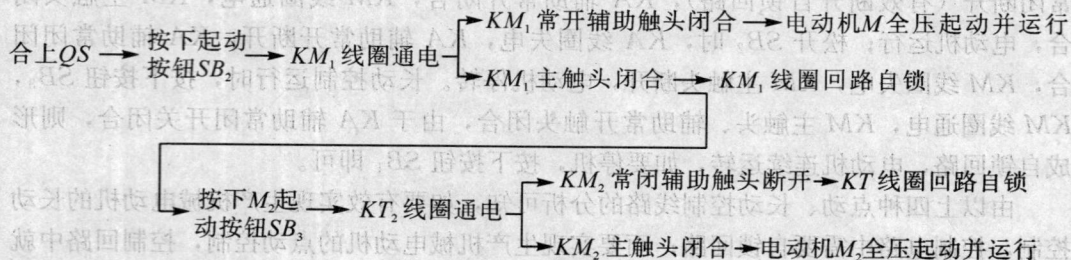

图 5-52　工作流程

由以上分析，可以得出，如需要控制各电动机按照先后顺序起动，则可以将控制先起动电动机的接触器辅助常开触头串接在控制后起动接触器线圈的电气控制线路中；同时停止则需要在控制线路中串接停止按钮。

对于要求按照顺序起动、逆序停止的电动机控制线路，如图 5-53 所示给出了其中的一种控制方式，其主电路连接方式同图 5-51。

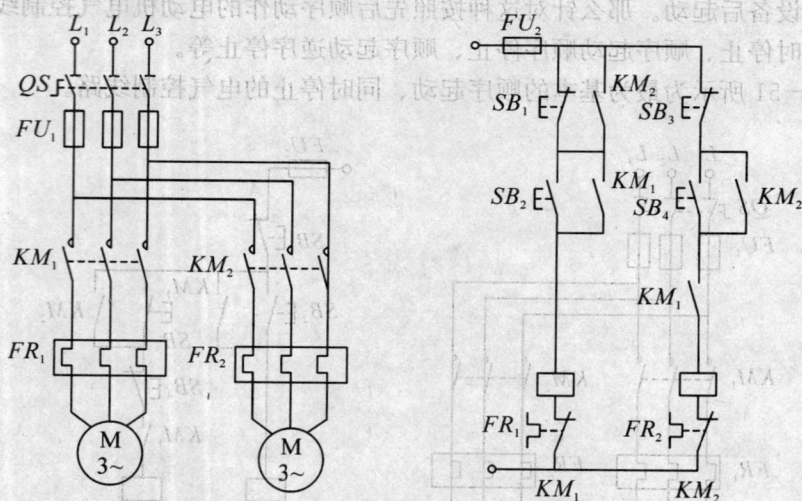

图 5-53　顺序起动、逆序停止的电气控制线路

控制电路分析：起动时，按下起动按钮 SB_2，接触器 KM_1 线圈通电，则 KM_1 常开辅助触头闭合，形成自锁，KM_1 的主触头闭合，电动机 M_1 全压起动，待 M_1 起动完成后，按下按钮 SB_4，KM_2 的线圈通电，则 KM_2 常开辅助触头闭合形成自锁，主电路中 KM_2 主触头闭合，电动机 M_2 全压起动。停止时，先按下 SB_4，接触器 KM_2 线圈失电，主电路中 KM_2 主触头断开，电动机 M_2 停车；然后按下 SB_1，接触器 KM_1 线圈失电，主电路中 KM_1 主触头断开，电动机 M_1 停车。在停车时，由于接触

器 KM_1 的电气控制电路中停止按钮 SB_1 并接了 KM_2 的常开主触头，所以如果 KM_2 线圈不失电，停止按钮 SB_1 将不起作用。

控制电路的停止工作流程如图 5-54 所示。

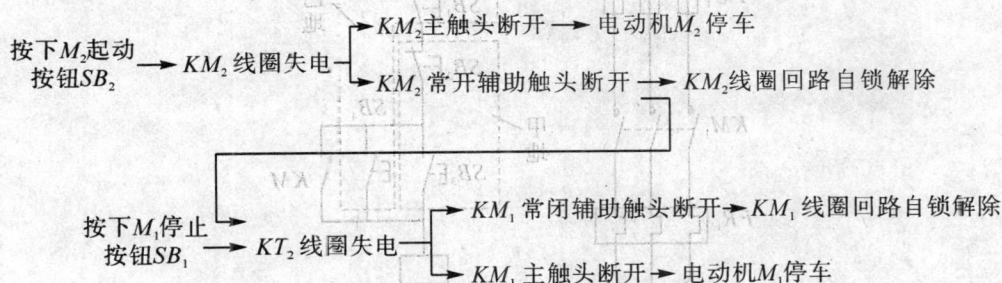

图 5-54　工作流程

由以上分析可以得出，如需要控制各电动机按照先后顺序停止，则可以将控制先停止电机的接触器辅助常开触头与控制后停止按钮并联。

图 5-51 与图 5-53 所示的控制线路都是采用按钮来控制生产机械电动机按照一定顺序动作。除此之外，还可以利用接触器与时间继电器来控制，控制线路如图 5-55 所示。

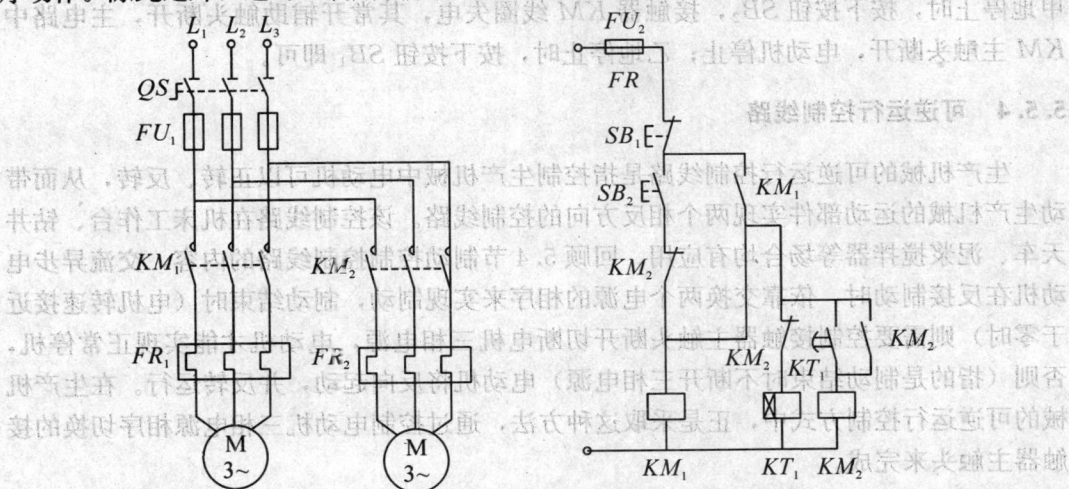

图 5-55　利用时间继电器顺序起动同时停止电气控制线路

5.5.3　多地控制线路

多地控制通常是指在不同地点对生产机械的电动机进行控制。在大型生产机械的操作中，为了操作方便，通常需要在不同地点进行控制操作，或为了保证安全，需要满足多个地点的操作都完成才能控制。一般而言，多地控制通常采用将不同地点的起动按钮并联而停止按钮串联的方式。

如图 5-56 所示即为在甲、乙两地控制一台生产机械的电动机控制线路图。

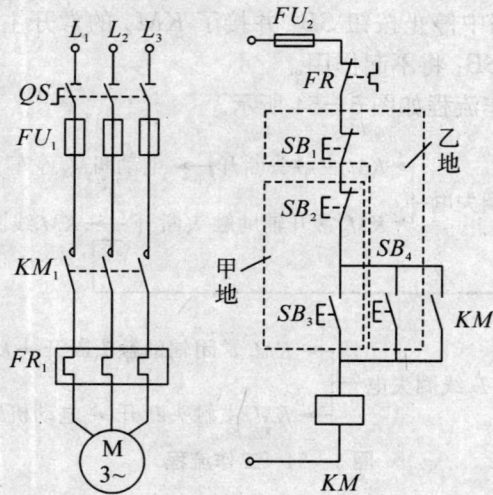

图 5-56　两地控制线路

控制线路分析：甲地起动时，按下按钮 SB_3，KM 线圈通电，其常开辅助触头闭合形成自锁，主电路中 KM 主触头闭合，电动机起动；乙地起动时，按下按钮 SB_4；甲地停止时，按下按钮 SB_2，接触器 KM 线圈失电，其常开辅助触头断开，主电路中 KM 主触头断开，电动机停止；乙地停止时，按下按钮 SB_1 即可。

5.5.4　可逆运行控制线路

生产机械的可逆运行控制线路是指控制生产机械中电动机可以正转、反转，从而带动生产机械的运动部件实现两个相反方向的控制线路。该控制线路在机床工作台、钻井天车、泥浆搅拌器等场合均有应用。回顾 5.4 节制动控制控制线路的内容，交流异步电动机在反接制动时，依靠交换两个电源的相序来实现制动，制动结束时（电机转速接近于零时）则需要控制接触器主触头断开切断电机三相电源，电动机才能实现正常停机，否则（指的是制动结束时不断开三相电源）电动机将反向起动，并反转运行。在生产机械的可逆运行控制方式中，正是采取这种方法，通过控制电动机三相电源相序切换的接触器主触头来完成。

图 5-57（a）为机床工作台的自动往返原理示意图，该工作台设有 4 个行程开关 SQ_1、SQ_2、SQ_3、SQ_4，SQ_1、SQ_4 分别为工作台后退、前进保护限位开关，其中 SQ_2、SQ_3 分别为工作台前进到后退、后退到前进的运行转换行程开关。当拖动工作台运行的电动机正转时，工作台前进运动；当前进运行到 SQ_3 的位置时，控制电动机自动反转，工作台就做后退运动；当后退运行到 SQ_2 时，控制电动机正转，工作台又做前进运动，如此周而复始。

图 5-57（b）为拖动机床工作台的电动机自动往返行程控制线路主电路图，与前面介绍的不带限流电阻的电机反接制动控制线路主电路相同。图 5-57（c）为自动往返行程控制线路的控制电路，该图与图 5-46 的控制方式类似，区别在于控制正转和反转不是由速度继电器而是由行程开关来控制。

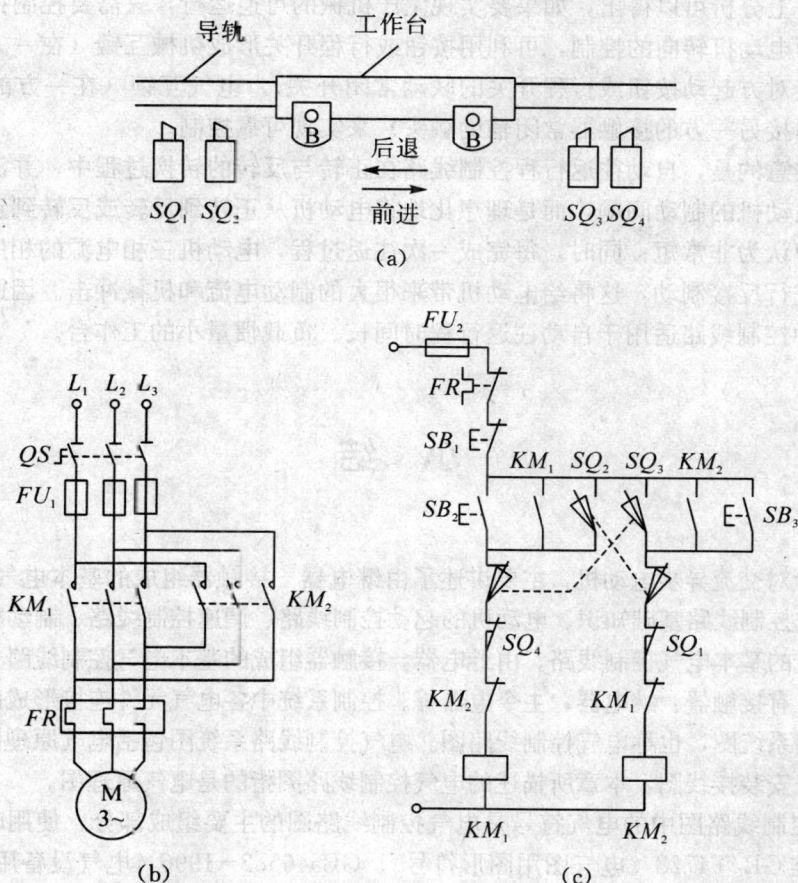

图 5—57 自动往返行程控制线路

自动往返行程控制前进—后退工作流程如图 5—58 所示。

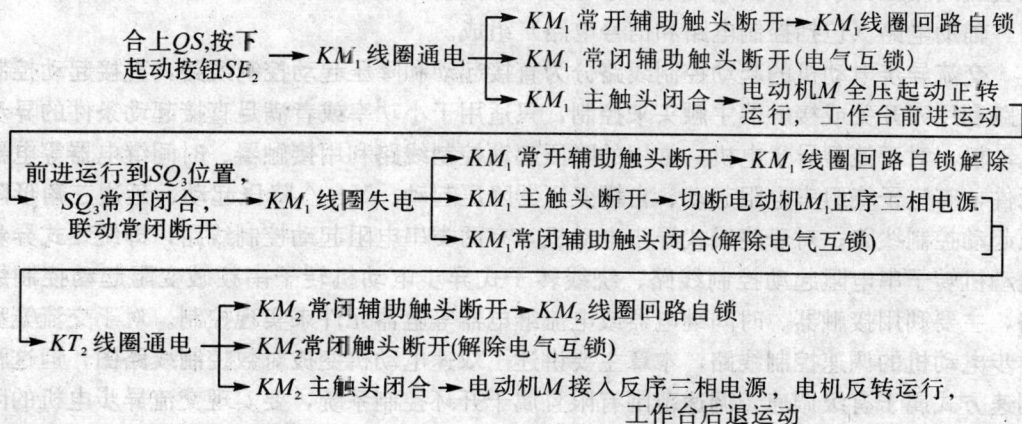

图 5—58 工作流程

通过以上分析可以得出，如果要实现生产机械的可逆运行，只需要控制拖动电动机的转向。而电动机转向的控制，可利用按钮或行程开关形成机械互锁（在一方接触器线圈电路串接对方起动按钮或行程开关的联动常闭开关）、电气互锁（在一方的接触器线圈电路中串接另一方的接触器常闭辅助触头）来实现可靠控制。

需要注意的是，自动往返行程控制线路在正转与反转的转换过程中，并没有考虑拖动工作台电动机的制动问题，而是理想化地将电动机从正转到反转或反转到正转的制动时间近似地认为非常短；同时，每完成一次往返过程，电动机三相电源的相序需要进行两次反向进行反接制动，这将给电动机带来很大的制动电流和机械冲击。因此在实际应用中，这种控制线路适用于自动往返行程时间长、负载惯量小的工作台。

小　结

本章针对交流异步电动机，主要讲述了由继电器－接触器组成的基本电气控制线路，内容主要包控制线路基础知识、电动机的起动控制线路、调速控制线路、制动控制线路以及生产机械的基本电气控制线路。由继电器－接触器组成的基本电气控制线路包括常用的低压电器，有接触器、继电器、主令电器等。控制系统中各电气元件连接形成的图形，称为电气控制系统图，也称电气控制线路图。电气控制线路系统图包括电气原理图、电气布置图、电气安装接线图，本章所描述的电气控制线路图指的是电气原理图。

电气控制线路图中的电气符号是电气控制线路图的主要组成部分，使用时应严格按照国家标准 GB/T4728《电气图用图形符号》、GB5465.2－1996《电气设备用图形符号》及 GB6988《电气制图》和 GB7159《电气技术中的文字符号制定通则》中的规定。完整的电气原理图利用编号法与索引法绘制，一般按照工作顺序用图形符号从上至下、从左至右排列，详细表示线路、设备的组成和连接关系，能够反映电流的路径、控制电器和负载的相互关系，以及电气动作原理。一般而言，电机拖动系统的电气原理图由主电路、辅助电路（包括控制电路和信号电路）组成。

交流异步电动机的起动控制线路分为直接起动和降压起动控制线路，直接起动控制线路利用刀开关或接触器主触头来控制，只适用于小功率或者满足直接起动条件的异步电动机。对于笼型异步电机，常用的降压起动控制线路利用接触器、时间继电器等电器元件，有定子绕组串电阻起动、自耦变压器降压起动、Y－△降压起动、延边三角形降压起动控制线路；对于绕线式异步电动机，有两类串电阻起动控制线路，即绕线式异步电动机转子串电阻起动控制线路、绕线转子式异步电动机转子串频敏变阻起动控制线路，主要利用接触器、时间继电器或电流继电器等电器元件来实现控制。对于交流笼型异步电动机的调速控制线路，本章主要讲述了双速电动机变极对数控制线路图，但这种调速方式属于有级调速，调速范围有限且属于开环控制系统，要实现交流异步电机的闭环控制，请参考《电力拖动自动控制系统》。三相异步电动机的制动方法有电气制动和机械制动两类，其中电气制动方法可以采用能耗制动、反接制动和回馈制动，本章包含能耗制动与反接制动两类的基本控制线路，采用接触器、时间继电器、速度继电器等实现控制功能。

　　生产机械的重要组成部分——电气控制系统不管其电气控制线路多么复杂，总可以分解为多个简单的基本电气控制线路，如点动、长动、顺序运行、可逆运行、多地控制等控制线路。其中要实现点动控制电路中不需要自锁回路，要实现长动控制一定要有自锁回路。对于顺序控制设计，如需要控制各电动机按照先后顺序停止，则可以将控制先停止电动机的接触器辅助常开触头与控制后停止按钮并联；如需要控制各电动机按照先后顺序起动，则可以将控制先起动电动机的接触器辅助常开触头串接在控制后起动接触器线圈的电气控制线路中、同时停止则需要在控制线路中串接停止按钮。多地控制通常采用将不同地点的起动按钮并联而停止按钮串联的方式。生产机械的可逆运行，其实质是控制拖动电动机的转向。而电动机转向的控制，可利用按钮或行程开关形成机械互锁（在一方接触器线圈电路串接对方起动按钮或行程开关的联动常闭开关）、电气互锁（在一方的接触器线圈电路中串接另一方的接触器常闭辅助触头）来实现可靠控制。

习题 5

5-1　电气控制线路图包含哪些图？各有什么特点？

5-2　电气控制线路主电路中熔断器和热继电器分别起什么作用？

5-3　电气控制线路中自锁环节、互锁环节分别是什么？

5-4　点动、长动在电气控制线路中有什么区别？

5-5　如何实现交流异步电动机的可逆运行控制？

5-6　分析如图 5-59 所示电路的电动机起动、制动过程，并写出工作流程。

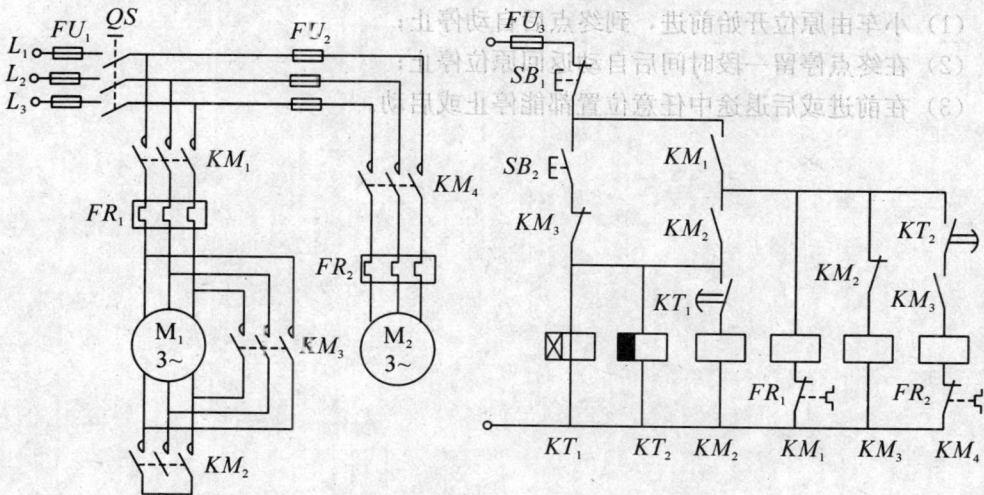

图 5-59

5－7 简述如图5－60所示电气控制线路的工作流程。

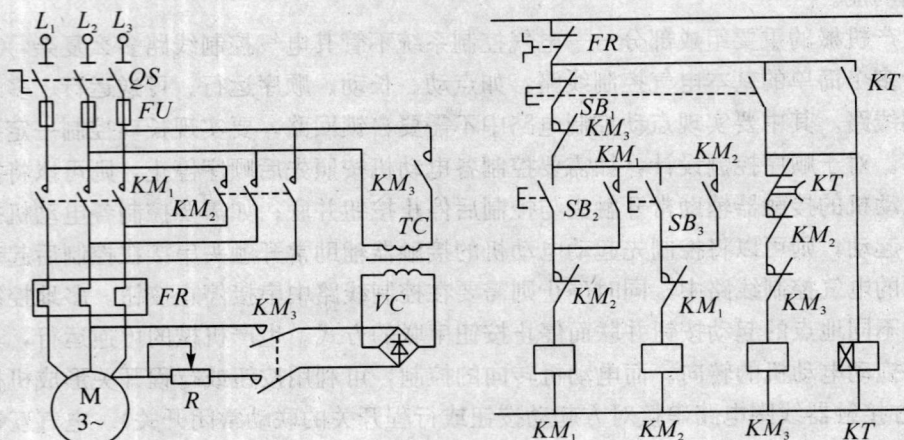

图5－60

5－8 针对笼型双速异步交流电动机，设计一个控制线路。设计要求：

（1）由按钮控制电机的调速，能两地控制；

（2）具有反接制动与反向运行的功能。

5－9 设计一个两台笼型异步电动机M_1、M_2的顺序起动停止的控制电路，要求同时满足下列三个条件：

（1）M_1起动后M_2才能起动；

（2）停止时，M_2停止后M_1才能停止；

（3）M_2可点动，可反转运行。

5－10 试设计一小车运行的继电器接触器控制线路，小车由三相异步电动机拖动，其动作程序如下：

（1）小车由原位开始前进，到终点后自动停止；

（2）在终点停留一段时间后自动返回原位停止；

（3）在前进或后退途中任意位置都能停止或启动。

附录　电力拖动基础课程基本实验

F.1　实验目的与要求

F.1.1　实验目的

电力拖动基础是一门实践性很强的课程，实验是本课程必不可少的环节。通过实验操作，使学生加深对理论知识的理解并掌握和熟悉实际操作技能，学会根据实验内容及实验设备拟定实验线路，选择仪器仪表，确定实验步骤，测取实验数据与波形并进行分析研究得出必要结论，完成实验报告。同时通过实验理论联系实际，加深理解和巩固所学的有关理论知识，培养、锻炼和提高对实际系统的调试和分析、解决问题的能力；通过实验培养严谨的科学态度和良好的作风，以达到工程技术人员应有的本领，因此要求每个学生务必认真完成实验。

本课程将实验内容单独设立，共列出了 8 个典型的电力拖动实验，各个学校可根据条件选做。本实验指导书内容是依据浙江天煌科技实业有限公司生产的 DZSZ-1 型电机及电气技术实验装置为基础编写的，所列实验均已进行过试做，实验设备不同，可能在实验步骤上存在差异，但基本原理相同。

F.1.2　实验的基本要求

F.1.2.1　实验前的准备

实验前应复习教材有关内容，了解并熟悉实验内容、目的和要求，确定实验方法与步骤，明确实验过程中应注意的问题，了解实验设备，准备实验记录表格等。

F.1.2.2　实验基本要求

1）实验分组

每次实验原则上应以小组为单位进行，每组由 2~3 人组成，实验中每位学生应有明确的分工，以保证实验操作协调，记录数据准确可靠，每个同学的任务应在实验进行中实行轮换，以便所有参加者都能全面掌握实验技术，达到实验目的。

2）选择组件和仪表

实验前应首先熟悉本次实验所用的组件，记录电动机铭牌和选择仪表量程，然后依次排列组件和仪表便于测取数据。

3）按图接线

根据实验线路图及所选组件、仪表，按图接线，线路力求简单明了，接线原则是先串联主回路，再接并联支路。为便于检查，应选择不同的颜色区分不同的回路，如用红、黄、蓝区分交流电路的 A、B、C 三相电源，用黑色导线作为地线等。

4）检查线路

完成接线以后，必须进行自查和同组同学间的相互检查，然后经过现场指导教师确认无误后方能进行实验操作。距离较远的两端连接必须用长导线直接连接，一般不要采用导线进行过渡连接或者借助其他接线柱转接。

5）起动电动机，观察仪表

在正式实验开始之前，按一定规范起动电动机，观察所有仪表是否正常（如指针正、反转是否超满量程等），如果出现异常，应立即切断电源，并排除故障。如果一切正常，即可正式开始实验。

6）测取数据

预习时对电机的实验方法及所测数据的范围应该有个基本的估算，做到心中有数。正式实验时，根据实验步骤逐次测取数据。

7）实验设备还原

实验结束后，所有实验数据必须经指导教师检查确认后，方可拆除线路并将实验所用的导线及仪器仪表等物品整理好，并放回指定位置。

F.1.2.3　实验安全操作规程

为了顺利完成实验，确保实验时人身安全与设备可靠运行，必须严格遵守如下安全操作规程：

（1）在实验过程中，绝对不允许双手同时接触隔离变压器的两个输出端，将人体作为负载使用。

（2）任何接线和拆除线路的操作都必须在完全切断电源的情况下进行。

（3）完成接线或改接线路后，应再次仔细核对线路，并通知组内其他同学引起注意后方可接通电源。

（4）如果在实验过程中发生报警，应该立即停止操作，仔细检查线路以及电位器的调节位置，确定无误后方能重新进行实验。

（5）注意所接仪表的最大量程，选择合适的负载完成实验，以免损坏仪表、电源或负载。

（6）电源控制屏及各挂件所用保险丝规格和型号不得私自改变，否则可能会引起不可预料的后果。

（7）在加电流、转速闭环等操作前一定要确保反馈极性正确，应构成负反馈。

（8）除了进行阶跃信号输入起动操作的实验内容外，在系统起动前负载电阻必须放在最大阻值，给定电位器必须退回至零位后，才能合闸起动并慢慢增加给定，以免元件和设备过载而引起损坏。

（9）在对直流电机起动时，必须先开励磁电源，后加电枢电压。在完成实验时，要先关电枢电压，再关励磁电源。

F.2　实验设备

DZSZ－1 型电机及电气技术实验装置是为普通高校电气信息类专业生产的课程实验设备。实验装置采用挂件结构，可根据不同实验内容进行自由组合，结构紧凑、使用方便、功能齐全、综合性能好，可以进行"电力电子技术"、"电力拖动自动控制系统"、"电力拖动基础"、"交直流调速系统"及"控制理论"等课程所开设的主要实验项目，设备外形如图 F－1 所示。

设备主要技术参数：

输入电压：三相四线制，380 V±10％，（50±1）Hz。

工作环境：环境温度范围为−5°～40℃，相对湿度≤75％，海拔≤1000 m。

装置容量≤1.5 kVA。

电机输出功率 ≤200 W。

外形尺寸：长×宽×高＝1870 mm×730 mm×1600 mm。

有关 DZSZ－1 型电机及电气技术实验装置的各部分功能与操作和各个挂件的使用具体情况请参考生产商所提供的设备操作使用说明书。

图 F－1　DZSZ－1 电机及电气技术实验装置外形图

F.3　典型实验项目

F.3.1　直流他励电动机在各种运行状态下的机械特性

F.3.1.1　实验目的
了解和测定他励直流电机在各种运行状态下的机械特性。

F.3.1.2　实验内容
（1）电动及回馈制动状态下的机械特性。
（2）电动及反接制动状态下的机械特性。
（3）能耗制动状态下的机械特性。

F.3.1.3　实验方法

1）实验设备（挂件），见表 F-1

表 F-1　实验设备（挂件）

序号	型号	主要部件（挂件）名称	数量
1	DD03	导轨、测速发电机及转速表	1件
2	DJ15	直流并励电动机	1件
3	DJ23	校正用直流测功机	1件
4	D31	直流电压表、毫安表、安培表	2件
5	D41	三相可调电阻器	1件
6	D42	三相可调电阻器	1件
7	D44	可调电阻器、电容器	1件
8	D51	波形测试及开关板	1件

2）屏上挂件的排列顺序

D51、D31、D42、D41、D31、D44。

3）实验线路（见图 F-2）

按图 F-2 所示电路接线，图中 M 用编号为 DJ15 的直流并励电动机（接成他励方式），MG 用编号为 DJ23 的校正直流测功机，直流数字电压表V、V 的量程为 300 V，直流数字电流表A、A 的量程为 1 A，直流数字电流表A、A 的量程为 5A。R_1、R_2、R_3 及 R_4 依不同的实验而选择不同的阻值。

4）$R_2＝0$ 时电动及回馈制动状态下的机械特性

（1）R_1、R_2 分别选用 D44 的 1800 Ω 和 180 Ω 阻值；R_3 选用 D42 上 4 只 900 Ω 串联，共 3600 Ω 阻值；R_4 选用 D42 上 1800 Ω 再加上 D41 上 6 只 90 Ω 串联，共 2340 Ω

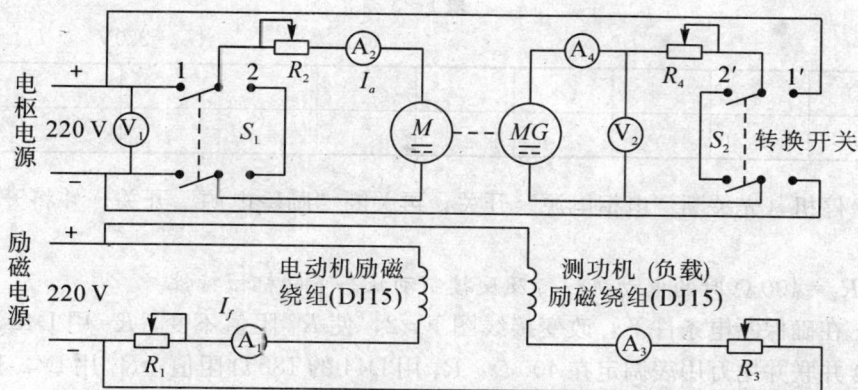

图 F-2 他励直流电动机机械特性测定实验接线图

阻值。

(2) R_1 阻值置最小位置，R_2、R_3 及 R_4 阻值设置在最大位置。开关 S_1、S_2 选用 D51 挂箱上的对应开关，并将 S_1 合向 1 电源端，S_2 合向 2′ 短接端。

(3) 开机时需要检查控制屏下方左右两边的"励磁电源"开关及"电枢电源"开关都须在断开的位置，然后按次序先开启控制屏上的"电源总开关"，再按下"启动"按钮，随后接通"励磁电源"开关，最后确定 R_2 阻值确在最大位置时接通"电枢电源"开关，使他励直流电动机 M 起动运转。调节"电枢电源"电压为 220 V；调节 R_2 阻值至零位，调节 R_3 阻值，使电流表 Ⓐ 为 100 mA。

(4) 调节电动机 M 的磁场调节电阻 R_1 和直流测功机 MG 的负载电阻 R_4 阻值（先调节 D42 上 1800 Ω 阻值，调至最小后用导线短接，使电动机 M 达到额定运行点，即 $n = n_N = 1600$ r/min，$I_N = I_f + I_a = 1.2$ A）。此时，他励直流电动机的励磁电流 $I_f = I_{fN}$，Ⓐ 表为 100 mA。增大 R_4 阻值，直至空载（拆掉开关 S_2 的 2′ 上的短接线），测取电动机 M 在额定负载至空载范围的 n、I_a，共取 8~9 组数据记录于表 F-2 中。

表 F-2

$U_N = 220$ V $I_{fN} =$ _____ mA

I_a（A）									
n（r/min）									

(5) 在确定 S_2 上短接线仍拆掉的情况下，把 R_4 调至零值位置（其中 D42 上 1800 Ω 阻值调至零值后用导线短接），再减小 R_3 阻值，使 MG 的空载电压与电枢电源电压值接近相等（在开关 S_2 两端侧），并且极性相同，把开关 S_2 合向 1′ 端。

(6) 保持电枢电源电压 $U = U_N = 220$ V，$I_f = I_{fN}$，调节 R_3 阻值，使阻值增加电动机转速升高，当 Ⓐ 表的电流直为 0 时，电动机转速为理想空载转速，继续增加 R_3 阻值，使电动机进入第二象限回馈制动运行状态直至转速约为 1900 r/min，测取 M 的 n、I_a。共取 8~9 组数据记录于表 F-3 中。

表 F-3

$U_N=220\text{V}$　　　$I_{fN}=\text{mA}$

I_a （A）									
n （r/min）									

（7）停机（先关断"电枢电源"开关，再关断"励磁电源"开关，并将开关 S_2 合向 2′端）。

5）$R_2=400\,\Omega$ 时的电动机运行及反接制动状态下的机械特性

（1）在确保断电条件下，改变接线图 F-2，使 R_1 阻值不变，R_2 用 D42 的 900 Ω 与 900 Ω 并联并用万用表调定在 400 Ω，R_3 用 D44 的 180 Ω 阻值，R_4 用 D42 上 1800 Ω 阻值加上 D41 上 6 只 90 Ω 串联成 2340 Ω 阻值。

（2）将 S_1 合向 1 电源端，S_2 合向 2′端（短接线仍拆扔掉），把电机 MG 电枢的两个插头对调，R_1、R_3 置最小值，R_2 置 400 Ω 阻值，R_4 置成最大值。

（3）先接通"励磁电源"，再接通"电枢电源"，使电动机 M 起动运转，在 S_2 两端测量直流测功机（负载）MG 的空载电压和"电枢电源"的电压极性是否相反，若极性相反，检查 R_4 阻值确在最大位置时可以把 S_2 合向 1′端。

（4）保持电动机的"电枢电源"电压 $U=U_N=220$ V，$I_f=I_{fN}$ 不变，逐渐减小 R_4 阻值（先减小 D42 上 1800 Ω 阻值，调至零值后用导线短接），使电机减速直至为零。继续减小 R_4 阻值，使电机进入"反向"旋转，转速在反方向上逐渐上升，此时电动机工作于电势反接制动状态运行，直至电动机 M 的 $I_a=I_{aN}$，测取电动机在 1、4 象限的 n、I_a，共取 12~13 组数据记录于表 F-4 中。

表 F-4

$U_N=220$ V　　　$I_{fN}=$ _____ mA　　　$R_2=400\,\Omega$

I_a （A）								
n （r/min）								

（5）停机（须记住先关断"电枢电源"后关断"励磁电源"的次序，并随手将 S_2 合向 2′端）。

6）能耗制动状态下的机械特性

（1）在图 6-2 中，保持 R_1 阻值不变，R_2 用 D44 的 180 Ω 固定阻值，R_3 用 D42 的 1800 Ω 可调电阻，R_4 阻值不变。

（2）S_1 合向 2 短接端，R_1 置最大值位置，R_3 置最小值位置，R_4 调定 180 Ω 阻值，S_2 合向 1′端。

（3）先接通"励磁电源"，再接通"电枢电源"，使校正用直流测功机（负载）MG 起动运转，调节"电枢电源"电压为 220 V，调节 R_1 使电动机 M 的 $I_f=I_{fN}$，调节 R_3 使电机 MG 励磁电流为 100 mA，再减少 R_4 阻值，其间测取 M 的 n、I_a，共取 8~9 组数据记录于表 F-5 中。

表 F—5

$R_2 = 180\ \Omega$　　$I_{fN} = \underline{\quad\quad}$ mA

I_a （A）						
n （r/min）						

（4）把 R_2 调节在 90 Ω 阻值，重复上述实验操作步骤（2）、（3），测取 M 的 n、I_a，共取 5～7 组数据记录于表 $F-6$ 中。

表 F—6

$R_2 = 90\ \Omega$　　$I_{fN} = \underline{\quad\quad}$ mA

I_a （A）						
n （r/min）						

当忽略不变损耗时，可近似认为电动机轴上的输出转矩等于电动机的电磁转矩 $T = C_M \Phi I_a$，他励直流电动机在磁通 Φ 不变的情况下，其机械特性可以由曲线 $n = f\ (I_a)$ 来描述。

F.3.1.4　实验报告

根据实验数据，绘制他励直流电动机运行在第一、第二、第四象限的电动和制动状态及能耗制动状态下的机械特性 $n = f\ (I_a)$（用同一坐标纸绘出）。

F.3.1.5　思考题

（1）回馈制动实验中，如何判别电动机运行在理想空载点？

（2）直流电动机从第一象限运行到第二象限转子旋转方向不变，试问电磁转矩的方向是否也不变？为什么？

（3）直流电动机从第一象限运行到第四象限，电动机的转向反了，而电磁转矩方向不变，为什么？作为负载的 MG，从第一象限到第四象限其电磁转矩方向是否改变？为什么？

F.3.2　三相异步电动机在各种运行状态下的机械特性

F.3.2.1　实验目的

学习和了解三相绕线式异步电动机在各种运行状态下的机械特性。

F.3.2.2　实验内容

（1）测定三相绕线式转子异步电动机在 $R_s = 0$ 时，电动机运行状态和再生发电制动状态下的机械特性。

（2）测定三相绕线式转子异步电动机在 $R_s = 36\ \Omega$ 时，测定电动状态与反接制动状态下的机械特性。

（3）保持 $R_s = 36\ \Omega$，定子绕组加直流励磁电流 $I_1 = 0.6I_N$ 及 $I_2 = I_N$ 时，分别测定能耗制动状态下的机械特性。

F.3.2.3 实验方法

1) 实验设备（挂件），见表 F-7

表 F-7　实验设备（挂件）

序号	型号	主要部件（挂件）名称	数量
1	DD03	导轨、测速发电机及转速表	1件
2	DJ23	校正用直流测功机	1件
3	DJ17	三相绕线式异步电动机	1件
4	D31	直流电压表、毫安表、安培表	2件
5	D32	交流电流表	1件
6	D33	交流电压表	1件
7	D34-3	单三相智能功率、功率因数表	1件
8	D41	三相可调电阻器	1件
9	D42	三相可调电阻器	1件
10	D44	可调电阻器、电容器	1件
11	D51	波形测试及开关板	1件

2) 屏上挂件顺序

D33、D32、D34-3、D51、D31、D44、D42、D41、D31。

3) 实验线路（见图 F-3）

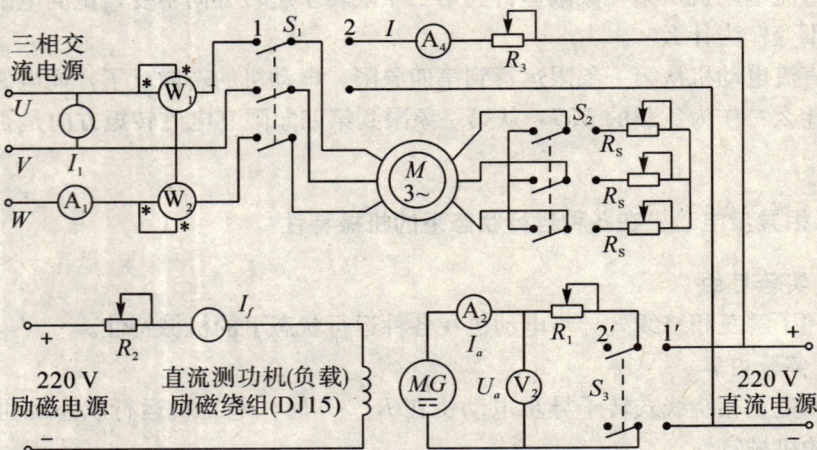

图 F-3　三相绕线转子异步电动机机械特性实验接线图

4) $R_s = 0$ 时的电动及再生发电制动状态下的机械特性

(1) 按图 F-3 接线，图中 M 用编号为 DJ17 的三相绕线式异步电动机，额定电压：220 V，Y 接法。MG 用编号为 DJ23 的校正直流测功机。S_1、S_2、S_3 选用 DJ51 挂箱上的对应开关，并将 S_1 合向左边 1 端，S_2 合在左边短接端（即绕线式电机转子短路），

S_3 合在 $2'$ 位置。R_1 选用 D44 的 180 Ω 加上 D42 上四只 900 Ω 串联后再加上两只 900 Ω 并联组成共 4230 Ω 阻值，R_2 选用 D44 上 1800 Ω 阻值，R_s 选用 D41 上三组 45 Ω 可调电阻（每组为 90 Ω 与 90 Ω 并联），并用万用表调定在 36 Ω 阻值，R_3 暂不接。直流电表Ⓐ、Ⓐ的量程为 5 A。

（2）确定 S_1 合在左边 1 端，S_2 合在左边短接端，S_3 合在 $2'$ 位置，M 的定子绕组接成星形的情况下，把 R_1、R_2 阻值设置在最大位置，将控制屏左侧三相调压器旋钮向逆时针方向旋到底，即输出电压调到零。

（3）检查控制屏下方"直流电机电源"的"励磁电源"开关及"电枢电源"开关，确保均在断开位置。接通三相调压"电源总开关"，按下带指示灯的"启动"按钮，旋转调压器旋钮使三相交流电玉慢慢升高，观察电机转向是否符合要求。若符合要求则升高到 $U=110$ V，并在以后实验中保持不变。接通"励磁电源"，调节 R_2 阻值，使Ⓐ表为 100 mA 并保持恒定不变。

（4）接通控制屏右下方的"电枢电源"开关，在开关 S_3 的 $2'$ 端测量电机 MG 的输出电压的极性，先使其极性与 S_3 开关 $1'$ 端的电枢电源相反。在 R_1 阻值为最大的条件下将 S_3 合向 $1'$ 的位置。

（5）调节"电枢电源"输出电压或 R_1 阻值，使电动机从接近于堵转到接近于空载状态，其间测取电机 MG 的 U_a、I_a、n 及电动机 M 的交流电流表Ⓐ的 I_1 值，共取 8～9 组数据记录于表 F-8 中。

表 F-8

$U=110$ V　　　$R_s=0$　　$I_f=$_____ mA

U_a (V)									
I_a (A)									
n (r/min)									
I_1 (A)									

（6）当电动机接近空载而转速不能调高时，将 S_3 合向 $2'$ 位置，调换 MG 电枢极性（在开关 S_3 的两端换），使其与"电枢电源"同极性。调节"电枢电源"的电压值，使其与 MG 电压值接近相等，将 S_3 合向 $1'$ 端。保持 M 端三相交流电压 $U=110$ V，减小 R_1 阻值直至短路位置（注：D42 上 6 只 900 Ω 阻值调至短路后应用导线短接）。升高"电枢电源"电压或增大 R_2 阻值（减小电机 MG 的励磁电流），使电动机 M 的转速超过同步转速 n_0 而进入回馈制动状态，在 1700 r/min～n_0 范围内测取电机 MG 的 U_a、I_a、n 及电动机 M 的定子电流 I_1 值，共取 6～7 组数据记录于表 F-9 中。

表 F-9

$U=110$ V　　　$R_s=0$ Ω

U_a (V)							
I_a (A)							

n（r/min）										
I_1（A）										

5）$R_s = 36\ \Omega$ 时的电动及反转状态下的机械特性的测定

（1）开关 S_2 合向右端 36 Ω 端。开关 S_3 拨向 2′ 端，把 MG 电枢接到 S_3 上的两个接线对调，以便使 MG 输出极性和"电枢电源"输出极性相反。把电阻 R_1、R_2 调至最大。

（2）保持电压 $U = 110\ V$ 不变，调节 R_2 阻值，使Ⓐ表为 100 mA。调节"电枢电源"的输出电压为最小位置。在开关 S_3 的 2′ 端检查 MG 电压极性必须与 1′ 的"电枢电源"极性相反。可先记录此时 MG 的 U_a、I_a 值，将 S_3 合向 1′ 端与"电枢电源"接通。测量此时电机 MG 的 U_a、I_a、n 及Ⓐ表的 I_1 值，减小 R_1 阻值（先调 D42 上的四个 900 Ω 串联电阻）或调高"电枢电源"输出电压使电动机 M 的 n 下降，直至 n 为零。把转速表置反向位置，并把 R_1 的 D42 上 4 个 900 Ω 串联电阻调至零位置后应用导线短接，继续减小 R_1 阻值或调高电枢电压使电机反向运转。直至 n 为 -1300 r/min 为止。在该范围内测取电机 MG 的 U_a、I_a、n 及Ⓐ表的 I_1 值。共取 11～12 组灵敏据记录于表 F-10 中。

表 F-10

$U = 110\ V$　　$R_s = 36\ \Omega$　　$I_f = \underline{\qquad}$ mA

U_a（V）										
I_a（A）										
n（r/min）										
I_1（A）										

（3）停机（先将 S_2 合至 2′ 端，关断"电枢电源"再关断"励磁电源"，调压器调至零位，按下"关"按钮）。

6）能耗制动状态下的机械特性测量

（1）确认在"停机"状态下。把开关 S_1 合向右边 2 端，S_2 合向右端（R_s 仍保持 36 Ω 不变），S_3 合向左边 2′ 端，R_1 用 D44 上 180 Ω 阻值并调至最大，R_2 用 D42 上 1800 Ω 阻值并调至最大，R_3 用 D42 上 900 Ω 与 900 Ω 并联后再加上 900 Ω 与 900 Ω 并联组成共 900 Ω 阻值并调至最大。

（2）开启"励磁电源"，调节 R_2 阻值，使Ⓐ表 $I_f = 100\ mA$，开启"电枢电源"，调节电枢电源的输出电压 $U = 220\ V$，再调节 R_3 使电动机 M 的定子绕组流过 $I = 0.6I_N = 0.36\ A$ 并保持不变。

（3）在 R_1 阻值为最大的条件下，把开关 S_3 合向右边 1′ 端，减小 R_1 阻值，使电机 MG 起动运转后转速约为 1600 r/min。增大 R_1 阻值或减小电枢电源电压（但要保持Ⓐ表的电流 I 不变）使电机转速下降，直至转速 n 约为 50 r/min，其间测取电机 MG 的

U_a、I_a、n 的值，共取 10~11 组数据记录于表 F-11 中。

表 F-11

$R_s = 36\ \Omega$　　$I = 0.36\ A$　　$I_f = \underline{\qquad}$ mA

U_a (V)										
I_a (A)										
n (r/min)										

（4）保持其他设置不变，调节 R_3 使电动机 M 的定子绕组流过 $I = I_N = 0.6\ A$ 并保持不变，再做第（3）步的内容，共取 10~11 组数据记录于表 F-12 中。

表 F-12

$R_s = 36\ \Omega$　　$I = 0.6\ A$　　$I_f = \underline{\qquad}$ mA

U_a (V)										
I_a (A)										
n (r/min)										

7）绘制 M-MG 机组的空载损耗曲线 $P_0 = f(n)$

（1）拆掉三相绕线式异步电动机 M 定子和转子绕组接线端的所有插头，R_1 用 D44 上 180 Ω 阻值并调至最大，R_2 用 D44 上 1800 Ω 阻值并调至最大。直流电流表Ⓐ的量程为 1000 mA，Ⓐ的量程为 5 A，V_2 的量程为 300 V，将开关 S_3 合向右端 1′端。

（2）开启"励磁电源"，调节 R_2 阻值，使Ⓐ表 $I_f = 100$ mA，检查 R_1 阻值在最大位置时开启"电枢电源"，使电机 MG 起动运转，调高"电枢电源"输出电压及减小 R_1 阻值，使电机转速约为 1700 r/min，逐次减小"电枢电源"输出电压或增大 R_1 阻值，使电机转速下降至 $n = 100$ r/min，在其间测量电机 MG 的 U_{a0}、I_{a0}、n 值，共取 10~12 组数据记录于表 F-13 中。

表 F-13

U_{a0} (V)											
I_{a0} (A)											
n (r/min)											

F.3.2.4　实验注意事项

调节串联的可调电阻时，要根据电流值的大小而选择调节不同电流值的电阻，防止个别电阻器过流而烧坏。

F.3.2.5　实验报告

（1）根据实验数据绘制各种运行状态下的机械特性。

计算公式为

$$T = \frac{9.55}{n}\left[P_0 - (U_a I_a - I_a^2 R_a)\right]$$

式中，T 为受试异步电动机 M 的输出转矩，单位是 N・m；

U_a 为直流测功机（负载）MG 的端电压，单位是 V；

I_a 为直流测功机（负载）MG 的电枢电流，单位是 A；

R_a 为直流测功机（负载）MG 的电枢电阻，单位是 Ω，可由实验室提供；

P_0 为对应某转速 n 时的某空载损耗，单位是 W。

注：上述计算的 T 值为电机在 $U=110$ V 时的值，实际的转矩值应折算为额定电压时的异步电动机转矩。

（2）绘制电机 $M-MG$ 机组的空载损耗曲线 $P_0=f(n)$。

F.3.3 三相异步电动机的起动与调速

F.3.3.1 实验目的

通过实验掌握三相异步电动机的起动和调速的方法。

F.3.3.2 实验内容

（1）直接起动。

（2）星形—三角形（Y−△）降压起动。

（3）自耦变压器降压起动。

（4）绕线异步电动机在转子绕组中串入可变电阻器起动。

（5）绕线异步电动机在转子绕组中串入可变电阻器调速。

F.3.3.3 实验方法

1）实验设备（挂件），见表 F−14

表 F−14 实验设备（挂件）

序号	型号	主要部件（挂件）名称	数量
1	DD03	导轨、测速发电机及转速表	1件
2	DJ16	三相鼠笼式异步电动机	1件
3	DJ17	三相绕线转子式异步电动机	1件
4	DJ23	校正过的直流电机	1件
5	D31	直流电压表、毫安表、安培表	1件
6	D32	交流电流表	1件
7	D33	交流电压表	1件
8	D43	三相可调电抗器	1件
9	D51	波形测试及开关板	1件
10	DJ17−1	起动与调速电阻箱	1件
11	DD05	测功支架、测功盘及弹簧秤	1套

2）屏上挂件排列顺序

D33、D32、D51、D31、D43。

3) 三相鼠笼式异步电机直接起动实验

(1) 按图 F—4 接线。电机绕组为△接法。异步电动机直接与测速发电机同轴连接，不连接负载电机 DJ23。

(2) 把交流调压器调到零位，开启电源总开关，按下"启动"按钮，接通三相交流电源。

(3) 调节调压器使输出电压达电机额定电压 220 V，使电机起动旋转（如电机旋转方向不符合要求需调整相序时，必须按下"停止"按钮，切断三相交流电源）。

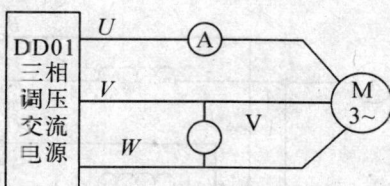

图 F—4　三相鼠笼式异步电动机直接起动接线图

(4) 再按下"停止"按钮，断开三相交流电源，待电动机停止旋转后，按下"启动"按钮，接通三相交流电源，使电机全压起动，观察电机起动瞬间电流值。

(5) 断开电源开关，将调压器退到零位，电机轴伸端装上圆盘（注：圆盘直径为 10 cm）和弹簧秤。

(6) 合上开关，调节调压器，使电机电流为 2~3 倍额定电流，读取电压值 U_K、电流值 I_K、转矩值 T_K（圆盘半径乘以弹簧秤力），实验时通电时间不应超过 10 s，以免绕组过热。对应于额定电压时的起动电流 I_{st} 和起动转矩 T_{st} 按下式计算：

$$T_K = F \times \left(\frac{D}{2}\right)$$

$$I_{st} = \left(\frac{U_N}{U_K}\right) I_K$$

$$T_{st} = \left(\frac{I_{st}}{I_K}\right)^2 T_K$$

式中，I_K 为起动实验时的电流值，单位是 A；

T_K 为起动实验时的转矩值，单位是 N·m。

将所得实验数据记录在表 F—15 中。

表 F—15

测量值			计算值		
U_K (V)	I_K (A)	F (N)	T_K (N·m)	I_{st} (A)	T_{st} (N·m)

4) 星形一三角形（Y一△）起动

（1）按图 F—5 接线。线接好后把调压器退到零位。

（2）三刀双掷开关合向右边（Y 接法）。合上电源开关，逐渐调节调压器使升压至电机额定电压 220 V，打开电源开关，待电机停转。

（3）合上电源开关，观察起动瞬间电流，然后把 S 合向左边，使电机（△）正常运行，整个起动过程结束。观察起动瞬间电流表的显示值以与其他起动方法作定性比较。

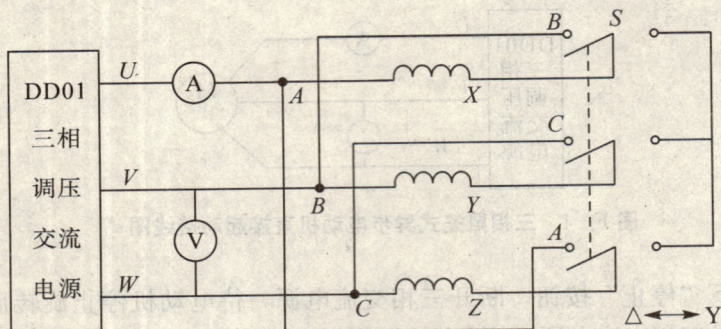

图 F—5　三相鼠笼式异步电动机 Y—△起动接线图

5）自耦变压器降压起动

（1）按图 F—6 接线。电动机绕组为△接法。

（2）将三相调压器退回到零位，双投刀开关 S 合向左边。自耦变压器选用 D43 挂箱。

（3）接通电源，调节调压器使输出电压达电机额定电压 220 V，断开电源开关，待电机停转。

（4）将双投刀开关 S 合向右边，接通电源，使电机由自耦变压器降压起动（自耦变压器抽头输出电压分别为电源电压的 40%、60% 和 80%），并经一定时间再把 S 合向左边，使电机按额定电压正常运行，整个起动过程结束。观察起动瞬间电流以作定性的比较。

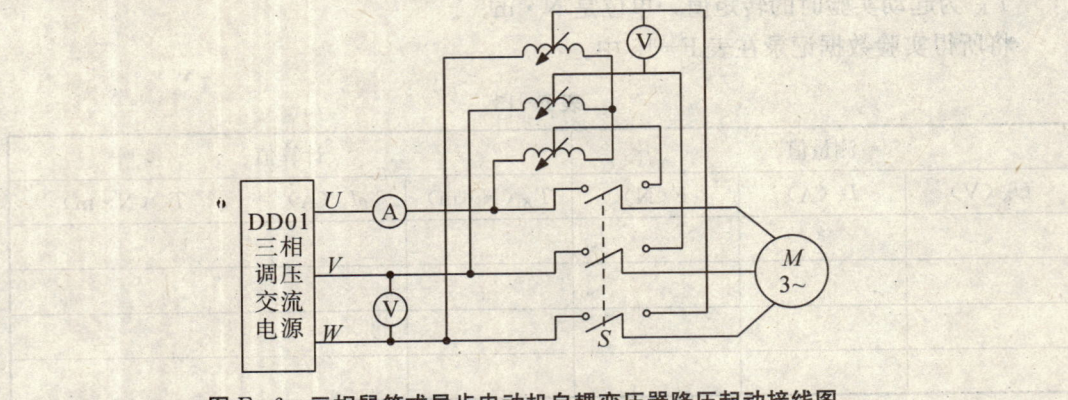

图 F—6　三相鼠笼式异步电动机自耦变压器降压起动接线图

6) 绕线式异步电动机转子绕组串入可变电阻器起动

（1）按图 F—7 接线，其中电动机的定子绕组按照 Y 形接法。

（2）转子每相串入的电阻可用 DJ17—1 起动与调速电阻箱。

（3）调压器退到零位，轴伸端装上圆盘和弹簧秤。

（4）接通交流电源，调节输出电压（观察电机转向应符合要求），定子旦压为 180 V，转子绕组分别串入不同电阻值时，测取定子电流和转矩。

（5）实验时通电时间不应超过 10 s，以免绕组过热。

数据记入表 F—16 中。

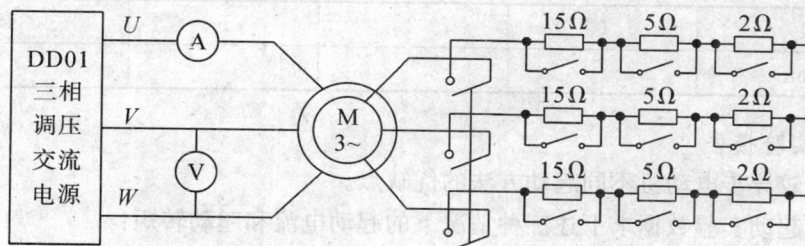

图 F—7　绕线式异步电动机转子绕组串电阻起动接线图

表 F—16

R_{st}（Ω）	0	2	5	15
F（N）				
I_{st}（A）				
T_{st}（N·m）				

7) 绕线式异步电动机转子绕组串入可变电阻器调速

（1）实验线路图同图 F—7，在电动机轴上联接校正直流电机 MG 作为绕线式异步电动机 M 的负载，MG 的实验电路参考图 F—8，电路接好后，将 M 的转子附加电阻调至最大。

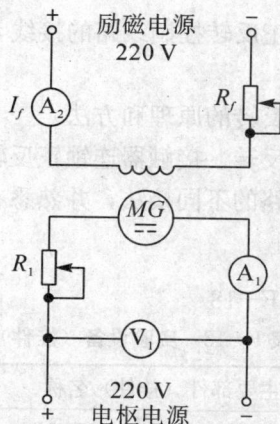

图 F—8　作为负载的直流测功机（MG）的实验参考电路图

（2）合上电源开关，电机空载起动，保持调压器的输出电压为电机额定电压 220 V，转子附加电阻调至零。

（3）调节校正电机的励磁电流 I_f 为校正值（100 mA 或 50 mA），再调节直流发电机负载电流，使电动机输出功率接近额定功率并保持输出转矩 T_2 不变，改变转子附加电阻（电动机每相附加电阻分别取为 0、2 Ω、5 Ω、15 Ω），测量相应的转速记录于表 F—17 中。

表 F—17

$$U = 220 \text{ V} \qquad I_f = \underline{\qquad} \text{ mA} \qquad T_2 = \underline{\qquad} \text{ N·m}$$

r_{st}（Ω）	0	2	5	15
n（r/min）				

F.3.3.4　实验报告

（1）比较异步电动机不同起动方法的优缺点。

（2）由起动实验数据求下述三种情况下的起动电流和起动转矩：

①外施额定电压 U_N（直接法起动）；

②外施电压为 $U_N/\sqrt{3}$（Y/△起动）；

③外施电压为 U_K/K_A，式中 K_A 为起动用自耦变压器的变比（自耦变压器起动）。

（3）绕线式异步电动机转子绕组串入电阻对起动电流和起动转矩的影响。

（4）绕线式异步电动机转子绕组串入电阻对电机转速的影响。

F.3.3.5　思考题

（1）起动电流和外施电压成正比，起动转矩和外施电压的平方成正比在什么情况下才能成立？

（2）起动时的实际情况和上述假定是否相符，不相符的主要因素是什么？

F.3.4　三相异步电动机的正反转控制

F.3.4.1　实验目的

（1）通过对三相异步电动机正反转控制线路的接线，掌握由电路原理图接成实际操作电路的方法。

（2）掌握三相异步电动机正反转的原理和方法。

（3）掌握手动控制电动机正反转、接触器连锁正反转、按钮连锁正反转控制及按钮和接触器双重连锁正反转控制线路的不同接法，并熟悉在操作过程中有哪些不同之处。

F.3.4.2　实验方法

1）实验设备（挂件），见表 F—18

表 F—18　实验设备（挂件）

序号	型号	主要部件（挂件）名称	数量
1	DJ24	三相鼠笼异步电动机（△/220 V）	1件

序号	型号	主要部件（挂件）名称	数量
2	D61	继电接触控制挂箱（一）	1件
3	D62	继电接触控制挂箱（二）	1件

2）屏上挂件排列顺序

D61、D62。

3）倒顺开关（手动）正反转控制

（1）按图F—9所示电路接线。图中，Q_1 是用以模拟倒顺开关的，FU_1、FU_2、FU_3 选用D62挂件，异步电动机选用DJ24（△/220 V）。

（2）旋转调压器旋钮，将三相调压电源 U、V、W 输出线电压调到220 V，按下"停止"按钮切断交流电源。

（3）启动电源后，把开关 Q_1 合向"左合"位置，观察电机转向。

（4）运转半分钟后，把开关 Q_1 合向"断开"位置后，再扳向"右合"位置，观察电机转向。

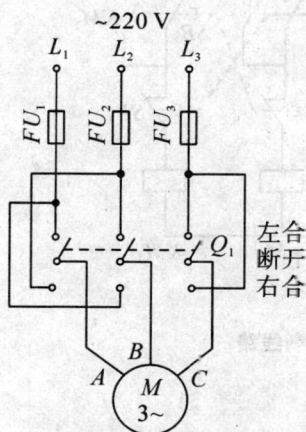

图 F—9 倒顺开关（手动）正反
转控制接线图

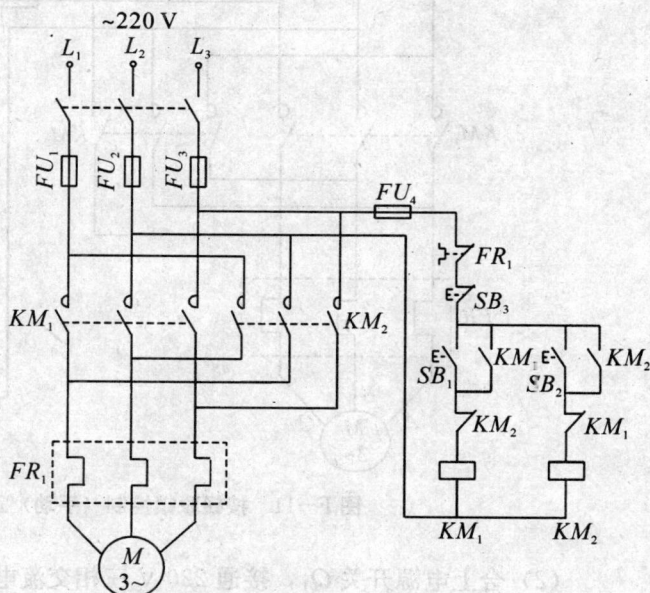

图 F—10 采用接触器联锁（自动）进行
正反转控制实验接线图

4）接触器连锁（自动）正反转控制

（1）首先按下"停止"按钮切断交流电源。按照图F—10接线，图中 SB_1、SB_2、SB_3、KM_1、KM_2、FR 选用D61件，Q_1、FU_1、FU_2、FU_3、FU_4 选用D62挂件，电机选用DJ24（△/220 V）。经指导老师检查无误后，按下"启动"按钮通电操作。

（2）合上电源开关 Q_1，接通220 V三相交流电源。

（3）按下 SB_1，观察并记录电动机 M 的转向、接触器自锁和联锁触点的吸合与断开情况。

（4）按下 SB_3，观察并记录电动机 M 运转状态、接触器各触点的吸合与断开情况。

（5）再按下 SB_2，观察并记录 M 的转向、接触器自锁和联锁触点的吸合与断开情况。

5）按钮联锁控制（手动）正反转

（1）按下"停止"按钮切断交流电源，按图 F-11 接线。图中 SB_1、SB_2、SB_3、KM_1、KM_2、FR_1 选用 D61 件，Q_1、FU_1、FU_2、FU_3、FU_4 选用 D62 挂件，电动机选用 DJ24（△/220 V）。经检查无误后，按下"启动"按钮通电操作。

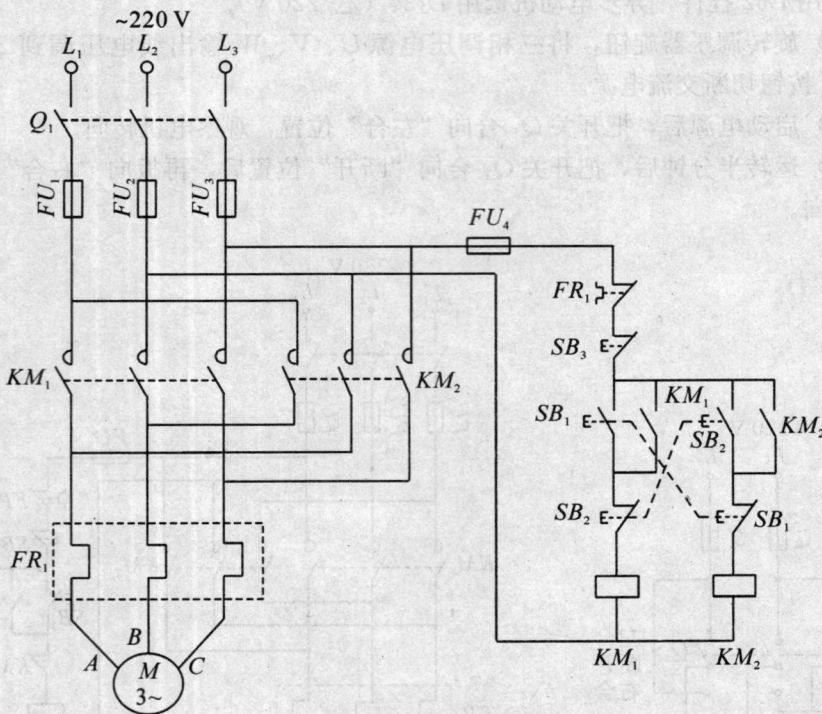

图 F-11　按钮联锁控制（手动）正反转控制线路

（2）合上电源开关 Q_1，接通 220 V 三相交流电源。

（3）按下 SB_1，观察并记录电动机 M 的转向、各触点的吸合与断开情况。

（4）按下 SB_3，观察并记录电动机 M 的转向、各触点的吸合与断开情况。

（5）按下 SB_2，观察并记录电动机 M 的转向、各触点的吸合与断开情况。

6）按钮和接触器双重联锁（自动）正反转

（1）按下"停止"按钮切断交流电源，按图 F-12 接线。图中 SB_1、SB_2、SB_3、KM_1、KM_2、FR_1 选用 D61 件，Q_1、FU_1、FU_2、FU_3、FU_4 选用 D62 挂件，电动机选用 DJ24（△/220 V）。经检查无误后，按下"启动"按钮通电操作。

（2）合上电源开关 Q_1，接通 220 V 三相交流电源。

（3）按下 SB_1，观察并记录电动机 M 的转向、各触点的吸断情况。

（4）按下 SB_3，观察并记录电动机 M 的转向、各触点的吸断情况。

（5）按下 SB_2，观察并记录电动机 M 的转向、各触点的吸断情况。

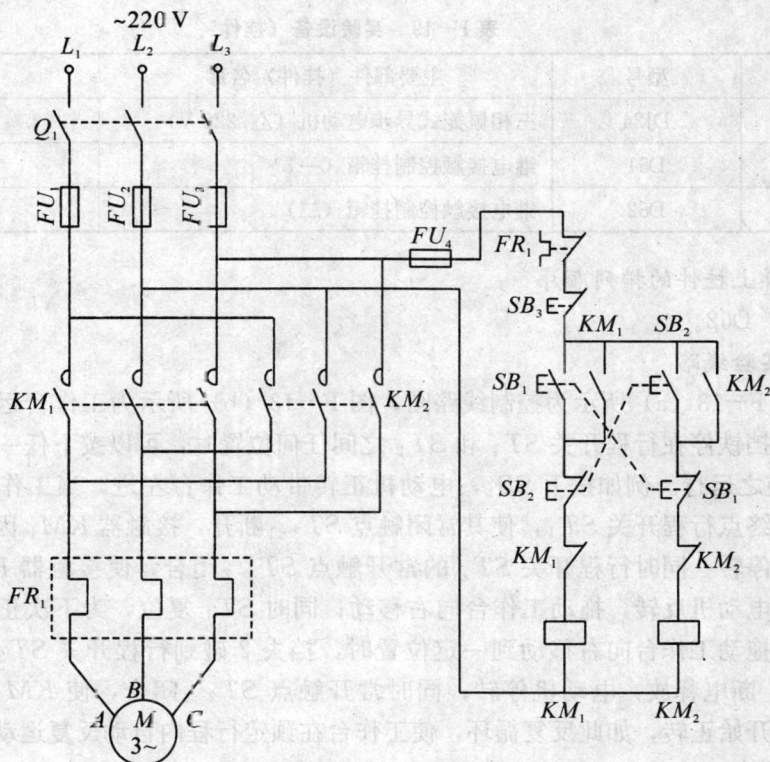

图 F-12 按钮和接触器双重联锁（自动）正反转控制线路

F.3.4.3 讨论题

（1）在图 F-9 中，欲恒电动机反转为什么要把手柄扳到"停止"使电动机 M 停转后，才能扳向"反转"使之反转，若直接扳至"反转"会造成什么后果？

（2）试分析图 F-9～图 F-12 各有什么特点？并画出运行原理流程图。

（3）图 F-10 和图 F-11 虽然也能实现电动机正反转直接控制，但容易产生什么故障，为什么？图 F-12 与图 F-10 和图 F-11 相比有什么优点？

（4）接触器和按钮的联锁触点在继电接触控制中起到什么作用？

F.3.5 工作台自动往返循环控制

F.3.5.1 实验目的

（1）通过对模拟工作台自动往返循环控制线路的实际安装接线，掌握由电气原理图变换成安装接线图的方法，掌握行程控制中行程开关的作用以及在机床电路中的应用。

（2）通过实验进一步加深自动往返循环控制在机床电路中的应用场合。

F.3.5.2 实验方法与内容

1）实验设备

本次实验所用设备见表 F-19。

表 F-19 实验设备（挂件）

序号	型号	主要部件（挂件）名称	数量
1	DJ24	三相鼠笼式异步电动机（△/220 V）	1 件
2	D61	继电接触控制挂箱（一）	1 件
3	D62	继电接触控制挂箱（二）	1 件

2）屏上挂件的排列顺序

D61、D62。

3）实验线路

如图 F-13（a）所示为控制线路图，图 F-13（b）所示为工作台运动示意图。当工作台的挡铁停在行程开关 ST_1 和 ST_2 之间任何位置时，可以按下任一起动按钮 SB_1 或 SB_2 使之运行。例如按下 SB_1，电动机正转带动工作台左进，当工作台到达终点时挡块压下终点行程开关 ST_1，使其常闭触点 ST_{1-1} 断开，接触器 KM_1 因线圈断电而释放，电机停转；同时行程开关 ST_1 的常开触点 ST_{1-2} 闭合，使接触器 KM_2 通电吸合且自锁，电动机反转，拖动工作台向右移动；同时 ST_1 复位，为下次正转做准备。当电机反转拖动工作台向右移动到一定位置时，挡失 2 碰到行程开关 ST_2，使 ST_{2-1} 断开，KM_2 断电释放，电动机停转；同时常开触点 ST_{2-2} 闭合，使 KM_1 通电并自锁，电动机又开始正转，如此反复循环，使工作台在预定行程内自动反复运动。

4）接线方法

按图 F-13（a）接线，图中 SB_1、SB_2、SB_3、FR_1、KM_1、KM_2 选用 D61 挂件，FU_1、FU_2、FU_3、FU_4、Q_1、ST_1、ST_2、ST_3、ST_4 选用 D62 挂件，电动机选用 DJ24（△/220 V）。经指导老师检查无误后通电操作：

（1）合上开关 Q_1，接通 220 V 三相交流电源。

（2）按 SB_1 按钮，使电动机正转约 10 s。

（3）用手按 ST_1（模拟工作台进到终点，挡失压下行程开关 ST_1），观察电动机应停止正转并变为反转。

（4）反转约 30 s，用手压 ST_2（模拟工作台右进到终点，挡失压下行程开关 ST_2），观察电动机应停止反转并变为正转。

（5）正转 10 s 后按下 ST_3 和反转 10 s 后按下 ST_4，观察电机运转情况。

（6）重复上述步骤，线路应能正常工作。

F.3.5.3 讨论题

（1）行程开关主要用于什么场合，它是运用什么来达到行程控制，行程开关一般安装在什么地方？

（2）图 F-13 中 ST_3、ST_4 在行程控制中起什么作用？

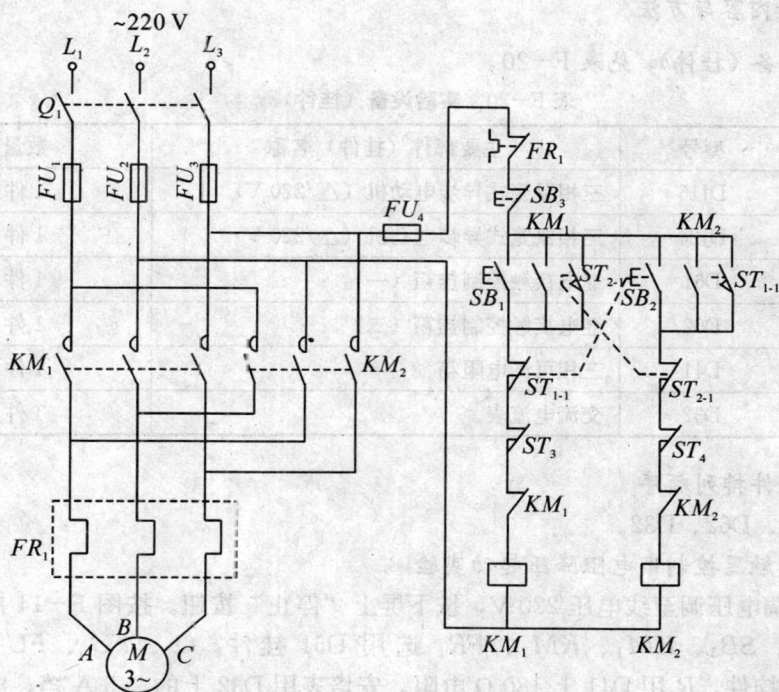

（a）接线图

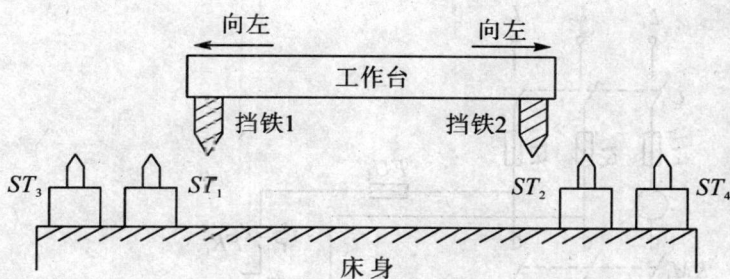

（b）工作台运动示意图

图 F-13　工作台自动往返循环控制

（3）列举几种限位保护的孔床控制实例。

F.3.6　三相鼠笼式异步电动机降压起动实验

F.3.6.1　实验目的

（1）通过对三相异步电动机降压起动的接线，进一步掌握降压起动在机床控制中的应用。

（2）了解不同降压起动控制方式时电流和起动转矩的差别。

（3）掌握在各种不同场合下应用何种起动方式。

F.3.6.2　实验内容与方法

1）实验设备（挂件），见表 F-20

表 F-20　实验设备（挂件）

序号	型号	主要部件（挂件）名称	数量
1	DJ16	三相鼠笼式异步电动机（△/220 V）	1件
2	DJ24	三相鼠笼式异步电动机（△/220 V）	1件
3	D61	继电接触控制挂箱（一）	1件
4	D62	继电接触控制挂箱（二）	1件
5	D41	三相可调电阻箱	1件
6	D32	交流电流表	1件

2）屏上挂件排列顺序

D41、D61、D62、D32。

3）手动接触器控制串电阻降压起动实验

将三相可调电压调至线电压 220 V，按下屏上"停止"按钮。按图 F-14 接线，图中 SB_1、SB_2、SB_3、KM_1、KM_2、FR_1 选用 D61 挂件，Q_1、FU_1、FU_2、FU_3、FU_4 选用 D62 挂件，R 用 D41 上 180 Ω 电阻，安培表用 D32 上的 2.5 A 挡，电机选用 DJ24（△/220 V）。然后按照下面步骤操作：

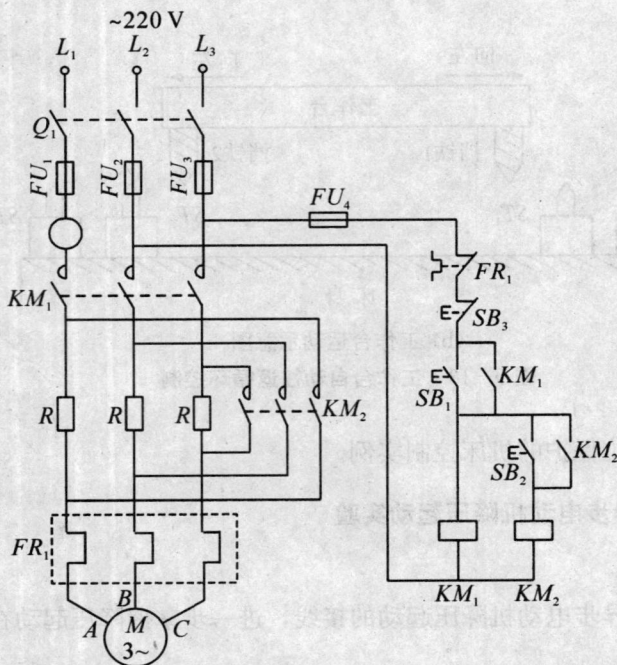

图 F-14　手动接触器控制串电阻降压起动控制线路

（1）按下"启动"按钮，合上 Q_1 开关，接通 220 V 交流电源。

（2）按下 SB_1，观察并记录电动机串电阻起动运行情况、安培表读数。

（3）再按下 SB_2，观察并记录电动机全压运行情况、安培表读数。

（4）按下 SB_3 使电机停转后，按住 SB_2 不放，再同时按 SB_1，观察并记录全压起动时电动机和接触器运行情况、安培表读数。

（5）试比较 $I_{串电阻}/I_{直接} = $ _____，并分析差异原因。

4）时间继电器控制串电阻降压起动

关断电源后，按图 F-15 接线，图中 SB_1、SB_2、SB_3、KM_1、KM_2、FR_1 选用 D61 挂件，Q_1、FU_1、FU_2、FU_3、FU_4 选用 D62 挂件，R 用 D41 上 180 Ω 电阻，安培表用 D32 上的 2.5 A 挡，电机选用 DJ24（△/220 V）。然后按照下面步骤操作：

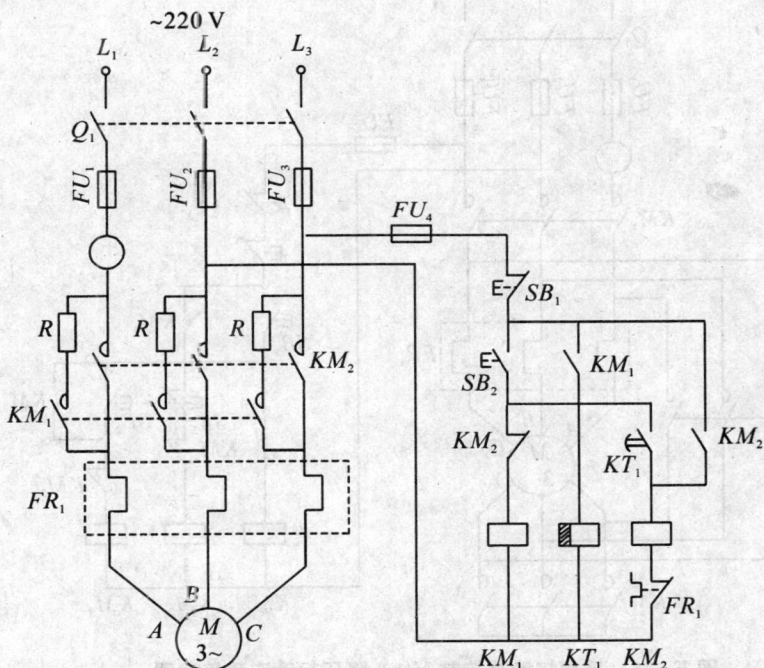

图 F-15　时间继电器控制串电阻降压起动控制线路

（1）起动电源，合上 Q_1 开关，接通 220 V 交流电源。

（2）按下 SB_2，观察并记录电动机串电阻起动时各接触器吸合情况、电动机运行状态、安培表读数。

（3）待时间继电器 KT_1 吸合后，观察并记录电动机全压运行时各接触器吸合情况、电动机运行状态、安培表读数。

5）接触器控制 Y/△降压起动控制线路

关断电源后，按图 F-16 接线，图中 SB_1、SB_2、SB_3、KM_1、KM_2、KM_3、FR_1 选用 D61 挂件，Q_1、FU_1、FU_2、FU_3、FU_4 选用 D62 挂件，安培表用 D32 上的 2.5 A 挡，电动机选用 DJ24（△/220 V）。然后按照下面步骤操作：

（1）起动控制屏，合上 Q_1，接通 220 V 交流电源。

（2）按下 SB_1，使电动机为 Y 接法方式起动，注意观察起动时，电流表最大读数应设置在 $I_{Y起动} =$ _____ A。

（3）按下 SB_2，使电动机为△接法方式正常运行，注意观察△运行时，电流表电流为 $I_{△起动} =$ _____ A。

（4）按下 SB_3 停止后，先按下 SB_2，再同时按下起动按钮 SB_1，观察电动机在△接法直接起动时电流表最大读数 $I_{△起动} =$ _____ A。

（5）比较 $I_{Y起动}/I_{△起动} =$ _____，结果说明什么问题？

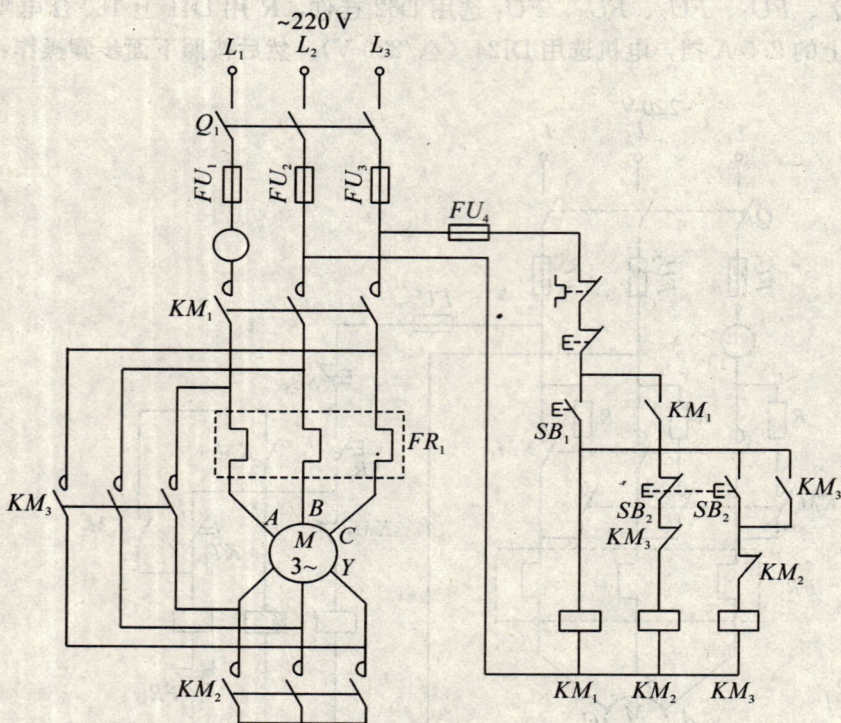

图 F-16 采用接触器控制 Y-△降压起动实验接线图

6）时间继电器控制的 Y/△降压起动

关断电源后，按图 F-17 接线，图中 SB_1、SB_2、SB_3、KM_1、KM_2、KM_3、KT_1、FR_1 选用 D61 挂件，Q_1、FU_1、FU_2、FU_3、FU_4 选用 D62 挂件，安培表用 D32 上的 2.5 A 挡，电动机选用 DJ24（△/220 V）。然后按照下面步骤操作：

（1）起动控制屏，合上 Q_1，接通 220 V 交流电源。

（2）按下 SB_1，电动机按 Y 接法起动，观察并记录电动机运行情况和交流电流表读数。

（3）经过一段时间延后，电动机自动转换为按△接法正常运行后，观察并记录电动机运行情况和交流电流表读数。

（4）按下 SB_2，电动机 M 停止运转。

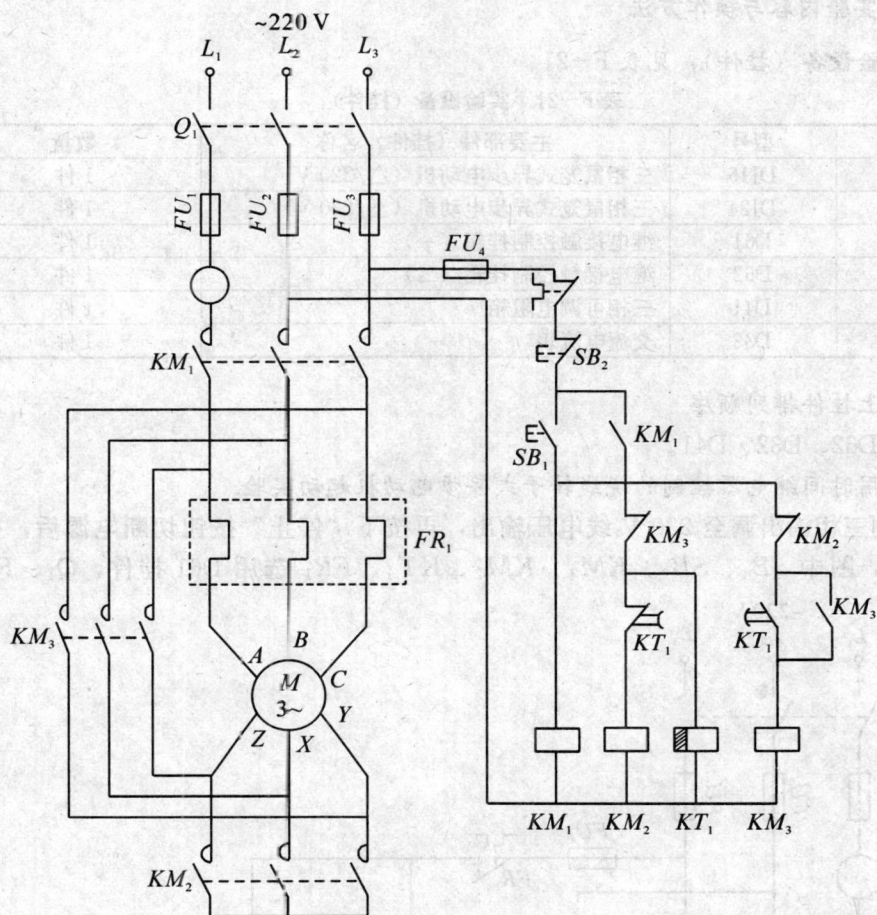

图 F-17　采用时间继电器控制的 Y-△降压起动实验接线图

F.3.6.3　讨论题

（1）画出图 F-14~图 F-17 的工作原理流程图。

（2）时间继电器在图 F-15 和图 F-17 中的作用是什么？

（3）图 F-15 与图 F-14 中的串电阻方法相比有什么优点？

（4）采用 Y/△降压起动的方法时对电动机有何要求？

（5）降压起动的最终目的是控制什么物理量？

（6）降压起动的自动控制与手动控制线路比较，有什么优点？

F.3.7　三相绕线转子式异步电动机的起动控制

F.3.7.1　实验目的

（1）通过对三相绕线转子式异步电动机的起动控制线路的实际安装接线，掌握由电路原理图接成实际操作电路的方法。

（2）熟练掌握三相绕线式异步电动机的起动应用在何种场合，并有何特点？

271

F.3.7.2　实验内容与操作方法

1) 实验设备（挂件），见表 F-21

表 F-21　实验设备（挂件）

序号	型号	主要部件（挂件）名称	数量
1	DJ16	三相鼠笼式异步电动机（△/220 V）	1件
2	DJ24	三相鼠笼式异步电动机（△/220 V）	1件
3	D61	继电接触控制挂箱（一）	1件
4	D62	继电接触控制挂箱（二）	1件
5	D41	三相可调电阻箱	1件
6	D32	交流电流表	1件

2) 屏上挂件排列顺序

D61、D62、D32、D41。

3) 采用时间继电器控制的绕线转子式异步电动机起动实验

将可调三相输出调至 220 V 线电压输出，再按下"停止"按钮切断电源后，按图 F-18 接线，图中 SB_1、SB_2、KM_1、KM_2、KT_1、FR_1 选用 D61 挂件，Q_1、FU_1、

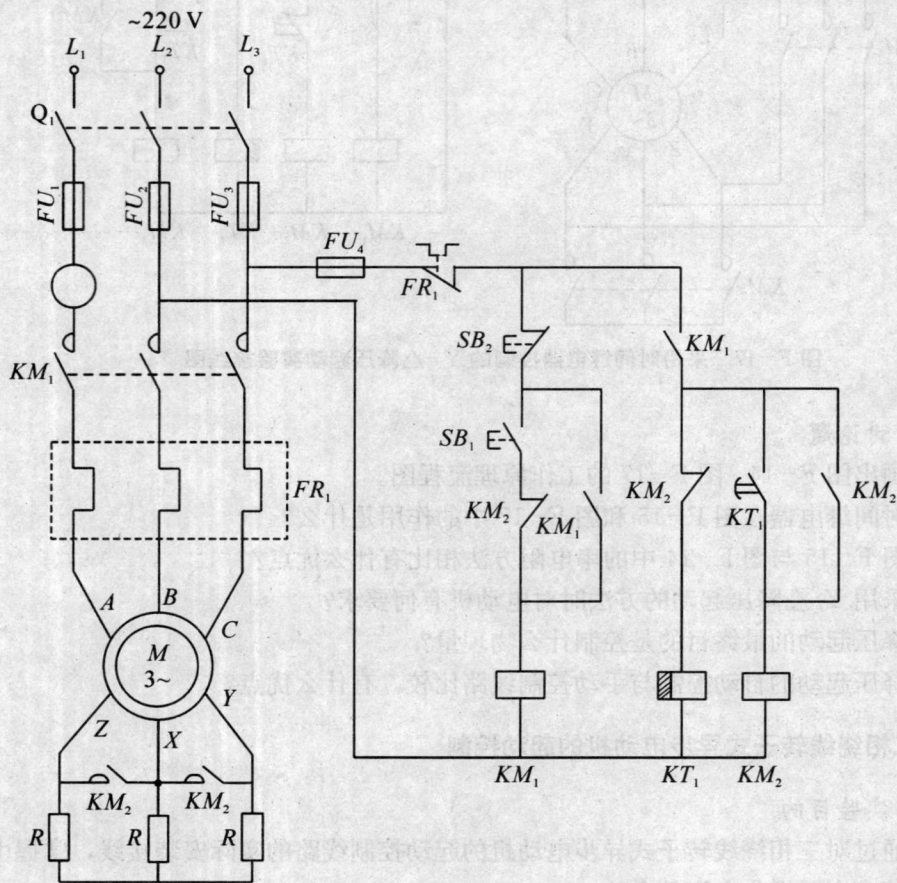

图 F-18　时间继电器控制绕线式异步电动机起动控制线路

FU_2、FU_3、FU_4 选用 D62 挂件，R 用 D41 上 180 Ω 电阻，安培表用 D32 上的 1 A 挡。经检查无误后，按下列步骤操作：

(1) 按下"启动"按钮，合上开关 Q_1，接通 220 V 三相交流电源。

(2) 按下 SB_1，观察并记录电动机 M 的运行情况。电动机起动时电流表的最大读数为_____ A。

(3) 经过一段时间延时后，起动电阻被自动切除，电流表的读数为_____ A。

(4) 按下 SB_2，电机停转后，用导线把电动机转子短接。

(5) 再按下 SB_1，记录电动机起动时电流表的最大读数为_____ A。

F.3.7.3　讨论题

(1) 三相绕线式异步电动机转子串电阻除了可以减小起动电流，提高功率因数增加起动转矩外，还有什么作用？

(2) 三相绕线式电动机的起动方法有哪几种？什么叫频敏变阻器，有何特点？

F.3.8　三相异步电动机的制动控制实验

F.3.8.1　实验目的

(1) 通过各种制动的实际接线，了解不同制动的特点和使用范围。

(2) 充分掌握各种制动原理。

F.3.8.2　实验设备与方法

1）实验设备（挂件），见表 F-22

表 F-22　实验设备（挂件）

序号	型号	主要部件（挂件）名称	数量
1	DJ16	三相鼠笼异步电动机（△/220 V）	1件
2	DJ24	三相鼠笼异步电动机（△/220 V）	1件
3	D61	继电接触控制挂箱（一）	1件
4	D62	继电接触控制挂箱（二）	1件
5	D63	继电接触控制挂箱（三）	1件
6	D41	三相可调电阻箱	1件

2）屏上挂件排列顺序

D61、D62、D63、D41。

3）双向起动反接制动实验

调节三相可调输出为 220 V 线电压输出，按下"停止"按钮，按图 F-19 接线，图中 SB_1、SB_2、SB_3、KM_1、KM_2、KM_3、FR_1 选用 D61 挂件，KA_1、KA_2、Q_1、Q_2（用于模拟速度继电器）、FU_1、FU_2、FU_3、FU_4 选用 D62 挂件，KA_3、KA_4 选用 D63 挂件，R 用 D41 上 180 Ω 电阻，电动机用 DJ16（或 DJ24）。

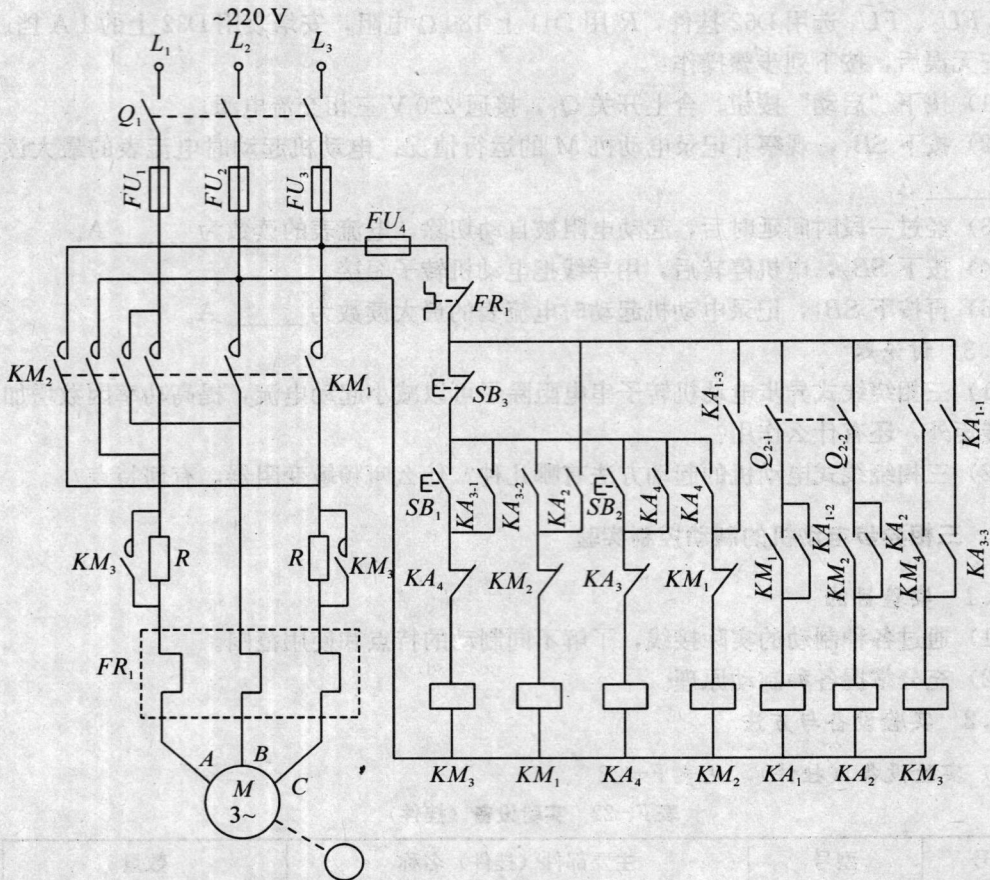

图 F-19　双向起动反接制动实验控制线路

经检查无误后按以下步骤通电操作，其工作原理流程图如下：

启动控制屏，合上开关 Q_1 正转起动过程如图 $F-20$ 所示。

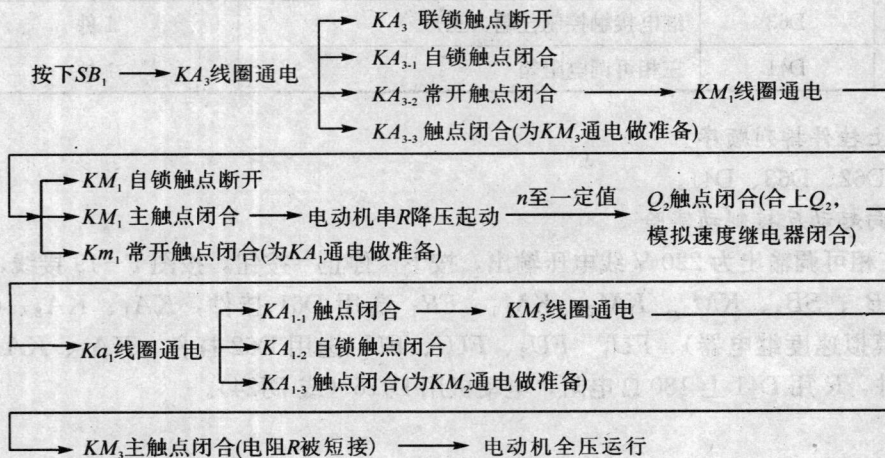

图 F-20　正转起动过程

停车制动过程如图 F—21 所示。

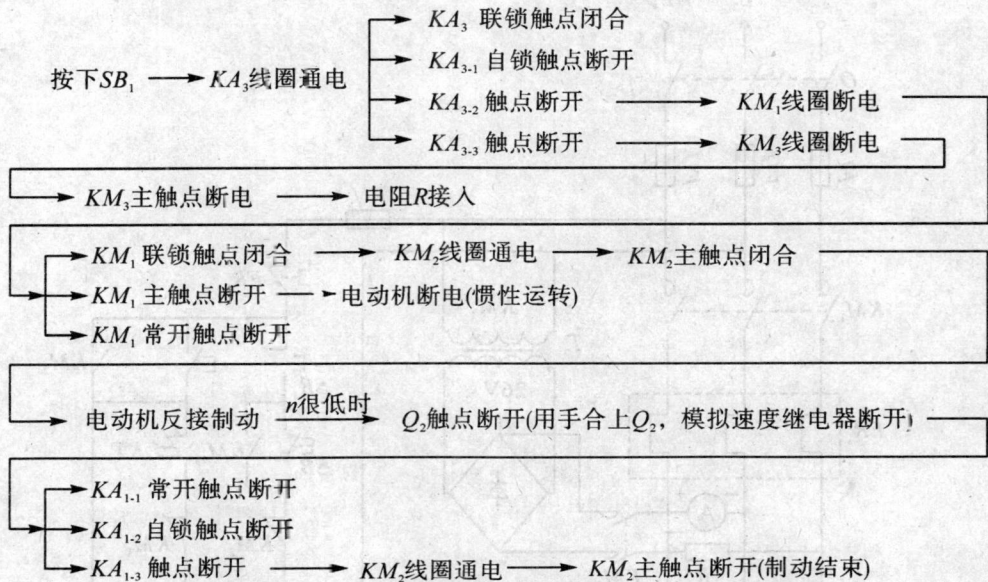

按下SB_1 → KA_3线圈通电
- → KA_3 联锁触点闭合
- → KA_{3-1} 自锁触点断开
- → KA_{3-2} 触点断开 → KM_1线圈断电
- → KA_{3-3} 触点断开 → KM_3线圈断电

- → KM_3主触点断电 → 电阻R接入

- → KM_1 联锁触点闭合 → KM_2线圈通电 → KM_2主触点闭合
- → KM_1 主触点断开 → 电动机断电(惯性运转)
- → KM_1 常开触点断开

→ 电动机反接制动 $\xrightarrow{n很低时}$ Q_2触点断开(用手合上Q_2,模拟速度继电器断开)

- → KA_{1-1} 常开触点断开
- → KA_{1-2} 自锁触点断开
- → KA_{1-3} 触点断开 → KM_2线圈通电 → KM_2主触点断开(制动结束)

图 F—21　停车制动过程

4) 异步电动机能耗制动

开启交流电源,将三相输出线电压调至 220 V,按下"停止"按钮,按图 F—22 接线,图中 SB_1、SB_2、KM_1、KM_2、KT_1、FR_1、T、B、R 选用 D61 挂件,FU_1、FU_2、FU_3、FU_4、Q_1 选用 D62 挂件,安培表用 D31 上 5 A 挡。经检查无误后,按以下步骤进行通电操作:

(1) 启动控制屏,合上开关 Q_1,接通 220 V 三相交流电源。

(2) 调节时间继电器,使延时时间为 5 s。

(3) 按下 SB_1,使电动机 M 起动运转。

(4) 待电动机运转稳定后,按下 SB_2,观察并记录电动机 M 从按下 SB_1 起至电动机停止旋转的能耗制动时间。

F.3.8.3　讨论题

(1) 分析分别反接制动和能耗制动方式的制动原理各有什么特点?两者适用在哪些场合?

(2) 速度继电器在反接制动中起什么作用?

(3) 画出图 F—19 中电动机反转时的反接制动原理流程图,再画出图 F—20 的原理流程图。

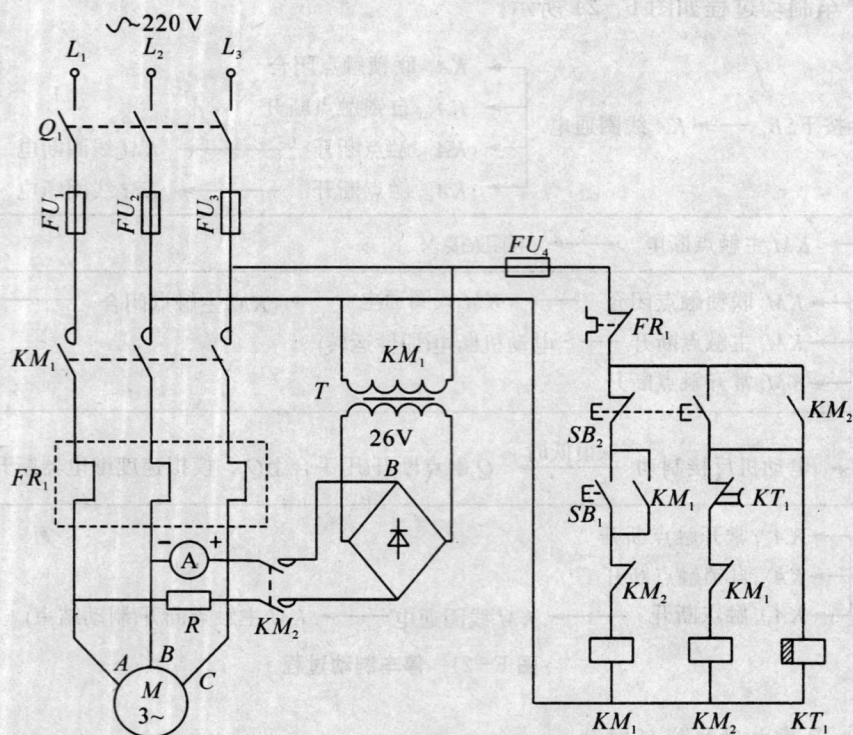

图 F-22　异步电动机能耗制动控制线路

参考文献

[1] 郭镇明，丛望. 电力拖动基础 [M]. 哈尔滨：哈尔滨工程大学出版社，1995.

[2] 魏炳贵. 电力拖动基础 [M]. 北京：机械工业出版社，2009.

[3] 杨长能. 电力拖动基础 [M]. 重庆：重庆大学出版社，1994.

[4] 李浚源. 电力拖动基础 [M]. 武汉：华中理工大学出版社，1999.

[5] 李发海，王岩. 电机与拖动基础 [M]. 2版. 北京：清华大学出版社，1994.

[6] 赵昌颖，宋世光. 电力拖动基础 [M]. 哈尔滨：哈尔滨工业大学出版社，1999.

[7] 顾绳谷. 电机及拖动基础（下册）[M]. 3版. 北京：机械工业出版社，2004.

[8] 陈伯时. 电力拖动自动控制系统 [M]. 3版. 北京：机械工业出版社，2003.

[9] 阮毅，陈伯时. 电力拖动自动控制系统 [M]. 4版. 北京：机械工业出版社，2009.

[10] 王正茂，阎治安，崔新艺. 电机学 [M]. 西安：西安交通大学出版社，2000.

[11] 李发海，朱东起. 电机学 [M]. 4版. 北京：科学出版社，2007.

[12] 李发海，王岩. 电机与拖动基础 [M]. 3版. 北京：清华大学出版社，2005.

[13] 姜广绪. 电力拖动 [M]. 西安：西北工业大学出版社，2008.

[14] 聂志强. 电力拖动控制线路技术 [M]. 哈尔滨：哈尔滨工业大学出版社，2008.

[15] 张培志. 电气控制与可编程序控制器 [M]. 北京：化学工业出版社，2007.

[16] 周元一. 电机与电气控制 [M]. 北京：机械工业出版社，2006.

[17] 许翏. 电机与电气控制技术 [M]. 2版. 北京：机械工业出版社，2010.

[18] 李仁. 电气控制技术 [M]. 3版. 北京：机械工业出版社，2008.